제4개정판

건설계약관리론

건설계약관리의 상세이론과 실무

| 박준기 지음 |

건설경제

[제4차 개정본]

서 문

추사(秋史) 김정희(金正喜)의 제자 중에는 흥선대원군(興宣大院君) 이하응(李昰應)도 있었는데 「완당전집(阮堂全集)」에는 추사가 대원군에게 보낸 편지 일곱 통이 수록되어 있다. 그 중 한 통을 엿보면 추사의 안목이 얼마나 예리한 지를 짐작할 수 있다. 그래서 많은 제자들이 모여들었는지도 모른다.

어느 날 대원군이 국화도(菊花圖)를 추사에게 보이며 가르침을 당부했을 때, 추사는 대원군의 국화는 더할 나위가 없으니 이제 난(蘭)을 치라는 조언을 한다. 진로를 바꾸라는 뜻이다. 그 조언이 추사답다. 이제 곧 천기(天氣)가 아름다울 것이니, 지금이야말로 정말 난(蘭)을 칠 만한 기후라 했다. 부연하면, 멀잖아 대원군 당신한테 좋은 시절이 올 것이니, 그 때를 대비하여 난치기에 매진하라는 뜻이다. 「완당전집(阮堂全集)」 제2권 서독(書牘) [七]의 내용이다. 대원군은 추사보다 35세 연하였다.

그 뒤 대원군의 난초그림은 더욱 원숙하여 이 부분에서는 추사를 능가할 정도였다. 이는 추사가 대원군의 '석파란권(石坡蘭卷)'에 써 준 제사(題詞)[1]에서도 잘 나타나고 있다. 이 제사 말미에서 추사는 자신에게 그림을 부탁하고 싶은 사람이 있다면, 이제는 대원군에게 부탁함이 옳다하고 있다.

한편, "1만 중에 9999까지 이르렀다 해도 그 나머지 1의 성취가 가장 어려운 것이며, 9999까지는 거의 다 가능하지만, 이 1은 인력으로 가능한 것이 아니고, 그렇다고 인력 밖에서 나오는 것도 아니다"[2]며 고삐를 늦추지 말라 하고 있다.

1) '石坡蘭卷(석파란권)'은 대원군의 난초그림첩이고, '제사(題詞)'라 함은 그림 위쪽에 쓰는 짧은 글을 말한다. 추사가 이 그림첩에 쓴 제사(題詞는 〈題石坡蘭卷(제석파란권)〉이며, 이를 굳이 우리말로 옮기면 '석파의 난초그림첩에 쓰다.'가 된다.

2) 雖到得九千九百九十九分. 其餘一分最難圓. 就九千九百九十九分. 庶皆可能. 此一分非人力可能. 亦不出於人力之外.

대원군은 각고의 노력 끝에 그 1을 성취하게 된다. '도득1푼(到得一分)'에 대한 일화이다. 석파란(石坡蘭)은 그렇게 탄생한 것이다. 그 스승에 그 제자다. 1863년 드디어 고종이 제위에 올랐다. 사람들이 '석파란(石坡蘭)'을 구하러 구름처럼 몰려 왔다. 깊이 새겨 볼 대목이라고 하지 않을 수 없다.

추사의 또 다른 제자 이재(彝齋) 권돈인(權敦仁)은 소위 추사의 절친(切親)이면서 추사보다 세 살 위이고, 3정승을 역임한 조선후기 대표적인 엘리트 관료인데도 추사를 기꺼이 스승으로 모셨다. 「완당전집(阮堂全集)」에는 추사가 권돈인에게 보낸 편지 35통이 수록되어 있다. 추사는 그 편지 중에서 "나의 글씨는 비록 말 할 것도 없이 모자라지만, 70년 동안 10개의 벼루를 갈아 구멍을 냈고, 1000 자루의 붓을 다 닳아지게 했다"[3]고 했다. 우리의 고사성어에 '마천십연(磨穿十研)'과 '독진천호(禿盡千毫.)'를 등재함이 어떨까 싶다.

필자는 과연 몇 개의 벼루와 몇 자루의 붓을 없앴는지 되돌아보지 않을 수 없다. 작년 여름 그렇게 혼미해 있을 때 건설경제신문사 국장으로부터 전화가 왔다. 이 책 「건설계약관리론」의 개정판을 내어야 하지 않겠냐는 것이었다. 그렇다. 정신이 번쩍 들었다. 출판한 지 벌써 10년이 되었다. 무더위가 기승을 부렸지만, 개정작업에 마냥 신바람이 났다. 그 결에 출판사업부 담당자분들의 노고가 컸음에 송구스럽고 한편으로는 감사하다.

이번 개정본에 입찰참가자격사전심사(PQ)를 제4장으로 새로 넣었다. 종전 제3차 개정본 때까지 이 내용은 다른 장(章)에서 산발적으로 언급되었는데, 내용의 중요도를 감안할 때 아쉬움이 있었다.

건설계약의 성립 및 무효에 대한 내용을 종합적으로 취합하여 제6장으로 신설하였다. 여기에서 종래 그 개념이 애매하였던 건설계약의 성립시기와, 근래에 새로 시도되고 있는 예비계약 및 본계약의 관련규정을 분석하였다. 후자는 두 개의 계약이론(Two Contracts Theory)이라 하여 계약관리 특히 입찰관리에 대한 책임을 분명히 하기 위하여 조심스럽게

3) 吾書雖不足言。七十年。磨穿十研。禿盡千毫。「완당전집(阮堂全集)」 제3권 '서독(書牘)' 33번째 참조

받아들여지고 있는 실정이기도 하다. 또한, 이 장(章)에서는 「건설산업기본법」의 '건설계약의 추정'원칙과 '건설계약의 무효'규정을 자세히 살펴보았다.

제10장 공동계약에서는 공동수급체를 현시적(顯示的) 공동수급체와 은닉형(隱匿形) 공동수급체로 구분하고, 이행방식에 있어서는 종래의 3개방식에 더하여 행정안전부예규에서 규정하고 있는 혼합형이행방식을 함께 소개하였다.

제21장에서는 그간 혼선이 있어온 설계변경의 범위에 대하여 금번에 이를 재정립하였다. 이를테면, 본서에서 설계변경은 설계서 내용의 변경 즉 설계사항의 변경만을 지칭하는 것으로 개념을 잡았다.

나름대로 최선을 다 해 산보(刪補)하였지만, 아직도 모자람이 있다. 독자제위의 가르침을 기다리며, 건승을 기원한다.

2018년 7월

저자 識

[제3차 개정본]

서 문

지난 6월. 일주일에 한번 강의하는 것 외에 딱히 하는 일 없이 소일하고 있는데 일간 건설신문사로부터 전화가 왔다. 이 책 "건설계약의 이해" 및 다른 책 "건설클레임론"의 개정판을 내자는 것이었다.

두 책 모두 일간건설신문사에서 출판한 책이다.

이 책 "건설계약의 이해"는 1995년 "건설계약론"이라는 책명으로 초판을 낸 이래 2001년 "신건설계약론"으로 제1차 개정본을 내었고, 2003년 "건설계약의 이해"로 제2차 개정본을 냈었다. 그러고 보니 이 책이 벌써 제3차 개정본인 셈이다. 당시 서문을 지우지 않고 함께 실었다.

돌이켜 보면, 그간 건설공사관리 또는 건설계약관리면에 있어서 참으로 많은 변화가 있었다. 2000년도에 들어와서만 하더라도, 최저가낙찰제의 확대 및 PQ제도의 대상축소, 일괄 · 대안특수조건의 제정, 겸업금지제의 폐지, 일반 및 전문건설업자제의 폐지, 의무하도급제의 폐지 및 수급자의 직접시공의무제의 도입, 시공참여자제도의 폐지, 하도급계약의 적정성심사제의 도입, 시공자의 발주처 및 공사감독관 동시통지제의 도입, 지방계약법령의 제정 등.

이와 같은 숨가쁜 변화 속에서 태평이었다니 스스로 부끄럽지 않을 수 없다. 국장은 그의 인품에 걸맞게 비록 근황을 얘기하고, 동료기자와 실장의 인사를 전하였지만 필자에게는 사자후(獅子吼)같은 질타이었다. 그 때부터 밤잠을 설쳐가며 이 책 제3차 개정본을 탈고하였다.

제도의 변경폭이 크고 중요하다가 보니까 결국 제2차개정본의 내용을 전반적으로 수정하지 않을 수 없었다. 차재에 전책(前册)에서 사족처럼 생각되었던 "제5장 계약과 법적용"을 삭제하고, 장부록(章附錄)으로 삽입하였던 "실비산정기준" 등 5건 회계예규를 삭제하였다. 그 대신 산발적으로 언급되어 아쉬움으로 남아 있었던 산출내역서와 관련한 내용을 한 곳으로 모아 보완하여 이를 제16장으로 하였다. 이 산출내역서의 경우에는 때마침 FIDIC에서도 이에 대한 개념을 재정립한 바, 충분히 독립된 장으로서의 값어치가 있다고 생각한다.

또한, 그간 기회있을 때마다 제기하여 온 몇가지 제도적 개선안, 이를 테면, 실비에 의하여 산출토록 되어 있는 연장비용(소위 공기연장간접비) 및 계약해제비용(소위 청산금)의 정률화, 집합개념인 설계서의 개별개념화 또는 기본 및 부가설계서체계(2원체계)로의 전환, 기타 각 장(章) 말미의 평가항목 등. 이 내용들은 꼭 제도면에 대한 개선안으로서만이 아니라 내심으로는 독자제위의 발전적 논의의 주제이기를 기대하는 바가 큰 것이 사실이다.

중앙대 건설대학원의 김용수 교수는 필자의 천학(淺學)을 늘 관용하시더니, 이번에는 김경주 교수께서 고마운 격려까지 주셨다. 이 거장들 앞에서 어쩌자고 필자가 책을 쓴다고 이러는지 염치없기가 짝이 없다.

삼복더위에 사무실까지 찾아와서 탈고를 독려해 온 일간건설신문사 출판사업부의 담당자들과 광고사업부의 차장께는 무어라고 감사의 말씀을 드려야 할지 모르겠다. 물론 원고정리를 도와주신 전영희 씨께는 따로 고마운 인사를 드려야 도리일 터이고. 그러고 보니 빚진 분들이 한두분이 아니다.

이 총중에 어찌 필자의 사담을 논할 것인가. 탈고의 막바지에서 끙끙거리고 있는데 필자 못지않게 태평한 아내는 필자더러 쉬었다가 하랜다.

독자제위의 건승하심을 기원한다.

2007년 8월

저자 識

[제2차 개정본]

서　문

불과 수년 전에만 하더라도 거의 대부분의 건설인들이 공공공사의 6대기본계약문서(공사도급표준계약서, 설계서, 공사입찰유의서, 공사계약일반조건, 공사계약특수조건, 산출내역서) 및 4대기본설계서(설계도면, 공사시방서, 현장설명서, 물량내역서)를 모르고 있었다. 공사는 계약에 의하여 수행되고, 계약문서에 일치하여(in accordance with contract documents) 수행하여야 한다고 할 때 그 계약문서가 무엇인지 모르고 어찌 과학적·선진적인 공사관리가 가능할 수 있을 것인가.

혹자는 설계도면과 시방서만으로 공사목적물을 완성할 수 있다고 하기도 한다. 그러나 적어도 책임있는 건설인이라면 그를 믿지 않는다. 공사는 계약에 의하여 수행되고 또한 그것이 부정할 수 없는 규범이라는 점에서, 건설계약은 계약당사자가 자신의 책임과 의무사항을 준수하지 아니하고는 현실적으로 그 이행이 가능하지 않다.

오늘 웬만한 건설인들은 이와 같은 책임과 의무사항은 계약문서 중의 하나인 계약조건에서 상세하게 규정되어 있음을 알고 있다. 더 나아가 공사계약일반조건의 정함에 따라 설계변경은 변경된 부분을 수행하기 전에 완료하여야 한다는 사실도 알고 있고, 또 그렇게 시행하고 있음을 본다. 이를 착공 전 설계변경의 완료원칙이라고 한다. 대단한 변화라고 아니할 수 없다.

그런데 변경된 부분에 대한 추가비용은 언제 확정할 것인지에 대한 규정은 없다. 물론 시공자가 청구한 날로부터 30일 이내에 확정하도록 되어 있기는 하지만, 문제는 시공자가 어느 시점에 추가비용의 확정청구를 할 수 있는가라는 데에 있다.

생각해 보면, 추가비용과 공기가 제외된 설계변경의 완료는 무의미한 것이다.

이에 대한 해법을 찾기에 골몰하고 있던 지난 5월 말경 일간건설사의 출판사업부에서 필자의 전책 「新건설계약론」의 증보판을 내자는 전갈이 왔다. 그러고 보니 이 책을 첫 출간한 때가 2001년 5월이었으니까 벌써 2년이 지났다. 변화하는 우리의 건설인들 및 건설환경을 감안할 때 진작 그러하였어야 했으나, 게으름을 피우다가 지금까지 왔다고 생각하니 독자제위께 송구스런 마음이 없지 않다.

제4장의 내용 중 건설계약의 성립과정은 영·미 등에서 논의되고 있는 두개의 계약이론과 관련이 있으므로 이 이론을 간략하나마 소개하였다.

제9장 공동도급계약은 이 계약이 지니는 장점에도 불구하고 우리나라에서 왜곡되어 운용되고 있다는 사실이 안타깝다. 제9·4항에서 현재의 문제점을 추가적으로 지적해 두었다. 제14장 공사비비례계약도 유사한 문제점이 있어 이를 제14·4항에서 새롭게 지적하였다. 이들 문제는 우리 건설인 모두가 풀어야 할 과제라고 생각한다.

1990년대 중반으로 들어오면서 영국은 정부조달업무를 민간으로 이관하였다. 이로 인하여 종전의 영국 관급공사계약조건은 인식을 달리하여 접근하여야 한다. 관련 내용을 제16장에서 언급하였다.

설계서는 계약문서 중에서도 핵심문서라고 하지 않을 수 없다. 그러나 우리나라의 설계서는 그 구성문서가 법령마다 달리 규정되어 있을 뿐만 아니라, 적용에 있어서도 현업의 요구에 부응하지 못하고 있는 감이 있다. 제17장에서 이를 구체적으로 논의하였다.

제19장에서 미국식 설계변경유형인 제Ⅰ 및 제Ⅱ유형설계변경(Class Ⅰ Change 및 Class Ⅱ Change)을 추가하였고, 공종삭제, 즉 Omission에 대한 한계와 관련하여 톤셀로 원칙을 추가로 소개하였다.

제22장 간접설계변경과 관련한 노동생산성 및 생산성저하비용의 산출에 있어서 오류가 있었기에 이번에 바로잡았다.

제25장에서 언급된 연장비용의 결정시기는 1999년 9월 9일 공사계약일반조건의 개정시 변경된 부분의 착공 전에 완료하도록 구체화되었기에 이 내용을 보완하였고, 제25·7항의 내용 중 계약기간과 공사비의 상관관계를 비교하는 그래프 및 그에 대한 해설상의 오류를 바로 잡았다.

하도급에 의한 공사수행이 보편화되어 있는 현실에도 불구하고 그와 관련한 내용을 담고 있지 않아 아쉬움이 있었던 바 금번에 이를 제29장으로 신설하여 논의하였다.

내친 김에 책명을「新건설계약론」대신「건설계약의 이해」로 바꾸기로 했다.「新건설계약론」은 흡사 단순한 계약관련서적인 것으로 오해될 소지가 있다는 것이 일간건설 출판사업부의 조언이었다. 이처럼 세밀한 부분까지 고려하고 출간에 임하신 관계제위의 배려에 감사의 말씀을 드리지 않을 수 없다.

끝으로 미진하나마 본서가 우리 건설산업의 발전과 흑자현장의 실현에 일조가 되었으면 하는 것이 필자의 바램이다.

그리고 지난 어려운 시간 필자에게 용기를 주시고 도움을 주신 모든 분들께 진심으로 고마운 말씀을 드린다.

2003년 7월

필자 識

[초판본]

서 문

본서의 탈고 무렵에는 유난히 많은 눈이 내렸다. 평균 하루걸러 한번씩 내렸다 하며, 지난 2월 어느 날에는 30여년만의 폭설을 기록했다고 했다.

혹자는 이 눈을 보며 낭만을 생각하지만, 또 혹자는 이 눈으로 인하여 생계를 걱정한다. 세상일에는 참 아이러니가 많다.

필자는 이즈음 김구(金九) 선생이 애송하였던 서산대사의 다음 시를 생각한다.

踏雪野中去 不須胡亂行
今日我行蹟 遂作後人程

눈 덮인 광야를 지나갈 때에는 난잡하게 걷지 말라.
오늘 나의 행적은 뒷사람의 이정표가 되리니.

김구 선생이 그렇게 걸은 길은 많은 열사와 의사의 이정표가 되었다.

그리고 삼사오십년 뒤 우리 건설인들은 비록 눈 덮인 광야는 아니라고 하더라도 눈처럼 반짝이는 사막을 걸었다. 그 길에는 김구 선생은 아니 계셨지만 알려지지 않은 무수한 근로자들이 젊음을 바쳤다.

필자 역시 SS-20이 뻥뻥 떨어지던 바그다드에서(이란-이락전), 스커드와 패트리어트가 용트림하던 리야드에서(걸프전), 목숨 걸고 수주하며 현장을 지켰다.

그렇게 건설을 배우고 익혔다.

그것이 건설사업관리(CM 또는 PM)라 하여도 좋고, 계약관리라 하여도 좋고, 클레임 관리라 하여도 좋다. 하여튼 그런 것에 미쳐 있던 리야드에서 였다.

모 발주처의 수석매니저였던 알주리안이라는 사람은 늘 한 치 정도의 짧은 옷을 입고 있었는데 훤출한 외모에 비하여 그 짧은 기장의 옷이 매우 어색해 보여 어느날 그 이유를 물었다. 그는 한 마디로, 그의 짧은 옷자락만큼 남에게 돌아갈 것이며, 그리고 자신은 전혀 불편함이 없다고 했다.

뒤돌아보니 건설에 투신한지도 어언 스물 몇 해가 지났다. 그간 갈팡질팡 했다거나, 치렁치렁 늘어진 옷자락으로 허세는 부리지 않았다고 하더라도 다음 건설인을 생각하면 부끄럽기가 그지없다.

그 부끄러움에 대한 변명으로 이 책을 쓴다.

이 책을 씀에 있어서 참으로 많은 분들의 도움이 있었다. 한편으로는 직접적인 조언을 주시고 소재를 주시고 또 한편으로는 여건을 마련해 주신 그 분들께 감사하지 않을 수 없다.

– (중 략) –

끝으로 어려운 여건에도 불구하고 전책「건설클레임론」에 이어 본서의 탈고를 독려하신 일간건설사 및 출판을 수락하신 관계제위께 심심한 사의를 드리며, 우리 건설의 발전을 위하여 늘 그렇게 밝고 건전한 눈과 입이 되어 주시기를 당부드린다.

2001년 5월

필자 識

일 러 두 기

2018.7.1일 현재 자료

본서의 편집 · 교정작업 중「국가계약법 시행령」이 2018.3.6일부로 개정되었고, 기획재정부 계약예규「공사계약일반조건」이 2018.3.20일부로, 조달청의「일괄계약특수조건」이 2018.5.31일부로,「하도급법」이 2018.1.17일부로,「하도급법 시행령」이 2018.4.30일부로,「건설기술진흥법」 및 시행령이 2018.6월에 각기 개정되었고, 미국의「연방조달규정」(Federal Acquisition Regulations; FAR)은 2018년도에 들어와서 3차에 걸친 개정(2018.1월, 2018.5월, 2018.6월)이 있었으며, 이 개정전문이 2018.6.15일부로 미국정부에 의하여 다운로드되었다.

이들 내용을 모두 검토하여 반영하느라 출간이 다소 지체되었다.

그 결과 본서는 2018.7.1일 현재 유효한 자료를 기준으로 하게 된 셈이다. 이 기준일 이후에 개정되거나 제정된 법령이나 계약조건의 내용은 어쩔 수 없이 다음 기회에 반영할 수밖에 없음을 양해하시기 바란다.

계약법령 및 계약예규

계약법령은 종전 국가계약법령 및 지방계약법령의 2원체계로 되어 있으나, 본서에서는 국가계약법령을 기본으로 하고, 지방계약법령은 특별한 경우에 제한적으로 고려하는 것으로 한다.

법령이 2원화됨으로써, 공사계약조건도 기획재정부 계약예규「공사계약일반조건」에 행정안전부예규「지방자치단체공사계약일반조건」(이하 '지자체공사계약일반조건'이라 함)이 별도로 운용되고 있다. 이 역시 기획재정부 계약예규「공사계약일반조건」을 기본으로 한다.

또한, 기획재정부 계약예규「공사계약일반조건」은 그 표기가 길어서, 경우에 따라서는 계약예규「공사계약일반조건」이라 줄여서 표기하기도 하고,「공사계약일반조건」 또는 문장의 흐름에 따라서는 아예 계약예규로 표기하기도 할 것임을 양지하시기 바란다.

이에 대하여, 지방계약의 경우에는 그 표기를 행정안전부예규「지방자치단체공사계약일반조건」 또는 행정안전부예규「지자체공사계약일반조건」 또는「지자체공사계약일반조건」으로 하여 국가계약의 그것과 구별할 수 있도록 하겠다.

계약당사자의 표기

우리나라에서 계약당사자는 법령에 따라 그 표기를 달리하고 있다. 예를 들면,「민법」의 경우에는 도급인과 수급인, 국가계약법령 및 지방계약법령에는 발주기관과 계약상대자, 건설기술진흥법령에는 발주청과 건설업자·용역업자, 건설산업기본법령에는 발주자와 수급인 등. 물론 이들 법령이 각기 지향하는 목적이 다르다고 하더라도 법령마다 계약당사자에 대한 표기를 달리하는 것은 결코 바람직하다고 볼 수 없다.

이로 인하여 필자 역시 어느 법령상의 표기에 따를 것인지 망설이지 아니할 수 없었다. 결국 필자의 전책「건설책임론」,「건설클레임론」,「건설계약영어」 등에서 표기한 바대로 "발주처–시공자"로 하였으며, 설계·감리 등의 기술용역에 있어서는 상황에 따라 건설사업관리자, 설계자 또는 감리자로 구체화하였음을 밝힌다.

Contents

목 차

Contents

Contents

Contents

Contents

Contents

Contents

Contents

Contents

Contents

Contents

01

입찰관리의 개념

제1장

입찰관리의 개념

광의의 개념으로 건설을 과정의 공학(engineering of process)이라고 한다. 이 의미는 하나의 건설공사를 위하여서는 다양한 과정에 대한 과학적인 분석이 필요하다는 것을 뜻한다.

먼저 건설공사의 시행을 위하여서는 해당공사목적물에 대한 수요가 있어야 한다. 그 수요가 현실적이든 정책적이든 굳이 구분할 필요가 없다. 타당성분석은 원래 그 수요와 건설공사를 기술적·경제적 측면에서 비교·검토하여 발주여부를 결정하는 기준으로 삼기 위하여 필요로 하는 것이다.

건설공사의 시행과정

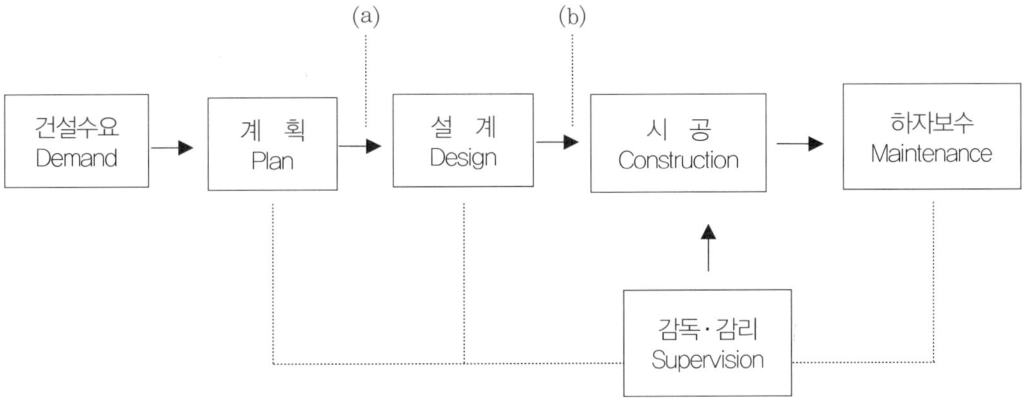

㊟ 건설기술진흥법령상의 건설공사의 시행과정은 계획, 조사, 설계, 시공, 감리, 유지, 관리로 규정되어 있다. 그러나 건설공사는 그 수요를 먼저 파악하고 계획을 세우는 것이며, 이를 소홀히 할 경우 예산의 낭비문제가 대두된다. 유지·관리는 발주처의 측면에서 매우 중요한 사항인 것은 사실이나, 엄격한 의미에서 이는 건설공사의 시행과정이라고 할 수 없고 차라리 시행 후의 과정이라고 생각된다. 그러나 상기 그림의 하자보수는 시공의 연장선상에 있으므로 시행과정에 해당된다.

㈜ 건설공사의 시행 후의 과정은 영문으로 Post-Construction Stage 또는 Post-Construction Procedure로 표기되고 있으며, 시공 즉, Construction의 개념을 광의로 보느냐, 협의로 보느냐에 따라 하자보수가 건설공사의 과정에 속하기도 하고 제외되기도 한다.
일반적으로, Construction을 협의로 볼 때 시공단계만을 뜻하고, 광의로 볼 때에는 위 흐름도 '건설공사의 시행과정' 전체로 확대된다.
그러나 유지·관리는 그 성격상 Construction 과정에 포함시키기에는 무리가 있고, 따라서 Post-Construction에 해당한다고 하여야 할 것이다. 우리나라 기획재정부 계약예규 「공사계약일반조건」 제28조제5항에서도 인수된 공사목적물의 유지·관리를 시공자에게 요구할 수는 있되, 그에 필요로 하는 비용을 공사비와 별도로 지급하도록 규정하고 있음은 이와 같은 맥락이라고 할 것이다.

㈜ 하자보수의 영문표기는 전통적으로 Maintenance로 하여 왔으나, FIDIC은 Remedying Defects, 미국은 Correction of Defects로 표기하고 있다.

㈜ 「건설기술진흥법」은 종전의 「건설기술관리법」을 2013.5월에 전면개정하여 2014.5월부터 시행하고 있는 법이다.

상기 표에서 입찰은 ① (a)단계에서 이루어지기도 하며, ② (b)단계에서도 이루어지고, ③ 경우에 따라서는 (a) 및 (b)단계의 중간단계, 즉 설계단계에서도 이루어진다.

(a)단계에서 입찰이 이루어지는 경우로는 기술용역계약 중 설계용역의 입찰이 있고, 또한 설계·시공일괄입찰이 있다. (b)단계에서 이루어지는 입찰이 바로 설계·시공분리계약 또는 일반시공계약의 입찰이다.

(a)와 (b)의 중간단계, 즉 설계단계에서 입찰이 이루어진다는 것은 결국 설계가 완성되지 않은 단계에서 시공계약에 대한 입찰이 이루어지게 된다. 이와 같이 전체설계가 완성되지 아니한 상태에서 공사를 발주하여 시공하는 방식을 조기착공방식(fast track method)이라 한다. 물론 초기착공방식은 설계·시공일괄계약방식에서도 적용하는 경우가 있다.

우리나라는 통상 후자의 경우에 이 방식을 적용하며, 설계·시공병행방식이라 부르는 경향이 있다. 그러나 엄밀한 의미에서 Fast Track은 설계·시공병행방식을 포함하는 것은 사실이지만, 그렇다고 설계·시공병행방식만을 뜻하는 것이 아니고, 설계의 완료 전에 시공을 착수할 수 있도록 하는 제도임을 유의할 필요가 있다.

전통적인 감독·감리는 시공감독이나 시공감리를 뜻하는 것이었으나, 첫째: 설계자가 감리업무를 일괄하여 수행할 때(소위 미국식 architect), 둘째 : 설계에 대한 건설사업관리, 즉 설계관리, 셋째 : 사업관리(project management) 또는 건설사업관리(construction management)방식을 채택할 때 등의 경우에는 전통적인 감독·감리에 대하여 그 업역(業域)이 계획단계까지 확대된다고 할 수 있다.

> 주 유지·관리업무는 감리업무에 해당하지 않지만, 하자보수는 감리업무의 대상에 해당하므로 상기 주에서 유지와 관리는 엄격한 의미에서 건설공사의 시행과정에 해당하지 않는다는 견해를 뒷받침한다.

이렇게 볼 때 건설공사에 있어서 입찰은 첫째 : 설계·시공일괄계약 또는 설계용역·설계감리용역의 입찰은 (a)단계에서 이루어지고, 둘째 : 조기착공방식을 적용하는 시공계약의 입찰은 (a)와 (b)의 중간단계, 즉 설계단계에서 이루어지며, 셋째 : 순수시공계약의 입찰은 (b)단계에서 이루어짐을 알 수 있다. 본서에서는 그러나 특별한 경우를 제외하고는 (b)단계에서의 입찰을 전제로 한다. 그 의미는, 본서는 공사계약관리 또는 시공계약관리를 기본적인 주제로 하고 있다는 것이기도 하다.

입찰관리라 함은 입찰공고일로부터 계약체결까지의 업무를 수행하는 것을 말한다. 이 업무의 주요항목별 흐름을 표로서 나타내면 아래와 같다. 이는 그러므로 (b)단계를 현시화(顯示化)하여 확대한 것이라고 할 수 있다.

입찰 및 체약과정

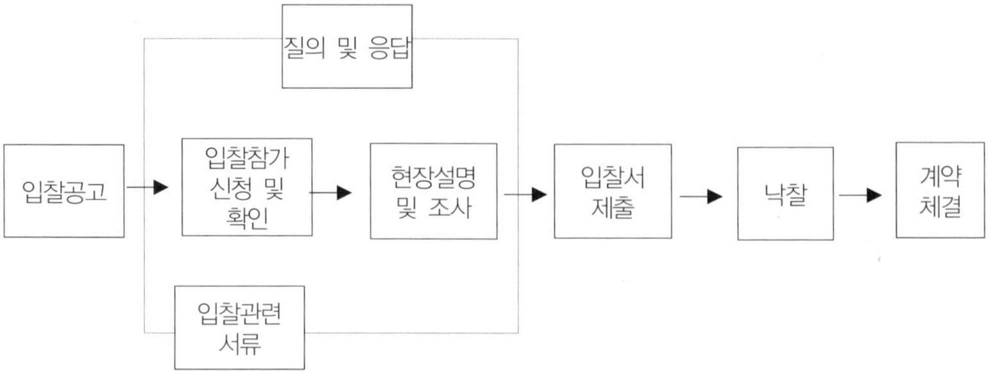

상기 흐름도는 아주 일반적인 경우를 전제로 하였으나 발주처 또는 공사의 성격에 따라 차이가 있을 수 있다. 예를 들면, 입찰관련서류는 입찰공고일부터 제한 없이 교부할 수도 있으며, 한편, 입찰참가신청을 한 자에 한하여 교부할 수도 있다. 입찰관련서류를 입찰공고일부터 배부하느냐 현장설명일부터 배부하느냐에 대한 장단점은 비교의 실익이 없다. 이것은 어디까지나 입찰관리의 한 방법상의 문제일 뿐이다. 이는 다음 장에서 다시 논의하기로 한다.

다시 본론으로 돌아와서, 상기 흐름표의 귀결점은 '계약체결'이다. 이를 달리 표현하면, 입찰관리는 계약의 체결로 종결된다. 여기에서 입찰관리의 또 다른 개념이 정립된다. 즉, 입찰관리라 함은 계약상대자(건설공사의 경우 시공자)를 선정하는 과정을 말한다.

입찰보증은 그러므로 낙찰자로 하여금 계약을 체결하도록 강제하는 장치가 된다.

㈜ 위에서 계약체결은 시공계약(Construction Contract)만을 전제로 한 것이나, 캐나다 등에서는 발주처의 입찰공고에 대하여 입찰참가희망자가 입찰서를 제출할 때 '입찰계약' (Tendering Contract)이 성립한다고 하여 시공계약과 함께 두 개의 계약이론 (Two Contracts Theory)이 지배하고 있기도 하다. 이 이론은 론 엔지니어링원칙(Ron Engineering Rule)으로 발전하였다.
우리나라도 2016.12.30일부터 기획재정부 계약예규 「정부입찰·계약집행기준」 제5장 '일괄입찰 및 기술제안입찰로 발주된 공사의 수의계약 집행'에서 예비계약과 본계약의 개념을 구분·도입하고 있다.

㈜ 예규(例規)는 상급기관이 하급기관에 대하여 지휘권 및 감독권의 일환으로 발하는 명령이나 지시를 말하며, 행정규칙의 한 형식이다(기획재정부 홈페이지 기재문).

02

입찰절차

제2장

입찰절차

2·1 서 론

본 장에서는 입찰의 유형 또는 종류를 논의의 대상으로 할 것임에도 불구하고 제목을 '입찰절차'라고 한 이유는 WTO(World Trade Organization) 정부조달협정문(agreement on government procurement, 1994)(이하 「WTO협정문」)의 표기와 일치시키기 위함에서다.

이는 아주 지엽적인 문제일 수도 있으나 좀 더 구체적으로 음미해야 할 다른 이유가 있다. 전장 말미에서 입찰관리를 동적인 측면에서 '계약상대자를 선정하는 과정'이라고 개념 지은 바 있다. 상기 「WTO협정문」 제7조에서 'Tendering Procedures'로 표기한 이유는 그러므로 개별입찰의 유형을 입찰관리의 전제로 보았기 때문이다. 다시 말하면, 개별입찰의 유형은 입찰관리의 이전단계에서 결정되며 그 유형에 따라 입찰관리가 이루어진다. 이렇게 볼 때 본 장의 제목을 입찰의 유형이나 입찰의 종류로 한다면 정적인 개념이 될 것이며, 입찰절차로 한다면 과정으로서의 동적인 접근을 상정한 것이라고 할 수 있다.

2·2 WTO정부조달협정문의 입찰절차

상기 「WTO협정문」 제7조제3항의 규정에 의하면, 3개 유형의 입찰절차를 상정하고 있는 바, 우리나라에서는 「국가계약법」 제4조에서 이를 국제입찰이라 지칭하고 있으며, 동법 시행령 특례규정 제2조제1항의 규정에서는 내·외국인 또는 외국인을 대상으로 하여 물품·공사 및 용역을 조달하기 위하여 행하는 입찰로 정의하고 있다. 국제입찰에 의한 물품·용역 및 공사를 조달하기 위한 계약을 특정조달계약이라 하며, 이를 우리나라 법령상의 국제계약이라 하여도 무리가 없다.

이 경우 국제입찰 또는 국제계약이라 함은 반드시 외국에서의 입찰 또는 계약이라든가 국내에서 시행되더라도, 반드시 외국인이 참여하여야 하는 입찰 또는 계약을 뜻하는 것이 아니라, 「WTO협정문」 및 「국가계약법 시행령 특례규정」에 일치하여 시행되는 입찰 및 계약을 뜻함을 유의하여야 한다.

상기 「WTO협정문」 및 시행령 특례규정에서 규정하고 있는 입찰절차는 아래와 같다.

1. 일반경쟁입찰

일반경쟁입찰이라 함은 특정조달계약에 있어서 입찰에 참가하고자 하는 모든 자격자가 입찰서를 제출할 수 있는 입찰을 말하며, 「WTO협정문」에서는 Open Tendering Procedure로 표기하고 있으나, Public Tendering Procedure 라고 표기하기도 한다.

a. 일반경쟁입찰의 참가자격

일반경쟁입찰에는 그 개념이 그러하듯이 원래 '모든 관심있는 자'(all interested suppliers) 누구나 참가할 자격이 있다.

그러나 우리나라의 상기 시행령 특례규정에서는 '모든 자격자'(all qualified suppliers)로 다소 제한을 가하고 있다. 그러므로 일반경쟁입찰이라고 하더라도 무제한적인 일반성을 뜻하는 것이 아니라 요구되는 조달에 대한 최소한의 자격요건을 갖추어야 한다. 말하자면, 제한된 일반성(limited generality)을 뜻한다. 예컨대 「국가계약법 시행령」 제12조의 규정에 의하면, 일반경쟁입찰이라고 하더라도 다음 요건을 갖춘 자에 한하여 입찰에 참가할 수 있다.

(1) 다른 법령의 규정에 의하여 허가·인가·면허·등록·신고 등을 요하거나 자격요건을 갖추어야 할 경우에는 당해 허가·인가·면허·등록·신고 등을 받았거나 당해 자격요건에 적합할 것
(2) 보안측정 등의 조사가 필요한 경우에는 관계기관으로부터 적합판정을 받을 것
(3) 「소득세법」 제168조, 「법인세법」 제111조 또는 「부가가치세법」 제8조에 따라 해당사업에 관한 사업자등록증을 교부받거나 고유번호를 부여받을 것

㈜ 종전에는 상기 요건에 더하여 "당해 입찰의 목적물의 제조·공급에 필요한 시설·점포를 소유 또는 임차하고 있을 것"이라는 요건이 있었으나, 1999.9.9일 상기 시행령의 개정시 이를 삭제하였다. 이는 「건설산업기본법」에서 이 요건을 삭제하고, 건설업등록기준을 완화하는데 따른 조치였으나, 이에 대하여 다소의 비판이 없지 않으나 본서에서 이를 논의하지 않기로 한다.

b. 입찰참가자격자명부

앞에서 논의한 제한된 일반성에 입각하여 입찰참가자격자가 정해질 것인 바, 이 자격자는 매 입찰시마다 정할 수도 있고, 일차로 정한 자격자에게 일정기간 고정적으로 자격을 부여할 수도 있다. 전자에 의한 자격자명부를 수시명부(situational list of qualified suppliers)라 하며, 후자에 의한 자격자명부를 상시명부(permanent list of qualified suppliers)라 한다.

상기 시행령 특례규정의 관련조항은 아래와 같다.

「국가계약법 시행령 특례규정」 제10조 유자격자명부

"①각 중앙관서의 장 또는 계약담당공무원은 제9조제1항의 규정에 의한 입찰참가자격기준을 매 회계연도 초에 관보에 공고하고 수시로 일반경쟁입찰에 참가하고자 하는 자의 신청을 받아 입찰참가자격을 심사할 수 있으며, 그 결과에 따라 유자격자명부를 작성·비치하여 입찰에 참가하고자 하는 자가 이를 열람하게 할 수 있다.

②각 중앙관서의 장 또는 계약담당공무원은 입찰공고 후 제1항의 규정에 의한 입찰참가자격유무의 심사결과를 신청자에게 통지하여야 하며, 유자격자명부의 유효기간이 만료되거나 유자격자명부상에 기재된 자가 동 명부에서 제외되게 되는 경우에는 그 내용을 해당자에게 통지하여야 한다."

c. 입찰관련서류의 교부

발주처는 입찰관련서류(후술 제3장 참조)를 작성·비치하여야 하며, 입찰공고일부터 입찰등록마감일까지의 기간 동안 입찰에 참가하고자 하는 자의 요청이 있을 때에는 이를 교부하여야 한다. 이 경우 발주처는 입찰희망자로부터 설명을 요청받은 때에는 지체없이 이에 응하여야 한다.

2. 지명경쟁입찰

지명경쟁입찰이라 함은 발주처에 의하여 입찰에 참가하도록 초청된 자에 한하여 입찰서를 제출할 수 있는 자격을 부여하는 입찰을 말한다. 「WTO협정문」에서는 이를 Selective Tendering Procedure로 표기하고 있으나, Nominated Tendering Procedure로 표기하기도 한다.

어떤 공사를 일반경쟁입찰로 할 것인지 지명경쟁입찰로 할 것인지의 결정은 발주처의 재량사항이라고 할 수 있으나, 앞에서 논의한 상시명부를 활용하는 발주처의 경우에는 매년 관보에 다음 사항을 공표하여야 한다.

(1) 입찰적격자 일람표
(2) 입찰적격자의 조건 및 심사방법
(3) 상시명부의 유효기간 및 갱신절차

3. 제한입찰절차

제한입찰절차라 함은 발주처가 계약상대자를 개별적으로 접촉하여 선정하는 절차로서 「WTO협정문」에서는 Restricted Tendering Procedures로 표기하고 있으나, Private Tendering Procedures라고 표기하여도 된다. 우리나라의 경우 수의계약이 여기에 해당한다.

a. 제한입찰절차의 전제조건

제한입찰절차는 지명경쟁입찰절차와는 달리 그 적용여부를 발주처의 재량에 맡기는 것이 아니라, 「WTO협정문」 제15조제1항 각 호의 경우에 한하여 적용할 수 있으며, 이 경우라고 하더라도 다음 각 호에 배치되지 않아야 한다.

(1) 최대가능경쟁(maximum possible competition)을 회피하기 위하여 적용하는 경우가 아닐 것

(2) 외국공급자에 대한 차별수단으로 적용하는 경우가 아닐 것
(3) 국내생산자나 공급자에 대한 보호수단으로 적용하는 경우가 아닐 것

b. 제한입찰절차의 대상

「WTO협정문」 제15조제1항에서 규정하고 있는 제한입찰절차의 대상은 다음 각 호와 같다.

(1) 일반경쟁입찰 또는 지명경쟁입찰에서 입찰자가 없거나, 제출된 입찰서가 담합에 의하여 이루어졌거나 또는 입찰조건에 부합되지 않는 경우
(2) 예술품 또는 지적재산권의 보호를 위하여, 또는 기술적인 사유로 경쟁에 의할 수 없는 경우
(3) 긴급한 경우로서 일반경쟁입찰 또는 지명경쟁입찰에 의한다면 적기에 공급받지 못하는 경우
(4) 당초공급자에 의한 추가공급으로서 여타공급자에 의한다면 기존장비 또는 서비스와 호환성이 없는 경우

㊟ 소프트웨어의 최초공급이 본 협정문의 적용을 받는 경우에는 "기존장비"에 해당소프트웨어도 포함된다.

(5) 조사, 실험, 연구 또는 개발을 위한 특정계약의 수행 중 발주처의 요구에 의하여 개발된 시제품 또는 최초의 생산품을 조달하는 경우

㊟ 상기 특정계약의 수행이 완료된 이후의 후속조달은 공개입찰 또는 지명입찰에 의하여야 한다. 시제품의 개발에는 실제 시험의 결과를 적용하기 위하여, 또는 당해 제품이 품질기준에 맞게 생산 또는 공급될 수 있는지를 확인하기 위한 제한적인 생산 또는 공급이 포함된다. 그러나 상업적 운영이나 연구·개발 비용을 보전하기 위한 대량생산 또는 공급은 포함되지 않는다.

(6) 당초의 계약상대자와 추가공사계약을 체결하는 경우. 다만, 추가공사금액은 당초계약금액의 50%를 초과하여서는 아니 된다.

(7) 최초계약이 본 협정문의 입찰절차와 시담규정에 일치하여 체결되었고 발주처의 조달계획공고에서 신규공사는 제한입찰절차에 의할 것임을 명시한 경우에 있어서의 신규공사

㊟ 본문 중의 '시담'이란 용어에 대하여 그간 몇몇 독자들로부터, 그 개념에 대한 질의를 받았기에, 금번 개정본에서 이를 설명해 드리고자 한다. '시담'은 「WTO협정문」 제14조의 원문에서 'Negotiation'으로 표기되어 있는 것을 당시 재정경제부(현 기획재정부)가 그렇게 번역하였기에 본서에서도 그에 따랐던 용어이다. 이는 한자로 '示談'으로 표기하며, 계약관리에서는 협상(協商) 또는 협의(協議)로 함이 일반적이다. 참고로, 수의계약에 있어서 계약당사자(발주처 및 시공자)가 계약금액이나 기타 내용에 대하여 협상하는 것을 수의시담(隨意示談)이라 한다.————

(8) 일반상품시장에서 구매하는 생산품
(9) 극히 단기간에만 나타나는 예외적으로 유리한 조건으로 구매하는 경우
(10) 설계경기의 우승자와 체결하는 계약

2·3 우리나라 국가계약법령상의 입찰절차

1. 국제입찰

a. 국제입찰의 기준

전통적으로 우리나라의 입찰절차는 기본적으로 내국인을 대상으로 하는 국내입찰이었으나, 1994년 「WTO협정문」에의 서명 및 그에 따른 1995년의 「국가계약법」의 제정으로 인하여 국제입찰절차가 법령상으로 추가되었다. 물론 건설공사에 있어서 정식으로 국제입찰을 시행한 것은 1997.1.1일부터였다.

국제입찰은 앞 제2·2항 「WTO협정문」에 의한 입찰절차임은 이미 앞에서 언급한 바와 같다.

상기 협정문 '한국의 양허표' 및 「국가계약법」 제4조의 규정에 의한 국제입찰의 범위는 다음 표와 같다.

우리나라의 WTO양허표

– 우리나라의 국제입찰대상 –

단위 : 1,000 SDR

구 분	건설공사	물품공급	용 역
중앙정부	5,000	130	130
지방자치단체	15,000	200	200
공기업 및 준정부기관	15,000	450	–

㈜ 상기 SDR(special drawing rights : 특별인출권)에 의한 양허기준(threshold)은 필요시 기획재정부 및 행정안전부에서 원화로 고시한다.

b. 국제입찰의 예외

상기 양허표의 범위에 해당한다 하더라도 다음의 경우에는 국제입찰에 의하지 아니할 수 있다.

(1) 재판매 또는 판매를 위한 생산에 필요한 물품 및 용역을 조달하는 경우

(2) 중소기업제품구매촉진법의 규정에 따라 중소기업제품을 제조·구매하는 경우

(3) 양곡관리법·농수산물 유통 및 가격안정에 관한 법률 및 축산법에 따른 농·수·축산물을 구매하는 경우

(4) 「특정조달특례규정」 제3조에서 규정하는 조달의 경우

2. 국내입찰

앞에서 언급한 국제입찰의 예외적인 경우와 양허기준 미만인 물품·공사 및 용역의 조달은 국내입찰에 의한다. 국가계약법령상 국내입찰은 국제입찰에 대하여 제한경쟁입찰이 추가된다.

경쟁의 유무에 따라 우리나라의 입찰제도를 그림으로 나타내면 아래와 같이 된다. 즉 경쟁입찰과 비경쟁입찰로 대분되며, 전자의 경우 일반·제한 및 지명경쟁입찰, 후자의 경우 수의시담으로 세분된다.

참고로, 「국가계약법 시행령」 제21조의 규정에 의하면, 경쟁참가자의 자격을 제한할 수 있는 경우와 그 제한사항은 아래와 같다(이에 의한 입찰을 제한경쟁입찰이라 함).

(a) 기획재정부령 즉 「국가계약법 시행규칙」이 정하는 금액의 공사계약의 경우에는 시공능력 또는 해당공사와 같은 종류의 공사실적

㈜ 상기 중 기획재정부령이 정하는 금액의 공사계약이라 함은 추정가격이 30억원(전문공사, 전기공사, 정보통신공사 또는 소방공사의 경우에는 3억원) 이상인 공사계약을 말한다.

(b) 특수한 기술 또는 공법이 요구되는 공사계약의 경우에는 당해 공사수행에 필요한 기술의 보유상황 또는 당해 공사와 같은 종류의 공사실적

(c) 특수한 기술이 요구되는 용역계약의 경우에는 당해 용역수행에 필요한 기술의 보유상황 또는 당해 용역과 같은 종류의 용역수행실적

(d) 추정가격이 기획재정부령이 정하는 금액 미만인 계약의 경우에는 그 주된 영업소의 소재지

㈜ 이와 같은 기준에 의한 제한을 지역제한이라 하며, 상기 중 기획재정부령이 정하는 금액이라 함은 공사의 경우 80억원(전문공사, 전기공사, 정보통신공사 또는 소방공사의 경우 7억원), 용역의 경우 2.1억원이다.
참고로, 국가계약(국가계약법령에 의한 계약)과 지방계약(지방계약법령에 의한 계약)에서 규정하는 지역제한기준을 요약하여 정리하면 아래 표와 같다.

지역제한의 기준

단위: 추정가격, 미만

구 분	국 가 계 약	지 방 계 약
종합공사	80억원	100억원
전문공사	7억원	7억원 (단,전기·정통·소방·특정열사용공사 5억원)
용 역	기재부 고시금액(2.1억원)	기재부 고시금액(2.1억원) (단, 안전진단용역 1.5억원)

(e) 공사의 성질별·규모별 제한의 경우 그 제한기준

(f) 발주처가 계약이행의 부실을 방지하기 위하여 필요하다고 판단하여 특별히 인정하는 경우에는 경쟁참가자의 재무상태

2·4 평 가

앞에서 「WTO협정문」상의 입찰절차와 우리나라 국가계약법령상의 입찰절차를 개략적으로 살펴보았다.

사실 「WTO협정문」상의 입찰절차는 우리에게 생소한 것이 아니었다. 그 절차는 영·미 등 선진제국에서 진작부터 논의되고 시행되어 왔으며, 우리나라에도 이미 소개되었던 제도이다.

그런데 전술 제2·2-1 항에서 논의한 자격자명부는 영·미권과 같이 영업등록 이외에 건설업에 대하여 별도의 제한을 두지 않고 있는 국가에서 건설공사 또는 기술용역의 수행을 위한 기본적인 자격을 판별하기 위하여서 요구되는 제도이다. 그러나 우리나라의 경우 건설업의 등록을 요구하고, 경쟁입찰의 참가요건을 요구하고, 거기에 더하여 자격자명부에 등재되어야 하는 것은 그야말로 옥상의 옥이라고 하지 않을 수 없다.

특히 일반경쟁입찰의 특성은 입찰에 참가하고자 하는 모든 자가 입찰서를 제출할 수 있는 입찰제도임에도 불구하고 건설업의 등록을 필요로 하고, 경쟁입찰의 참가자격요건에 충족되어야 하고, 또 자격자명부에 등재되어야 한다면 이는 도저히 일반경쟁입찰이라고 할 수 없다. 우리나라와 같은 제도하에서는 입찰참가자격사전심사, 소위 PQ(pre-qualification) 제도도 같은 맥락에서 모순점이 있다.

좀 더 구체적으로 살펴보면, 공사입찰에 참여하고자 하는 자는 첫째, 건설업등록을 하고, 둘째, 법인사업자의 경우에는 법인등기를 하여야 하고, 셋째, 관할세무서에 사업자등록을 하여야 한다.

이들 요건을 입찰참가자의 기본적 요건 또는 협의의 입찰참가자격요건이라 할 수 있다.

이 기본적 요건에 더하여, ①입찰참가자격의 등록을 하고, ②시공능력평가액이 기획재정부 고시금액(2018.7.1일 현재 80억원) 이상인 토목, 건축, 및 토건업자의 경우 유자격자명부에 등록하여야 하며, ③PQ심사대상공사에 입찰하고자 하는 경우에는 PQ심사를 받아야 하고, ④설계·시공일괄입찰의 경우에는 「건설기술진흥법」 제26조에 의한 건설기술용역업자 또는 「건축사법」 제23조에 의한 건축사사무소개설신고를 하여야 한다(「국가계약법 시행령」 제84조). 위의 기본적 요건에 대하여 이들 요건을 부가적요건 또는 광의의 입찰참가자격요건이라고 할 수 있다.

이상의 내용을 그림으로 요약하면 다음과 같다.

우리나라의 공사입찰참가자격요건

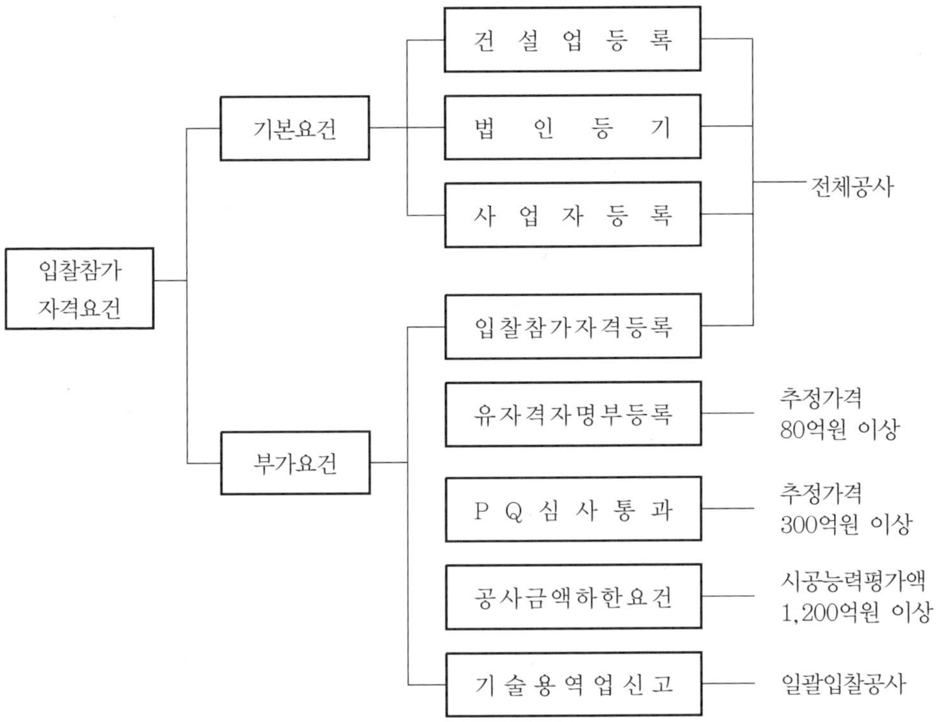

이처럼 중첩적으로 등록하고 심사하여 얻을 수 있는 실익이 무엇인지 다시 생각해 볼 필요성이 있다. 건설산업의 발전이나 경쟁력의 제고는 그 제도가 명쾌하고 설득력이 있어야 가능함은 의문의 여지가 없다.

㈜ 위 그림에서는 PQ심사대상공사로서 추정가격이 300억원 이상인 공사라고 표기하였으나, 「국가계약법 시행령」 제13조의 규정에 의하면, 발주처는 모든 공사에 대하여 PQ심사를 실시할 수 있으되, 다만 추정가격이 300억원 이상인 공사의 경우에는 의무적으로 실시하여야 한다. 전자를 선택적 PQ심사대상공사, 후자를 의무적 PQ심사대상공사라고 할 수 있다.

㈜ 기획재정부 계약예규 「입찰참가자격 사전심사요령」에서는 추정가격이 200억원 이상인 다음의 18개공종공사도 PQ대상에 포함되는 것으로 정해놓고 있다.

① 다음 항목의 어느 하나에 해당하는 교량건설공사
- 기둥 사이의 거리가 50미터 이상이거나 길이 500미터 이상인 교량건설공사
- 교량건설공사와 교량 외의 건설공사가 복합된 공사의 경우에는 교량건설공사(기둥 사이의 거리가 50미터 이상이거나 길이 500미터 이상인 것에 한함)부분의 추정가격이 200억원 이상인 교량건설공사

② 공항건설공사
③ 댐축조공사
④ 에너지저장시설공사
⑤ 간척공사
⑥ 준설공사
⑦ 항만공사
⑧ 철도공사
⑨ 지하철공사
⑩ 터널건설공사(단, 터널건설공사와 터널 외의 건설공사가 복합된 공사의 경우에는 터널건설공사부분의 추정가격이 200억원 이상인 것에 한함)
⑪ 발전소건설공사
⑫ 쓰레기소각로건설공사
⑬ 폐수처리장건설공사
⑭ 하수종말처리장건설공사
⑮ 관람집회시설공사
⑯ 전시시설공사
⑰ 송전공사
⑱ 변전공사

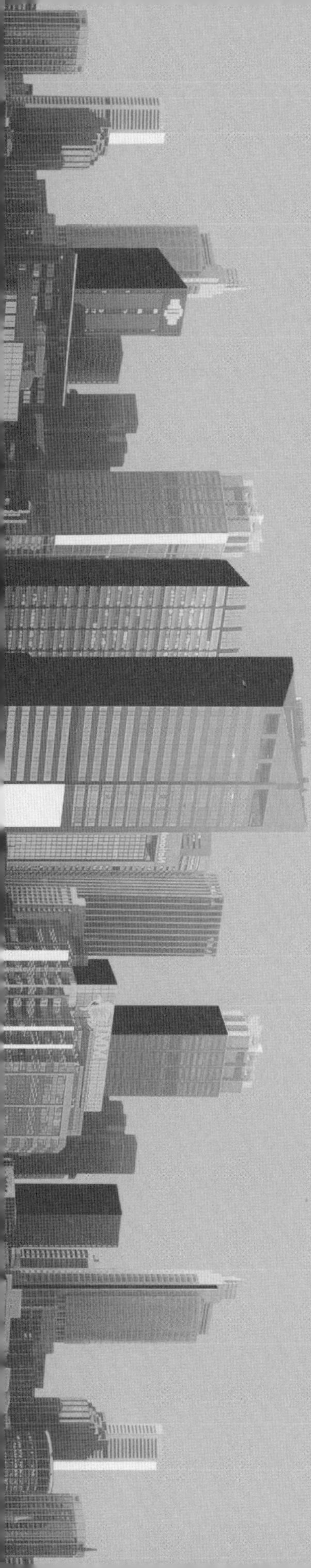

03

입찰관련서류

3·1 서 론
3·2 입찰관련서류의 개념
3·3 입찰관련서류의 종류
3·4 입찰관련서류의 입찰관리상의 위치
3·5 입찰관련서류의 열람 및 교부
3·6 입찰관련서류의 변경
3·7 평 가

제3장

입찰관련서류

3·1 서 론

본 장의 제목을 입찰관련서류라고 하였지만, 이 제목을 어떻게 할 것인가 하고 나름대로 적잖은 고심을 하였다. 왜냐하면, 이제는 오래된 얘기지만 1996년 당시 건설교통부(현 국토교통부)의 위탁과제였던 "건설공사계약서류선진화방안"이라는 연구보고서에서 필자는 이를 입찰준비문서로 명명하였던 바 있고, 여타의 경우에 있어서도 입찰서류 또는 입찰문서 등 그 표기를 달리하고 있기 때문이었다.

㈜ WTO정부조달협정에 의거 우리나라는 1997.1.1일부터 건설시장을 대외에 개방하도록 되어 있었는데, "건설공사계약서류선진화방안"은 종래의 공사계약조건(일반조건, 특수조건)과 「공사입찰유의서」를 선진국형으로 보완·개정하는 연구과제였다.

그런데 1997.1.1일부로 개정된 「국가계약법 시행령」에서 이의 명칭을 '입찰관련서류' 또는 '입찰에 관한 서류' (제14조)로 규정한 바, 이에 근거하여 본 장의 제목을 입찰관련서류로 한 것이다.

그렇다면, 어찌 보면 아주 당연하고, 또 간단한 일인데 무엇을 적잖게 고심하였다는 것일까. 이 입찰관련서류는 입찰의 준비를 위한 서류와 입찰시 발주처에 제출하는 서류로 구분할 수 있는데, 필자는 상기 보고서의 작성시 전자를 입찰준비문서, 후자를 입찰문서로 함을 전제하였다.

그러나 상기 시행령 제14조의 규정에 의하면, 발주처는 입찰관련서류를 작성·비치하되, 입찰공고일부터 입찰등록마감일까지 입찰후보자의 요구가 있는 경우 이를 열람할 수 있도록 하고 있다. 다만, 특정한 경우에 한하여 이를 입찰후보자에게 교부하고 있다. 이렇게 볼 때 상기 입찰준비문서와 입찰문서의 구분이 모호해지지 않을 수 없다.

㈜ 물론 「국가계약법 시행규칙」 제42조의 규정에 의하면, 소위 '별지 제5호 서식(입찰서, 수기식)' 또는 '별지 제6호 서식(입찰서, 전산처리식)'의 입찰서를 제출하도록 되어 있는 바, 이 입찰서가 상기 입찰문서에 해당한다고 할 수 있다.(추정가격이 100억원 이상인 경우 산출내역서 첨부)
이하에서 이에 대한 내용을 구체적으로 논의하고자 한다.

3·2 입찰관련서류의 개념

앞에서 우리나라식 입찰관련서류는 입찰준비문서와 입찰문서의 복합적인 개념임을 언급하였다. 그러나 이는 우리나라식 입찰체계에서나 구분의 실효성이 있지, 외국 특히 영·미권과 같은 국가에서는 그 실효성이 없다.

다시 말하면, 거의 대부분의 외국의 경우 입찰준비문서 또는 입찰문서는 그 개념상의 차이에도 불구하고 결국 입찰문서로 귀결된다.

예컨대 미국건축사협회(AIA : American Institute of Architects)의 입찰유의서(instructions to bidders) 제1조에서는 아래와 같이 규정하고 있다.

AIA 입찰유의서 제1조

"1. Bidding Documents include the Bidding Requirements and the proposed Contract Documents ...."

(입찰문서는 입찰요구사항과 제안된 계약문서를 포함한다)

여기에서 입찰요구사항은 무엇이며, 제안된 계약문서는 무엇을 뜻하는지 살펴보기로 한다.

1. 입찰요구사항; 입찰지침

입찰요구사항은 영문 Bidding Requirements를 우리말로 직역(直譯)한 것이다.

미국의 Cyril M. Harris는 입찰요구사항, 즉 Bidding Requirements를 그의 「건축사전」(dictionary of architecture and construction : McGraw-Hill, 1988)에서 아래

와 같이 정의하고 있다.

Cyril M. Harris의 정의

"Those documents providing information and establishing procedures and conditions for the submission of bids ···································"

(입찰 또는 입찰서의 제출을 위한 정보를 제공하고 그 절차 및 조건을 규정한 문서)

㈜ '입찰'의 영문표기는 bid와 tender가 있으며, 전자는 미국식, 후자는 영국식이다. 본서에서 필요에 따라 이를 혼용하여 표기할 것이므로 착오가 없기를 바란다.

이제 Cyril M. Harris의 정의와 AIA 입찰유의서 제1조의 규정을 종합하면, Bidding Requirements는 첫째, 아래의 문서를 총칭하는 개념이다.

(1) Advertisement or Invitation to Bid (입찰공고문 또는 입찰초청장)
(2) Instructions to Bidders (입찰유의서)
(3) Supplementary Instructions to Bidders (특별입찰유의서)
(4) Bid Form (입찰서 양식)
(5) Contract Form (계약서 양식)

둘째, 이를 우리나라식으로 생각하면, 발주처가 작성한 '입찰지침'이 된다.

따라서 본서에서는 이 Bidding Requirements를 입찰지침으로 표기하기로 하며, 그 해당문서에는 위의 (1) 내지 (5)항 등의 문서가 있는 것으로 간주하기로 한다.

2. 제안된 계약문서

제안된 계약문서, 즉 Proposed Contract Documents에서 'Proposed'(제안된)의 뜻은 어떤 계약에 있어서 발주처가 의도하거나 계획한 내용이라는 뜻이다. 이 의미는, 첫째 : 입찰에서부터 계약의 체결시까지 발주처에 의하여 제안된 사항들이 변경될 수도 있음을 전제로 하고 있으며(협상 등에 의하여), 둘째 : 경우에 따라서는 문서상에 기간·금액·요율 등이 공란인 채 배부되므로 입찰자가 이를 기입하거나 어떤 내용들을 제안(proposal)할 수 있음을 전제로 한다.

위 AIA 입찰유의서 제1조에서 Proposed Contract Documents를 아래와 같이 규정하고 있다.

(1) Form of Agreement(계약서 서식)
(2) Conditions of Contract(계약조건)
(3) Drawings(도면)
(4) Specifications(시방서)
(5) Addenda(추보)

(주) 제(5)항의 Addenda는 계약체결 전 발주처에 의하여 발급된 추가문건을 뜻하며, 정확하게는 '입찰서추보'라고 함이 옳을 것이다.

3. 소 결

개념상 다소의 차이가 없는 것은 아니지만, 우리나라의 입찰관련서류를 미국식 개념에 접합시킬 때, 이 서류는 입찰요구사항 즉 입찰지침과 제안된 계약문서를 통합한 개념이라고 할 수 있다.

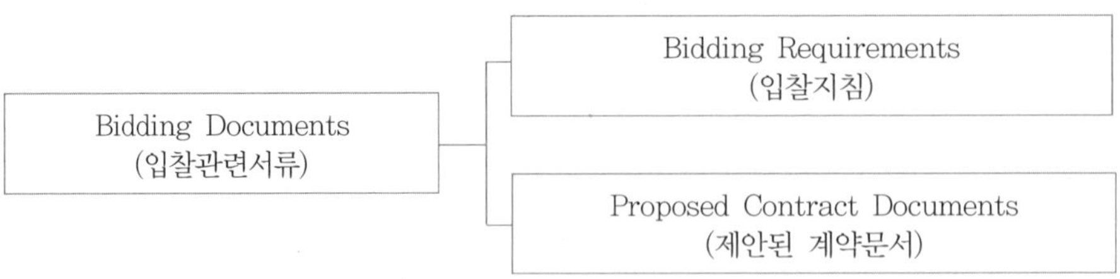

3·3 입찰관련서류의 종류

입찰관련서류는 국가나 발주처에 따라 종류를 달리 할 수 있다. 심지어 종전 우리나라나 일본의 경우에는 입찰관련서류에 대한 개념도 정립되어 있지 않았다.

㈜ '종전'이라 함은 건설시장의 개방 이전 즉 우리나라는 1997년 이전, 일본은 1995년 이전을 말한다. 그러므로 현행 우리나라의 「공사계약일반조건」은 1997년, 일본의 「공공공사청부계약약관」은 1995년도에 각기 완성된 골격이라고 할 수 있다. 그러나 본서에서는 전자의 경우 2016.12.30일자의 개정본, 후자의 경우는 2017.7.27일자의 개정본을 각기 참고로 하였다.

앞에서 입찰관련서류의 개념을 이해하기 위하여 미국의 입찰관련서류를 살펴보았다. 본 항에서는 우리나라의 입찰관련서류를 중심으로 논의하고자 한다.

1. 우리나라의 입찰관련서류

a. 공사입찰관련서류

「국가계약법 시행령」 제14조제1항 및 「국가계약법 시행규칙」 제41조제1항의 규정에 의하면, 공사계약의 입찰관련서류는 아래와 같다.

(1) 설계서
(2) 물량내역서
(3) 입찰공고문 또는 입찰참가통지서
(4) 공사입찰유의서
(5) 입찰참가신청서(소정서식)
(6) 입찰서(소정서식)
(7) 공사도급표준계약서(소정서식)
(8) 공사계약일반조건
(9) 공사계약특수조건

(10) 낙찰자결정기준(적격심사기준, 종합심사기준)

(11) 대형공사의 경우 입찰안내서

(12) 기타 참고사항을 기재한 서류

㈜ 제(1)항 설계서와 제(2)항 물량내역서에 대하여는 논란이 있는 바, 뒤에 다시 논의하기로 한다.

㈜ 제(10)항 낙찰자결정기준은 「국가계약법 시행령」 제42조제5항·제6항 및 「국가계약법 시행규칙」 제41조제1항제5호의 해석상, 국고의 부담이 되는 경쟁입찰에 있어서는 예정가격이하로서 최저가격으로 입찰한 자의 순으로 당해 계약이행능력을 심사하여 낙찰자를 결정하도록 되어 있는데 이 계약이행능력 심사를 적격심사라 하며, 그 심사내용을 규정한 계약예규를 적격심사기준이라 한다.

이에 대하여, 추정가격이 300억원 이상인 공사 또는 문화재수리로서 문화재청장이 정하는 공사의 입찰에 있어서는 각 입찰자의 입찰가격, 공사수행능력 및 사회적 책임 등을 종합적으로 심사하여 합산점수가 가장 높은 자를 낙찰자로 결정하도록 되어 있는데 이 심사를 종합심사라 하며, 이 심사내용을 규정한 기준을 종합심사기준이라 한다.

㈜ 위의 국가계약에 대하여, 행정안전부예규 「지자체입찰시 낙찰자결정기준」에서는 위에서 언급한 적격심사기준과 종합심사기준 외에 '입찰참가자격 사전심사기준'도 낙찰자결정기준에 포함시키고 있어서 국가계약과 차이가 있다. 따라서 지방계약의 경우 위 제(10)항 낙찰자결정기준은 다음과 같이 변경되어야 할 것이다. 즉, "(10) 낙찰자결정기준(적격심사기준, 종합심사기준, 입찰참가사전심사기준)"

㈜ 위에서 언급한 바와 같이 추정가격이 300억원 이상인 공사는 종합심사의 대상인 바, 종전에 이 공사는 최저가낙찰대상공사라 하여 입찰금액적정성만을 심사대상으로 하였다. 현재는 입찰금액 외에 공사수행능력, 사회적 책임, 계약신뢰도 등을 종합적으로 심사하고 있으나, 사회적 책임과 계약신뢰도는 가감방식으로 되어 있고 그 영향력이 크지 않다는 점에서, 결국 공사수행능력과 입찰금액이 주 심사항목이다. 그렇다면 적격심사의 심사항목이 공사수행능력과 입찰금액으로 되어 있다는 점에서 양자간 별반 차이가 없는 듯이 보이기도 한다. 다만 배점 상에 차이가 있을 뿐이다. 아래에 적격심사(추정가격 100억원 이상인 공사의 경우를 예로 함)와 종합심사의 항목별 배점기준을 표로서 비교하여 보기로 한다.

적격심사 vs 종합심사 항목별배점비교

심사항목	적격심사	종합심사
공사수행능력	70	40~50
입찰금액	30	50~60

b. 용역입찰관련서류

「국가계약법 시행령」 제16조제1항 및 「국가계약법 시행규칙」 제41조제2항의 규정에 의하면, 용역계약의 입찰관련서류는 아래와 같다.

(1) 입찰공고문 또는 입찰참가통지서
(2) 용역입찰유의서
(3) 입찰참가신청서(소정서식)
(4) 입찰서(소정서식)
(5) 용역표준계약서(소정서식)
(6) 용역계약일반조건
(7) 용역계약특수조건
(8) 계약체결기준
(9) 과업내용서
(10) 기타 참고사항을 기재한 서류

2. 싱가포르의 입찰관련서류

싱가포르의 입찰유의서(instructions to tenderers and conditions of tendering) 제2조 및 제3조의 규정에 의하면, 발주처는 아래의 서류를 입찰후보자에게 교부한다.

(1) Specifications(시방서)
(2) Drawings(도면)
(3) Particular Conditions of Contract(계약특수조건)
(4) Bill of Quantities(물량내역서)

㈜ 일반적으로 Bill of Quantities, 즉 BOQ라 함은 Priced BOQ, 즉 산출내역서를 뜻하지만 위 싱가포르처럼 입찰 전에 배부되는 BOQ는 당연히 Blank BOQ, 즉 물량내역서임을 유의해야 한다.

그 외의 서류, 즉 계약일반조건, 공공공사일반시방서, 기계·전기표준시방서 등은 입찰후보자가 요청할 경우 유상(有償)으로 교부하고 있다.

3. FIDIC의 입찰관련서류

국제컨설팅엔지니어협회(FIDIC : Federation Internationale des Ingenieurs Conseils)의 「공사계약조건」에 의하면, 앞에서 언급한 미국의 경우와 달리 FIDIC은 입찰지침과 제안된 계약문서로 구분하지 않고 우리나라식 입찰관련서류(Tender)로 단일화 하고 있다.

FIDIC의 입찰관련서류는 아래와 같다.

(1) Letter of Tender (입찰서)
(2) All other documents which the Contractor submitted with the Letter of Tender (시공자가 입찰서와 함께 제출한 기타 모든 서류)

FIDIC 공사계약조건 제1.1.1.8조

"Tender means the Letter of Tender and all other documents which the Contractor submitted with the Letter of Tender, as included in the Contract."

(입찰관련서류라 함은 입찰서 및 계약상대자가 입찰서와 함께 제출한 계약문서에 포함된 여타의 모든 문서를 말한다.)

㈜ FIDIC 「공사계약조건」에서 Tender는 입찰관련서류를 뜻하고, Letter of Tender는 입찰서, Contract은 계약문서를 뜻함에 유의하여야 한다. 물론 Tender와 Contract은 단순히 입찰과 계약을 뜻하기도 한다.

4. 미국CM협회의 입찰관련서류

미국건설사업관리협회(CMAA, Construction Management Association of America)의 「CM용어해설」(CM Glossary)에서는 입찰관련서류를 아래와 같이 규정하고 있다.

(1) advertisement for bids (입찰공고)
(2) instructions for bidders (입찰유의서)
(3) information available to bidders (열람가능자료)
(4) bid form (입찰서 서식)
(5) proposed contract documents(including all addenda issued prior to receipt of bids) (입찰 전에 발급된 모든 추보를 포함한 제안된 계약문서)

CMAA의 CM용어해설(CM Glossary)

Bidding Documents
The advertisement for bids, instructions for bidders, information available to bidders, bid form with all attachments, and proposed contract documents.

(입찰서류
입찰공고, 입찰유의서, 입찰자열람가능자료, 입찰서 서식 및 첨부자료, 제안된 계약문서)

㈜ 위 CMAA의 자료는 2017.10.31일자의 CMAA 홈페이지 'Glossary, Printer-friendly version'에서 인용하였음을 밝힌다.

3·4 입찰관련서류의 입찰관리상의 위치

1. 입찰의향의 결정기준

입찰관련서류는 이를 입찰준비서류 또는 입찰지침, 또는 입찰문서로 구분할 것인가의 여부가 중요한 것이 아니라, 이 서류는 계약의 이행 또는 공사의 수행과 관련한 모든 정보를 보유하고 있다는 점에서 중요성이 있다.

입찰후보자는 그러므로 이 정보에 입각하여 입찰참가 여부를 결정하며, 향후 계약금액의 근거가 되는 입찰금액을 산정하게 된다. 물론 이 정보에 대한 해석상의 책임은 입찰자에게 있다.

2. 입찰관련서류의 소유권

입찰관련서류는 발주처가 입찰후보자에게 교부할 때 통상 일정금액의 납부를 요구한다. 그러나 여기에서 납부의 의미에 주의를 해야한다.

첫째 : 우리나라는 입찰공고 등에서 대가를 납부하도록 요구한 경우에는 발주처가 그 서류에 대한 대가를 받고 교부하는 방식을 취한다(계약예규 「공사입찰유의서」 제4조제2항 참조). 그러므로 입찰자는 이들 서류를 발주처에 반납할 의무가 없으며, 설령 반납한다고 하더라도 납부한 대가를 환불받지 못한다. 즉, 입찰관련서류의 소유권은 입찰자에게 있다. 다만, 이 서류 중 물량내역서는 여기에 단가 및 금액을 기재하여 발주처에 제출하여야 하지만, 이 경우라고 하더라도 소유권의 이전문제가 제기되는 것은 아니다. 그러나 설계서의 경우에는 교부받은 자는 해당입찰에 참가하거나 계약을 이행하는 용도 이외의 목적으로 이를 무단복제, 배포, 개작, 전송 등의 행위를 하여서는 아니 된다.

㊟ 우리나라의 경우 추정가격이 100억원 이상인 공사의 입찰에서는 산출내역서(물량내역서에 단가와 금액을 기재한 서류)를 입찰서에 첨부하여 제출하고, 추정가격이 100억원 미만인 공사의 입찰에서는 낙찰자에 한하여 물량내역서를 교부하며 낙찰자는 이에 대한 산출내역서를 착공신고서의 제출시까지 발주처에 제출한다.

둘째 : 영·미권 등의 국가에서는 입찰후보자가 입찰관련서류를 교부받을 때 소정의 금액을 발주처에 납부하기는 하나, 이 경우의 납부는 우리나라나 일본과는 달리 엄밀한 의미에서 예치(deposit)하는 개념이다. 다시 말하면, 입찰자는 입찰시에 입찰관련서류를 발주처에 제출하여야 하나, 통상 낙찰되지 아니한 입찰자는 상기 예치금을 환불받는다. 이와 같은 관점에서 영·미권의 경우 입찰관련서류는 발주처의 자산으로 인식되며, 당연히 그 소유권은 발주처에게 있다.

아래에서 미국건축사협회(AIA, American Institute of Architects) 입찰유의서의 관련조항을 인용한다.

AIA 입찰유의서 제3조

"3.1.1 Bidders may obtain complete sets of the Bidding Documents from the issuing office designated in the Advertisement or Invitation to Bid in the number and for the deposit sum, if any, stated therein. The deposit will be refunded to Bidders who submit a bona fide Bid and return the Bidding Documents in good condition......................................"

(입찰자는 입찰공고 또는 입찰초청장에 지정된 발행기관에서, 예치금을 요구하고 있는 경우에는 그를 납부하고, 입찰문서 전질을 교부받을 수 있다. 예치금은 성실한 입찰서를 제출하는 입찰자로서 입찰문서를 양호한 상태로 반납하는 경우에는 환불한다)

참고로, 상기 조항 중 'a bona fide Bid'라 함은 지정된 입찰서양식에, 입찰문서에서 규정하는 조건에 따라 작성되고, 권한 있는 자가 서명·날인한 입찰을 말한다. 상기 인용문의 'Bidders who submit a bona fide Bid'는 이를 줄여 'bona fide Bidders'로 표기할 수 있다.

미국엔지니어합동계약문서위원회(EJCDC: Engineers Joint Contract Documents Committee)의 입찰유의서에서도 이와 동일한 규정을 두고 있으나, 상기 AIA의 입찰유의서에 비하여, 낙찰일 후 30일 이내에 관련서류를 발주처에 반납하도록 하는 시한을 두고 있다는 점에서 차이가 있다.

3. 계약문서로의 전환

입찰관련서류는 해당계약의 근거가 되며, 계약이 체결되고 난 뒤에는 통상 계약문서로 전환된다. 물론 입찰관련서류 그 자체가 계약문서라는 뜻은 아니다.

예를 들면, 입찰관련서류로서의 계약서는 서식 또는 양식(form)의 형태로 존재되며, 여기에 관련사항이 기재되어 계약당사자가 서명·날인함으로써 계약문서로서의 계약서가 된다. 또한 입찰관련서류로서의 내역서, 즉 Bill of Quantities는 Blank Bill of Quantities(공내역서)이나 입찰시 입찰자에 의하여 단가와 금액이 기재되어 Priced Bill of Quantities(산출내역서)로 전환된다.

3·5 입찰관련서류의 열람 및 교부

입찰관련서류는 발주처가 작성함이 일반적이나, 그 교부 또는 열람의 경우에는 국가별·발주처별로 차이가 있다.

우리나라는 국가계약법령 및 계약예규(입찰유의서)에서 이와 관련한 규정을 두고 있으며, 아래에서 이를 간략하게 정리하고자 한다.

a. 발주처의 작성·비치의무

우리나라도 여타의 국가와 마찬가지로 발주처가 입찰관련서류를 작성하여 비치한다.

b. 열람

모든 입찰희망자들은 발주처에 비치된 입찰관련서류를 입찰공고일부터 입찰등록마감일까지 열람할 수 있다.

c. 교부

입찰관련서류의 교부기간은 열람의 경우와 마찬가지로 입찰공고일부터 입찰등록마감일까지이나, 단지 열람의 경우와는 달리 교부에 있어서는 다음과 같은 조건을 두고 있다.

(1) 공사입찰관련서류의 교부

(a) 열람과 마찬가지로 입찰희망자에게 입찰관련서류를 교부하여야 하나, 설계서의 경우에는 입찰희망자의 요구가 있는 경우에 한하여 교부한다.

(b) 종합심사에 의하여 낙찰자를 결정하는 공사 즉 추정가격이 300억원 이상인 공사에 대해서는 입찰희망자에게 물량내역서를 교부하지 않고, 입찰희망자로 하여금 이를 직접 작성(발주처가 교부하는 물량내역기초자료를 참고하여 작성하는 경우도 포함)하게 할 수 있다.

(2) 용역입찰관련서류의 교부

용역입찰의 경우 입찰희망자는 용역입찰관련서류를 열람할 수 있으며, 추정가격이 고시금액 이상인 용역의 경우에는 입찰희망자가 요구하는 경우에 한하여 이를 교부한다.

㈜ 2018.7.1일 현재 용역에 대한 기획재정부 고시금액은 2.1억원이며, 행정자치부 고시금액은 3.2억원(기초지자체에 대하여는 6.4억원)이다.

d. 입찰관련서류의 대가

이와 관련한 내용은 상기 제3·4-2항에서 이미 논의하였다.

입찰관련서류의 대가(또는 예치금)는 통상 입찰공고 등에서 그 금액·납부처·납부방법 등이 공고된다. 우리나라 계약예규 입찰유의서에서도 이와 같이 규정하고 있다(「공사입찰유의서」 제4조제2항 등).

참고로 사우디아라비아의 「공공공사의 수행 및 정부조달에 관한 법률」(law for procurement of government purchases and execution of its projects and works)에서는 입찰관련서류와 관련하여 구체적인 규정을 두고 있으며, 우리나라도 참고할 수 있을 것 같아 아래에 소개한다.

(1) 입찰관련서류의 대가는 발주처 제작비의 5%의 간접비를 가산한 금액으로 한다.

(2) 개찰일 이전에 입찰이 철회 또는 취소되는 경우 이 대가는 전액 입찰자에게 환불된다.

(3) 개찰일 이후에 입찰이 철회 또는 취소되는 경우에는 이 대가를 입찰자에게 환불하지 아니하나, 입찰관련서류를 발주처에 제출한 입찰참가자에게는 이 대가를 환불한다.

(4) 상기 제(3)항 입찰참가자의 경우에 있어서도 그 입찰이 무효사유에 해당되는 때에는 그 대가를 환불하지 아니한다.

3·6 입찰관련서류의 변경

1. 입찰관련서류 변경의 개념

앞에서 논의한 바와 같이 입찰관련서류는 입찰뿐만 아니라 계약의 근거서류가 된다는 점에서 이를 계약준비문서, 또는 제한적이기는 하지만 그 자체를 계약문서라고 인식하기도 한다. 그 이유는 입찰관련서류 중 일부는 그 서류에 필요사항을 기재함으로써 계약문서가 되고, 또 일부는 특별한 경우를 제외하고는 그 자체로 바로 계약문서가 되기 때문이다.

여기에서 '특별한 경우'라 함은 계약체결 이전에 입찰관련서류를 보완하거나 변경(이를 본 항에서 '변경'이라 통칭함)하는 경우를 말하며, 대체로 아래의 경우에 변경하게 된다.

(1) 입찰관련서류상에 누락 또는 착오 등이 있는 경우
(2) 발주처에게 불가피한 변경사유가 있는 경우
(3) 입찰자의 제안(proposal. 이를 대안 또는 alternate라 부르기도 함)에 의한 경우

결국, 내용에 있어서 설계변경 등 계약사항의 변경과 차이가 없다. 다만, 변경 시기에 따라 계약체결 이전에 이루어지는 경우 이를 입찰관련서류의 변경이라 하며, 계약체결 이후, 즉 계약의 수행 중에 이루어지는 경우 이를 설계변경 또는 계약사항의 변경이라고 한다. 영문으로는 전자의 경우를 Addendum, 후자를 Variation, Change 또는 Modification이라 하여 확연히 구분하고 있다.

양자의 개념을 비교하면 아래 표와 같다.

Addendum과 Variation의 비교

구 분	Addendum	Variation
1. 변경권자	발주처	발주처·감독관(감리자)
2. 변경의 당사자	발주처와 다수의 입찰자	계약당사자
3. 변경의 범위	제한없음	제한이 있음 (예 : 계약금액의 50% 등)
4. 변경시기	계약체결 전	계약체결 후
5. 변경의 효과	입찰자가 입찰금액에 반영	계약금액의 조정
6. 금액조정의 재량권 유무	입찰금액에 반영여부는 입찰자의 재량사항	일반적으로 계약상 의무사항

상기 중 Addendum, 즉 입찰관련서류의 변경은 추보 또는 부록이라고 번역되기도 한다. 미국의 경우 이 Addendum은 계약문서의 하나로 규정하고 있는 반면, 일본의 경우에는 이를 '질의응답서'로 하여 도면, 시방서 및 현장설명서와 함께 계약문서 중에서도 설계문서에 포함시키고 있다. 우리나라나 싱가포르 등의 경우에는 이에 대한 명문규정을 두고 있지 않다. 그러나 이에 대한 명문규정이 없다고 하여 계약수행상의 효력을 부인할 수는 없다. 우리나라라고 하더라도 국가계약법령이나 계약예규에서는 이에 대한 규정을 두고 있지 않으나, 실제로 거의 대부분의 발주처는 「공사입찰특별유의서」 등에서 이를 규정하고 있음을 본다.

계약문서에 대하여 이와 같은 문건을 계약적 문서라고 달리 부르기도 한다.

2. 입찰관련서류의 변경절차

상기 1항에서 논의한 '특별한 경우', 즉 입찰관련서류를 변경하는 경우를 다른 각도에서 접근하면 다음과 같이 된다.

(1) 입찰자의 질의 또는 요청에 의한 변경
(2) 발주처의 필요에 의한 변경
(3) 입찰자의 대안에 의한 변경

제(1)항의 경우는 교부받은 입찰관련서류상에 오류가 있거나 그 해석에 있어서 의문이 있을 때 이를 발주처에 정정 또는 유권해석을 요구하여 이루어지며, 제(2)항의 경우에는 발주처 자신의 필요에 의하여 발주처 자신이 변경하므로 반드시 어떤 특정사항에 국한되지 아니한다. 그러나 해당계약의 기본목적 등 중대사안을 변경하는 경우에는 그에 따른 입찰자의 대처를 위하여 재입찰공고 또는 적어도 입찰서제출마감일의 연장 등 관련조치를 취하여야 할 것이다. 제(3)항의 경우에는 제(1) 또는 (2)항과는 달리 전체입찰자에 관련되는 사항이 아니고, 당해 입찰자가 낙찰자로 선정되었을 때에 한하여 계약체결 전 해당사항을 변경하게 된다는 점에서 차이가 있다.

제(1)항을 기준으로 그 변경절차를 그림으로 요약하면 아래와 같다.

입찰관련서류의 변경절차

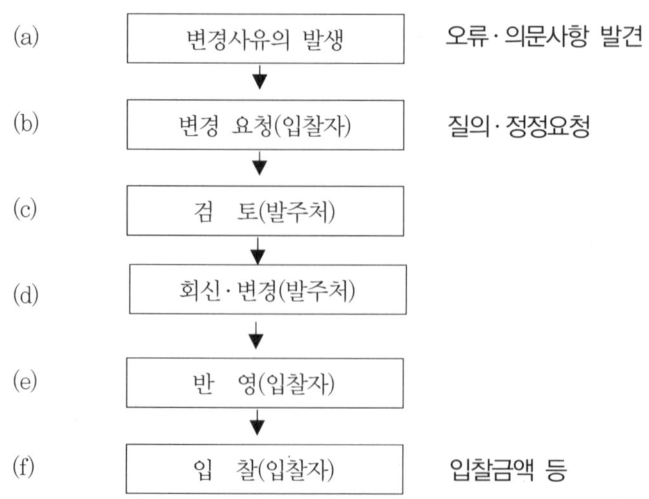

3. 입찰관련서류의 변경시한

입찰공고일로부터 상기 흐름도의 제(f)항 입찰일 또는 입찰서제출마감일은 이미 확정되어 있다. 그러므로 다수의 입찰희망자를 대상으로 하는 입찰관리에 있어서 입찰후보자의 질의 또는 정정요청이나 그에 따른 발주처의 입찰관련서류의 변경을 무한정 허용할 수는 없다. 이에 따라 입찰유의서나 입찰공고문 또는 여타의 입찰관련서류에서 입찰후보자의 질의 또는 정정요청사항과 발주처의 회신 또는 발주처의 필요에 의한 변경시한을 사전에 정하여 놓는 것이 일반적이다.

먼저 미국건축사협회(AIA)의 입찰유의서 관련조항을 인용하여 보기로 한다.

AIA 입찰유의서 제3조

"3·2·2 Bidders and Sub-bidders requiring clarification or interpretation of the Bidding Documents shall make a written request which shall reach the Architect at least seven days prior to the date for receipt of Bids."

(입찰관련서류의 설명 또는 해석이 요구되는 입찰자나 하수급입찰자는 입찰서접수마감일 7일 전에 감독관에게 도착되도록 서면질의서를 제출하여야 한다)

....

"3·4·3 No Addenda will be issued later than four days prior to the date for receipt of Bids ...."

(추보는 입찰서접수마감일 전 4일 이후에는 발급할 수 없다)

AIA의 상기 시한, 즉 입찰서제출마감일 7일 전 입찰후보자의 질의·요청 및 입찰서제출마감일 4일 전 발주처의 회신·변경체계를 '7-4시한체계'(7-4 time limits system)라 불리운다.

일본은 7-3시한체계, 미국 엔지니어합동계약문서위원회(EJCDC)는 10-4시한체계, 싱가포르는 7-1시한체계를 취한다. 다만, 우리나라는 계약예규「공사입찰유의서」제5조 제2항에서 '입찰서제출마감일 전일까지' 발주처에 설명을 요구할 수 있도록 규정하고 있어, 1-1시한체계라고 할 수 있을 것이며, 여기에 상당한 문제가 있다(후술 제3·7항 참조).

3·7 평 가

우리나라의 입찰관련서류가 그나마도 현재와 같이 정비된 것은 1997년의 일이다. 이렇게 볼 때 선진외국에 비하여 그 역사가 비교할 수 없을 만큼 짧다. 그러나 역사가 짧다고 잘못된 제도를 방치하여서는 안 된다.

본 항에서는 우리나라의 모든 제도를 논의하고자 하는 것이 아니라 본 장에서 논의된 사항에 한하여 무엇이 문제인지를 짚어보고자 한다.

a. 입찰관련서류의 표기

「국가계약법 시행령」 제14조에서 '입찰에 관한 서류'를 '입찰관련서류'로 정의하고 있음에도 불구하고, 동법 시행규칙(제41조 등), 「용역입찰유의서」(제4조 등)에서는 아직도 종전의 '입찰에 관한 서류'로 표기하고 있다. 자칫하면 양자를 동일서류가 아닌 다른 서류인 것으로 착오를 일으킬 수도 있다. 계약용어는 미세한 부분에 있어서도 명확하여야 한다.

b. 입찰관련서류의 구분

우리나라의 경우 국가계약법령 및 계약예규상 입찰관련서류는 공사의 경우 12종, 용역의 경우 9종이다(물론 기타 참고사항을 기재한 서류도 있다면 그보다 더 많을 것이다). 이들 서류를 총칭하여 입찰관련서류라고 하는 그 자체에는 문제가 있을 수 없다.

그러나 과학적·효율적 입찰관리를 위하여서는 입찰에 참고가 되는 서류, 즉 입찰준비서류와 입찰시 제출하여야 하는 서류, 즉 입찰서류로 구분할 필요성이 있다. 물론, 개별 발주처에서 또는 개별 공사입찰에서 별도로 정할 수도 있겠으나, 입찰희망자에게 일관된 안정성을 부여하는 것이 중요하다.

참고로, 계약문서는 기본적으로 6종이다(기획재정부 계약예규 「공사계약일반조건」 제3조 참조). 계약문서는 뒤에 다시 논의한다.

c. 입찰관련서류의 대가

우리나라의 경우 입찰관련서류는 표현상 교부라고 하나, 실제적으로는 판매라고 하여야 한다. 물론 판매대가로 발주처의 입찰관리비용을 충당한다는 이점이 없는 것은 아니나, 공공공사의 발주처는 필요한 경비를 자체적으로 조달하여야 할 책임이 있다.

엄청난 수주경쟁을 감안할 때, 시공자의 입찰관련서류의 구입에 소요되는 대금도 생각해 볼 일이다. 발주처의 경비충당과 시공자의 지출에 대한 상관관계를 생각할 때 결국 국민적 비용으로 전가될 수밖에 없다.

외국처럼 입찰관련서류를 발주처의 자산으로 하고, 입찰후보자들은 그를 빌려서 활용하는 제도를 취한다면, 비록 규모면에서 소액이라 할 수 있을 것이지만, 그것이 선진적·과학적 입찰관리가 될 것이다.

d. 입찰참가신청마감일

본 항은 이 자체로는 본 장 입찰관련서류와 관련이 없다고 생각할지 모른다. 그러나 이 입찰관련서류의 열람 및 교부기간과 관련이 있기에 본 장에서 언급하여 무방하다고 생각한다.

입찰참가신청마감일은 「국가계약법 시행규칙」 제40조에서는 입찰서제출마감일 전일까지로 규정하고 있으나, 계약예규 「공사입찰유의서」 및 「용역입찰유의서」 제3조에서는 입찰공고 또는 입찰참가통지서에서 기재되는 것으로 규정하고 있다. 이 경우 상기 시행규칙과 계약예규상의 입찰참가신청마감일이 달리 해석될 개연성이 있다.

e. 질의 및 응답의 시한

계약예규 「공사입찰유의서」 및 「용역입찰유의서」 각 제5조의 규정에 의하면, 입찰희망자는 입찰관련서류의 검토과정에서 발견한 입찰관련서류상의 착오, 누락사항 또는 기타 설명이 요구되는 사항에 대하여 '입찰서제출마감일 전일'까지 발주처에 그 설명을 요구할 수 있다.

계약예규에서는 입찰관련서류에 대한 질의 및 응답의 시한에 있어서 소위 '1-1 시한체계'(1-1 time limits system)를 채택하고 있다. 다시 말하면, 입찰서제출마감일 전일까지 입찰희망자는 질의를 할 수 있고, 입찰서제출마감일 전일까지 발주처는 그 질의에 대하여 회신하여야 한다.

이 시한체계는 앞에서 논의한 바와 같이 '입찰서제출마감일 전일'이 '입찰참가신청마감일'인 점을 감안할 때 지극히 비현실적인 체계임을 알 수 있다.

이에 대하여, 조달청의 「일괄입찰 등의 공사입찰특별유의서」(본서에서 "일괄입찰특별유의서"로 약칭하기로 함) 제9조에서 입찰안내서에 대한 질의는 현장설명일로부터 30일 이내에, 질의에 대한 답변은 질의마감일로부터 20일 이내에 하도록 하여 소위 30-20시한체계를 취하고 있다.

> 注 위 본문의 질의시한은 현장설명을 실시하지 않는 공사입찰의 경우에는 입찰참가자격 사전심사신청마감일로부터 30일 이내이다.
>
> 입찰참가자격 사전심사신청은 입찰공고일부터 7일 이상이 지난 날부터 하며, 신청기간은 10일 이상으로 하되, 입찰공고시 그 신청기간을 명시하도록 되어 있으므로(「국가계약법 시행규칙」 제23조의2) 위의 신청마감일은 결국 입찰공고문 등에 기재된다.

기획재정부의 계약예규에서 1-1시한체계로 되어 있음에 비하여, 물론 적용기준일에 차이가 있기는 하지만, 조달청의 고시 「일괄입찰특별유의서」에서 30-20시한체계를 취하고 있는 것은 입찰관리에 상당한 논란의 소지가 있을 수 있다.

공 사 입 찰 유 의 서

(기획재정부 계약예규 제325호, 2016.12.30)

제1조(목적) 이 유의서는 정부(이하 "발주기관"이라 한다)가 행하는 공사계약에 대한 입찰에서 해당 입찰에 참가하고자 하는 자가 유의하여야 할 사항을 정함을 목적으로 한다.

제2조(용어의 정의) 이 유의서에서 사용하는 용어의 정의는 이 유의서에서 따로 정하는 경우를 제외하고는「국가를 당사자로 하는 계약에 관한 법률 시행령」,「국가를 당사자로 하는 계약에 관한 법률 시행규칙」,「특정조달을 위한 국가를 당사자로 하는 계약에 관한 법률 시행령 특례규정」(이하 각각 "시행령", "시행규칙" 및 "특례규정"이라 한다) 및 계약예규「공사계약일반조건」(이하 "일반조건"이라 한다)에 정하는 바에 의한다.

제3조(입찰참가신청) ①입찰에 참가하고자 하는 자는 입찰공고 또는 입찰참가통지서에 기재된 입찰참가신청마감일까지 다음 각 호의 서류를 발주기관에 제출하여 입찰참가 신청을 하여야 한다.

1. 입찰참가신청서(소정서식) 1통
2. 해당 공사에 해당하는 면허수첩 또는 자격등록증 서류 1통
3. 인감증명서 또는「본인서명사실 확인 등에 관한 법률」제2조제3호에 따른 본인서명사실확인서 1통 〈개정 2016.12.30.〉
4. 기타 공고 또는 통지로 요구하는 서류

②제1항제2호의 경우에는 원본을 제시하거나 사본에 "원본과 같음"을 명기하고 인감(인감증명서상의 인감 또는 입찰참가신청서상의 사용인감)으로 날인(본인서명사실확인서를 제출한 경우는 서명)하여 제출하여야 한다. 〈개정 2016.12.30.〉

③시행령 제72조에 의하여 공동계약이 허용된 경우에는 공동수급체를 구성하여 입찰에 참가하고자 하는 자는 공동수급협정서를 제1항 각 호의 서류와 함께 제출하여야 한다.

제3조의2(입찰참가자격의 판단기준일) ①시행령 제12조 및 제21조에 따른 등록 · 시공능력 · 실적 등에 의한 입찰참가자격의 판단기준일은 시행규칙 제40조제4항에 의한 입찰참가신청서류의 접수마감일(이하 "입찰참가등록마감일"이라 한다)로 하며, 입찰참가자는 입찰서제출마감일까지 해당 입찰참가자격을 계속 유지하여야 한다. 〈개정 2010.9.8, 2011.2.1〉

1. 〈삭제 2010.9.8.〉
2. 〈삭제 2010.9.8.〉

②제1항에도 불구하고 시행령 제21조제1항제6호 및 시행규칙 제24조에 따라 지역제한경쟁입찰에 부치는 경우 그 주된 영업소의 소재지 기준일은 입찰공고일 전일(다만, 시행령 제72조제3항제2호에 따른 사업의 경우에는 입찰공고일 전일 현재 해당업체의 전입일 익일부터 기산하여 90일 이상이 경과하고 있어야 한다)로 하며 계약체결일까지 계속 유지하여야 한다. 〈개정 2009.4.8., 2011.2.1〉

③입찰참가자가 영업정지처분을 받은 경우에는「건설산업기본법」등 관련법령에 의한 처리기준에 따라 입찰참가자격을 판단하고, 입찰참가자가 시행령 제76조에 의한 입찰참가자격제한을 받은 경우에는 입찰참가등록마감일 전일까지 입찰참가자격제한기간이 만료되어야 입찰참가가 가능하다. 〈개정 2010.9.8.〉

1. 〈삭제 2010.9.8.〉
2. 〈삭제 2010.9.8.〉

④입찰 전에 상호 또는 대표자의 변경(법인의 경우에는 법인 등기사항증명서를 기준으로 한다)이 있는 경우에는 변경신고를 한 후에 변경된 상호 또는 대표자 명의로 입찰에 참가하여야 한다. 〈개정 2015.9.21.〉

제3조의3(특별재난 선포지역의 지역제한경쟁입찰시 입찰참가자격의 판단기준일 관련 특례) ①「재난 및 안전관리기본법」제60조에 따라 특별재난지역으로 선포된 지역의 재난복구를 위하여 발주하는 공사를 시행령 제21조제1항제6호 및 시행규칙 제24조에 의하여 지역제한 경쟁입찰에 부치는 경우에는 그 주된 영업소의 소재지 기준일은 다음 각 호의 기준에 의하여야 한다.

1. 특별재난지역 선포의 원인이 된 재난의 발생일 전에 소재지를 이전한 업체의 경우에는 제3조의2제2항을 적용함
2. 특별재난지역 선포의 원인이 된 재난의 발생일 이후에 소재지를 이전한 업체의 경우에는 제3조의2제2항에 불구하고 입찰공고일 전일 현재 해당업체의 전입일 익일부터 기산하여 90일 이상이 경과하고 있어야 하며 계약체결일까지 계속유지 하여야 함

②「재난 및 안전관리기본법」 제60조에 따라 특별재난지역으로 선포된 지역의 재난복구를 위하여 발주하는 공사를 시행령 제30조제4항 및 시행규칙 제33조제2항에 의하여 주된 영업소의 소재지로 견적서의 제출을 제한하는 경우에도 제1항 각 호를 준용한다.
③계약담당공무원은 제1항 및 제2항에 따라 특례를 적용하는 경우에는 이를 입찰공고 및 견적서제출 안내공고 등에 명시하여야 한다.

제4조(입찰에 관한 서류) ①계약담당공무원은 입찰공고일부터 입찰등록마감일까지 입찰에 참가하려는 자에게 다음 각 호의 서류(이하 "입찰관련서류"라 한다)를 열람하게 하고 교부하여야 한다. 다만, 설계서의 경우에는 교부를 요구한 경우에 한정한다. 〈개정 2010.9.8.〉

1. 입찰공고문 또는 입찰참가통지서
2. 공사입찰유의서
3. 입찰참가신청서(소정서식)
4. 입찰서(소정서식)
5. 공사도급표준계약서(소정서식)
6. 공사계약일반조건
7. 공사계약특수조건
8. 설계서(설계도면, 공사시방서 및 현장설명서를 말한다. 이하 같다), 물량내역서(시행령 제14조제1항 단서의 경우 교부하지 아니할 수 있다). 〈개정 2010.9.8.〉
9. 시행령 제6장 및 제8장을 적용받는 공사의 경우 입찰안내서 〈개정 2010.9.8.〉
10. 시행령 제42조제5항 · 제6항에 따른 낙찰자 결정관련 심사기준(세부심사기준을 포함한다) 〈개정 2010.9.8, 2015.9.21.〉

11. 기타 참고사항을 기재한 서류 〈신설 2010.9.8.〉

②발주기관은 제1항의 입찰에 관한 서류를 교부하는 경우에 입찰공고 등에서 정한 금액을 납부할 것을 요구할 수 있으며, 이 경우에는 입찰에 참가하고자 하는 자는 이에 따라야 한다.

③제1항의 설계서를 교부받은 자는 해당 입찰에 참가하거나 계약을 이행하는 용도 이외의 목적으로 설계서를 무단복제, 배포, 개작, 전송 등의 행위를 하여서는 아니 된다. 〈개정 2016.12.30.〉

제4조의2(국민건강보험료 및 국민연금보험료 사후정산 등에 관한 규정의 숙지 등) 계약담당공무원은 입찰공고 등에 계약예규 「정부입찰 · 계약집행기준」 제17장에 정한 국민건강보험료 및 국민연금보험료 사후정산 등에 관한 내용을 기재하여 입찰에 참가하고자 하는 자가 열람할 수 있도록 하여야 하며, 입찰에 참가하고자 하는 자는 동 내용을 숙지하여야 한다.

제5조(관계법령의 숙지) ①입찰에 참가하고자 하는 자는 시행령 등의 입찰에 관련된 법령 및 제4조제1항에 의한 입찰관련서류를 입찰 전에 완전히 숙지하여야 하며 이를 숙지하지 못한 책임은 입찰참가자에게 있다. 〈개정 2010.9.8.〉

②입찰에 참가하고자 하는 자는 제1항에 의한 입찰관련서류의 검토과정에서 발견한 입찰에 관한 서류상의 착오, 누락사항 또는 기타 설명이 요구되는 사항에 대하여는 입찰서 제출마감일전일까지 발주기관에 그 설명을 요구할 수 있다. 〈개정 2010.9.8.〉

제6조(현장설명) ①현장설명에 참가하고자 하는 자는 소정의 국가기술자격을 취득하거나 「건설기술진흥법」 등 관련법령에 의하여 해당 기술자로 인정되고 있는 자이어야 하며 국가기술자격수첩 또는 건설기술자 경력수첩을 제시하여야 한다. 다만, 「건설산업기본법 시행령」 제8조, 「전기공사업법 시행령」 제5조 및 「정보통신공사업법 시행령」 제4조에 의한 경미한 공사의 경우에는 그러하지 아니하다. 〈개정 2015.9.21.〉

② 〈삭제 2010.9.8.〉

제7조(입찰보증금) ①입찰에 참가하고자 하는 자는 입찰신청마감일(공휴일인 때에는 전일)까지 입찰금액의 100분의 5 이상의 입찰보증금을 시행령 제37조제2항에 규정된 현금 또는 보증서등으로 발주기관에 납부하여야 한다.

②낙찰자가 정당한 이유없이 소정의 기한 내에 계약을 체결하지 아니한 때(제21조제1항에 규정한 공사이행보증서 제출의무가 있는 경우에 동 보증서 기한 내에 제출하지 못하여 계약을 체결하지 못한 경우를 포함한다)에는 계약담당공무원은 해당 입찰보증금을 국고에 귀속한다.

③계약담당공무원(각 중앙관서의 장이 계약에 관한 사무를 그 소속공무원에게 위임하지 아니하고 직접 처리하는 경우에는 이를 계약담당공무원으로 본다. 이하 같다)은 낙찰되지 아니한 입찰자의 입찰보증금을 낙찰자가 결정된 후에 즉시 반환한다. 다만, 낙찰자의 입찰보증금은 계약체결 후에 즉시 반환한다.

④시행규칙 제43조제1항 단서에 의한 일괄보증의 경우에 입찰보증금 납부방법, 국고귀속 등 필요한 사항에 대하여는 계약예규 「정부입찰 · 계약집행기준」 제8장(일괄입찰보증제도의 운용)에 의한다.

⑤계약담당공무원은 다음 각 호의 어느 하나에 해당하는 경우에는 입찰보증금 납부를 면제할 수 있다.

1. 시행령 제37조제3항제1호 내지 제4호 및 제6호에 정한 자가 입찰에 참가하는 경우
2. 「건설산업기본법」 · 「전기공사업법」 · 「정보통신공사업법」 또는 「소방시설공사업법」 등에 의하여 국가 또는 지방자치단체(이하 "국가기관 등"이라 한다)로부터 등록 등을 받아 입찰신청마감일 현재 해당 공사관련법령에 의한 사업을 영위하고 있는 법인이 입찰에 참가하는 경우 단, 입찰신청마감일 현재 사업영위기간이 1년 미만인 법인은 입찰참가자격제한 조치를 받은 사실이 없어야 함. 〈단서 신설 2010.4.15.〉

⑥보증서 등에 의한 입찰보증금의 보증기간은 다음 각 호를 충족하여야 한다.

1. 보증기간의 시작일 : 입찰서 제출마감일 이전일 것
2. 보증기간의 만료일 : 입찰서 제출마감일 다음날부터 30일 이후일 것. 다만, 시행령 제78조에 의한 공사입찰의 경우에는 입찰서 제출마감일 다음날부터 90일 이후일 것

제8조(입찰참가) ①입찰참가신청을 한 자가 아니면 입찰에 참가할 수 없다.

②입찰참가신청자가 입찰참가신청서 제출 시에 대리인을 지정한 경우에는 그 대리인도 입찰에 참가할 수 있다. 다만, 입찰참가신청서를 제출하는 때부터 입찰개시 시각 전까지 입찰대리인을 지정하거나 입찰대리인을 변경하는 경우에는 그 대리인이 입찰에 참가할 수 있다.

③제2항에 의한 대리인의 자격은 입찰참가자가 법인인 경우에는 해당 법인의 임 · 직원에 한하며, 계약담당공무원은 재직증명서와 다음 각 호의 자료에 의해서 임 · 직원 여부를 확인하여야 한다. 다만 2개 이상 법인의 임직원인 자는 1개 법인의 대리인으로만 입찰에 참가할 수 있다. 〈개정 2009.9.21, 2010.1.4.〉

1. 4대 보험 중 어느 하나의 가입 증명자료(최근 3개월 이내) 〈신설 2009.9.21.〉
2. 소속 법인에서 받은 급여와 관련하여 해당 법인에서 발급받은 소득세 납부 증명자료 〈신설 2009.9.21.〉
3. 법인 등기사항증명서 〈신설 2009.9.21, 개정 2015.9.21.〉
4. 기타 임 · 직원 여부를 확인할 수 있는 자료 〈신설 2009.9.21.〉

④시행령 제76조에 의한 부정당업자로 입찰참가자격을 제한받고 있는 자는 제2항에 의한 대리인을 할 수 없다.

제9조(입찰서의 작성) ①입찰자는 입찰서를 소정의 서식에 의하여 작성하여야 하며, 입찰자는 기명날인을 함에 있어 반드시 입찰자 성명(법인의 경우 대표자 성명)을 기재하고 입찰참가신청서 제출시 신고한 인감(서명을 포함한다. 이하 같다)으로 날인하여야 한다. 〈개정 2016.12.30.〉

②입찰자는 입찰서(추정가격이 100억원 이상인 공사의 입찰에 있어서는 시행령 제14조제6항에 따른 산출내역서를 포함한다)의 기재사항 중 삭제 또는 정정한 곳이 있을 때에는 입찰에 사용하는 인감으로 날인하여야 한다. 〈개정 2010.9.8, 2016.1.1.〉

③입찰자는 입찰서를 입찰공고 또는 입찰참가통지서 등에 별도로 규정한 경우를 제외하고는 한글로 작성하여야 하고, 입찰금액은 원화로 표기하여야 한다.

④입찰자는 입찰서의 금액표시를 한글 또는 한자로 기재하여야 하며, 아라비아숫자로

병기할 수 있다. 이 경우에 한글 또는 한자로 기재된 금액과 차이가 있을 때에는 한글 또는 한자로 기재한 금액에 의한다. 다만, 전산서식에 의한 입찰의 경우에는 지정된 표기방법으로 기재하여야 한다.

제10조(입찰서의 제출) ①입찰자는 입찰서를 봉함하여 1인 1통만을 제출하여야 한다.
②우편에 의한 입찰서는 입찰서 제출마감일 전일까지 발주기관에 도착된 것에 한하여 효력이 있다. 이 경우에 우송중의 분실, 훼손 또는 지연에 대하여 발주기관은 책임을 지지 아니한다.
③계약담당공무원은 제2항에 의하여 우편으로 입찰서가 제출된 때에는 해당 입찰서의 봉투표면에 접수일시를 기재하고 확인인을 날인하여 개찰 시까지 개봉하지 아니하고 보관하여야 한다.
④입찰자는 제출한 입찰서를 교환·변경 또는 취소할 수 없다. 다만, 입찰서에 기재한 중요부분에 오기가 있음을 이유로 개찰현장에서 입찰자가 입찰의 취소의사를 표시한 것으로서 계약담당공무원이 이를 인정하는 경우에는 그러하지 아니하다.

제10조의2(경영상태 심사서류의 제출) ①입찰에 참여하고자 하는 자는 「신용정보의 이용 및 보호에 관한 법률」 제4조제1항제1호 또는 「자본시장과 금융투자업에 관한 법률」 제9조제26항의 업무를 영위하는 신용정보업자로부터 평가받은 모든 공공기관 입찰용 신용평가등급을 해당 신용정보업자를 통해 평가완료 후 3일 이내에 조달청 나라장터에 전송하여야 한다. 〈개정 2015.9.21.〉
②조달청장은 분기별로 신용정보업자로부터 평가명세서를 제출받아 미전송 여부를 확인하여 해당 업체를 나라장터에 게재하고, 발주기관은 동 업체에 대해 「정부입찰계약집행기준」 제98조에 따라 처리하며, 향후 1년간 시행령 제13조에 따른 입찰참가자격사전심사 및 시행령 제42조제1항에 따른 적격심사시 감점할 수 있다.
[본조신설 2012.7.4.]

제10조의3(청렴계약서의 제출) 입찰자는 입찰서를 제출할 때 시행령 제4조의2 및 정부입

찰 · 계약집행기준 제98조의3에 따른 청렴계약서를 같이 제출하여야 한다.

[본조신설 2016.1.1.]

제11조(산출내역서의 제출) ①추정가격이 100억원 이상인 공사의 입찰 시에는 입찰서에 산출내역서를 첨부하여야 한다.

②제1항에 규정된 공사로서 제17조제1항에 의하여 재입찰에 부치는 공사 또는 추정가격이 100억원 미만인 공사의 경우에 낙찰자는 착공신고서를 제출하는 때까지 산출내역서를 제출하여야 한다.

③제1항 및 제2항에 의하여 제출하는 산출내역서의 모든 면에는 제9조제1항에 의한 인감으로 간인(서명의 경우에는 모든 면의 하단에 약식서명)하여야 한다.

제11조의2(일괄 및 대안입찰에서의 건설폐기물처리비) ①시행령 제78조에 의한 입찰의 경우에 입찰에 참가하고자 하는 자는 발주기관이 「건설폐기물의 재활용촉진에 관한 법률」 제15조에 따라 건설폐기물처리용역을 해당 건설공사와 분리발주 할 수 있도록 폐기물량을 적정하게 산출하여야 한다.

②제1항에 따라 산출된 폐기물량이 분리발주의 대상이 되는 경우에 그 처리비용은 한국건설자원협회에서 산출한 최근연도 건설폐기물처리단가를 기준으로 산정하여 입찰금액에 계상하되, 계약 체결 시에는 해당 비용을 계약금액에서 공제한다.

③제1항에 따라 산출된 폐기물량 외에 추가로 발생하는 폐기물에 대해서는 계약상대자가 그 처리비용을 부담한다.

[본조신설 2010.11.30.]

제12조(장기계속공사의 입찰) 장기계속공사는 입찰 시 총공사를 대상으로 하여 입찰하여야 한다.

제13조(부대입찰) 〈삭제 2013.12.26.〉

제14조(경쟁입찰의 성립) 경쟁입찰은 2인 이상의 유효한 입찰로써 성립한다.

제15조(입찰의 무효) 시행규칙 제44조에서 무효로 규정한 입찰 및 다음 각 호의 어느 하나에 해당하는 입찰은 무효로 한다.

1. 입찰자(법인인 경우 대표자를 말한다. 이하 같다)가 직접 입찰을 하지 아니하고 대리인을 통하여 입찰을 할 경우에 제8조제2항에 의한 대리인이 아닌 자가 한 입찰 또는 대리권이 없는 자가 한 입찰
2. 동일사항에 대하여 타인의 대리를 겸하거나 2인 이상을 대리한 입찰
3. 입찰서의 입찰금액 등 중요한 부분이 불분명하거나, 정정한 후 정정날인을 누락한 입찰
4. 담합하거나 타인의 경쟁참가를 방해 또는 관계공무원의 공무집행을 방해한 자의 입찰
5. 입찰자의 기명날인이 없는 입찰(입찰자의 성명을 기재하지 아니하고 대리인 성명 또는 회사명을 기재한 경우 및 입찰참가신청서 제출시 신고한 인감과 다른 인감으로 날인된 경우도 포함한다)
6. 입찰서에 기재한 중요부분에 착오가 있음을 이유로 개찰현장에서 입찰자가 입찰의 취소의사를 표시한 것으로서 계약담당공무원이 이를 인정한 입찰
7. 시행령 제14조에 의한 내역입찰에 있어서 타인의 산출내역서와 복사 등의 방법으로 동일하게 작성한 산출내역서가 첨부된 입찰(동일한 내용의 산출내역서를 제출한 자 모두 해당) 또는 「정부입찰 · 계약집행기준」 제7장에서 무효입찰로 규정한 입찰
8. 〈삭제 2016.1.1.〉
9. 「건설산업기본법령」에 의하여 종합공사를 시공하는 업종을 등록한 건설업자가 도급받아서는 아니 되는 공사금액의 하한을 위반한 입찰
10. 제9조제1항 및 제4항에 위반하여 소정의 입찰서를 사용하지 않거나 입찰서의 금액을 아라비아 숫자로만 기재한 입찰 또는 전산서식에 의한 입찰서를 훼손하거나 전산표기방법과 상이하게 작성 · 기재하여 전산처리가 되지 아니한 입찰
11. 공동계약의 공동수급체구성원이 동일 입찰건에 대하여 공동수급체를 중복적으로 결성하여 참여한 입찰, 입찰등록 시 공동수급표준협정서를 제출하지 아니한 입

03 입찰관련서류

찰, 「공동계약운용요령」 제9조를 위반한 입찰 〈개정 2008.11.1, 2014.1.10.〉

제16조(입찰의 연기) ①발주기관은 다음 각 호의 경우에 입찰공고 또는 입찰참가통지서에 기재된 현장설명일시 및 입찰서 제출마감일시를 연기할 수 있다.

1. 제5조제2항에 의한 설명요구사항의 내용이 중대하여 연기가 불가피하다고 판단되는 경우
2. 기타 불가피한 사유로 인하여 지정된 일시에 현장설명 또는 입찰을 실시하지 못하는 경우

②제1항에 의한 입찰연기의 경우에는 그 연기사유와 기간을 당초 방법과 동일한 방법으로 공고 또는 통지하여야 한다.

제17조(재입찰 및 재공고입찰) ①계약담당공무원은 경쟁입찰에서 2인 이상의 유효한 입찰자가 없거나 낙찰자가 없는 경우에는 같은 장소에서 재입찰에 부칠 수 있다. 이 경우에는 최초 입찰에의 참가유무 또는 입찰횟수의 제한을 받지 아니한다.

②입찰자나 낙찰자가 없는 경우 또는 낙찰자가 계약을 체결하지 아니하는 경우에는 계약담당공무원은 재공고입찰에 부칠 수 있다.

③제1항 및 제2항에 의하여 재입찰 또는 재공고입찰시 기한을 제외하고는 최초의 입찰에 부칠 때 정한 가격 및 기타조건을 변경할 수 없다.

제18조(낙찰자의 결정) ①제15조에 해당되는 사유가 없는 자로서 시행령 제42조 등에 정한 낙찰자결정기준에 적합한 자를 낙찰자로 한다.

②계약담당공무원은 개봉된 입찰서를 확인하고 유효한 입찰서의 입찰금액과 예정가격을 대조하여 지체없이 적격자를 낙찰자로 선정하여야 한다. 다만, 시행령 제42조제1항에 따라 계약이행능력을 심사하여 낙찰자를 결정하거나 시행령 제42조제4항에 따라 각 입찰자의 입찰가격과 공사수행능력, 사회적책임 등을 종합적으로 심사하여 낙찰자를 결정하는 등 낙찰자 결정에 장시간이 소요되는 경우에는 그러하지 아니할 수 있다. 〈개정 2016.1.1.〉

③계약담당공무원은 제1항 및 제2항에 의하여 낙찰자를 결정하기 전에 해당 입찰자의 입찰서, 법인 등기사항증명서(본사, 대표자 및 상호 등 변경여부 확인), 공동수급표준협정서 등 관계서류를 검토하여 해당 낙찰예정자의 입찰이 제15조에 따른 무효입찰에 해당하는지의 여부를 확인하여야 한다. 다만, 일괄입찰, 대안입찰 및 기술제안입찰의 경우에는 입찰자 전원에 대하여 무효입찰 여부를 확인하여야 한다. 〈개정 2015.9.21. 단서신설 2016.12.30.〉

④계약담당공무원은 낙찰이 될 수 있는 동일가격으로 입찰한 자가 2인 이상인 때에는 다음 각 호에 따라 낙찰자를 결정한다.

1. 시행령 제42조제1항에 따라 낙찰자를 결정하는 경우 : 이행능력 심사결과 최고점수인 자를 낙찰자로 결정하되, 이행능력 심사결과도 동일한 경우에는 추첨에 의하여 낙찰자를 결정
2. 시행령 제42조제4항에 따라 낙찰자를 결정하는 경우 : 종합심사점수가 최고점자인 자를 낙찰자로 결정하되, 최고점자가 2인 이상인 경우에는 다음 순서에 의하여 낙찰자를 결정 〈개정 2016.1.1.〉
   가. 공사수행능력점수와 사회적책임점수의 합산점수(사회적책임점수는 공사수행능력점수의 배점한도 내에서 가산한다)가 높은 자
   나. 입찰금액이 낮은 자
   다. 입찰공고일을 기준으로 최근 1년간 종합심사낙찰제로 낙찰받은 계약금액이 적은 자
   라. 추첨

⑤제4항의 경우에 입찰자 중 출석을 하지 아니한 자 또는 추첨을 하지 아니한 자가 있을 때에는 입찰사무에 관계없는 공무원으로 하여금 추첨을 대신하게 할 수 있다.

⑥계약담당공무원은 낙찰자로 결정된 자가 계약체결 이전에 입찰무효 등 부적격자로 판명되어 낙찰자 결정이 취소된 경우로서 동 부적격자를 제외하고 2인 이상 유효한 입찰이 성립되어 있는 때에는 차순위자 순으로 필요한 심사 등을 실시하여 낙찰자를 결정한다.

제19조(계약의 체결) ①낙찰자는 계약담당공무원으로부터 낙찰통지를 받은 후 10일 이내

에 소정서식의 계약서에 의하여 계약을 체결하여야 한다. 다만, 일반조건에 정한 불가항력의 사유로 인하여 계약을 체결할 수 없는 경우에는 불가항력의 사유가 존속하는 기간은 이를 산입하지 아니한다.

②제1항에 의하여 발주기관과 계약을 체결하고자 하는 자는 관계법령에 의하여 필요한 관계서류를 계약담당공무원에게 제출하여야 한다.

③계약담당공무원은 낙찰자로 결정된 자가 정당한 이유없이 제1항에 의한 계약을 체결하지 아니한 때에는 낙찰을 취소할 수 있다.

④장기계속공사계약의 경우에 낙찰자는 총공사낙찰금액을 부기하고 해당연도 예산의 범위안에서 제1차공사에 대하여 계약을 체결하여야 한다. 이 경우에 제2차공사 이후의 계약은 총공사낙찰금액(시행령 제64조 내지 제66조에 의한 계약금액의 조정이 있는 경우에는 조정된 총공사금액을 말한다)에서 이미 계약된 금액을 공제한 금액의 범위 안에서 계약을 체결할 것을 부관으로 약정하여야 한다.

⑤제4항에 의한 제1차공사 및 제2차공사 이후의 계약금액은 총공사의 계약단가에 의한다. 이 경우에 계약금액조정 등으로 인하여 산출내역서의 단가가 조정된 경우에는 조정된 계약단가에 의한다.

제20조(계약의 성립) 계약담당공무원과 낙찰자가 계약서에 기명 · 날인(외국인에 대하여 서명을 허용한 경우에는 서명을 포함한다)함으로써 계약은 확정된다.

제21조(계약의 이행보증) ①낙찰자는 계약체결일까지 시행령 제50조 및 시행령 제52조가 정하는 바에 따라 계약이행보증을 하여야 한다.

②제7조에 의한 입찰보증금은 계약보증금으로 대체할 수 있다. 다만, 입찰보증금과 계약보증금과의 금액에 차이가 있는 경우에 그 차액을 추가로 납부하여야 한다.

③시행령 제52조에 의한 보증이행업체는 다음 각 호에 해당하는 자격을 갖추고 있어야 하며, 계약담당공무원은 보증이행업체의 적격여부를 심사하기 위하여 낙찰자에게 관련 자료의 제출을 요구할 수 있다. 〈개정 2010.9.8.〉

1. 「독점규제 및 공정거래에 관한 법률」에 의한 계열회사가 아닌 자

2. 시행령 제76조에 의한 입찰참가자격 제한을 받고 그 제한기간 중에 있지 아니한 자
3. 시행령 제36조에 의한 입찰공고 등에서 정한 입찰참가자격과 동등이상의 자격을 갖춘 자
4. 시행령 제13조에 의한 입찰의 경우에는 입찰참가자격사전심사기준에 따른 입찰참가에 필요한 종합평점 이상이 되는 자

④계약담당공무원은 제1항에 의하여 보증이행업체의 적격여부심사 결과 부적격하다고 인정되는 때에는 낙찰자에게 보증이행업체의 변경을 요구할 수 있다. 〈개정 2010.9.8.〉

⑤시행령 제52조제1항제3호에 의한 공사이행보증서의 제출 및 보증기관의 보증이행 등에 대하여는 제1항 내지 제4항 외에 계약예규「정부입찰 · 계약집행기준」제11장(공사의 이행보증제도 운용)에 정한 바에 의한다.

제22조(부정당업자의 입찰참가자격 제한) ①입찰자 또는 낙찰자가 시행령 제76조 해당하는 경우에는 1월 이상 2년 이하의 범위 내에서 입찰참가자격 제한조치를 받게 된다.

②낙찰자가 제21조제1항에 규정한 공사이행보증서 제출의무가 있는 경우 정당한 이유 없이 기한 내에 이를 제출하지 못하여 계약을 체결하지 못한 경우에도 제1항이 적용된다.

제23조(비밀유지의 의무) 입찰자는 발주기관으로부터 배부받은 입찰에 관한 사유 또는 각종 자료 및 입찰과정에서 얻은 정보를 해당입찰 외의 목적으로 사용하여서는 아니 된다.

제24조(이의신청) 추정가격이 고시금액 이상인 공사의 입찰에 있어 다음 각 호의 어느 하나의 사유로 인하여 불이익을 받았다고 인정되는 자는「국가를 당사자로 하는 계약에 관한 법률」(이하 "법"이라 한다) 제28조제2항 및 제4항에서 정한 바에 따라 이의신청을 할 수 있다.

1. 법 제28조제1항 각 호의 어느 하나에 정한 사유
2. 특례규정 제26조에서 정한 사유

제25조(전자입찰 및 기타사항) 시행령 제39조제2항에 의한 전자입찰 및 기타 이 유의서

에 규정되지 아니한 사항에 대하여는 발주기관이 별도로 정하는 바에 의한다.

제26조(재검토기한) 「훈령·예규 등의 발령 및 관리에 관한 규정」에 따라 이 예규에 대하여 2016년 1월 1일 기준으로 매 3년이 되는 시점(매 3년째의 12월 31일까지를 말한다)마다 그 타당성을 검토하여 개선 등의 조치를 하여야 한다. 〈개정 2015.9.21.〉

부 칙(2016.12.30.)

제1조(시행일) 이 계약예규는 2017년 1월1일부터 시행한다.

제2조(적용례) ①제3조의 개정규정은 이 계약예규 시행일 이후 최초로 입찰참가신청을 접수하는 분부터 적용한다.

②제4조의 개정규정은 이 계약예규 시행일 이후 입찰공고(재공고입찰을 포함한다)를 하는 분부터 적용한다.

③제18조의 개정규정은 이 계약예규 시행일 이후 최초로 실시설계적격자 또는 낙찰자를 결정하는 경우부터 적용한다.

표준입찰관리절차

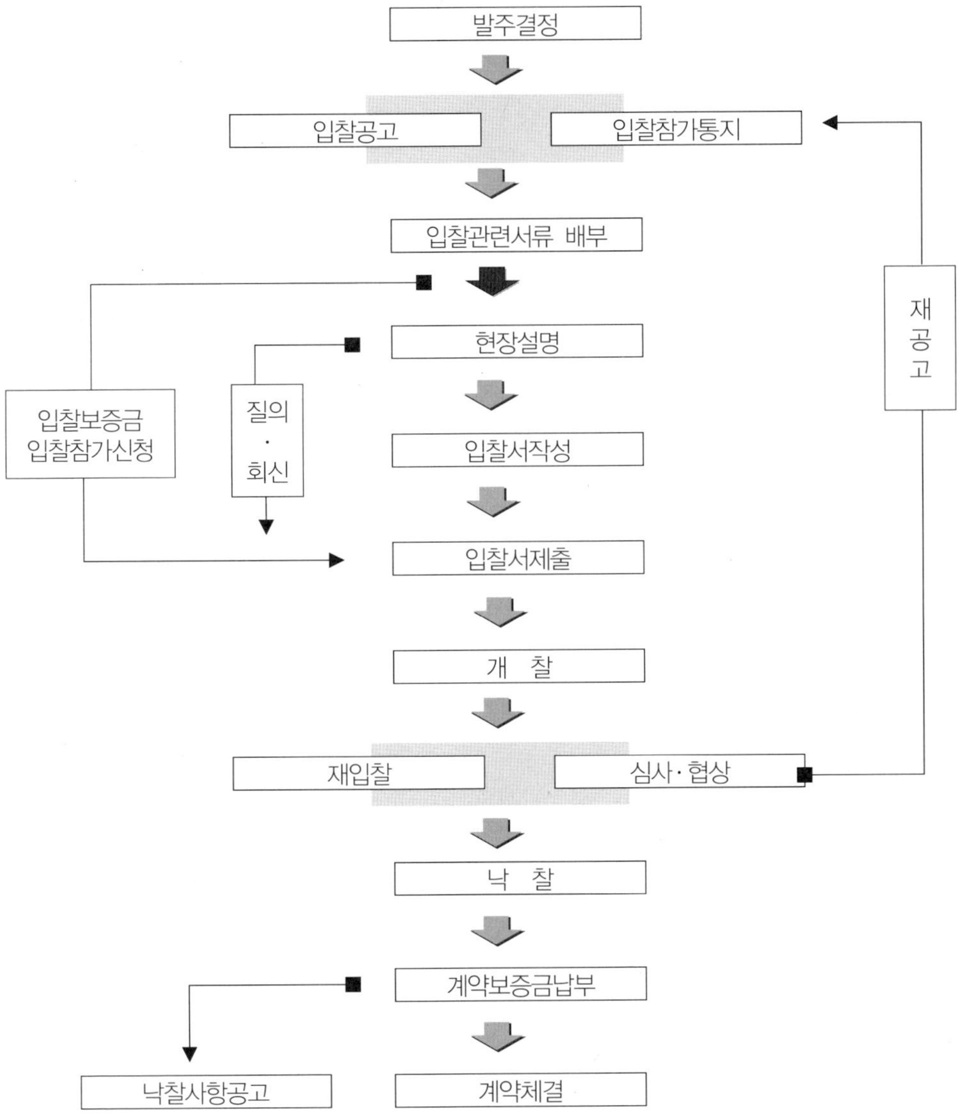
발주결정
입찰공고
입찰참가통지
입찰관련서류 배부
현장설명
입찰서작성
입찰서제출
개 찰
재입찰
심사·협상
낙 찰
계약보증금납부
계약체결
낙찰사항공고
입찰보증금
입찰참가신청
질의
·
회신
재
공
고

<table>
<tr><td colspan="5">경 쟁 입 찰 참 가 자 격 등 록 증</td><td>처리기간
즉 시</td></tr>
<tr><td rowspan="3">입찰참가자</td><td>상호 또는 법인명칭</td><td></td><td>법인등록번호</td><td colspan="2"></td></tr>
<tr><td>주 소</td><td></td><td>전 화 번 호</td><td colspan="2"></td></tr>
<tr><td>대 표 자</td><td></td><td>주민등록번호</td><td colspan="2"></td></tr>
<tr><td rowspan="3">등록사항</td><td>등 록 관 서</td><td></td><td>등 록 일 자</td><td colspan="2"></td></tr>
<tr><td>유 효 기 간</td><td colspan="4">. . . 부터 . . . 까지</td></tr>
<tr><td>등록종목(세부품목)</td><td colspan="4"></td></tr>
<tr><td colspan="6">상기인은 국가를당사자로하는계약에관한법률 시행규칙 제15조의 규정에 의하여 경쟁입찰 유자격자로 귀부(처·청)에 등록되었음을 증명하여 주시기 바랍니다.
년 월 일
신청인 ㊞
귀하</td></tr>
<tr><td colspan="6">위의 사실이 틀림없음을 증명합니다.
년 월 일
중앙관서의 장 ㊞</td></tr>
<tr><td colspan="5">구비서류 : 없 음</td><td>수수료
없 음</td></tr>
<tr><td colspan="6">※ 주의사항
1. 이 증서는 해당 등록종목(세부품목)에 대한 입찰에 관하여 교부관서 및 다른 중앙관서에서 통용됩니다.
2. 이 증서내용의 변경은 교부관서의 정정인이 없는 경우에는 무효입니다.
3. 기재사항 중 추가 또는 정정을 필요로 할 때에는 교부관서에 신청하여야 합니다.</td></tr>
</table>

(일반 / 제한 / 지명) 경쟁입찰참가통지서

<table>
<tr><td rowspan="3">입찰참가자</td><td>상호 또는 법인명칭</td><td></td><td>법인등록번호</td><td></td></tr>
<tr><td>주 소</td><td></td><td>전화번호</td><td></td></tr>
<tr><td>대 표 자</td><td></td><td>주민등록번호</td><td></td></tr>
<tr><td rowspan="5">입찰내용</td><td>입 찰 건 명</td><td colspan="3"></td></tr>
<tr><td>현 장 설 명</td><td colspan="3">일시 : 장소 :</td></tr>
<tr><td>입 찰</td><td colspan="3">일시 : 장소 :</td></tr>
<tr><td>입찰등록마감일시</td><td colspan="3">년 월 일 시까지</td></tr>
<tr><td>서 류 제 출 처</td><td colspan="3">(전화번호 :)</td></tr>
</table>

우리부(처·청)에서 집행하는 위 입찰에 귀사를 입찰참가적격자로 선정하여 통보하오니 소정의 절차를 마친 후 입찰에 참가하시기 바랍니다.

년 월 일

○ ○ 관 서

중앙관서의 장 또는
계약담당공무원 성명 ㊞

________________ 귀하

<table>
<tr><td colspan="5">입 찰 참 가 신 청 서
* 아래사항 중 해당되는 경우에만 기재하시기 바랍니다.</td><td>처리기간
즉　　시</td></tr>
<tr><td rowspan="3">신청인</td><td>상호 또는 법인명칭</td><td></td><td>법인등록번호</td><td colspan="2"></td></tr>
<tr><td>주　　소</td><td></td><td>전 화 번 호</td><td colspan="2"></td></tr>
<tr><td>대 표 자</td><td></td><td>주민등록번호</td><td colspan="2"></td></tr>
<tr><td rowspan="2">입찰개요</td><td>입찰공고(지명)번호</td><td>제　　　호</td><td>입 찰 일 자</td><td colspan="2">.　.　.</td></tr>
<tr><td>입 찰 건 명</td><td colspan="4"></td></tr>
<tr><td rowspan="2">입찰보증금</td><td>납　　부</td><td colspan="4">· 보증금율 :　　　　%
· 보 증 액 : 금　　　　원정(₩　　　　)
· 보증금납부방법 :</td></tr>
<tr><td>납부면제 및 지급확약</td><td colspan="4">· 사유 :
· 본인은 낙찰 후 계약미체결시 귀부(처·청)에 낙찰금액에 해당하는 소정의 입찰보증금을 현금으로 납부할 것을 확약합니다.</td></tr>
<tr><td colspan="2">대리인·
사용인감</td><td colspan="2">본 입찰에 관한 일체의 권한을 다음의 자에게 위임합니다.
성　　명 :
주민등록번호 :</td><td colspan="2">본 입찰에 사용할 인감을 다음과 같이 신고합니다.

사용인감　　　㊞</td></tr>
<tr><td colspan="6">본인은 위의 번호로 공고(지명통지)한 귀부(처·청)의 일반(제한·지명)경쟁입찰에 참가하고자 정부에서 정한 공사[물품구매(제조)·용역]입찰유의서 및 입찰공고사항을 모두 승낙하고 별첨서류를 첨부하여 입찰참가신청을 합니다.

붙임서류 : 1. 입찰참가자격을 증명하는 서류 사본 1통
　　　　　2. 인감증명서 또는 본인서명사실확인서 1통
　　　　　3. 기타 공고로서 정한 서류

.　.　.

신청인　　　　㊞

귀하</td></tr>
<tr><td colspan="6">세입세출외현금출납공무원　성명 :　　　　㊞
유가증권취급공무원　성명 :　　　　㊞</td></tr>
</table>

<table>
<tr><td colspan="4">입 찰 참 가 신 청 증</td><td>처리기간
즉 시</td></tr>
<tr><td rowspan="2">입
찰
개
요</td><td>입찰공고(지명)번호</td><td></td><td>입 찰 일 자</td><td>. . .</td></tr>
<tr><td>입 찰 건 명</td><td colspan="3"></td></tr>
<tr><td rowspan="3">신
청
인</td><td>상호 또는 법인명칭</td><td></td><td>법 인 등 록 번 호</td><td></td></tr>
<tr><td>주 소</td><td></td><td>전 화 번 호</td><td></td></tr>
<tr><td>대 표 자</td><td></td><td>주 민 등 록 번 호</td><td></td></tr>
</table>

귀하는 이번에 위의 번호로 공고(지면통지)한 우리 부(처·청)의 일반(제한·지명) 경쟁입찰에 참가신청을 마친 자임을 증명합니다.

. . .

○ ○ 관 서

중앙관서의 장 또는
계약담당공무원 성명 ㉑

________________ 귀하

입 찰 서

입찰내용	공 고 번 호	제 호	입 찰 일 자	. . .
	건 명			
	금 액	금 원정(₩)		
	준공(납품)연월일			
입찰자	상호 또는 법인명칭		법인등록번호	
	주 소		전 화 번 호	
	대 표 자		주민등록번호	

본인은 국가를당사자로하는계약에관한법률 시행규칙에 의한 공사[물품구매(제조)·용역]입찰유의서에 따라 응찰하여 이 입찰이 귀 기관에 의하여 수락되면 공사[물품구매(제조)·영역]계약일반조건·계약특수조건·설계서(물품규격서) 및 현장설명사항에 따라 위의 입찰금액으로 준공(납품·용역수행)기한 내에 공사(물품·용역)를 완성(제조·납품)할 것을 확약하며 입찰서를 제출합니다.

붙 임 : 산출내역서(100억원 이상 공사의 경우) 1부

입 찰 자 ㊞

______________귀하

입 찰 서

1. 공고번호 : 제　　　　　호

2. 입찰건명 :

3. 준공(납품)연월일 :

본인은 국가를당사자로하는계약에관한법률 시행규칙에 의한 공사[물품구매(제조)·용역)입찰유의서에 따라 응찰하여 이 입찰이 귀 기관에 의하여 수락되면 공사[물품구매(제조)·용역]계약일반조건·계약특수조건·설계서(물품규격서) 및 현장설명사항에 따라 우측에 표시된 입찰금액으로 준공(납품·용역수행)기한 내에 공사(물품·용역)를 완공(제조·납품)할 것을 확약하며 입찰서를 제출합니다.

첨부 : 산출내역서(100억원 이상 공사의 경우) 1부.

. . .

상호 또는 법인명칭 :　　　　　전화번호 :

주　　　　소 :

대　　표　　자 :　　　　　　　　㊞

주민(법인)등록번호 :

입찰번호		
백	십	일
⓪	⓪	⓪
①	①	①
②	②	②
③	③	③
④	④	④
⑤	⑤	⑤
⑥	⑥	⑥
⑦	⑦	⑦
⑧	⑧	⑧
⑨	⑨	⑨

입 찰 금 액											
천억	백억	십억	억	천만	백만	십만	만	천	백	십	일
⓪	⓪	⓪	⓪	⓪	⓪	⓪	⓪	⓪	⓪	⓪	⓪
①	①	①	①	①	①	①	①	①	①	①	①
②	②	②	②	②	②	②	②	②	②	②	②
③	③	③	③	③	③	③	③	③	③	③	③
④	④	④	④	④	④	④	④	④	④	④	④
⑤	⑤	⑤	⑤	⑤	⑤	⑤	⑤	⑤	⑤	⑤	⑤
⑥	⑥	⑥	⑥	⑥	⑥	⑥	⑥	⑥	⑥	⑥	⑥
⑦	⑦	⑦	⑦	⑦	⑦	⑦	⑦	⑦	⑦	⑦	⑦
⑧	⑧	⑧	⑧	⑧	⑧	⑧	⑧	⑧	⑧	⑧	⑧
⑨	⑨	⑨	⑨	⑨	⑨	⑨	⑨	⑨	⑨	⑨	⑨

〈작성시 유의사항〉

1. 사용필기구 : 컴퓨터용 수성싸인펜만을 사용합니다.

2. 정확하게 표기합니다.
   - 바르게 표기한 것 : ●
   - 틀리게 표기한 것 : ᴓ ◑ ɸ ⊗ ◉

3. "입찰번호"란에는 입찰참가신청시 부여된 번호를 기입합니다.

4. 매 금액단위란에는 1개소만 표시합니다(공란으로 두거나 2개소 이상 표시하지 아니합니다).

04

입찰참가자격 사전심사(PQ)

제4장

입찰참가자격사전심사(PQ)

4·1 서 론

계약은 상호 대등한 입장에서 당사자의 합의에 따라 체결되어야 하며, 당사자는 계약 내용을 신의성실의 원칙에 따라 이행하여야 한다는 것이 우리나라 「국가계약법」상의 계약의 원칙이다.

첫째, 합의에 의한 체결
둘째, 신의성실의 원칙에 따른 계약의 이행

다소 중복되는 말이지만, 계약의 체결은 당사자의 합의에 의하고, 계약의 이행은 신의성실의 원칙에 의한다. 이것이 우리나라 국가계약의 대원칙이다.

계약의 체결에 있어서 합의는 발주처의 입장에서 보면 원칙적으로 일반경쟁에 부쳐서 선정(계약상대자)하고 도출(계약금액)한다. 이처럼 일반경쟁에 부친다 함은 일반경쟁입찰에 부치는 것을 말하며, 일반경쟁입찰이라 함은 입찰에 참가하고자 하는 모든 희망자(all interested suppliers)가 입찰서를 제출할 수 있는 입찰을 말한다. 이를 「WTO협정문」에서는 Open Tendering Procedure로 표기하고 있으며, 그 외 Public Tendering Procedure 라고 표기하기도 하는데 모두 일반경쟁입찰 또는 공개경쟁입찰이라는 뜻이다.

그러나 이와 같은 완전한 자유경쟁입찰은 현실적으로 받아들이기가 어렵고, 우리나라 「국가계약법」에서처럼 일반경쟁입찰방식을 기본적인 합의도출방식으로 하되, 다만 계약의 목적, 성질, 규모 등을 고려하여 필요하다고 인정되면 참가자의 자격을 제한하거나, 참가자를 지명하여 경쟁에 부치거나, 수의계약(隨意契約)을 할 수 있도록 규정하고 있다(제7조제1항).

이제 우리나라의 입찰방식을 정립할 수 있다. 즉 ①일반경쟁입찰, ②제한경쟁입찰, ③지명경쟁입찰, ④수의계약이 그것이다.

㈜ 입찰 또는 계약체결의 방식을 경쟁의 유무에 따라 경쟁입찰과 비경쟁입찰로 구분할 수 있는데, 경쟁입찰은 위 본문의 ①~③항의 입찰을 가리키고, 이에 대하여 비경쟁입찰은 ④항 수의계약을 가리킨다.

경쟁입찰에 부치는 경우라고 하더라도 입찰자는 해당계약의 수행능력이 있어야 하므로 이를 판별하기 위하여 입찰참가자격을 사전에 심사하고 적격자만을 입찰에 참가하게 할 수 있다. 이 심사를 입찰참가자격사전심사라 하고, 영문으로는 Pre-Qualification(PQ)이라 한다. 또한, 이 심사를 거치게 하는 입찰이 바로 앞 제②항 제한경쟁입찰이다.

4·2 입찰참가자격요건

입찰참가자격요건은 일반요건과 계약이행능력요건을 구비하여야 하지만, 거기에 더하여 시기적 요건에도 부합하여야 한다.

1. 일반요건

비록 공개경쟁입찰이라고 하더라도 입찰자는 발주처의 법적·제도적 환경에 부합하는 기본적인 요건을 갖추어야 함은 당연하다. 그 요건은 WTO나 EU와 같은 국제적 합의체가 있어서 그에 가입한 국가의 경우에는 그 합의체가 정한 규정에 배치되지 않아야 함은 물론이다. 우리나라의 경우 지리적 환경에서 EU의 회원국일 수는 없고, 다만 WTO의 회원국이다. 따라서 우리나라 국가계약법령은 이를테면 「WTO협정문」을 충분히 반영하여 유지하고 있다.

「국가계약법 시행령」 제12조는 모든 입찰희망자로 하여금 일차적으로 아래의 요건을 구비하도록 규정하고 있으며, 본서에서 이를 일반요건이라 부르기로 한다. 물론 기본요건이라 하여도 좋을 것이다.

(1) 다른 법령의 규정에 의하여 허가·인가·면허·등록·신고 등을 요하거나 자격요건을 갖추어야 할 경우에는 당해 허가·인가·면허·등록·신고 등을 받았거나 당해 자격요건에 적합할 것
(2) 보안측정 등의 조사가 필요한 경우에는 관계기관으로부터 적합판정을 받을 것
(3) 「소득세법」 등에 따라 해당사업에 관한 사업자등록증을 교부받거나 고유번호를 부여받을 것

2. 계약이행능력요건

상기 일반요건을 구비하는 외에 입찰자는 해당계약의 수행능력이 있어야 하므로 발주처는 이를 판별하기 위한 장치를 마련해 놓고 거기에 부합하는 입찰자를 입찰에 참여하도록 하거나, 낙찰자로 결정하는 것이다.

이 요건은 경영상태와 기술적 공사이행능력으로 구분하며, 통상 계약이행의 난이도, 이행실적, 기술능력, 재무상태, 사회적 신인도 및 계약이행의 성실도 등을 기초항목으로 하여 부합여부를 심사한다.

3. 시기요건

입찰참가자격은 일반적으로 입찰자가 입찰에 참여할 때 심사를 하지만, 시간적인 여유나 심사의 효율을 위하여 사전 즉 입찰 이전에 실시하기도 한다.

(1) 입찰서 제출 이전에 실시하는 경우
(2) 입찰서 제출 이후에 실시하는 경우

위 제(1)항처럼 입찰서의 제출 이전에 실시하는 입찰참가자격심사를 입찰참가자격사전심사(PQ)라 하며, 이 장(章)의 주제이기도 하다. 다시 말하면, 입찰자는 입찰서를 제출하기 이전에 PQ요건을 갖추어야 하며, 이를 시기요건이라 할 수 있다.

4. 소 결 : 입찰참가적격자 vs 낙찰적격자

좀 극단적으로 말하면, 입찰참가자격이 있는 자는 다시 자격을 심사받지 않고 자신의 판단에 따라 모든 입찰에 참가할 수 있어야 하는 것이 일반경쟁입찰의 기본적인 원칙이다.

여기서 말하는 입찰참가자격이라 함은 우리나라의 경우 앞에서 언급한 「국가계약법 시행령」 제12조에서 규정한 일반요건을 구비한 자를 말하며, 이를 굳이 영문으로 나타낸다면 'Qualified Suppliers[Tenderers]'라 한다. 그런데 이 시행령의 규정을 좀 더 유심히 살펴보면, 그 자격요건은 법적·행정적 요건에 지나지 않으며, 그것만으로 그 입찰자가 해당공사의 수행능력이 있는지 여부는 확인할 수가 없다. 이를 확인하기 위하여서 낙찰심사를 다시 하는 것이다.

이처럼 계약상대자를 선정하기 위하여서는 첫째 단계로 입찰참가자격심사를 하고, 둘째 단계로 낙찰자자격심사를 하는 것이 옳다. 이 경우 양자의 심사항목이 달라야 양자를 구분하는 실익이 있고 변별력(辨別力)이 있을 것임은 물론이다.

다시 말하면, 발주처가 낙찰자를 선정하기 위하여서는 공사의 특성에 따라 첫째 단계로 입찰참가자격을 심사하고, 둘째 단계로 ①입찰금액과 해당계약이행능력을 심사하기도 하고, 또한 ②입찰금액, 해당계약이행능력, 사회적 책임 등을 종합적으로 심사하기도 한다. 실무에서는 제①항을 '적격심사', 제②항을 '종합심사'라 한다.

(1) 입찰자격 ; 법적요건심사
(2) 낙찰자격 ; ①적격심사, ②종합심사

그런데 우리나라는 상기 첫째 단계에서 둘째 단계의 심사항목을 살펴보고 있어서 양자의 구분이 모호하다. 예를 들면, PQ대상공사의 경우 첫째 단계에서 경영상태와 기술적 공사이행능력을 함께 심사하고 있는 것이다.

어쨌건 이 심사에 통과한 자를 '적격자(適格者, Qualified Suppliers)'라 한다. 만약 첫째 단계와 둘째 단계를 구분한다면, 첫째 단계를 통과한 자를 입찰참가적격자라 하고, 둘째 단계를 통과한 자를 낙찰적격자라 한다. 통상 전자는 복수로 선정하고, 후자는 1인으로 선정한다.

양자의 선정기준에 대하여 재검토할 필요가 있다.

4·3 입찰참가자격사전심사(PQ)의 대상공사

우리나라의 경우 입찰참가자격사전심사의 대상공사 즉 PQ대상공사는 발주처 또는 계약에 따라 차이가 있다.

발주처별로 이를 모두 살펴보는 것은 노력에 비하여 실익(實益)이 크지 않으므로, 아래에서는 국가계약법령의 지배를 받는 국가계약과 지방계약법령의 지배를 받는 지방계약으로 나누어서 살펴보기로 한다.

1. 국가계약법령상의 PQ대상공사

a. 「국가계약법 시행령」의 PQ대상공사

(1) 시행령의 규정

「국가계약법 시행령」 제13조제1항의 규정에 의하면, PQ대상공사는 임의적 PQ대상공사와 의무적 PQ대상공사로 구분된다.

「국가계약법 시행령」 제13조

"① 각 중앙관서의 장 또는 계약담당공무원은 입찰참가자의 자격을 미리 심사하여 경쟁입찰에 참가할 수 있는 적격자를 선정할 수 있으며, 적격자를 선정한 경우에는 선정된 적격자에게 선정결과를 통지하여야 한다. 다만, 제42조제4항제1호에 해당하는 공사계약의 경우에는 입찰참가자의 자격을 미리 심사하여 적격자를 선정하여야 한다.
–후략–"

(2) 임의적 PQ대상공사

위 시행령 제13조제1항 본문이 임의적 PQ대상공사를 규정하는 것이며, 이 규정만으로 볼 때에는 대상이 정해져 있지 않다. 따라서 모든 공사가 임의적 PQ대상공사이며, 어떤 공사에 대하여 PQ를 실시할지 여부는 발주처가 결정할 사항이다.

(3) 의무적 PQ대상공사

한편, 위 시행령 제13조제1항 단서는 의무적 PQ대상공사를 규정하고 있는 것이며, 이 시행령 제42조제4항제1호에 해당하는 공사 즉 '추정가격이 300억원 이상인 공사'가 그것이다. 이 공사에 대하여는 발주처가 그 실시여부를 결정하는 것이 아니라 반드시 PQ를 실시하여야 한다.

b. 기획재정부 계약예규의 PQ대상공사

기획재정부 계약예규「입찰참가자격 사전심사요령」(PQ요령)에서는 PQ대상공사를 따로 규정하고 있지 않아 해석상 오해를 불러일으킬 수도 있을 것이다. 그러나 이 요령은「국가계약법 시행령」제13조에 근거하여 제정되었다고 할 때, 결국 앞 a항의 PQ대상공사와 다를 수 없다고 본다.

따라서 이「PQ요령」상의 PQ대상공사는 임의적 PQ대상공사와 의무적 PQ대상공사로 분류되며, 그 내용은 앞 a항에서 언급한 바와 같다.

c. 조달청의 PQ대상공사

조달청의 PQ대상공사라 함은 조달청고시「입찰참가자격 사전심사기준」에서 정하고 있는 공사를 말하며, 아래의 3개유형의 공사이다.

(1) 제[Ⅰ]유형 공사

「국가계약법 시행령」제42조제4항에 따라 낙찰자를 결정하는 공사 즉 종합심사대상공사로서 아래의 공사를 가리킨다.

(a) 추정가격이 300억원 이상인 공사
(b) 문화재수리로서 문화재청장이 정하는 공사

(2) 제[Ⅱ]유형 공사

「국가계약법 시행령」 제6장과 제8장에 따른 공사로서 아래와 같다.

(a) 대형공사 중 대안입찰에 의한 공사

(b) 대형공사 중 일괄입찰에 의한 공사

(c) 특정공사

추정가격이 300억원 미만인 공사라고 하더라도 대안 또는 일괄입찰에 의하여 집행하는 공사

(d) 실시설계기술제안입찰공사

발주처가 교부한 실시설계서 및 입찰안내서에 따라 입찰자가 기술제안서를 작성하여 입찰서와 함께 제출하는 입찰방식을 취하는 공사

(e) 기본설계기술제안입찰공사

발주처가 작성·교부한 기본설계서와 입찰안내서에 따라 입찰자가 기술제안서를 작성하여 입찰서와 함께 제출하는 입찰방식을 취하는 공사

㈜ 대형공사라 함은 추정가격이 300억원 이상인 신규복합공종공사를 말하는 것이지만, 계약관리에 있어서는 위 제Ⅱ유형의 특정공사 및 기술제안입찰공사도 이에 준하여 취급한다.

㈜ 위 제Ⅱ유형 (d)항 실시설계기술제안입찰 및 (e)항 기본설계기술제안입찰은 상징성 · 기념성 · 예술성 등이 필요하다고 인정되거나, 난이도가 높은 기술이 필요한 시설물 공사에 대하여 실시한다.(「국가계약법 시행령」 제97조)

(3) 제[Ⅲ]유형 공사

고난이도(高難易度) 공종이 포함된 공사를 가리킨다.

PQ대상공종은 고난이도 공종이 포함된 공사와 일반공종의 공사로 구분하는데, 고난이도 공종이 포함된 공사는 해당공종 추정가격이 200억원 이상으로서 다음의 공사를 말하며, 이 공사 이외의 공사는 일반공종의 공사로 구분한다.

(a) 다음에 해당하는 교량건설공사
  (a)-1. 기둥 사이의 거리가 50미터 이상이거나, 길이 500미터 이상인 교량건설공사
  (a)-2. 교량건설공사와 교량 외의 건설공사가 복합된 공사의 경우에는 교량건설공사(기둥 사이의 거리가 50미터 이상이거나, 길이 500미터 이상인 것에 한함)부분의 추정가격이 200억원 이상인 교량건설공사

(b) 터널건설공사(다만, 터널건설공사와 터널 외의 건설공사가 복합된 공사의 경우에는 터널건설공사부분의 추정가격이 200억원 이상인 것에 한함)
(c) 항만공사
(d) 지하철공사
(e) 공항건설공사
(f) 쓰레기소각로건설공사
(g) 폐수처리장건설공사
(h) 하수종말처리장건설공사
(i) 관람집회시설공사
(j) 전시시설공사

(4) 조달청 PQ대상공사의 특징

조달청고시 「입찰참가자격 사전심사기준」에서 정하고 있는 PQ대상공사는 「국가계약법 시행령」 제13조의 규정에 대한 실무적인 면을 반영하여 구체화하였다고 보면 된다.

이 조달청의 PQ기준 제1조에서는 기획재정부 계약예규 「PQ요령」에 따라 제정하였다고 하나, 위의 내용을 보면 기획재정부의 계약예규에 따랐다기보다 「국가계약법 시행령」의 규정에 따랐다고 함이 더 맞을 것이다.

아래에서 조달청의 PQ대상공사를 정리하여 본다.

(a) 추정가격 300억원 이상인 공사
(b) 대안 또는 일괄입찰공사
(c) 기술제안입찰공사

(d) 추정가격 200억원 이상인 고난이도 공종이 포함된 공사

이렇게 볼 때 조달청은「국가계약법 시행령」제13조제1항 본문에서 규정하고 있는 임의적 PQ대상공사에 대하여는 언급하고 있지 않다. PQ를 실시할지 여부를 어차피 자신이 '임의적으로' 결정할 것이기에, 조달청은 자신의「입찰참가자격 사전심사기준」에서 '임의적 PQ대상공사'를 제외하고, 의무적 PQ대상공사만을 규정하고 있는 것 같다. 그 대신 '추정가격 200억원 이상인 고난이도 공종이 포함된 공사'를 그에 포함시켰다고 해석하는 수밖에 없다.

2. 지방계약법령상의 PQ대상공사

a.「지방계약법 시행령」의 PQ대상공사

「지방계약법 시행령」제14조는 지방자치단체가 PQ를 실시하여 적격자(입찰적격자)를 선정하고자 할 경우 그 기준을 규정하고 있다. 이 규정은「국가계약법 시행령」제13조와 다르지 않다. 즉「지방계약법 시행령」에서도 PQ대상공사를 임의적 PQ대상공사와 의무적 PQ대상공사로 구분하고 있다.

b. 행정안전부예규상의 PQ대상공사

행정안전부는 PQ관련규정을 따로 마련하지 않고,「지방자치단체 입찰시 낙찰자결정기준」(이하 '지자체낙찰기준'이라 함)이라는 예규의 제1장에서 '입찰참가자격 사전심사기준'(이하 '지자체PQ기준'이라 함)을 조문형식이 아닌 서술식·요약문형식으로 수록하고 있다.「지자체PQ기준」에서 규정하고 있는 PQ대상공사는 아래의 2개유형의 공사이다.

(1) 제[I]유형

지방자치단체가 발주하는 공사 중 추정가격이 200억원 이상 300억원 미만인 아래의 18개공종공사에 대하여는 PQ를 실시한다.

① 교량(기둥사이의 거리가 50m 이상이거나, 길이 500m 이상)건설공사
② 공항건설공사
③ 댐축조공사
④ 에너지저장시설건설공사
⑤ 간척공사
⑥ 준설공사
⑦ 항만공사
⑧ 철도공사
⑨ 지하철공사
⑩ 터널공사
⑪ 발전소건설공사
⑫ 쓰레기소각로건설공사
⑬ 폐수처리장건설공사
⑭ 하수종말처리장건설공사
⑮ 관람 · 집회시설(바닥면적 1,000㎡ 이상)공사
⑯ 전시시설공사
⑰ 송전공사
⑱ 변전공사

(2) 제[Ⅱ]유형

추정가격이 100억원 이상인 공사로서 지자체장이 공사의 성질, 규모 및 난이도 등을 고려하여 필요하다고 판단되는 공사에 대하여는 PQ를 실시할 수 있다.

위 제(1)항에서 추정가격 300억원 이상인 공사가 PQ대상에서 제외되었는데, 이제 이 항의 대상공사 즉 '추정가격 100억원 이상'의 범주에 포함된다고 해석하여 그 공사도 PQ대상에 포함된다고 할 수 있다. 그렇더라도 여전히 추정가격 100억원 미만인 공사는 PQ대상에서 제외되고 있다.

㊟ 조달청장에 의한 공사원가 사전검토

「조달사업법 시행령」에 의하면 지방자치단체장은 추정가격이 100억원 이상인 공사에 대해서는 조달청장에게 공사원가의 사전검토를 요청하여야 하며, 조달청장은 요청을 접수한 날부터 10일 이내에 검토하고 그 결과를 해당 지방자치단체장에게 통보하여야 한다(제15조의2).

그러나 다음의 경우에는 사전검토를 요청하지 않아도 된다.

① 천재지변, 긴급한 행사, 그 밖에 이에 준하는 사유가 있는 경우

② 재해 또는 사고로 인한 복구공사를 하는 경우

③ 그 밖에 공사의 특성 또는 긴급성 등으로 인하여 필요한 경우

㊟ 행정안전부예규상의 PQ대상공사에 대하여는 뒤에 다시 논의하기로 한다.

4·4 입찰참가자격사전심사(PQ)의 실시절차

PQ는 통상 다음의 차례로 시행된다. 즉, ①PQ기준의 작성, ②PQ관련사항의 공고, ③PQ기준의 열람 및 교부, ④PQ의 신청, ⑤적격자의 선정, ⑥심사결과의 통보, ⑦입찰적격자명부의 작성, ⑧재심사 등의 차례이다. 여기서 재심사는 입찰자가 요구하는 경우에 한하여 실시한다.

1. PQ기준의 작성

PQ를 실시하는 공사의 경우에는 그 첫 단계로 PQ기준을 작성하여야 할 것이며, 작성시기는 입찰관련서류를 작성할 때 함께 작성함이 일반적이다. 우리나라의 경우에는 발주처에서 이 PQ기준을 계약예규 또는 고시 등의 형식으로 준비하고 있으므로 작성시기에 대하여는 우려할 바가 없다. 그러나 그 기준을 개정하고자 하는 경우에는 절차를 감안할 때 늦어도 해당공사의 입찰공고 이전에 완료하여야 할 것으로 본다.

우리나라의 경우 PQ의 심사항목은 크게 입찰희망자의 경영상태와 기술적 공사이행능력으로 구분한다. 이들 심사기준은 다음과 같다.

a. 경영상태부문의 PQ기준

경영상태부문은 신용정보업자가 평가한 회사채(또는 기업어음) 또는 기업신용평가등급을 기준으로 심사하되, 추정가격 500억원 이상인 공사와 미만인 공사를 구분하여 심사한다.

b. 기술적 공사이행능력부문의 PQ기준

기술적 공사이행능력부문은 시공경험, 기술능력, 시공평가결과, 지역업체참여도, 신인도 등을 종합적으로 심사하며, 입찰자희망자에 대한 종합점수가 90점 이상인 자를 적격자로 한다.

계약예규「PQ요령」에 의하면, 기술적 공사이행능력부문은 아래와 같이 2개 유형으로 구분하여 심사하도록 하고 있다.

(1) 추정가격 200억원 이상인 18개공종공사

추정가격이 200억원 이상인 공사로서 아래에 해당하는 18개 공사의 경우에는 상기「PQ요령」'별표2'에 따라 심사한다.

(a) 다음 중 어느 하나에 해당하는 교량건설공사
- (a)-1. 기둥 사이의 거리가 50미터 이상이거나, 길이 500미터 이상인 교량건설공사
- (a)-2. 교량건설공사와 교량 외의 건설공사가 복합된 공사의 경우에는 교량건설공사(기둥 사이의 거리가 50미터 이상이거나 길이 500미터 이상인 것에 한함)부분의 추정가격이 200억원 이상인 교량건설공사

(b) 공항건설공사

(c) 댐축조공사

(d) 에너지저장시설공사

(e) 간척공사

(f) 준설공사

(g) 항만공사

(h) 철도공사

(i) 지하철공사

(j) 터널건설공사(단, 터널건설공사와 터널 외의 건설공사가 복합된 공사의 경우에는 터널건설공사부분의 추정가격이 200억원 이상인 것에 한함)

(k) 발전소건설공사

(l) 쓰레기소각로건설공사

(m) 폐수처리장건설공사

(n) 하수종말처리장건설공사

(o) 관람집회시설공사

(p) 전시시설공사

(q) 송전공사

(r) 변전공사

(2) 제(1)항 이외의 공사

위 제(1)항 이외의 공사의 경우에는 「PQ요령」 '별표3'에 따라 심사한다.

그런데 '제(1)항 이외의 공사'라고 할 때에는 구체적으로 어떤 공사를 지칭하는지 분명하지 않아 적용에 혼선이 있을 수 있다. 다만, 조문의 해석상 첫째, 추정가격 200억원 미만인 공사를 들 수 있고, 둘째, 추정가격 200억원 이상이되, 상기 제(1)항에 해당하지 않는 공사를 들 수 있을 것이다. 이 해석이 맞는다면 「국가계약법 시행령」에서 규정하고 있는 '추정가격 300억원 이상인 공사'의 경우에도 위 제(1)항에 해당하는 공종공사의 경우에는 「PQ요령」 '별표2'에 따라 심사하고, 위 제(2)항에 해당하지 않는 공종공사의 경우에는 「PQ요령」 '별표3'에 따라 심사하여야 할 것이다.

c. 심사기준일

경영상태부문 및 기술적 공사이행능력부문 공히 심사항목에 대한 심사기준일은 입찰공고일로 하며, 경영상태부문 중 신용평가등급은 입찰공고일 이전 가장 최근에 평가한 유효기간 내의 신용평가등급으로 함을 유의하여야 한다.

2. PQ관련사항의 공고

발주처가 PQ를 실시하고자 하는 공사의 경우에는 앞 항에서 언급한 내용에 따라 작성한 PQ기준의 열람·교부에 관한 사항, PQ에 필요한 서류·제출기한 등을 현장설명일의 전일부터 기산(起算)하여 30일 이전에 공고(입찰공고문에 기재)하여야 한다(「국가계약법 시행령」 제35조제2항).

3. PQ기준의 열람 및 교부

발주처는 위의 내용에 따라 작성한 PQ기준을 PQ참여희망자가 열람할 수 있도록 비치하여야 하며, PQ참여희망자가 요구하는 경우 이를 교부하여야 한다.

PQ기준의 열람 및 교부기간은 해당공사의 입찰공고일로부터 PQ신청마감일까지로 한다.

4. PQ의 신청

a. 신청기간

PQ참여희망자는 입찰공고일부터 7일이 경과한 날부터 입찰공고에 명시된 기간동안 발주처에 PQ를 신청할 수 있다. 계약예규 「PQ요령」 제4조에 의하면, 신청기간은 10일 이상으로 하도록 규정하고 있다.

b. 신청의 제한

「PQ요령」 제5조에 의하면, 발주처는 「국가계약법 시행령」 제21조에서 규정하고 있는 제한경쟁입찰과 제22조에서 규정하고 있는 공사의 성질별·규모별제한입찰의 제한내용에 의하여 PQ신청자의 자격을 제한할 수 있도록 하고 있다.

c. 신청의 부정행위자에 대한 조치

신청서류가 부정하게 작성된 것으로 판명될 때에는 아래와 같은 방식으로 신청자를 처리한다.

(1) 적격자를 선정하기 이전일 경우에는 입찰적격자선정대상에서 제외함
(2) 입찰을 실시하기 이전일 경우에는 입찰참가자격을 박탈함

5. 적격자의 선정

발주처는 제출받은 PQ신청서류를 신청마감일 또는 보완일로부터 10일 이내에 심사하여야 하되, 부득이한 경우에는 3일의 범위 내에서 그 기간을 연장할 수 있다.

PQ는 경영상태와 기술적 공사이행능력을 구분하여 심사하며, 경영상태의 적격요건을 충족한 자에 한하여 기술적 공사이행능력을 심사한다. 심사결과 경영상태와 기술적 공사이행능력부문 모두 적격요건을 충족하는 자를 입찰적격자로 선정한다.

6. 심사결과의 통보

발주처가 입찰적격자를 선정한 때에는 지체없이 해당자에게 통보하고, 해당사실을 전자조달시스템, 게시판 또는 일간건설지 등(이하 "일간건설지 등"이라 함)에 게재하여야 하며, PQ신청자가 게재일로부터 3일 이내에 PQ관련서류의 열람을 신청한 때에는 열람할 수 있게 하여야 한다.

7. 입찰적격자명부의 작성

발주처는 입찰적격자를 선정한 때에는 해당자에게 그 사실을 통보하고 일간건설지 등

에 게재하는 외에 발주처 내에 공사종류별로 입찰적격자명부를 작성·비치하여야 한다.

8. 재심사

앞 6항 및 7항에서 언급한 심사결과를 통보받은 자가 심사결과에 대하여 이의가 있는 경우에는 현장설명일부터 3일 이내에는 발주처에 재심사를 요청할 수 있으며, 재심사의 요청을 받은 발주처는 3일 이내에 재심사하여 그 결과를 통지하여야 한다.

재심사결과도 심사결과와 마찬가지로 지체없이 해당자에게 통보하고, 해당사실을 일간건설지 등에 게재하여야 한다.

4·5 공동계약의 입찰참가자격사전심사(PQ)

공동수급체에 대한 심사는 분야별·항목별로 다음과 같이 실시하되, 공동수급체구성원 간의 시공능력, 실적, 기술보유상황 등의 보완을 위하여 공동계약을 한 경우에는 이를 우대하여 심사기준을 작성할 수 있다.

a. 경영상태부문

경영상태부문은 공동수급체구성원별로 각각 신용평가등급으로 심사한다.

b. 기술적 공사이행능력부문

(1) 시공경험, 기술능력, 시공평가결과

공동수급체구성원별로 각각 시공경험, 기술능력 및 시공평가결과에 공사참여지분율("시공비율")을 곱하여 산정한 후 이를 합산하여 산정한 평점으로 심사하되, 다만, 주계약자관리방식의 경우 평가대상구성원은 해당종합공사를 시공하는 업종의 등록을 한 자로 하며, 전문공사를 시공하는 조건으로 참여하는 구성원은 평가에서 제외한다.

(2) 신인도

공동수급체구성원별로 각각 산출한 점수에 시공비율을 곱하여 이를 합산한다.

4·6 입찰참가자격사전심사(PQ)의 면제

시공능력이 있고 성실한 시공자의 경우 공사입찰시마다 매번 PQ를 실시하는 것은 발주처나 해당시공자 모두 낭비적인 요인이 많게 된다. 이를 보완하기 위해서 계약예규 「PQ요령」은 특정한 경우에 PQ를 면제할 수 있는 조항을 두고 있다. 즉, 해당공사와 동일한 종류의 공사에 대하여 입찰적격자로 선정된 자에 대하여는 공사의 특성 등을 감안하여 1년의 범위 내에서 PQ를 면제할 수 있도록 하고 있다(제13조).

발주처는 새로운 발주공사에 대한 PQ를 실시할 때마다 위에서 언급한 '공사종류별 입찰적격자명부'에 등재(登載)된 적격자에 대하여 PQ를 면제할 것인지의 여부를 결정하여 PQ참여희망자로 하여금 열람할 수 있게 하여야 한다.

4·7 평 가

[국가계약]

국가계약에 있어서 PQ대상공사는 「국가계약법 시행령」 제13조에서 임의적 PQ대상공사와 의무적 PQ대상공사로 구분되나, 계약예규 「PQ요령」에서는 그 대상공사에 관한 규정을 두지 않고 있으며, 조달청의 「PQ기준」에서 이를 규정하고 있다.

조달청고시 「PQ기준」에서 규정하고 있는 PQ대상공사는 앞에서 이미 상세하게 언급하였던 바 있으며, 아래와 같이 요약된다.

조달청고시 「PQ기준」에서 규정하고 있는 PQ대상공사

(a) 추정가격 300억원 이상인 공사 즉 종합심사대상공사
(b) 대안입찰공사, 일괄입찰공사, 특정공사, 기술제안입찰공사
(c) 고난이도공종이 포함된 공사

㈜ 상기 중 (c)항 즉 '고난이도공종이 포함된 공사'는 해당공종의 추정가격이 200억원 이상으로서 「PQ기준」 제3조에서 규정하고 있는 10개 공사를 말한다.

[지방계약]

지방계약에 있어서도 PQ대상공사는 「지방계약법 시행령」 제14조에서 「국가계약법 시행령」 제13조와 같게 규정하고 있다. 즉 임의적 PQ대상공사와 의무적 PQ대상공사로 구분하여 규정하고 있는 것이 그러하다.

그런데 행정안전부예규 「지자체PQ기준」 제1절제2항에서는 PQ대상공사를 아래와 같이 구체적으로 규정하고 있다.

행정안전부예규 「지자체PQ기준」상의 PQ대상공사

(a) 추정가격이 200억원 이상 300억원 미만인 18개공종공사
(18개공종공사의 인용은 생략함)
(b) 추정가격이 100억원 이상인 공사로서 「지방계약법 시행령」 제14조에 따라 지자체장이 공사의 성질, 규모 및 난이도 등을 고려하여 필요하다고 판단되는 공사

이 경우 아래와 같은 문제점이 있다.

첫째, 추정가격 300억원 이상인 공사의 경우 PQ대상공사에서 제외되는 것처럼 오해될 소지가 있다.

둘째, 「지방계약법 시행령」 제14조제1항의 해석상 PQ는 행정안전부장관이 아니라 '지방자치단체의 장 또는 계약담당자'에 의하여 실시되며, 따라서 행정안전부

장관이 아닌 '지방자치단체의 장 또는 계약담당자'에 의하여 PQ대상공사가 결정되는 것이라고 할 수 있다. 그렇다면 위의 행정안전부예규 「지자체PQ기준」 제1절제2항에서 PQ대상공사를 '구체적으로' 정하고 있는 것은 잘못이 있다. 행정안전부장관은 '심사기준'을 정하는 것이며, 시행령에서 규정하고 있는 대상공사를 다시 정하는 것은 그의 소관이 아니라고 본다.

이 점에 있어서 기획재정부 계약예규 「PQ요령」과 조달청고시 「PQ기준」의 내용은 참고의 가치가 있다고 본다.

05

건설계약의 일반적인 이해

제5장

건설계약의 일반적인 이해

5·1 계약의 의의

건설계약(建設契約)을 논의하기 전에 먼저 계약(契約)이란 무엇인지를 살펴보는 것이 순리인 것 같아 아래에서 간략하게 음미하여 보기로 한다.

계약은 그 의미상 광의(廣義)의 계약과 협의(狹義)의 계약으로 구분됨이 일반적이다.

1. 광의의 계약

광의의 개념으로 계약이라 함은 사법(私法)상의 어떤 법률효과의 발생을 목적으로 하는 계약당사자 간의 의사표시의 합치(合致)를 말한다. 좀 더 구체적으로 말하면, 광의의 계약은 후술하는 협의의 계약에 어떤 법률관계의 변동을 목적으로 하는 합의(合意)까지를 포함하는 개념이다. 이 점에서 광의의 계약을 그냥 합의라고 표현하기도 한다.

계약의 영문표기에는 Agreement와 Contract가 있는 바, 계약을 그 의미상 광의와 협의의 개념으로 구분할 때 전자, 즉 Agreement는 광의의 계약, 후자, 즉 Contract는 협의의 계약이라고도 한다.

미국건축사협회(AIA)의 「건설산업용어사전」(glossary of construction industry terms)(이하 "건설용어사전"이라 함)과 Cyril M. Harris의 「건축 및 건설사전」(dictionary of architecture and construction)(이하 "건축사전"이라 함)에서는 공히 Agreement를 아래와 같이 정의하고 있다.

AIA 및 Cyril M. Harris 의 Agreement

"Agreement : ①A meeting of minds. ②A legally enforceable promise or promises between two or among several persons. ③On a construction project, the document stating the terms of the contract between owner and contractor which may incorporate by reference other contract documents. ④The document setting forth the terms of the contract between the architect and owner or between the architect and a consultant"

(①의사의 합치. 또는 합의. ②2인 이상 사인간의 법률적 효력이 있는 약속. ③건설공사에 있어서, 도급인과 수급인간의 계약조건을 규정한 계약문서의 하나. ④ –③항과 동일–)

상기 Agreement에 대한 정의 중 제①항과 제②항의 정의가 본 항 광의의 계약에 해당한다고 할 수 있다.

㈜ 그러나 AIA「건설용어사전」에서는 Agreement와 Contract는 그 의미에 차이가 없이 상호 통용될 수 있음을 부기하고 있다.

2. 협의의 계약

협의의 개념으로 계약이라 함은 광의의 계약, 즉 합의 중에서 권리와 의무관계 또는 채권과 채무관계의 발생을 목적으로 하는 합의를 말한다.

앞에서 이 협의의 계약을 Contract로 표기한다고 하였는 바, 그렇다면 상기 AIA의 「건설용어사전」과 Cyril M. Harris의「건축사전」에서 Contract를 어떻게 정의하고 있는지를 살펴볼 필요가 있다.

AIA 및 Cyril M. Harris의 Contract

"Contract : A legally enforceable promise or agreement between or among several persons."

(2인 이상 사인간의 법률적 효력이 있는 약속 또는 합의)

Contract는 상기 Agreement의 정의 중 제②항과 같아서, 결국 Agreement에 포함되고 있음을 알 수 있다. 이와 같은 점에서 Agreement를 광의의 계약, Contract를 협의의 계약이라고 개념지을 수 있는 것이다.

Contract의 개념으로서의 'promise or agreement', 즉 약속이나 합의는 권리와 의무관계 또는 채권과 채무관계의 설정을 권리로 한 약속이나 합의를 뜻함을 알 수 있다.

5·2 건설계약의 범위

1. 건설계약관리는 복합적 개념

본서의 책명(冊名) 「건설계약관리론」을 조금 구체적으로 들여다보면, 여기에는 건설계약과 계약관리라는 2개의 소주제가 복합적으로 이루어져 있음을 알 수 있다.

계약관리는 다음 장(제6장)에서 별도로 논의하기로 하고, 본 장에서는 건설계약의 개념을 살펴보기로 한다.

2. 건설계약 vs 공사계약

건설계약은 우리 「민법」상 도급계약에 해당하는데, 관련 조항을 아래에 인용하여 보기로 한다.

「민법」 제664조 도급의 의의

"도급은 당사자 일방이 어느 일을 완성할 것을 약정하고 상대방이 그 일의 결과에 대하여 보수를 지급할 것을 약정함으로써 그 효력이 생긴다."

「민법」상의 이 도급계약은 비단 건설계약뿐만 아니라 참으로 여러 분야에서 존재한다. 모든 도급계약을 본서에서 논의하는 것은 가능하지 않고, 또한 본서의 주제도 아니다.

㈜ 「민법」상의 도급계약은 다음 제8장에서 개략적으로 소개한다.

엄밀한 의미에서, 아이러니하게도, 우리나라의 법령상 '건설계약'은 존재하지 않는다. 법령상 존재하지 않는다는 것은 아직 관련 분야에서 연구되지 않고 있다는 것을 뜻하기도 한다. 그래서 '건설계약'의 범위를 설정하고 논의를 전개해야 한다고 본다.

도급계약에는 산업의 영역을 기준으로 할 때, 국가계약법령상에는 공사계약·용역계약

·물품(납품)계약이 있으며, 건설산업기본법령에는 건설공사계약·건설용역계약이 있고, 그 밖에 개별법령에 따라 전기공사계약, 정보통신공사계약 등이 있다. 즉, 공사계약, 용역계약, 도급계약, 건설공사계약, 건설용역계약 등이 법령상의 계약유형이다.

「건설산업기본법」 제2조제4호에 의하면, 건설공사란 토목공사, 건축공사, 산업설비공사, 조경공사, 환경시설공사, 그 밖에 명칭에 관계없이 시설물을 설치·유지·보수하는 공사(시설물을 설치하기 위한 부지조성공사 포함) 및 기계설비나 그 밖의 구조물의 설치·해체공사 등을 말한다. 다만, 「전기공사업법」에 따른 전기공사, 「정보통신공사업법」에 따른 정보통신공사, 「소방시설공사업법」에 따른 소방시설공사, 「문화재수리법」에 따른 문화재수리공사는 건설공사에서 제외되는 별도의 공사이다.

이제 「건설산업기본법」에서 분류하고 있는 공사의 유형에 따른 계약의 유형을 따로 발췌하여 정립해 보면, ①건설공사계약, ②전기공사계약, ③정보통신공사계약, ④소방시설공사계약, ⑤문화재수리공사계약이 있게 된다.

우리나라 법령의 규정을 기준으로 할 때 건설계약은 'OO공사계약'이어야 정확할 것 같이 보이기도 한다. 이와 같은 점을 감안하여 본서에서 중점적으로 추구하는 계약을 '공사계약'으로 전제하였음을 부인하지 않는다.

그러나 공사는 그를 어떻게 분류하느냐에 따라 참으로 다양한 유형이 제기될 수 있다. 상기 「건설산업기본법」상의 유형만이 유일하고 최선일 수는 없고, 여기에서도 종합공사·전문공사로 구분하고 있으며, 기타 국제산업분류표상의 공사, 미국 법령상의 공사, 일본 법령상의 공사.................등.

그러함에도 불구하고, 우리의 일반적인 정서상으로는 공사보다 건설이 더 포괄적이면서도 친밀하게 인식되고 있다는 점에서 「건설계약관리론」이라 하였음을 양지하시기 바란다.

비슷한 예로서, 「건설산업기본법」 제2조제8호는 '건설사업관리'를 정의하고 있는데, 이는 "건설공사에 관한 기획, 타당성조사, 분석, 설계, 조달, 계약, 시공관리, 감리, 평가 또는 사후관리 등에 관한 관리를 수행하는 것"으로 규정하고 있다. 이를 요약하면, 건설사업관리는 건설공사에 관한 기획 등 일련의 관리를 말한다. 이 제2조의 정의에 충실할 경우 건설사업관리는 '건설공사관리'가 되어야 옳게 된다. 그렇다면, '건설사업관리'는 잘못된 표기인 셈이다.

이 제도가 도입된 것은 미국이므로 그들의 표현 'Construction Management' 즉 CM에서 Construction이라는 뜻을 보더라도 건설사업보다는 건설공사 또는 그냥 건설, 혹은 공사, 시공이 더 원래의 뜻에 가깝다.

그러함에도 불구하고 우리는 CM을 건설사업관리로 이의 없이 받아들이고 있는 것이다.

또한, 「건설산업기본법」 제2조제3호는 '건설용역'을 정의하고 있는데, 이는 「건설기술진흥법」 제2조제3호의 '건설기술용역'과 대칭된다. 규정상 양자 간에는 다소의 차이가 있으나, 우리는 건설용역과 건설기술용역을 다른 영역이라고 생각하지 않는다.

3. 소 결

위에서 논의한 내용을 정리하면, 첫째, 건설계약은 건설공사계약과 건설용역계약(또는 건설기술용역계약)을 포함하는 개념이다.

둘째, 건설은 비단 건설공사와 건설용역만이 아닌 그 외의 주변분야를 모두 포함하는 개념이다. 예를 들면, Cyril M. Harris의 「건축사전」에서는 건설 또는 공사·시공을 대표하는 영어 'Construction'을 터파기, 구조물세우기, 구성품 및 설비의 조립·설치 등 현장의 모든 작업이라 정의하고 있음과 같다.

Cyril M. Harris의 「건축사전」의 Construction 개념

Construction ; All the on-site work done in building or altering structures, from land clearance through completion, including excavation, erection, and assembly and installation of components and equipment.

(건설 ; 굴착, 축조, 부자재 및 설비의 조립·설치를 포함하여, 부지정지부터 완성에 이르기까지 구조물의 신축이나 개축시 수행되는 모든 현장 작업)

건설계약을 영문으로 나타낸다면 Construction Contract이 된다. 이 영문은 건설계약

외에 공사계약, 시공계약, 시설공사계약, 건설공사계약 등 다양하게 표현될 수 있지만, 그 대표성은 건설계약에 있음을 부인할 수 없을 것이다.

독자(讀者) 중에는 본서의 책명을 '공사계약관리론'이라 함이 어떠냐고 조언하는 분들도 있다. 이 경우 「건설산업기본법」 제2조에서 정의하는 건설공사로 한정되어 건설용역 등이 논의에서 제외되는 것 같은 오해의 소지가 있다.

또 어떤 분은 '건설공사계약관리론'이나 '건설공사관리론'이라 함이 어떠냐는 분들도 있다. 이렇게 될 경우에는 건설용역은 물론 전기공사 등이 논의에서 제외되는 것으로 오해될 소지가 있을 수 있다.

따라서 본서 「건설계약관리론」의 논의의 범위는 이와 같은 건설계약과 함께 국가계약법령에서 규정하는 용역계약 중 기술용역계약도 포함하는 개념임을 밝혀두고자 한다.

본서에서 논의하는 건설계약 ;	– 건설공사계약 – 전기공사계약 – 정보통신공사계약 – 소방공사계약 – 문화재수리공사계약 – 기술용역계약

㈜ 위 네모 안의 건설공사계약은 다른 한편으로 시설공사계약(施設工事契約) 또는 시공계약(施工契約)이라고도 한다.

㈜ Construction Contract

지금 본 항에서 건설계약을, 전기공사·정보통신공사·소방공사·문화재수리공사 및 기술용역을 제외하고도, 공사계약, 시설공사계약, 건설공사계약, 시공계약 등으로 표기하였으나, 이와 같은 표기의 다양성에도 불구하고 이들을 영문으로 나타낸다면, 모두 'Construction Contract'이 된다.

다시 말하지만, 본서 「건설계약관리론」에서 '건설계약'은 바로 'Construction Contract'임을 양지하시기 바란다.

5·3 건설계약의 특성

이제 위에서 논의한 '건설계약'의 「민법」적 특성을 살펴보기로 한다.

a. 협의의 계약

건설계약은 「민법」의 위 규정에서 보는 바와 같이 당사자 일방의 일의 완성과 상대방의 보수지급에 대한 약정이라고 할 수 있다. 일반적인 합의나 약속에 대하여 이와 같은 약정을 좁은 의미의 계약 또는 협의(狹義)의 계약이라고 한다. 여기에서 일의 완성과 보수의 지급에 대한 상관관계는 결국 당사자 사이의 권리·의무관계 또는 채권·채무관계의 발생에 불과하다.

㈜ 건설계약에 있어서 일의 완성에 대한 채무는 수급인, 즉 시공자에게 있다.

b. 유상계약

시공자의 일의 완성에 대하여 발주처, 즉 도급인은 그 '보수'를 지급할 것을 약정하는 것이므로 무상계약이 아니라 유상계약(有償契約)이다.

c. 쌍무계약

쌍무계약(雙務契約)이라 함은 계약당사자가 각기 상대방에 대하여 대가성(對價性) 채무를 부담하는 계약을 말한다. 건설계약은 시공자의 '일의 완성'채무와 그에 대한 발주처의 '대가의 지급'채무가 결합되어 이루어진다.

㈜ 쌍무계약에 대하여 편무(片務)계약이라 함은 계약당사자 일방만이 채무를 부담하거나, 설령 쌍방 모두가 채무를 부담한다고 하더라도 대가관계(對價關係)에 있지 아니한 계약을 말한다. 「민법」상 증여, 사용대차, 현상광고 및 무상(無償)인 소비대차, 위임 등이 편무계약에 속한다고 한다.

d. 낙성계약

낙성계약(諾成契約)이라 함은 계약당사자의 합의만으로 성립하는 계약을 말한다. 건설계약은 청약에 대한 승낙, 즉 입찰에 대한 낙찰로 성립한다.(물론 이에 대한 반론도 있다)

> 주 낙성계약에 대하여 요물(要物)계약이라 함은 계약당사자의 합의에 더하여 특정행위의 완료 또는 특정 목적물의 인도를 요하는 계약을 말한다. 예컨대, 현상광고는 요물계약이라고 하는데 여기에 있어서는 응모자가 어떤 행위의 완료 또는 어떤 목적물을 인도하여야 계약이 성립한다고 보고 있다.

e. 전형계약

전형계약(典型契約)이라 함은 민법전(民法典)에 정형화되어 있다는 의미로서, 「민법」 제3편에는 14종의 계약이 예시되어 있다. 건설계약은 이 14종의 계약 중 도급계약에 해당하므로 전형계약이다. 뒤에 다시 논의하기로 한다.

f. 불요식계약

앞에서 건설계약은 계약당사자의 합의만으로 성립한다고 하여 낙성계약에 해당한다고 한 적이 있다. 여기에서의 합의라 함은 반드시 문서상의 합의만을 뜻하는 것이 아니라 구두에 의한 합의도 포함하는 개념이다. 전자와 같이 문서상의 합의를 성립요건으로 할 때 특별히 요식계약(要式契約)이라 하며, 그를 필요로 하지 않고도 성립하는 계약을 불요식계약(不要式契約)이라 한다.

이 역시 반론이 있다. 다음 장에서 다시 논의하기로 한다.

06 건설계약의 성립 및 무효

제6장

건설계약의 성립 및 무효

6·1 서 론

앞에서 건설계약은 첫째, 좁은 의미의 건설공사뿐만 아니라, 전기공사, 정보통신공사, 소방공사, 문화재수리공사 및 그와 관련한 기술용역까지 아우르는 넓은 의미의 계약이며, 둘째, 이 계약은 또한 ①협의의 계약이며, ②유상계약, ③쌍무계약, ④낙성계약, ⑤전형계약, ⑥불요식계약임을 살펴보았다.

첫째의 개념은 본서가 추구하는 건설계약의 집필방향이고, 둘째와 같은 개념상의 구분은 법학자, 그중에서도 민법학자들의 견해인 것 같다.

그러나 둘째와 같은 개념에 대하여 다소의 논란이 있음을 본다. 본서에서 이 논란을 모두 살펴보기에는 여건상 무리가 있다.

'계약의 성립'의 문제는 앞장에서 논의한 '계약의 특성'이라는 문제와 연관선상에 있다고 해도 좋다. 이 주제에서 가장 문제시 되는 것은 당사자 간에 어떤 행위가 이루어져야 계약이 성립하는가 하는 절차상의 요건도 중요하지만, 그보다도 계약의 성립시기 즉 언제부터 계약의 효력이 발생하는가 하는 효력발생시기상의 요건이 더욱 중요하다.

우리는 주변에서 입찰은 하였으되 계약을 체결하지 않거나, 또한 입찰 이후 계약을 체결하기 전에 공사를 수행하는 경우를 왕왕 볼 수 있다. 물론 당사자간의 양해가 있었다고 하지만, 해당계약이 순조롭게 진행될 때에는 문제가 없으나, 어떤 사정에 의하여 계약의 체결이 지체되거나 취소될 경우에는 이미 수행된 부분에 대한 비용이나 당사자의 기대이익에 대한 보상문제가 대두될 수밖에 없다.

㈜ 여기에서의 기대이익(expected profit)은 상실이익(lost profit)과 같은 개념이다.

계약이 성립되었느냐 그렇지 않느냐에는 엄청난 차이가 있다. 일례로 계약의 체결이

지체되거나 취소될 경우 계약이 성립하지 않았다면 계약조건으로 대처할 수가 없다. 만약 계약이 성립하였다면, 전자의 경우에는 계약기간의 연장문제로, 후자의 경우에는 계약의 해제 또는 해지문제로 대처할 수가 있으며, 이는 계약의 무효문제로 확대된다. 이와 같은 점에서 본 장에 대한 논의의 가치가 있는 것이다.

6·2 건설계약의 청약 vs 승낙

계약은 기본적으로 일방의 청약(請約)에 대한 타방 즉 상대방의 승낙(承諾)에 의하여 성립한다. 이 청약과 승낙을 합의(合意)라고 한다.

㈜ '청약-승낙'에 의한 계약의 성립이 원칙적이기는 하나, 우리 「민법」에서는 예외적으로 의사실현에 의한 계약, 교차청약에 의한 계약, 사실적 계약 등을 인정하고 있다. 이에 대하여는 뒤에 따로 논의하기로 한다.

1. 건설계약과 낙성계약

건설계약이 당사자의 합의에 의하여 성립한다고 하여 이를 특별히 낙성계약(諾成契約)이라고 하는 것이다.

일반적인 법 논리, 특히 「민법」 또는 계약법의 논리에서 계약은 그 당사자의 합의에 의하여 성립하며, 법 논리가 아니라고 하더라도 이를 부인할 수는 없다.

그러나 '합의'에는 문서상의 합의와 구두에 의한 합의가 있다. 물론 문서나 구두만이 아닌 사고(思考) 또는 정서상의 합의도 있을 수 있다. 그러나 적어도 건설계약을 논의함에 있어서는 표시되지 아니한 내면에만 있는 의사의 합치까지를 합의라고 할 수는 없다. 다시 말하면, 그것이 직접적이든 간접적이든, 상대방에 대한 의사표시의 발현을 전제로 한다.

낙성계약은 계약당사자의 합의에 의하여 성립하고, 그 합의에는 문서상의 합의와 구두에 의한 합의가 있다고 할 때, 낙성계약은 다시 아래와 같이 구분될 수 있다.

낙성계약의 구분

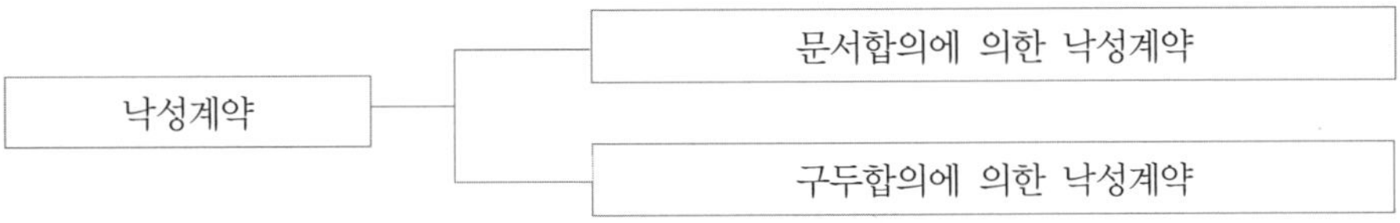

㈜ 건설계약을 낙성계약이라 하고 위 그림처럼 나타내었지만, 이는 구두합의에 의한 낙성계약까지 건설계약으로 개념짓게 되어 일상적인 계약, 소위 약속(promise) 또는 광의의 계약과 혼동할 위험이 있다. 이는 항을 달리하여 논의하기로 한다.

2. 건설계약과 요식계약

일반적인 경우 계약은 합의에 의하여 성립하며, 이에는 계약서 등 서면의 작성과 같은 별도의 요식행위가 필요하지 않다. 이 논리를 확대하여 아주 일부이기는 하지만, 건설계약도 불요식계약이라고 하는 견해가 있다.

㈜ 계약의 유형 중 매매계약에 있어서는 매매계약서가 반드시 필요한 요건이 아니다. 예컨대, 식당에서는 계약서와 상관없이 음식을 주문할 수 있다.

그러나 일반적인 견해는, 건설관련법령 또는 국가·지방계약법령에서처럼 계약서의 작성을 의무화하고 있는 경우에는 계약서를 작성한 때에 계약이 성립하고, 그와 같은 법령상의 규정이 없는 경우에는 계약서의 작성이 계약의 성립요건은 아니며 계약서는 계약의 성립을 증명하는 증거일 뿐이라고 한다. 전자의 예에 따르면 계약은 요식행위이며, 후자의 예에 따르면 계약은 요식행위가 아니라 불요식행위가 된다.

우리나라의 건설관련법령 또는 국가·지방계약법령은 계약서의 작성을 의무화하고, 그 계약서에 기명·날인함으로써 계약은 확정되는 것으로 규정하고 있다. 그렇다면 우리나라의 건설계약은 요식계약에 해당한다.

사실 건설계약이 요식계약이라는 것은 세계의 거의 모든 국가가 채용하고 있는 형식상의 제도이다.

3. 건설계약에서의 불요식계약

여기서 우리나라 「국가계약법」의 규정을 볼 필요가 있다.

「국가계약법」 제11조 계약서의 작성 및 계약의 성립

① 각 중앙관서의 장 또는 계약담당공무원은 계약을 체결할 때에는 다음 각 호의 사항을 명백하게 기재한 계약서를 작성하여야 한다. 다만, 대통령령으로 정하는 경우에는 계약서의 작성을 생략할 수 있다.

1. 계약의 목적
2. 계약금액
3. 이행기간
4. 계약보증금
5. 위험부담
6. 지체상금(遲滯償金)
7. 그 밖에 필요한 사항

② 제1항에 따라 계약서를 작성하는 경우에는 그 담당공무원과 계약상대자가 계약서에 기명하고 날인하거나 서명함으로써 계약이 확정된다.

이 조에 의하면, 앞에서 언급한 바와 같이 우리나라의 국가계약은 원칙적으로 요식계약이나, 다만 예외적으로 대통령령으로 정하는 계약에 대하여는 불요식계약이 인정된다. 해당대통령령을 아래에 인용한다.

「국가계약법 시행령」 제49조 계약서작성의 생략

법 제11조제1항 단서의 규정에 의하여 계약서의 작성을 생략할 수 있는 경우는 다음 각 호와 같다.

1. 계약금액이 3천만원 이하인 계약을 체결하는 경우
2. 경매에 부치는 경우
3. 물품매각의 경우에 있어서 매수인이 즉시 대금을 납부하고 그 물품을 인수하는 경우
4. 각 국가기관 및 지방자치단체 상호간에 계약을 체결하는 경우
5. 전기·가스·수도의 공급계약 등 성질상 계약서의 작성이 필요하지 아니한 경우

위의 내용 중 건설계약에 해당하는 경우로는 첫째, 계약금액이 3천만원 이하인 경우, 둘째, 각 국가기관 및 지방자치단체 상호간에 체결하는 계약의 경우가 그것이다. 이 경우라고 하더라도 계약상대자 즉 시공자는 청구서·각서·협정서·승낙사항 등 계약성립의 증

거가 될 수 있는 서류를 발주처에 제출하여야 한다.

㊟ 국가계약에서는 계약금액이 3천만원 이하인 경우 계약서의 작성을 생략할 수 있으나, 지방계약의 경우에는 계약금액이 5천만원 이하인 경우에 계약서의 작성을 생략할 수 있다.(「지방계약법 시행령」 제50조)

6·3 건설계약의 성립시기

1. 계약의 예약

a. 대법원판례

위에서 일반적인 계약은 청약에 대한 승낙에 의하여 성립하지만, 건설계약의 경우에는 입찰에 따른 낙찰로서 계약이 성립하는 것이 아니라, 계약서를 작성하여야 비로소 성립함을 보았다.

이와 관련하여 1977년도의 대법원판례는 매우 의미가 깊다.

대법원판례 「74다402」(1977.2.22)

"입찰공고문에 '낙찰일로부터 30일 이내에 계약을 체결한다'는 기재에 따라 낙찰 후에 계약을 체결한 것이라면 입찰계약은 입찰매매에 있어서의 일반의 경우처럼 입찰과 낙찰로서 계약이 성립되는 것이 아니고 입찰과 낙찰행위가 있은 후에 따로이 본계약을 체결한다는 취지로 인정될 수 있어 이 경우의 입찰과 낙찰은 계약의 예약이라고 아니 볼 수 없어서 공고내용은 청약이 아니라 청약의 유인에 지나지 않는다....."

이 판례의 내용을 다시 정리하면 아래와 같다.

첫째 : 계약의 체결행위를 낙찰일이 아닌 그 이후의 특정일로 지정한 경우에는 입찰과 낙찰만으로서 계약이 성립하는 것이 아님.

둘째 : 입찰공고는 청약의 유인행위

셋째 : 입찰에 대한 낙찰은 계약의 예약

넷째 : 계약은 본계약의 체결로서 성립

이 판례에 의할 경우 낙찰이 결정되었으나, 계약을 체결하지 않거나 공사가 취소될 경우에는 일반적인 상거래에서와 같이 예약이 취소되었다고 보아 무방할 것같아 생각이 복잡해진다.

b. 기획재정부 계약예규

기획재정부 계약예규「공사입찰유의서」에서도 상기 대법원판례와 유사한 규정을 두고 있다.

기획재정부 계약예규「공사입찰유의서」제19조 계약의 체결

"①낙찰자는 계약담당공무원으로부터 낙찰통지를 받은 후 10일 이내에 소정서식의 계약서에 의하여 계약을 체결하여야 한다. 다만, 일반조건에 정한 불가항력의 사유로 인하여 계약을 체결할 수 없는 경우에는 불가항력의 사유가 존속하는 기간은 이를 산입하지 아니한다.
②제1항에 의하여 발주기관과 계약을 체결하고자 하는 자는 관계법령에 의하여 필요한 관계서류를 계약담당공무원에게 제출하여야 한다.
③계약담당공무원은 낙찰자로 결정된 자가 정당한 이유없이 제1항에 의한 계약을 체결하지 아니한 때에는 낙찰을 취소할 수 있다.
④~⑤ – 생 략 – "

이 예규에서도 입찰자가 비록 낙찰자가 되었다고 하더라도, 계약체결행위(계약서의 작성)를 하지 않을 경우에는 계약이 성립하지 않음을 강조하고 있다.

건설계약의 체결이라 함은 청약자와 요약자, 즉 낙찰자(수급인)와 발주처(도급인)가 계약서에 기명·날인하는 행위를 말한다.

c. 건설계약의 성립과정 도해

위 대법원판례의 내용을 도표로 나타내면 다음과 같다.

㈜ 상기 대법원판례의 입찰공고문에서 "낙찰일로부터 30일 이내에" 계약을 체결하는 것이나, 상기 계약예규에서 "낙찰통지를 받은 후 10일 이내에" 계약을 체결하는 것은 본 항의 논의에 있어서 차이를 두지 않아도 된다.

건설계약의 성립과정

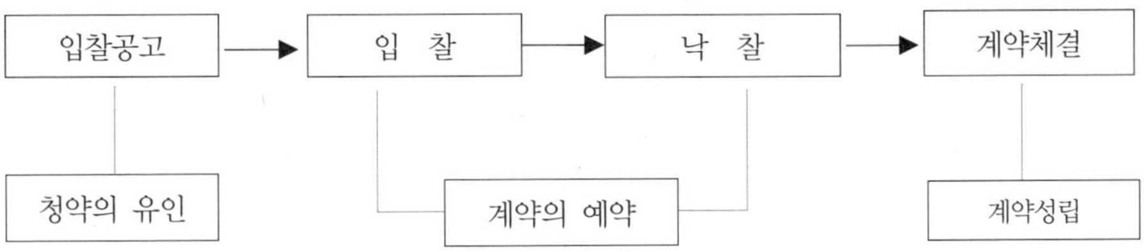

2. FIDIC의 계약성립시기

국제컨설팅엔지니어협회(FIDIC : Federation Internationale des Ingenieurs Conseils)의 용역계약의 경우 컨설턴트 즉 용역수행자가 발주처로부터 낙찰통지를 접수한 날 또는 계약서에 최종적으로 서명한 날 중 나중의 날부터 계약의 효력이 성립한다.

FIDIC 「용역계약조건」(Consultancy Agreement)의 관련조항을 아래에 인용한다.

FIDIC 「용역계약조건」 제21조 Agreement Effective

"The Agreement is effective from the date of receipt by Consultant of the Client's Letter of Acceptance of the Consultant's proposal or of the latest signature necessary to complete the Formal Agreement, if any, whichever is the later."

(계약의 효력은 컨설턴트의 제안서에 대한 발주처의 낙찰통지를 컨설턴트가 접수한 날 또는 계약서에 최종적으로 서명한 날 중 나중의 날부터 발생한다)

통상 낙찰통지 뒤에 계약서에 서명·날인하므로 결국 계약을 체결함으로써 계약이 성립하는 것이 된다.

3. 우리나라 국가 및 지방계약에서의 계약성립시기

우리나라의 국가계약은 국가계약법령 및 그를 근거로 작성된 기획재정부 계약예규 등의 지배를 받는 계약이며, 지방계약은 지방계약법령 및 행정안전부의 관련예규 등의 지배를 받는 계약이다.

a. 국가 및 지방계약법상의 성립시기

「국가계약법」은 앞에서 이미 인용한 바 있는 제11조에서 이를 규정하고 있으며, 계약당사자 즉 발주처와 시공자가 '계약서에 기명하고 날인하거나 서명함으로써' 계약이 확정된다.

「지방계약법」 제14조도 이와 동일한 규정을 두고 있다.

b. 계약예규상의 성립시기

기획재정부 계약예규 「공사입찰유의서」 제20조는 그 조항명을 '계약의 성립'이라 하고 아래와 같이 규정하고 있다.

「공사입찰유의서」 제20조 계약의 성립

"계약담당공무원과 낙찰자가 계약서에 기명·날인(외국인에 대하여 서명을 허용한 경우에는 서명을 포함한다)함으로써 계약은 확정된다."

㈜ 기획재정부의 또다른 계약예규 「용역입찰유의서」 제17조도 이와 동일하다.

㈜ 상기 조항의 제목을 계약의 '성립'이라 하고, 그 내용에서는 왜 계약이 '확정'된다고 규정한지는 모르겠지만, 그 '확정된다'는 곧 '성립된다'의 다른 표현이 아닐까 생각된다. 아니면, 입찰과 낙찰은 계약의 예약이고, 계약체결행위로서 예약이 본계약의 체결에 의하여 확정된다는 뜻인지 얼른 판단이 서지 않는다.

6·4 우리나라 계약예규상의 예비계약 및 본계약

계약예규 「정부입찰계약집행기준」(이하 "입찰계약기준"이라 함) 제5장 '일괄입찰 및 기술제안입찰로 발주된 공사의 수의계약집행' 제10조의7에 의하면, 계약체결의 절차상 예비계약과 본계약으로 구분짓고 있다.

a. 예비계약

예비계약이라 함은 수의계약의 상대방과 본계약 체결시까지 임시적으로 체결하는 계약으로서, 상대방이 실시설계용역을 수행함과 동시에 양 당사자간 가격협상이 성립할 것을 조건으로 본계약을 체결하기로 약정하는 계약을 말한다.

예비계약을 체결한다고 하더라도, 계약보증금의 징구(徵求)대상이 아니며, 설령 본계약을 체결하지 않게 되더라도 「국가계약법 시행령」 제89조 및 제107조에 따른 설계비 등의 보상대상이 아님을 유의해야 한다.

b. 본계약

본계약이라 함은 발주처와 그 상대방 사이에 가격협상이 성립되어 시공과 계약을 일괄하여 종국적으로 체결되는 계약을 말한다. 발주처는 가격협상이 성립되면 최종적인 산출내역서를 제출받고 지체없이 본계약을 체결하여야 한다.

다만, 가격협상이 이루어지지 않을 경우 계약담당공무원은 상대방에게 아래의 금액을 지급하고 시공부분을 분리하여 발주할 수 있다. 이 경우 상대방은 해당시공부분의 입찰에 참여할 수 없다.

(1) 일괄입찰로 발주된 공사

기본설계서 및 실시설계서에 대한 설계대가를 기초로 각 설계용역에 대한 평균낙찰률을 감안하여 산정한 금액

(2) 기본설계기술제안입찰로 발주된 공사

실시설계서에 대한 설계대가를 기초로 설계용역평균낙찰률을 감안하여 산정한 금액과 제안서보상비(설계보상비)를 합산한 금액

6·5 건설계약의 추정

계약예규「공사입찰유의서」제19조에 의하면 입찰자는 낙찰통지를 받은 날로부터 10일 이내에 계약서에 기명·날인(계약의 체결)하여야 한다. 이는 발주처의 입장이고, 사실 낙찰자가 계약을 체결하지 않는 경우는 찾아보기가 쉽지 않을 것이다.

앞에서 인용한 1977년도 대법원판례의 내용이기도 하지만, 낙찰이 결정되었으나 발주처의 사정에 의하여 계약을 체결하지 못하는 경우 입찰자의 입장에서는 그를 강제할 뚜렷한 수단이 없음이 사실이다.

이에 대한 해법은「건설산업기본법」에서 찾을 수 있을 것이다. 아래에서 관련내용을 음미하여 보기로 한다.

a. 건설계약의 추정사유

이 법 제22조의3에 의하면, 건설계약의 추정대상 또는 추정사유는 발주처가 도급계약을 하면서 도급한 공사에 대한 계약서를 수급인에게 발급하지 않을 경우가 그것이다.

㈜「건설산업기본법」제22조의3은 2016.2.3일부로 신설된 규정이다.

b. 시공자의 확인요청

발주처가 계약서를 발급하지 않을 경우 수급인은「건설산업기본법 시행령」(대통령령)으로 정하는 사항을 발주처에게 통지하여 도급받은 내용의 확인을 요청할 수 있다.

여기에서 '대통령령으로 정하는 사항'이라 함은 아래의 19개 항목을 말한다.

(1) 공사내용
(2) 도급금액과 그에 포함된 노임에 해당하는 금액
(3) 공사착수의 시기와 공사완성의 시기
(4) 도급금액의 선급금이나 기성금의 지급에 관하여 약정을 한 경우에는 각각 그 지급의 시기·방법 및 금액
(5) 공사의 중지, 계약의 해제나 천재·지변의 경우 발생하는 손해의 부담에 관한 사항
(6) 설계변경·물가변동 등에 기인한 도급금액 또는 공사내용의 변경에 관한 사항
(7) 하도급대금지급보증서의 교부에 관한 사항(하도급계약의 경우에 한함)
(8) 하도급대금의 직접지급사유와 그 절차
(9) 산업안전보건관리비의 지급에 관한 사항
(10) 건설근로자퇴직공제에 가입하여야 하는 건설공사인 경우에는 건설근로자퇴직공제가입에 소요되는 금액과 부담방법에 관한 사항
(11) 산업재해보상보험료, 고용보험료, 기타 당해 공사와 관련하여 법령에 의하여 부담하는 각종 부담금의 금액과 부담방법에 관한 사항
(12) 해당공사에서 발생된 폐기물의 처리방법과 재활용에 관한 사항
(13) 인도를 위한 검사 및 그 시기
(14) 공사완성 후의 도급금액의 지급시기
(15) 계약이행지체의 경우 위약금·지연이자의 지급 등 손해배상에 관한 사항
(16) 하자담보책임기간 및 담보방법
(17) 분쟁발생시 분쟁의 해결방법에 관한 사항
(18) 고용 관련 편의시설의 설치 등에 관한 사항
(19) 그 밖에 발주처(하도급의 경우에는 수급인을 포함)가 도급한 사항

「건설산업기본법 시행령」 제26조의4의 내용을 가능한 한 원문대로 인용하였다. 이 제도(규정)는 2016.2월 이 법 제22조의3을 신설하면서 도입된 제도이다. 일견할 때 의도가 참으로 신선해 보인다.

c. 발주처의 회신

발주처는 시공자로부터 위와 같은 요청을 받은 때에는 통지를 받은 날부터 15일 이내에 그에 대한 인정(認定) 또는 부인(否認)의 의사를 시공자에게 공문서로 회신하여야 한다.

d. 추정효력의 발생

발주처가 수급인의 통지내용을 인정하는 경우는 물론이고, 그렇지 않더라도 위의 회신 시한 내에 회신을 발송하지 않을 경우에는 수급인이 통지한 내용대로 도급이 있었던 것으로 추정된다. 이를 '계약의 추정'이라 한다.

이 추정과 관련한 내용은 하도급계약에 있어서도 동일하게 적용된다.

e. 관련문서의 보존

발주처, 시공자 및 하수급인은 위의 통지문서 및 회신문서를 도급공사 또는 하도급공사의 완공일부터 3년간 보존하여야 한다(「건설산업기본법 시행령」 제26조의6).

이 시행령의 '공사완공일부터 3년간 보존'에 대하여, 「하도급법 시행령」 제6조에서는 하도급계약당사자간의 통지 및 회신문서를 '거래종료일부터 3년간 보존'하도록 규정하고 있다. 공사완공일과 거래종료일 사이에는 미세하나마 차이가 있다.

6·6 두 개의 계약이론

1980년 캐나다의 온타리오주정부가 발주한 공사입찰에서, 당해 주정부와 입찰에 참여한 론 엔지니어링사(Ron Engineering & Construction Eastern Ltd.)간에 발생한 분쟁의 결과 하나의 원칙이 정립되는데 이것이 론 엔지니어링 원칙(Ron Engineering Rule)이며 종래의 두 개의 계약이론(Two Contract Theory)에 바탕을 두고 있다.

두개의 계약이론(Theory of Two Contracts)이라 함은 영국·캐나다 등 영국권에서 정립된 이론으로서 종래의 단일도급계약이론, 즉 계약은 계약서에 기명·날인함으로써 효력이 발생한다는 관념에 대하여, ①발주처의 입찰요청과 그에 따른 입찰자의 입찰행위를 하나의 계약으로 보고, ②발주처에 의한 낙찰결정에 의하여 또하나의 계약이 이루어진다고 보는 계약이론을 말한다.

제①항의 계약을 Tendering Contract, 즉 입찰계약이라 하며, Contract A, 즉 계약 A로 지칭하기도 한다. 이 계약은 입찰자가 발주처에 입찰서를 제출함과 동시에 성립한다.

제②항의 계약은 Construction Contract, 즉 공사계약 또는 시공계약이라 하며, Contract B, 즉 계약 B로 지칭하기도 한다. 이 계약은 입찰자의 입찰행위에 대하여 발주처가 낙찰결정을 함으로써 또는 계약당사자가 계약서에 기명·날인함으로써 성립한다.

참고로, 계약 A(입찰계약)는 우리나라의 1977년도 대법원판례상의 '계약의 예약'에 상당하고, 계약 B(시공계약)는 그 판례의 '본계약'에 상당하다고 할 수 있다.

두 개의 계약

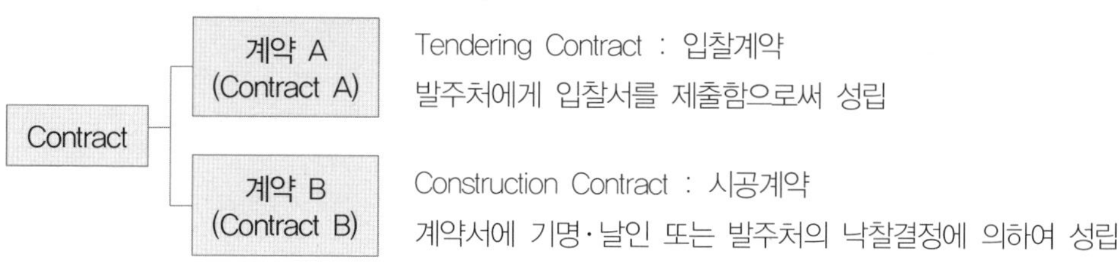

㈜ 이 항의 내용은 졸저 「건설클레임·분쟁론」(건설경제, 2015)에서 인용하였음을 밝힌다.

6·7 건설계약의 무효

계약은 체결되고 난 뒤에 특정사유가 발생할 경우 계약당사자는 계약의 전부 또는 일부를 해제 또는 해지(이하 '해제'로 통칭함)할 수 있으며, 이 경우 계약의 전부해제의 경우에는 전부무효가 될 것이며, 일부해제의 경우에는 일부무효가 된다.

1. 계약의 전부무효

계약예규 「공사계약일반조건」에서는 계약의 해제유형을 3개로 구분하고 있다. 이 중에서, 본 항은 계약의 전부를 해제하는 것을 논의의 대상으로 한다.

a. 시공자의 유책사유로 인한 계약의 해제

위 계약예규 제44조의 규정에 의하면, 시공자가 아래에 해당하는 경우 발주처는 계약의 전부 또는 일부를 해제할 수 있다.

(1) 시공자가 정당한 이유없이 약정한 착공시일을 경과하고도 공사에 착수하지 아니할 경우

(2) 시공자의 책임있는 사유로 인하여 준공기한까지 공사를 완공하지 못하거나 완성할 가능성이 없다고 인정될 경우

㈜ 이 제(2)항의 경우로서 조달청고시 「일괄계약특수조건」은 아래와 같이 예시(例示)하고 있다(제42조).

① 목적물별 완공기한을 정하여 계약을 체결한 경우 그 완공기한 내에 해당공사를 완공하지 못한 경우
② 시공자의 책임있는 사유로 공사가 정지된 경우 정지기간이 잔여공사기간(장기계속공사의 경우 차수별 공기)의 30%를 초과할 경우
③ 시공자의 책임있는 사유로 공사가 지연되어 실시공정(實施工程)이 계획공정 대비 30% 이상 지연된 경우
④ 기타 정당한 사유없이 계약을 이행하지 않아 준공기한까지 공사를 완성할 가능성이 없다고 인정될 경우

(3) 지체상금이 해당계약(장기계속공사계약인 경우에는 차수별 계약)의 계약보증금 상당액에 달한 경우

㈜ 이 제(3)항의 경우 시공자의 계약이행 가능성이 있고 계약을 유지할 필요가 있다고 인정되는 경우로서, 시공자가 계약이행이 완료되지 않은 부분에 상당하는 계약보증금을 추가납부하는 때에는 계약을 해제하지 않고 유지한다.

(4) 장기계속공사의 계약에 있어서 시공자가 제2차공사 이후의 계약을 체결하지 않는 경우

(5) 계약의 수행 중 뇌물수수 또는 정상적인 계약관리를 방해하는 불법·부정행위가 있는 경우

(6) 시공계획서를 제출 또는 보완하지 않거나 정당한 이유없이 계획서대로 이행하지 않을 경우

(7) 시공자가 입찰관련서류 등을 허위 또는 부정한 방법으로 제출하여 계약이 체결된 경우

(8) 기타 계약조건을 위반하고 그 위반으로 인하여 계약의 목적을 달성할 수 없다고 인정될 경우

b. 발주처의 사정변경으로 인한 계약의 해제

발주처는 계약의 이행 중 객관적으로 명백한 자신의 불가피한 사정이 발생한 때에는 계약을 해제할 수 있다.

여기에서 객관적으로 명백한 발주처의 불가피한 사정이 구체적으로 어떠한 것인지에 대하여는 정함이 없다. 이로 인하여 상황이 발생했을 때 계약당사자간에 논란이 있을 수 있다.

c. 시공자에 의한 계약의 해제

시공자는 다음에 해당하는 사유가 발생한 경우에는 발주처에 대하여 해당계약을 해제할 수 있다.

(1) 공사내용을 변경함으로써 계약금액이 40% 이상 감소되었을 때
(2) 공사정지기간이 공기의 50%를 초과하였을 경우

2. 계약의 일부무효

위 1항의 계약의 해제조항은 전부무효와 일부무효의 사유가 명확하지 않아 어느 경우에 전부무효가 되는지, 또는 어느 경우에 일부무효가 되는지 논란의 여지가 있음이 사실이다.

이에 대하여 「건설산업기본법」은 일부무효에 대한 예시조항을 따로 둠으로써 이 논란을 어느 정도 불식시킬 수 있다고 보여 진다. 즉, 공사계약의 내용이 당사자 일방에게 현저하게 불공정한 경우로서 다음에 해당하는 경우에는 그 부분에 한정하여 무효로 한다(제22조).

(1) 계약체결 이후 설계변경, 경제상황의 변동에 따라 발생하는 계약금액의 변경을 상당한 이유없이 인정하지 않거나 그 부담을 상대방에게 전가하는 경우
(2) 계약체결 이후 공사내용의 변경에 따른 계약기간의 변경을 상당한 이유없이 인정하지 않거나 그 부담을 상대방에게 전가하는 경우
(3) 도급계약의 형태, 건설공사의 내용 등 관련된 모든 사정에 비추어 계약체결당시 예상하기 어려운 내용에 대하여 상대방에게 책임을 전가하는 경우
(4) 계약내용에 대하여 구체적인 정함이 없거나 당사자간 이견(異見)이 있을 경우 계약내용을 일방의 의사에 따라 정함으로써 상대방의 정당한 이익을 침해한 경우
(5) 계약불이행에 따른 당사자의 손해배상책임을 과도하게 경감하거나 가중하여 정함으로써 상대방의 정당한 이익을 침해한 경우
(6) 「민법」 등 관계 법령에서 인정하고 있는 상대방의 권리를 상당한 이유없이 배제하거나 제한하는 경우

이 일부무효의 내용은 2013.8.6 「건설산업기본법」의 개정시 신설된 제22조제5항의 내용이다. 비록 적용법령은 다르지만 국가·지방계약 등 공공공사계약에 그대로 적용하여도 무리가 없을 것으로 생각된다.

6·8 소 결

a. 계약성립의 요체(要諦)

계약의 성립과 관련하여 위에서 살펴본 내용 중 핵심적인 사항을 다시 정리하면 아래와 같다.

(1) 계약은 계약서에 기명·날인 또는 서명함으로써 성립하되,
(2) 입찰에 대한 낙찰은 계약의 예약에 해당하며,
(3) 발주처가 도급한 공사에 대하여 계약서를 발급하지 않을 경우에는 시공자가 확인요청을 할 수 있으며, 발주처가 이 요청을 받은 날부터 15일 이내에 회신을 하지 않을 때에는 시공자가 요청한 내용대로 계약이 성립하는 것으로 추정된다.

b. 계약의 추정에 대한 문제

건설산업기본법령에서 규정하고 있는 계약의 추정관련 규정은 다음과 같은 문제점이 있다. 보완이 필요하다고 본다.

첫째, '도급계약을 하면서'의 의미

시공자의 통지는 '도급계약을 하면서' 발주처가 계약서를 발급하지 않을 경우에 하도록 되어 있는데, '도급계약을 하면서'는 이중적으로 해석될 수 있다. 즉, '도급계약을 체결하기 위하여서'라는 뜻과 '도급계약을 이행하는 중에'라는 뜻도 있다. 물론 전자는 당초계약을 이르고, 후자는 추가 또는 변경계약을 이른다. 그러나 이 조문만으로는 그 구분이 쉽지 않다. 법령이나 계약규정상의 어휘는 그 뜻이 명확해야 한다.

㊟ 「건설산업기본법 시행령」 제26조의6에서 '....공사가 완공된 날부터' 3년간 보관토록 되어 있다는 점에서 당초계약의 이행 중에 발생된 추가공사 또는 변경공사에 대한 계약서인 것으로 추정할 수는 있다. 만약 이 추정이 맞는다면, 이 법 제22조의3에서 규정하는 계약의 추정조항은 더욱 신중하여야 한다.

왜냐하면, 추가공사 또는 변경공사의 처리에 대하여는 당초의 계약조건에 모두 규정되어 있으므로 그 내용에 따르면 되는 것이고, 만약 그 내용과 다른 내용으로 통지한다면 이는 계약의 변경에 해당하므로 일방이 상대방에게 통지하여 확정할 만큼 간단한 문제가 아니라고 생각되기 때문이다.

둘째, 확인요청통지는 간명해야

이와 같은 통지는 그 내용이 간명해야 한다. 위 시행령상의 19개 항목은 모두 계약서와 계약조건에 규정된 내용이다. 계약조건은 이미 합의되어 있을 터이며, 만약 그것이 공공공사라면 계약조건은 법령이나 예규·고시 등으로 확정되어 있으므로 그것을 준용하면 될 것이고, 민간공사라면 공정거래위원회가 준비한 「표준계약서」를 준용하면 될 것이다. 그 내용을 다시 제시한다는 것은 통지의 효율에 도움이 되지 않을 것이며, 만약 합의된 기존의 조건을 변경하는 내용이 포함되어 있다면 위에서 언급한 계약의 변경문제이고, 그 내용이 중대할 경우에는 새로운 계약의 문제로서 어쩌면 다시 입찰을 하여야 할지도 모른다.

셋째, 관련문서의 보존기간

「건설산업기본법 시행령」에서는 시공자의 통지 및 발주처의 회신 등과 관련한 문서를 해당공사의 완공부터 3년간 계약당사자로 하여금 보존하도록 규정하고 있으나, 「하도급법 시행령」에서는 거래종료일부터 3년간 보존하도록 되어 있으며, 한편 기획재정부 계약예규 「정부입찰계약집행기준」에서는 시공자로 하여금 공사의 준공 후 1년간 산출내역서의 부본(副本)을 보존하도록 규정하고 있다는 점에서(제22조제3항) 논란의 여지가 있다. 차재에 관련 법령 및 예규의 정비가 요망된다.

넷째, 일부무효조항

「건설산업기본법」 제22조제5항은 그 신설취지가 참으로 바람직하나, 아쉬운 점은 이 자체의 규정만으로는 일부무효를 넘어 전부무효에 이를 수 있는 개연성이 있다는 점과, 규정의 내용이 다소 추상적이어서 현업에서 적용할 때에는 논란이 있을 수 있다. 관련법령의 보완이 요망된다.

공 사 도 급 표 준 계 약 서	계약번호 제　　　　호
	공고번호 제　　　　호

계약자	발 주 처	＿＿＿＿＿부(처·청) 중앙관서의 장 또는 계약담당공무원 성명
	계 약 상 대 자	•상호 또는 법인명칭　　•법인등록번호 •주　소　　•전화번호 •대표자
	연 대 보 증 인	•상호 또는 법인명칭　　•법인등록번호 •주　소　　•전화번호 •대표자
계약내용	공 사 명	
	계 약 금 액	금　　　　원정(₩　　　　)
	총공사부기금액	금　　　　원정(₩　　　　)
	계 약 보 증 금	금　　　　원정(₩　　　　)
	현 장	
	지 체 상 금 율	%
	물가변동계약금액조정방법	
	착 공 년 월 일	.　　.　　.
	준 공 년 월 일	.　　.　　.
	기 타 사 항	

하자담보책임(복합공종의 경우 공종별 구분 기재)

공　　종	공종별 계약금액	하자보수보증금율(%) 및 금액	하자담보책임기간
		(　　)% 금　　　원정	
		(　　)% 금　　　원정	
		(　　)% 금　　　원정	

중앙관서의 장(계약담당공무원)과 계약상대자는 상호 대등한 입장에서 붙임의 계약문서에 의하여 위의 공사에 대한 도급계약을 체결하고 신의에 따라 성실히 계약상의 의무를 이행할 것을 확약하며, 연대보증인은 계약자와 연대하여 계약상의 의무를 이행할 것을 확약한다. 이 계약의 증거로서 계약서를 작성하여 당사자가 기명날인한 후 각각 1통씩 보관한다.

붙임서류 : 1. 공사입찰유의서 1부
2. 공사계약일반조건 1부
3. 공사계약특수조건 1부
4. 설 계 서 1부
5. 산출내역서 1부

.　　.　　.

중앙관서의 장 또는
계 약 담 당 공 무 원　　㊞

계 약 상 대 자　　㊞

연 대 보 증 인　　㊞

(앞쪽)

<table>
<tr><td colspan="3">용 역 표 준 계 약 서</td><td>계약번호 제 호
공고번호 제 호</td></tr>
<tr><td rowspan="2">계약자</td><td>발 주 처</td><td colspan="2">○○부(처, 청) 중앙관서의 장 또는 계약담당공무원 성명</td></tr>
<tr><td>계 약 상 대 자</td><td colspan="2">· 상호 또는 법인명칭 · 법인등록번호
· 주 소 · 전화번호
· 대 표 자</td></tr>
<tr><td rowspan="8">계약내용</td><td>용 역 명</td><td colspan="2"></td></tr>
<tr><td>계 약 금 액</td><td colspan="2">금 원정(₩)</td></tr>
<tr><td>총용역부기금액</td><td colspan="2">금 원정(₩)</td></tr>
<tr><td>계 약 보 증 금</td><td colspan="2">금 원정(₩)</td></tr>
<tr><td>지 체 상 금 율</td><td colspan="2">%</td></tr>
<tr><td>계 약 기 간</td><td colspan="2">. . . ~ . . .</td></tr>
<tr><td>위 치</td><td colspan="2"></td></tr>
<tr><td>기 타 사 항</td><td colspan="2"></td></tr>
<tr><td colspan="4">중앙관서의 장(계약담당공무원)과 계약상대자는 상호 대등한 입장에서 붙임의 계약문서에 의하여 위 기술용역에 대한 도급계약을 체결하고 신의에 따라 성실히 계약상의 의무를 이행할 것을 확약하며, 이 계약의 증거로서 계약서를 작성하여 당사자가 기명날인한 후 각각 1통씩 보관한다.

붙임서류 : 1. 기술용역입찰유의서 1부
2. 기술용역계약일반조건 1부
3. 기술용역계약특수조건 1부
4. 과업내용서 1부
5. 산출내역서 1부

. . .

중앙관서의 장 또는
계약담당공무원 ㉑
계 약 상 대 자 ㉑</td></tr>
</table>

(뒷쪽)

<table>
<tr><td colspan="3">용역내역서</td></tr>
<tr><td>용 역 명</td><td>규격·단위 또는 세부사항</td><td>금 액</td></tr>
<tr><td></td><td></td><td></td></tr>
</table>

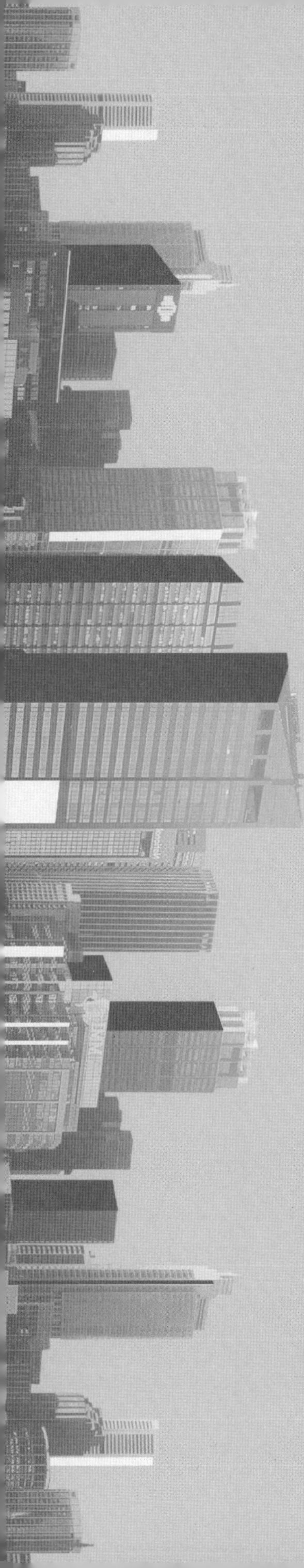

07

계약관리의 개념

제7장

계약관리의 개념

'건설계약관리'라는 용어 중 앞 장(章)에서 건설계약에 대하여 살펴보았다. 본 장에서는 계약관리에 대하여 살펴보고자 한다.

공사 또는 계약의 수행과정에서 자주 사용하는 계약관리(contract management 또는 contract administration)라는 용어는 다양한 개념으로 사용되고 있다. 앞 장에서 계약의 개념을 협의와 광의로 구분하였던 것과 같이 이번에는 계약관리를 협의(狹義), 광의(廣義) 및 최광의(最廣義)로 나누어 살펴보기로 한다.

7·1 협의의 계약관리

1. 협의의 계약관리의 개념

협의의 개념으로 계약관리라 함은 공사의 수행단계, 즉 시공단계에서의 건축사(또는 감독관)(Architect)의 책임과 의무를 말한다. 우리나라식 표기로는 감독관 또는 감리자의 업무를 달리 표기하고 있다고 해도 무리가 없다.

협의의 계약관리 ; 감독관·감리자의 업무

이 협의의 계약관리는 주로 미국에서 일반화되고 있는 개념으로서, Cyril M. Harris는 「건축사전」(dictionary of architecture and construction)에서 아래와 같이 정의하고 있다.

Cyril M. Harris의 계약관리

"Contract Administration : The duties and responsibilities of the architect during the construction."

(계약관리 : 시공단계에서의 건축사의 의무와 책임)

그러나 발주처와 시공자도 계약관리를 하고 있음에도, 이 개념에 따를 경우 발주처와 시공자의 계약관리를 설명할 수 없게 된다.

참고로 협의의 개념으로 계약관리, 즉 미국식 개념으로의 계약관리는 건축사(architect)의 업무를 기본업무(basic services)와 추가업무(additional services)로 구분하고, 기본업무는 다시 다섯 단계로 구분하는데, 계약관리는 그 중 제5단계의 업무에 해당하는 개념이 된다.

[건축사의 5단계기본업무]

- 제1단계 : Schematic Design(기본설계)
- 제2단계 : Design Development(설계의 전개 또는 상세설계)
- 제3단계 : Construction Documents(시공서류의 작성)
- 제4단계 : Bidding or Negotiation(입찰 또는 협상)
- 제5단계 : Contract Administration(계약관리)

2. 협의의 계약관리의 내용

위 제1항에서 언급한 건축사의 기본업무를 통상 건축사의 5대기본업무(Five Basic Services)라 하며, 미국건축사협회(AIA ; American Institute of Architects)의 「발주처-건축사계약조건」(Owner-Architect Agreement)인 「B141」 제2조의 골격이 되고 있다.

아래에서 이들 항목을 개략적으로 설명하기로 한다.

a. 기본설계단계(Schematic Design Phase)

이 단계에서 건축사는 발주처와 협의하여 기본설계와 공사비예비견적서(preliminary estimate of construction cost)를 준비한다.

㈜ 공사비예비견적명세서(statement of preliminary estimate of construction cost)는 개산공사비명세서(statement of probable construction cost)라고 불리우기도 한다.

b. 설계의 전개단계(Design Development Phase)

이 단계에서 건축사는 기본설계(발주처의 수정이 있었을 경우에는 수정된 기본설계), 발주처의 공사추진일정 및 예산 등에 따라 공사의 규모 및 성격을 공종별로 확정함과 동시에 공사비예비견적서에 대한 수정사항을 발주처에 제출한다.

c. 설계서의 작성단계(Construction Documents Phase)

여기서 'Construction Documents'라 함은 직역할 때 시공서류 또는 공사서류가 되나, 그 내용으로 보면 기술서류(Technical Documents)이다. 이 기술서류를 우리나라에서는 '설계서'라 부르고 있는 것이다.

㈜ Cyril M. Harris의 「건축사전」에서는 'Construction Documents'를 'working drawings and specifications'로 정의하고 있다. 작업도면과 시방서라는 뜻이다. 이는 곧 기술서류(Technical Documents)이며, 설계서이다.

이 단계에서 건축사는 첫째 : 설계서에 해당하는 설계도면과 시방서를 작성하며, 둘째 : 입찰준비와 계약조건 및 계약서의 작성과 관련하여 발주처를 도우며, 셋째 : 필요한 경우 공사비예비견적서를 최종적으로 수정한다.

d. 입찰 및 협상에 대한 조언단계(Bidding or Negotiation Phase)

발주처의 입찰업무와 낙찰 및 계약체결과 관련하여 발주처를 돕는다.

여기서 'Bidding'은 우리식으로 경쟁입찰을 말하며, 'Negotiation'은 협상 또는 수의시담 즉 비경쟁계약을 말한다.

e. 계약관리단계(Contract Administration Phase)

협의의 계약관리라고 할 때에는 이 단계에서의 업무를 일컬으며 시공단계(construction phase)라고 표현하기도 한다. 이로 인하여, 시공 또는 공사의 수행은 한편으로 계약관리와 동일한 의미를 갖게 된다.

이 단계에서 건축사는 감독관 또는 감리자로서의 역할을 수행하게 된다.

㈜ 상기 기본업무 외에 AIA 「B141」에서는 추가업무(additional services)를 (1)현장대리업무(project representation), (2)잠정적인 추가업무(contingent additional services), (3)선택적인 추가업무(optional additional services)로 구분하고 있으며, FIDIC 「용역계약조건」에서는 기본업무, 추가업무(additional services) 및 특별업무(exceptional services)로 구분하고 있다. 또한 AIA의 기본업무, 즉 Basic Services를 FIDIC에서는 Normal Services로 표기하고 있으나 개념상 차이를 두지 않아도 된다.

7·2 광의의 계약관리

광의의 개념으로 계약관리라 함은 시공단계에서의 발주처와 감독관의 책임과 의무를 뜻한다. 그러므로 이 광의의 개념은 협의의 계약관리에 발주처의 책임과 의무가 추가된 개념이라고 할 수 있다.

광의의 계약관리 ; 협의의 계약관리 + 발주처의 책임·의무

이 개념에서는 관리(administration)를 통제(control)의 개념으로 보고 시공자의 공사수행을 관리 또는 통제의 대상으로 하고 있다. 이 개념은 영국과 유럽에서 일반화되고 있는 개념이다. “Breaches of Contract Administration by the Employer”(발주처에 의한 계약관리상의 위반)이란 표현은 시공자의 대 발주처 클레임에서 자주 접하게 되는 바, 이 경우 계약관리는 광의의 개념이다.

이 개념에 따른다고 하더라도 역시 시공자의 계약관리를 설명할 수 없게 된다.

7·3 최광의의 계약관리

최광의의 개념으로 계약관리라 함은 계약의 수행에 있어서 발주처, 감독관 및 시공자의 책임과 의무를 뜻한다.

최광의의 계약관리 ; 발주처, 감독관 및 시공자의 책임·의무

이 경우에는 시공자의 공사관리 또는 시공관리(construction administration 또는 construction management), 더 구체적으로는 현장관리(job site operation 또는 job site administration)도 포함하게 된다. 건설계약에서는 시공자의 계약관리 측면을 배제할 수 없다는 관점에서 본서에서는 계약관리를 최광의로 해석코자 한다. 예를 들면, 발주처의 설계변경지시에 따라야 하는 시공자의 의무는 협의나 광의의 개념으로는 설명이 가능하지 않게 된다. 최광의로 해석할 때 그 의무의 이행은 시공자의 계약관리에 해당하며 계약을 체결하는 지극히 당연한 전제이기도 하다.

08

계약의 유형

제8장 계약의 유형

8·1 서 론

사실 계약의 유형을 논의하는 것은 결코 쉬운 일이 아니다. 계약은 어쩌면 세상의 모든 계약에서 유형을 달리할 수도 있을 것이기 때문이다.

그렇다고 이 논의를 소홀히 할 수도 없다. 계약 그 자체를 논의할 때에는 먼저 계약의 유형이 정립되지 않고는 접근이 용이하지 않게 된다.

앞에서 논의했던 바와 같이, 계약을 크게 광의의 계약과 협의의 계약으로 구분할 때 본서에서의 논의대상은 협의의 계약임을 이미 밝힌 바 있다. 이 협의의 계약도 법 논리적인 계약, 소위 법률학자들이 구분하는 계약의 유형이 있고, 건설계약 소위 건설인들이 구분하는 계약의 유형이 있으며, 그리고 아예 법령에서 구체화한 계약의 유형이 있다.

계약의 유형

법 논리적 계약의 유형은 전술(前述) 제5장에서, 비록 개략적이기는 하지만, 논의하였던 바 있으므로 본 장 및 다음 장 이하에서는 법령상의 계약 및 건설계약의 유형에 한하여 논의하기로 한다.

생각건대, 건설계약도 결국 법 논리적 계약 또는 법령상의 계약에서 벗어나 있는 것은 아니다. 그러함에도 이를 별도로 구분함은 본서의 대주제가 건설계약관리에 있기 때문임을 양해하시기 바란다.

8·2 법령상의 계약유형

법령상의 계약유형도 「민법」상의 계약유형과 「민법」 이외의 법령, 예컨대 국가계약법령이나 지방계약법령상의 계약유형으로 구분할 수 있다.

1. 「민법」상의 계약유형

「민법」 제3편제2장에는 14종의 계약을 규정하고 있다(이 14종의 계약을 전형계약이라 함).

그러나 이 모든 계약을 논의하는 것은 본서의 방향이나 취지라고 할 수 없으므로, 본 장에서는 이들 계약의 개념만을 「민법」의 규정을 기초로 소개하는 것으로 한정하고자 한다.

a. 증 여

증여(贈與)는 당사자 일방이 무상으로 상대방에게 수여하는 의사를 표시하고 상대방이 이를 승낙하는 계약행위를 말한다.

b. 매 매

매매(賣買)는 당사자 일방이 재산권을 상대방에게 이전할 것을 약정하고, 상대방이 그 대금(代金)을 지급할 것을 약정하는 행위를 말한다.

c. 교 환

교환(交換)이라 함은 당사자 쌍방이 금전 이외의 재산권을 상호 이전할 것을 약정하는 행위를 말한다.

d. 소비대차

소비대차(消費貸借)라 함은 당사자 일방이 금전 기타 대체물의 소유권을 상대방에게 이전할 것을 약정하고 상대방은 그와 같은 종류, 품질 및 수량으로 반환할 것을 약정하는 행위를 말한다.

e. 사용대차

사용대차(使用貸借)라 함은 당사자 일방이 상대방에게 무상으로 사용·수익하게 하기 위하여 목적물을 인도할 것을 약정하고, 상대방은 이를 사용·수익한 후 그 목적물을 반환할 것을 약정하는 행위를 말한다.

f. 임대차

임대차(賃貸借)라 함은 당사자 일방이 상대방에게 어떤 목적물을 사용·수익할 것을 약정하고, 상대방이 이에 대하여 차임(借賃) 소위 임차료를 지급할 것을 약정하는 행위를 말한다.

g. 고 용

고용(雇傭)이라 함은 당사자 일방이 상대방에 대하여 노무를 제공할 것을 약정하고, 상대방이 이에 대하여 보수를 지급할 것을 약정하는 행위를 말한다.

h. 도 급

– 이는 별도로 논의하기로 한다. –

i. 현상광고

현상광고(懸賞廣告)라 함은 광고자가 어느 행위를 한 자에게 일정한 보수를 지급할 의사를 표시하고, 이에 응한 자가 그 광고에 정한 행위를 완료함으로써 효력이 발생하는 계약행위를 말한다.

j. 위 임

위임(委任)이라 함은 당사자 일방이 상대방에 대하여 사무의 처리를 위탁하고, 상대방이 이를 승낙함으로써 효력이 발생하는 계약행위를 말한다.

k. 임 치

임치(任置)라 함은 당사자 일방이 상대방에 대하여 금전이나 유상증권 기타 물건의 보관을 위탁하고, 상대방이 이를 승낙함으로써 효력이 발생하는 계약행위를 말한다.

l. 조 합

조합(組合)이라 함은 2인 이상이 상호 출자하여 공동사업을 경영할 것을 약정하는 행위를 말한다.

m. 종신정기금계약

종신정기금계약(終身定期金契約)이라 함은 당사자 일방이 자기, 상대방 또는 제3자의 종신(終身)까지 정기로 금전 기타의 물건을 상대방 또는 제3자에게 지급할 것을 약정하는 계약을 말한다.

n. 화 해

화해(和解)라 함은 당사자가 상호 양보하여 당사자간의 분쟁을 종결지을 것을 약정하는 행위를 말한다.

2. 「국가계약법」상의 계약유형

국가계약법령상의 계약유형은 「민법」상의 도급계약(都給契約)에 해당한다.

a. 장기계속계약

장기계속계약이라 함은 임차·운송·보관·전기·가스·수도의 공급 기타 그 성질상 수년간 계속하여 존속할 필요가 있거나 이행에 수년을 요하는 계약을 말한다.(법 제21조)

공사에 있어서 장기계속계약은 장기계속공사계약과 계속비공사계약이 있는데, 전자의 경우에는 낙찰 등에 의하여 결정된 총공사금액을 부기(附記)하고 해당연도의 예산의 범위 안에서 제1차 공사를 이행하도록 하며, 제2차 공사 이후의 계약은 부기된 총공사금액(계약금액의 조정이 있는 경우에는 조정된 총공사금액)에서 이미 계약된 금액을 공제한 금액의 범위 안에서 계약을 체결할 것을 부관(附款)으로 약정하는 계약이다.

후자 즉 계속비공사계약은 총공사와 연차별공사에 관한 사항을 명백히 하여 체결하는 장기계속계약이다.

b. 단가계약

단가계약이라 함은 일정한 기간 계속하여 제조·수리·가공·매매·공급·사용 등의 필요가 있을 때에는 해당연도 예산의 범위 안에서 단가에 대하여 체결하는 계약을 말한다.(법 제22조)

건설계약에 있어서 단가계약은 총액단가계약이라고도 하며, 금액상 총액에 대하여 계약을 체결하되, 개별공종 또는 비용항목에 대한 가격을 명시하여 그 가격에 따라 공사수행대가를 수수(授受)하는 계약을 말한다. 그러나 이는 법령에서 정식으로 규정하는 계약유형이라기보다 이론상 또는 현업 상의 계약유형이라고 할 수 있다.

c. 개산계약

개산계약이라 함은 개발시제품의 제조, 시험·조사·연구용역, 공공기관과의 법령의 규정에 의한 위탁 또는 대행, 긴급재해복구 등에 있어서 미리 가격을 정할 수 없을 경우 개산으로 체결하는 계약을 말한다.(법 제23조)

d. **종합계약**

종합계약이라 함은 동일장소에서 다른 관서, 지방자치단체 또는 공기업 및 준정부기관이 관련되는 공사 등에 대하여 관련기관과 공동으로 발주하는 계약을 말한다.(법 제24조)

e. **공동계약**

공동계약이라 함은 계약상대자의 구성원이 2인 이상인 계약을 말한다.(법 제25조)

f. **사후원가검토조건부계약**

사후원가검토조건부계약이라 함은 입찰 전에 예정가격을 구성하는 일부 비목별(費目別) 금액을 결정할 수 없는 경우에 사후에 원가를 검토하는 조건으로 체결하는 계약을 말한다. 계약의 이행이 완료된 후에는 원가를 검토하여 정산하여야 한다.(시행령 제73조)

g. **대형공사계약**

대형공사계약이라 함은 총공사비 추정가격이 300억원 이상인 신규복합공종공사에 대한 계약을 말한다.(시행령 제78조 등)

h. **특정공사계약**

총공사비 추정가격이 300억원 미만인 신규복합공종공사 중 발주처가 대안입찰 또는 일괄입찰로 수행함이 유리하다고 판단하는 공사를 특정공사라 하며, 그에 대하여 체결하는 계약을 특정공사계약이라 한다.

계약관리에서 이 특정공사도 대형공사와 같게 취급한다.

i. **건설사업관리계약**

건설사업관리계약이라 함은 대형공사 중 「건설산업기본법」에 의한 건설공사를 계약함에 있어서 계약목적물의 특성·규모·이행기간 등을 고려하여 필요하다고 인정하는 경우 공사에 관한 기획·타당성조사·분석·설계·조달·계약·시공관리·감리·평가 또는 사후관리 등에 관한 업무의 수행에 관하여 체결하는 용역계약을 말한다.(시행령 제73조의2)

j. 특정조달계약

국제입찰을 통하여 물품·공사 및 용역을 조달하기 위하여 체결하는 계약을 말한다(시행령 특례규정).

이는 우리나라식 국제계약이라고 할 수 있다.

k. 수의계약

발주처가 경쟁입찰에 의하지 아니하고 그 계약상대자를 결정하는 계약을 말한다.(시행령 제26조, 시행령 특례규정 제23조 등)

8·3 건설계약의 유형

본 항에서는 계약의 당사자를 중심으로 유형을 살펴보고자 한다. 즉, 직접당사자간의 계약과 간접당사자간의 계약이 그것이다.

1. 직접당사자간의 계약유형

계약은 일반적으로 계약의 직접당사자 즉 발주처와 그 계약상대자(시공자, 설계자 또는 감리자, 건설사업관리자 등) 또는 하도급자와 하수급자간에 체결한다.

이 전제 하에서, 건설계약은 공사의 수행방식, 공사대금의 지급방식 또는 경쟁의 유무에 따라 유형을 달리한다. 그러나 건설에서 계약이란 공사의 차질없는 수행을 위하여 계약당사자가 상호 합의하여 도출해낸 제도적 장치이므로 본 장에서 분류하는 계약의 유형이 절대적이라고 할 수는 없으며, 계약이행지의 법적환경이나 전통 또는 공사의 성격 등에 따라 계약의 유형은 적의 조정되어 채택되고 있는 것이 사실이다.

a. 공사의 수행방식에 따른 유형

(1) 설계·시공분리계약(separate contract, traditional contract)

(2) 설계·시공일괄계약(design-build contract, turnkey contract)

(3) 조기착공계약(fast track contract)

(4) 개산계약(force account contract)

(5) 공동계약(contract with joint venture)

㊟ 본서에서 공동계약의 영문표기를 종전에 'joint venture contract'로 하였는데, 이 경우 joint venture 즉 'JV의 결성울 위한 계약' 즉 공동수급체계약으로 오해할 소지가 있었기에 이를 바로 잡고자 한다. 우리 법령상의 공동계약은 계약상대자가 2인 이상인 계약을 말한다. 그와 같은 계약의 상대방은 JV 외에 Consortium이라고도 하며, 미국 「연방조달규정(FAR)」에서는 'Contractor Team'이라 표기하고 있기도 하다(제9.6조). 이 경우 공동계약은 Contractor Team Contract라고 할 수도 있을 것이다. 어쨌건 본서에서 논의하는 공동계약은 JV나 Consortium 또는 Contractor Team을 조직하기 위한 계약이 아니라, 발주처가 그들과 체결하는 계약을 말한다. 논란을 피하기 위하여 'Contract with JV"로 하되, 'Contract with Contractor Team" 등이라 하여도 무방할 것으로 보인다.

b. 대가의 지급방식에 따른 유형

(1) 총액계약(lump sum contract)

(2) 단가계약(unit price contract)

(3) 실비정산계약(cost reimbursement contract, cost plus contract)

(4) 정액계약(firm fixed price contract)

(5) 최대비용보증계약(guaranteed maximum price contract, ceiling price contract)

c. 계약의 체결방식 또는 경쟁의 유무에 따른 유형

(1) 일반경쟁계약(open competition contract)

(2) 지명경쟁계약(selective competition contract)

(3) 제한경쟁계약(restrictive competition contract)

(4) 수의계약(private contract)

㈜ 이 계약유형은 입찰방식 또는 낙찰자결정방식에 따른 계약유형이라고도 하며, 계약유형보다 입찰유형에서서 논의하는 것이 보편성이 더 있다고 하겠다. 또한 「WTO협정문」에서 구분하고 있는 입찰절차에 따를 경우 상기 제(3)항과 제(4)항은 모두 수의계약을 뜻한다. 그러나 우리나라의 국가계약법령에는 이들을 구분하고 있다.

d. 기술용역의 계약유형

(1) 건설사업관리계약(construction management contract)

(2) 공사비비례계약(ad valorem contract, percentage contract)

(3) 시간기준계약(time-based contract)

(4) 인·월계약(man-month contract)

(5) 총액계약

(6) 단가계약

(7) 실비정산계약

2. 간접당사자간의 계약유형

본 항의 간접당사자라 함은 계약의 직접당사자가 아닌 모든 자를 뜻한다. 이 유형은 주로 발주처의 측면에서 나타나는데, 예를 들면, 직접적인 발주처 대신 조달청이 계약체결을 대행한다든지, 외국의 경우 감독관 즉 엔지니어(Engineer)도 발주처를 대신하여 계약을 체결하는 수가 있다.

아래에서는 우리나라 조달사업법령상의 조달청대행계약에 한하여 살펴보고자 한다. 이 계약은 「민법」상 도급계약이기는 하되, 일종의 제3자를 위한 계약이라고 할 수 있다(제539조~542조).

「민법」 제539조

제539조(제삼자를 위한 계약) ①계약에 의하여 당사자 일방이 제삼자에게 이행할 것을 약정한 때에는 그 제삼자는 채무자에게 직접 그 이행을 청구할 수 있다.
②전항의 경우에 제삼자의 권리는 그 제삼자가 채무자에 대하여 계약의 이익을 받을 의사를 표시한 때에 생긴다.

a. 대행계약의 법적 근거

「조달사업법」 제5조의2에 의하면, 수요기관장은 공사관련 계약을 체결함에 있어서, 불가항력의 사유로 인하여 계약체결을 요청할 수 없거나, 국방 또는 국가기밀의 보호, 재해 또는 긴급복구 및 기술의 특수성 등으로 계약체결을 요청하는 것이 부적절한 경우를 제외하고는 조달청장에게 계약체결을 요청하도록 규정하고 있다.

b. 대행계약의 대상

수요기관장은 다음의 경우에는 조달청장에게 계약체결(대행계약의 체결)을 요청하여야 한다.

(1) 국가기관이 수요물자를 구매하는 계약의 경우에는 추정가격이 1억원(외국산 물품의 경우에는 20만 달러) 이상인 것
(2) 국가기관 또는 지방자치단체가 구매하려는 수요물자가 조달청장에 의하여 다음 어느 하나에 해당하는 계약이 체결된 수요물자인 것

(a) 제3자를 위한 단가계약
(b) 다수공급자계약
(c) 「국가계약법」 제22조에 따른 단가계약

(3) 국가기관의 공사계약인 경우에는 추정가격이 30억원(전문공사, 전기공사, 정보통신공사, 소방공사의 경우에는 3억원) 이상인 것

㈜ 지방자치단체의 경우 현재 의무적 조달청대행계약은 폐지되었고 필요한 경우 자의적으로 위탁할 수는 있다.

(4) 수요기관장의 요청에 따라 조달청장이 체결한 수요물자 또는 공사관련 장기계속 계약의 제2차 이후의 계약
(5) 그 밖에 다른 법령에서 조달청장에게 구매를 요청하도록 하거나 공사의 계약체결을 위탁하고 있는 것

c. 대행계약의 예외

위 b항의 대행계약은 아래의 경우에는 수요기관과 시공자 또는 여타의 계약상대자간에 직접 계약을 체결할 수 있다.

(1) 천재지변, 긴급한 행사, 그 밖에 이에 준하는 사유가 있는 경우
(2) 국방과 관련이 있거나 국가기관의 행위를 비밀리에 하여야 하는 경우
(3) 재해 또는 사고로 인한 긴급복구공사를 하는 경우
(4) 기획재정부령으로 정하는 바에 따라 조달청장이 수요기관에 수요물자의 구매를 위임하는 경우
(5) 시공·감독, 하자보수 등에 필요한 기술의 특수성을 고려할 때 수요기관장이 직접 공사계약을 체결할 필요가 있다고 인정되는 특수공사로서 조달청장과 미리 협의한 경우
(6) 수요기관에서 직접 구매하는 것이 적합하다고 인정되는 용역(임차와 대여 포함)의 경우

d. 대행계약에서의 변경계약

수요기관장은 대행계약체결의 통지를 받은 공사에 대하여 설계변경 등으로 인하여 계약내용을 변경하려는 경우에는 변경계약의 체결에 필요한 조치를 한 후 이를 조달청장에게 통보하여야 한다. 다만, 수요기관장은 변경계약의 체결에 필요한 조치를 하기 곤란한

경우에는 지체없이 공사계약내용변경요청서에 관련서류를 첨부하여 조달청장에게 변경계약의 체결을 요청하여야 한다.

8·4 계약의 또 다른 모습

앞에서 계약은 청약(offer)에 대한 승낙(acceptance)에 의하여 성립한다고 하였다. 이 '청약-승낙'의 관계를 한편으로 의사의 합치(meeting of minds) 즉, 합의(合意)라고 함은 앞에서 이미 언급하였다.

그런데 계약에는 진정한 합의가 이루어지지 않았는데도 성립하는 경우가 있다. 모 선학(先學)은 이를 전통적인 계약에 대한 이단(heterodoxy)이라 표현하고 있기도 한다.

어찌 되었거나 필자는 이에 대한 연구가 되어 있지 않는 까닭에 「민법」의 규정과 선학제현의 연구내용을 그냥 옮기는 수밖에 없다.

a. 교차청약에 따른 계약

계약의 당사자들이 공교롭게도 같은 내용의 청약을 서로 행하는 경우 이를 교차청약(交叉請約)이라 한다. 당사자 모두 청약자일 뿐 승낙자가 없는 셈이다. 그런데도 우리 「민법」 제533조는 양 당사자의 청약이 상대방에게 도달한 때에 계약이 성립하는 것으로 규정하고 있다.

b. 의사실현에 의한 계약

역시 우리 「민법」 제 532조의 규정에 의하면, 청약자의 의사표시나 관습에 의하여 승낙의 통지가 필요하지 아니한 경우 계약은 승낙의 의사표시로 인정되는 사실이 있는 때에 성립한다. 이를 의사실현(意思實現)에 의한 계약이라 한다.
이 경우에 해당하는 예로는 아래와 같다.

(1) 청약과 더불어 송부된 물품의 소비(처분·양도) 행위

(2) 계약에 의하여 부담한 채무의 이행
(3) 받은 물품에 대한 대금의 지급행위
(4) 주문받은 물품의 송부행위
(5) 당사자 사이에 미리 양해가 되어 있는 경우
(6) 동종의 거래가 계속적으로 행해지는 경우
(7) 불승낙의 경우에는 특히 일정 적극적 행위가 있어야 함이 거래관습 또는 실정으로 요구되어 있는 경우

c. 사실적 계약관계

당사자의 합의가 실제적으로 존재하지 않더라도, 일정한 사실관계가 있는 때에는 합의가 유효하게 이루어진 것과 마찬가지의 효력을 인정할 수 있는 관계를 사실적 계약관계라 한다.

이 이론은 1941년 독일 라이프찌히 대학의 권터 하우프트(Gunter Haupt)교수가 처음 제창하였으며, 1956년 독일연방법원은 이 이론을 인용한 최초의 판례를 남겼던 바 있다. 즉, 자동차운전자가 함부르크시의 시영주차장(유료주차장)에 주차하면서 주차관리원에게 자기의 차량은 관리하지 않아도 된다고 하며, 주차료를 지급하지 않겠다고 하였다.

이 다툼은 결국 연방법원까지 항소되어, 해당재판부는 Haupt 등의 이론을 인용하여, 생존배려의 급부에서와 같이 유료주차장에 주차했다는 사실만으로 이미 계약관계가 성립하였으며, 따라서 주차요금을 지급하여야 한다고 판시하였다.

09

설계 · 시공일괄계약 -턴키계약-

제9장

설계 · 시공일괄계약 -턴키계약-

9·1 설계·시공일괄계약의 개념

「국가계약법 시행령」 제79조에 의하면, 설계·시공일괄입찰이라 함은 발주처가 제시하는 공사일괄입찰기본계획 및 지침에 따라 입찰시에 그 공사의 설계서 기타 시공에 필요한 도면 및 서류(도서)를 작성하여 입찰서와 함께 제출하는 입찰을 말하므로, 결국 설계·시공일괄계약이라 함은 설계·시공일괄입찰을 통하여 체결한 계약을 말한다.

이 시행령의 정의에 따를 경우 설계·시공일괄계약은 일반적인 공사계약, 즉 설계·시공분리계약에 비하여 설계서를 입찰서와 함께 제출하는 입찰방식에 의하여 체결한 계약에 지나지 않는다. 이러다 보니 설계와 시공에 대한 책임의 범위에 대하여 종종 논란이 발생하기도 한다. 이에 대하여는 뒤에 따로 논의하기로 한다.

설계·시공일괄계약에 대한 미국건축사협회(AIA)의 정의를 살펴보자.

AIA의 「건설용어해설」(glossary of construction industry terms)에서는 우리말 설계·시공일괄계약에 해당하는 Design-Build Contract(DB Contract)를 아래와 같이 정의하고 있다.

AIA의 Design-Build 정의

"A method of project delivery in which the owner contracts directly with a single entity which is responsible for both design and construction services for a construction project."

(발주처가 건설공사에 대한 설계 및 시공 양자 모두에 대하여 책임이 있는 단일주체와 직접 계약을 체결하여 사업을 수행하는 방식)

우리나라 「국가계약법 시행령」상의 정의가 그 절차와 방법을 기준으로 하였다면, AIA의 정의는 책임의 문제로서 접근하고 있다는 점에서 뉘앙스가 있다.

어찌되었건, 설계·시공일괄계약은 시공자(우리나라 국가계약법령상의 표기에 따를 경우 '계약상대자')가 자신의 책임으로 설계와 시공을 일괄하여 수행하는 계약형태임에는 이견이 있을 수 없다.

영문으로는 상기 ①Design-Build Contract 외에, ②Design-Construct Contract, ③Turnkey Contract, ④Package Contract, ⑤All-In Contract 등 다양하게 표기된다.

㈜ 설계·시공일괄계약의 계약상대자를 본서에서는 시공자 외에 '설계·시공자'(design-builder 또는 design-constructor)를 병행하여 표기하고자 한다.

㈜ FIDIC은 「설계·시공 및 턴키계약조건」을 1995년에 첫 발간하였는데, 이 계약조건의 명칭에서 보는 바와 같이 설계·시공계약(Design-Build Contract)과 턴키계약(Turnkey Contract)을 구분하고 있다. 후자는 전자의 설계 및 시공에 더하여, 공사목적물의 즉각적인 사용·가동이 가능하도록 관련 설비의 공급도 함께 이루어진다는 점에서 차이가 난다고 기술하고 있다(위 계약조건의 서문 참조).

9·2 설계·시공일괄계약의 체결

설계·시공일괄계약이라 하여 여타의 계약과 체결방식을 달리하는 것은 아니나, 다만 계약상대자인 설계·시공자의 선정시기 또는 공사의 발주시기, 계약의 내용·체결절차 등에서 차이가 있다.

1. 발주시기

먼저 앞 제1장에서 언급한 '건설공사의 시행과정'을 다시 인용하여 보기로 한다.

건설공사의 시행과정

설계와 시공을 하나의 계약상대자가 수행하는 계약이 설계·시공일괄계약이므로, 이 방식으로 수행하는 공사는 (a)단계에서 발주함이 일반적이다. 그에 비하여 설계·시공분리계약 즉 전통적인 공사계약은 순수공사계약이므로 (b)단계에서 발주함은 당연한 귀결이다.

물론 수요파악에서부터 계획까지도 설계·시공일괄계약의 내용으로 할 수도 있을 것이나, 앞에서 언급한 우리나라 「국가계약법 시행령」 제79조에서 발주처가 제시하는 "공사일괄입찰기본계획 및 지침"에 따라 설계·시공자가 설계서를 작성하도록 규정하고 있기 때문에 이는 (a)단계에서의 발주를 뜻하게 된다.

2. 대상공사의 결정

a. 대형공사계약

국가계약법령상 대형공사라 함은 총공사비 추정가격이 300억원 이상인 신규복합공종공사를 말한다. 그러나 설계·시공일괄계약으로 수행하는 공사라고 하여 반드시 300억원 이상인 대형공사인 것만은 아니다. 이 법 시행령 제79조의 규정에 의하면, 비록 총공사비 추정가격이 300억원 미만인 신규복합공종공사라고 하더라도 발주처가 설계·시공일괄계약으로 수행함이 유리하다고 판단되는 경우에는 그리할 수 있는 바, 이와 같은 공사를 특정공사라 하며, 이 공사 역시 이 법 시행령 제8장 대형공사계약의 규정을 적용하도록 하고 있다.

그러므로 설계·시공일괄계약은 그 공사규모에 관계없이 국가계약법령상의 대형공사계약에 해당한다고 하여도 무리가 없다.

㊟ 총공사비의 개념에 대하여

상기 「국가계약법 시행령」 제79조의 규정 중 '총공사비'는 그에 대한 정확한 개념이 정립되어 있지 않다. 다만, 산업통상자원부고시 제2017-067호(2017.5.15) 「엔지니어링사업대가의 기준」 제3조제3호에서 '공사비'를 정의하고 있는 바, 이는 발주처의 공사비 총예정금액(자재대 포함) 중 용지비, 보상비, 법률수속비 및 부가가치세를 제외한 일체의 금액을 말한다.

이에 대하여, 「건설기술진흥법 시행규칙」 제89조에서는 총공사비를 규정하고 있는데, "관급자재비를 포함하되, 토지 등의 취득·사용에 따른 보상비는 제외한 금액"이라 정의하고 있다.

양자의 정의를 표로서 비교하면 아래와 같다.

총공사비와 공사비의 개념비교

「엔지니어링사업대가기준」 vs 「건설기술진흥법 시행규칙」

구 분	공사비 「엔지니어링사업대가의 기준」	총공사비 「건설기술진흥법 시행규칙」
포함항목	자재비	관급자재비
제외항목	용지비 보상비 법률수속비 부가가치세	보상비

위의 표를 분석해보면, 첫째, 자재비에는 사급자재비와 관급자재비가 있으므로, 총공사비의 자재비에는 관급자재비를 포함하되, 사급자재비는 제외되고, 공사비에는 모든 자재비가 제외된다. 둘째, 총공사비에는 보상비만 제외되고, 용지비, 법률수속비 및 부가가치세가 포함되는 개념이나, 공사비에는 이들 항목 모두가 제외된다.

그렇다면 대형공사의 분류기준이 되는 「국가계약법 시행령」 제79조상의 '총공사비 추정가격'은 무엇인가. 아래의 추정가격, 추정금액 및 예정가격으로부터 추론(推論)할 수 있을 것으로 생각되며, 나아가 총공사비 및 공사비와 계약금액은 어떠한 상관관계에 있는지도 찾아볼 수 있을 것이다.

㈜ **추정가격**

「국가계약법 시행령」 제2조의 정의에 의하면, 추정가격이라 함은 국제입찰 대상여부를 판단하는 기준 등으로 삼기 위하여 발주처가 예정가격을 결정하기 전에 산정한 가격으로서, 공사계약의 경우 관급자재비를 제외한 금액을 말한다.

㈜ **추정금액**

한편, 「국가계약법 시행규칙」 제2조에 의하면, 추정금액은 공사에 있어서 추정가격에 부가가치세와 관급자재비를 합한 금액을 말한다.

추정금액 = 추정가격 + (부가가치세 + 관급자재비)

㈜ **예정가격**

예정가격이라 함은 입찰 또는 계약체결 전에 낙찰자 또는 계약금액의 결정기준으로 삼기 위하여 발주처가 미리 작성·비치하는 가격을 말한다.

다만, 수의계약과 개산계약의 경우에는 이를 작성하지 않을 수 있으며(선택사항), 일괄계약과 기본설계 기술제안입찰에 의한 계약의 경우에는 작성하지 않는다(당연사항).

b. 집행기본계획서의 작성·제출

중앙관서장은 앞에서 정의한 대형공사 및 특정공사의 경우 입찰방법 및 낙찰자결정방법에 관하여 국토교통부에 설치된 중심위(중앙건설기술심의위원회) 또는 개별 발주기관에 설치된 기술위(기술자문위원회)의 심의를 거쳐야 한다. 이 경우 중앙관서장은 기본설계서의 작성 전에 일괄입찰로 발주할 공사와 그 외 공사 즉 기타공사로 구분하여 집행기본계획서를 작성하여 특별한 사유가 없는 한 매년 1월 15일까지 국토교통부에 제출하여야 한다.(기술위에 의한 심의시에는 그러하지 않음)

㈜ 기타공사의 경우에는 실시설계서를 작성한 후 대안입찰로 발주하려는 공사에 대하여 집행기본계획서를 국토교통부에 제출한다.(「국가계약법 시행령」 제80조제2항)

집행기본계획서에는 다음 사항을 분명히 하여야 한다.

(1) 공사명
(2) 공사개요
(3) 공사추정금액
(4) 공사기간
(5) 공사장의 위치
(6) 입찰예정시기
(7) 입찰방법
(8) 사업효과
(9) 기타 참고사항

국방부의 경우에는 국방부에 설치된 특별위(특별건설기술심의위원회)로 하여금 집행기본계획서에 명시된 모든 공사의 입찰방법에 관하여 심의하게 한다.

c. 중심위의 심사

국토교통부장관은 제출받은 집행기본계획서에 대하여 중심위로 하여금 이를 심사하게 한 후 매년 2월 20일까지(집행기본계획서가 1월 16일 이후에 제출된 경우에는 심의를 완료한 후 10일 이내) 심사의견을 첨부한 심사결과를 해당 중앙관서장에게 공사별로 통보한다.

d. 집행계획의 조정

심사결과를 통보받은 중앙관서장은 특별한 사유가 없는 한 그 의견에 따라 당초의 집행기본계획을 조정하여야 한다.

e. 공 고

국토교통부장관 또는 국방부장관은 중심위 또는 특별위의 심의를 거쳐 설계·시공일괄계약으로 수행할 것을 확정한 공사에 대하여 신문 또는 전자조달시스템에 공고하여야 한다.

f. 설계·시공일괄계약 대상공사의 결정과정

상기 b항 내지 e항의 결정과정을 흐름도로 나타내면 다음과 같다.

설계·시공일괄계약 대상공사의 결정절차

집행기본계획서의 작성
(발주처)

↓

집행기본계획서의 제출
(발주처 → 국토부)

↓

중심위의 심사

↓

심사결과의 통보
(국토부 → 발주처)

↓

집행계획의 조정
(발주처)

↓

대상공사의 공고
(국토부)

㈜ 상기 절차는 중심위에 의한 심사를 전제로 한 것이며, 국방부의 경우에는 국방부에 설치된 특별위의 심사로 대체한다.

3. 입찰절차

설계·시공일괄계약에서는 먼저 기본설계입찰을 실시하여 그 결과 실시설계적격자로 선정된 자에 한하여 실시설계서를 제출하도록 한다.

a. 기본설계입찰

입찰자는 다음의 도서(圖書)를 첨부한 기본설계입찰서를 발주처에 제출하여야 한다.

(1) 기본설계에 대한 설명서
(2) 건설기술심의요청서
(3) 공사설명서
(4) 입찰안내서
(5) 기타 공고로 요구한 사항

b. 심의 및 평가

발주처는 제출받은 기본설계입찰서에 대하여 중심위 또는 기술위에 당해 설계의 적격여부심의 및 설계점수평가를 의뢰하여야 한다.

중심위 또는 기술위는 기본설계에 대하여 기술적 타당성을 검토하고 설계의 적격여부 및 설계점수를 해당발주처에 통보하며, 이 경우 기본설계입찰서에 첨부된 도서가 입찰의 기본계획의 내용에 비추어 미비하거나 그 내용이 분명하지 아니한 경우에는 이에 대한 보완을 요구할 수 있다.

c. 실시설계적격자의 결정

발주처는 중심위 또는 기술위로부터 상기 b항의 심의결과를 통보받은 때에는 설계점수가 높은 순으로 최대 6인(적격자가 6인 미만인 경우에는 통보된 모든 입찰자)을 선정하여 적격심사기준에 합당한 자를 실시설계적격자로 결정한다.

d. 낙찰자의 결정

발주처는 부득이한 사유가 없는 한 실시설계서가 제출된 날부터 60일 이내에 낙찰자를 결정하여야 한다.

중심위 또는 기술위로부터 당해 실시설계의 적격통지를 받은 때에는 그 실시설계서를 제출한 자를 낙찰자로 결정한다.

e. 계약의 체결

발주처는 낙찰자로부터 산출내역서를 제출받고 이에 따라 계약을 체결한다.

계약의 체결은 설계·시공자가 낙찰통지를 받은 날로부터 10일 이내에 함은 여타의 공사와 같다.

f. 낙찰되지 아니한 자에 대한 설계비의 보상

발주처는 대안입찰의 낙찰적격입찰자 및 일괄입찰의 실시설계적격자로 선정된 자 중 낙찰자로 결정되지 않은 자('낙찰탈락자')에 대하여 당해 공사예산의 1000분의 20에 해당하는 금액을 아래와 같은 방식으로 설계비를 보상한다.

(1) 낙찰탈락자가 5명인 경우
설계점수가 높은 자 순으로 7/20, 5/20, 4/20, 2/20, 2/20를 지급한다.

(2) 낙찰탈락자가 4명인 경우
설계점수가 높은 자 순으로 7/20, 5/20, 4/20, 2/20를 지급한다.

(3) 낙찰탈락자가 3명인 경우
설계점수가 높은 자 순으로 7/20, 5/20, 4/20를 지급한다.

(4) 낙찰탈락자가 2명인 경우
설계점수가 높은 자 순으로 7/20, 5/20를 지급한다.

(5) 낙찰탈락자가 1명인 경우
1/4을 지급한다.

4. 입찰참가자격

일괄입찰 즉 설계·시공일괄계약의 입찰에 참가할 수 있는 자는 다음의 자격을 갖춘 자에 한한다.

첫째 : 「건설산업기본법」의 규정에 의하여 해당공사의 시공에 필요한 건설업의 등록을 한 자

둘째 : 「건설기술진흥법」의 규정에 의한 건설기술용역업자 또는 「건축사법」의 규정에 의하여 건축사업무신고를 한 자

상기 요건 중 하나만을 갖춘 자들이 공동으로 참가할 수도 있다. 이 경우는 공동계약의 유형에도 해당하므로 뒤에 상술하기로 한다.

9·3 설계·시공일괄계약의 수행방식

설계·시공일괄계약의 수행방식은 법령 또는 건설수행 관행 등에 따라 약간의 차이가 있는 듯이 보인다.

그와 같은 차이를 별론으로 한다면, 이 계약의 수행방식은 전통적인 공사수행방식과 비교할 때 이해가 용이하다.

1. 전통적인 수행방식 : 설계·시공분리계약

설계·시공일괄계약에 대하여 설계와 시공을 분리하여 수행하는 계약을 설계·시공분리계약이라 하며, 이를 전통적 또는 고전적 수행방식이라 한다. 우리나라 국가계약법령이나 건설산업기본법령에서는 이 유형의 공사를 '기타공사' 또는 '일반공사'라 하므로, 이 공사에 대한 계약을 기타공사계약 또는 일반공사계약이라 할 수 있을 것이다.

이 전통적인 공사의 수행방식은 발주처, 설계자, 시공자의 3각 구도를 유지하면서 수행하는 것이 가장 일반적이다.

전통적인 계약수행방식(Ⅰ)

상기 방식에서는 설계자가 감리업무를 일괄하여 수행함을 전제로 하였고, 시공자는 특정공종에 따라 맡은 바 업무가 다를 수도 있음을 전제로 하였다.(물론 단일공종의 단순공사일 경우에는 단일 시공자가 될 것임)

이 방식이 가장 전통적인 수행방식이다.

그런데, 공사의 규모에 따라서는 발주처의 경우 모든 공종별로 시공자를 달리하여 공사를 수행하는 것이 그 관리에 있어서 어려움이 있을 수 있고, 이에 따라 몇 개 공종 또는 전체공종에 대하여 1시공자와 계약하고 세부공종은 시공자가 하수급자를 활용하여 수행하는 것이 효과적일 수도 있게 된다.

전통적인 계약수행방식(Ⅱ)

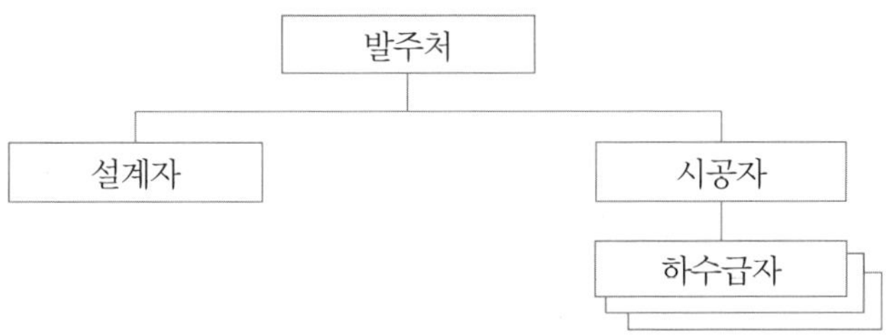

이 방식이 전통적인 수행방식 중 현재에 가장 보편화된 방식이다.

그런데 영국의 경우 적산사(quantity surveyor : QS)라는 특수한 전문요원이 있어서 모든 공사에 있어서 검측(measurement 또는 remeasurement) 및 금액사정(evaluation) 업무를 전담하게 하고 있으므로 상기 (Ⅱ)의 방식은 아래와 같이 변경된다.

전통적인 계약수행방식(영국식)

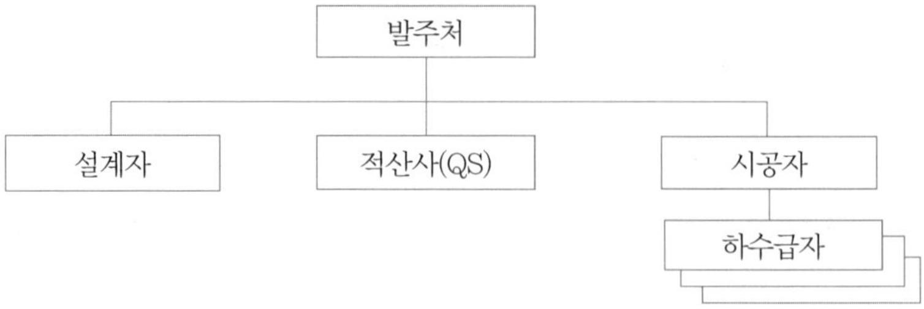

㊟ 영국의 경우 상기표의 설계자를 '주설계자'(lead designer)라 하고, 이 설계자는 특정공종, 예컨대 구조 기타의 설계는 구조기사(structural engineer) 또는 서비스기사(services engineer) 등의 조력을 받거나 이들과 연계한다. 그러나 이들을 모두 '설계자'라 하여도 상기표에서는 무리가 없다.

2. 설계·시공일괄계약의 수행방식

상기 전통적인 방식은 공사의 성격 또는 발주처의 사정에 의하여 발전적으로 변경되어 왔는데, 그 대표적인 수행방식이 설계·시공일괄계약방식임은 주지하는 바와 같다. 그러나 설계·시공일괄계약만이 전통적인 수행방식에 대한 발전적인 방식이라는 뜻은 물론 아니다.

a. 우리나라의 수행방식

우리나라는 설계·시공일괄계약이라고 하더라도 별도의 건설사업관리자 또는 감리자(이하 '건설사업관리자'로 통칭함)를 선정하여 이를 분리시키고 있다는 점에서 외국과 차이가 있다. 그러므로 우리나라의 설계·시공일괄계약의 수행방식은 상기 1항의 전통적인 계약수행방식(우리나라)과 복합적으로 이루어져 다소 변형적으로 나타난다.

또한 경우에 따라서는 설계에 대한 건설사업관리 즉 설계관리를 시행하고 있기도 하다. 이를 그림으로 나타내면 다음과 같다.

우리나라의 설계·시공일괄계약의 수행방식

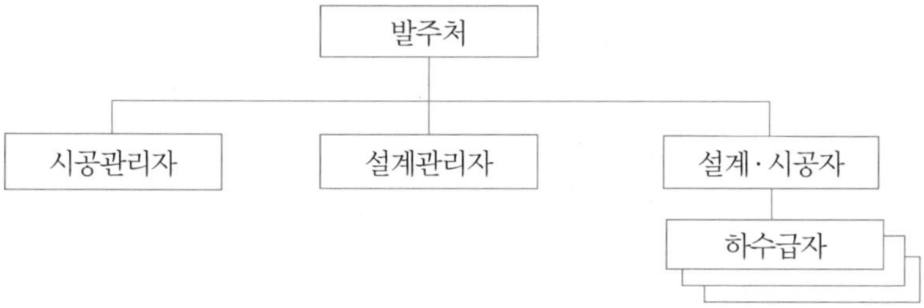

㊟ **건설사업관리대상인 설계용역**

① 「시설물안전관리특별법」에 따른 1종시설물 및 2종시설물 건설공사의 기본설계(발주처가 건설사업관리가 필요하다고 인정하는 경우만 해당) 및 실시설계용역

② 「시설물안전관리특별법」에 따른 1종시설물 및 2종시설물이 포함되는 건설공사의 기본설계(발주처가 건설사업관리가 필요하다고 인정하는 경우만 해당) 및 실시설계용역

③ 신공법 또는 특수공법에 따라 시공되는 구조물이 포함되는 건설공사로서 발주처가 건설사업관리가 필요하다고 인정하는 공사의 기본설계 및 실시설계용역

④ 총공사비가 300억원 이상인 건설공사의 기본설계(발주처가 건설사업관리가 필요하다고 인정하는 경우만 해당) 및 실시설계용역

그러나 국토교통부의 지도·감독을 받는 공기업·준정부기관, 한국가스공사 등의 공공기관, 또는 「지방공기업법」에 따른 지방공사가 시행하는 설계로서 해당기관 또는 공사의 소속직원이 용역감독업무를 수행하는 설계용역과 일괄입찰의 실시설계적격자가 시행하는 실시설계용역은 건설사업관리대상에서 제외한다.

b. 외국의 수행방식

미국의 경우에는 감리업무에 대한 독립성이 없고 Architect라는 전문가가 설계 및 감리를 일괄하여 수행함이 통상적이다. 그러므로 미국식 설계·시공일괄계약의 수행방식은 다음과 같은 그림이 된다.

미국의 설계 · 시공일괄계약수행방식

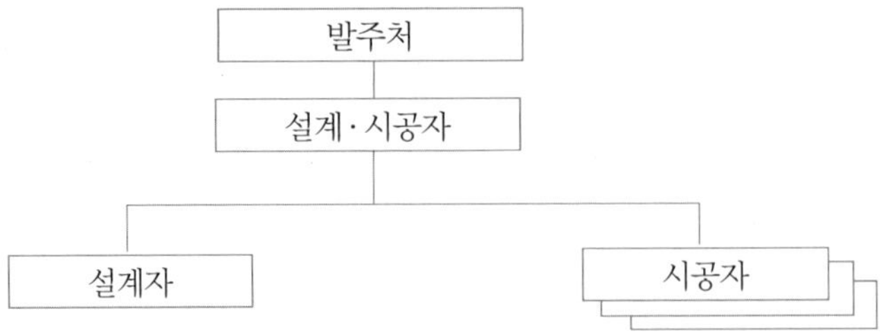

㈜ 이 그림은 미국건축사협회(AIA)의 설계·시공일괄계약조건인 A191의 'Instruction Sheet'에서 인용하였음을 밝힌다.

㈜ 상기표의 설계·시공자는 'Design-Builder', 설계자는 'Architect', 시공자는 'Contractor'의 우리말 표기이다. 설계·시공자는 설계자와 시공자를 별도로 고용할 수도 있고(이 경우의 시공자는 하수급자의 개념), 자신이 이를 직접 수행할 수도 있다. 그러나 전자가 일반적이다.

영국의 경우에도 미국과 유사하나, 다만 전통적인 수행방식에 비하여 QS요원의 업무가 금액사정업무로 한정된다. 그러므로 영국의 경우 발주처가 설계·시공일괄계약방식을 채택할 때에는 자문요원으로 컨설턴트를 고용하기도 한다.

영국의 설계 · 시공일괄계약수행방식

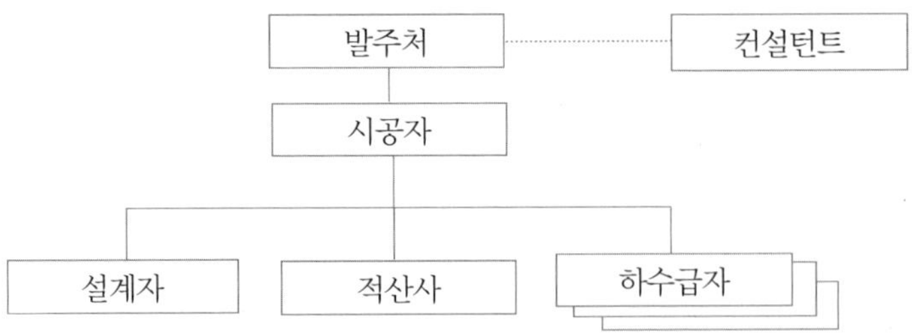

㈜ 이 그림은 영국 레딩대(University of Reading)의 John Murdoch 및 Will Hughes 교수의 공저인 "Construction Contracts"에서 인용하였으며, 시공자는 'Contractor', 설계자는 'Architect/ Designer', 하수급자는 'Subcontractors'를 각기 우리말로 번역한 표기이다. 여기에서 시공자는 미국식 'Design-Builder', 하수급자는 미국식 'Contractor'에 대칭된다.

3. 일괄계약의 수행기준

설계·시공일괄계약의 수행기준은 수행국가에 따라 다소의 차이가 있다.

우리나라의 경우 해당 공사계약의 입찰관리는 '입찰안내서'에 의하여 이루어지고 계약관리는 계약문서에 의하여 이루어진다.

그런데, 종전에는 설계·시공분리계약중심의 공사수행기준이라고 할 수 있는 회계예규(현 계약예규) 「공사계약일반조건」과 「공사입찰유의서」의 단일체계로 하고, 당해 설계·시공일괄계약에 대하여는 개별 발주기관에서 관련 특별유의서 및 특수조건을 자체적으로 마련하여 운용하여 왔다.

당해 일괄계약을 위한 2원체계는 2004년도부터 조달청이 「일괄입찰·대안입찰특별유의서」 및 「일괄입찰·대안입찰공사계약특수조건」을 제정하여 시행하게 됨으로써 미흡하나마 확립되었다고 할 수 있다.

㈜ 본서에서 위 특별유의서 및 특수조건을 아래와 같이 줄여서 표기하기로 한다.
① 「일괄입찰·대안입찰특별유의서」 → 「일괄입찰특별유의서」
② 「일괄입찰·대안입찰공사계약특수조건」 → 「일괄계약특수조건」

4. Fast Track 방식

전체공사에 대한 설계의 완성 후 시공이 착수된다는 전통적 방식에 비하여, 당해 Fast Track 방식은 비록 설계가 전체적으로 완성되지 않은 상태라고 하더라도 일부 완성된 설계부분에 대하여 먼저 착공하는 방식이다.

이 방식은 주로 설계·시공일괄계약에서 적용되고 있는 것은 사실이나, 그렇다고 설계·시공일괄계약에서만 이 방식이 적용되는 것은 아님은 유의하여야 한다.

㈜ 이에 대하여는 뒤에 다시 논의하기로 한다.

9·4 설계·시공일괄계약과 책임

설계·시공일괄계약에 있어서도 여타의 계약에서와 마찬가지로 계약당사자인 설계·시공자의 책임과 발주처의 책임으로 구분된다.

1. 설계·시공자의 책임

설계·시공자의 책임은 설계에 대한 책임과 시공에 대한 책임이 복합적으로 이루어져 있음은 의문의 여지가 없다.

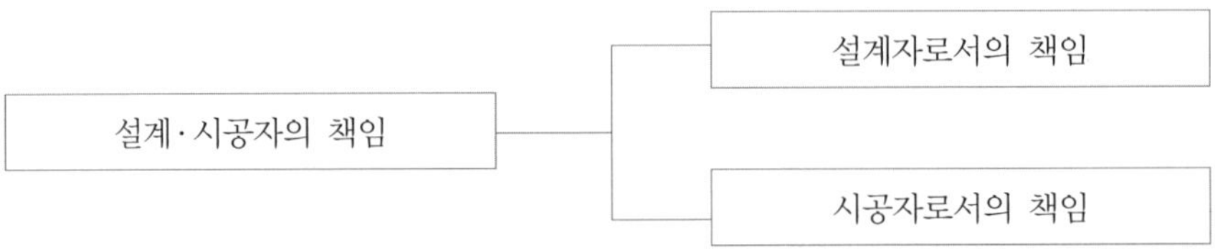

a. 설계자로서의 책임

설계·시공자의 설계자로서의 책임은, 앞에서 언급한 바와 같이 설계에 대한 책임 그 이상도 그 이하도 아니다. 좀 더 구체적으로 말하면, 설계결함에 대한 책임과 약정된 기간 내에 설계를 완성할 책임이 그것이다. 이와 같은 책임은 설계용역의 계약조건(우리나라의 경우 계약예규「용역계약일반조건」등)에서 규정되므로, 결국 설계용역계약조건에서 규정한 책임이라고 할 수 있다.

이에 더하여 우리나라의 건설기술진흥법령에서는 설계자 등 건설기술용역업자의 책임을 아래와 같이 규정하고 있다.

(1) 발주처의 재산 또는 제3자에게 발생한 손해에 대한 배상책임(법 제34조)

(2) 기타 당해 법 제8장에서 규정하는 책임(이를 형사책임이라 할 것임)

b. 시공자로서의 책임

설계·시공자의 시공자로서의 책임은 전통적인 계약수행방식에 있어서의 시공자의 책임과 다름이 없다. 본 항에서 이를 별도로 논의하지 않는다.

2. 발주처의 책임

설계·시공일괄계약에 있어서 발주처의 책임은 공사의 수행에 있어서 설계와 시공을 일괄하여 발주함으로써 이들을 분리하여 발주할 때의 특수한 책임(예 : 공사시공자의 선정)을 제외하고는 여타의 경우와 다름이 없다.

그러나 우리나라「국가계약법 시행령」제91조의 규정에 의하면, 설계변경으로 계약내용을 변경하는 경우라고 하더라도 '정부의 책임있는 사유 또는 불가항력의 사유'로 인한 경우를 제외하고는 계약금액을 증액조정할 수 없도록 제한하고 있다.

이 조에서 규정한 '정부의 책임있는 사유 또는 불가항력의 사유'는 계약예규「공사계약일반조건」제21조에서 구체적으로 규정하고 있는 바, 아래와 같다.

(1) 사업계획 변경 등 발주처의 필요에 의한 경우
(2) 발주처 외에 해당 공사와 관련된 인·허가기관 등의 요구가 있어 이를 발주처가 수용하는 경우
(3) 공사관련법령(표준시방서, 전문시방서, 설계기준 및 지침 등 포함)의 제·개정으로 인한 경우
(4) 공사관련법령에 정한 바에 따라 시공하였음에도 불구하고 발생되는 민원에 의한 경우
(5) 발주처 또는 공사관련기관이 교부한 지하매설지장물도면과 현장상태가 상이하거나 계약 이후 신규로 매설된 지장물에 의한 경우

㈜ 조달청의「일괄계약특수조건」제22조에서는 위 (5)항의 "경우"를 아래와 같이 규정하고 있다.
① 입찰 전 발주처 또는 공사관련기관이 제공한 지장물도면과 계약상대자가 설계(기본설계 및 실시설

09 설계·시공일괄계약

계 포함) 전에 현장조사를 통하여 작성한 지장물도면 모두에 표시되지 않았고, 예측할 수 없었던 지하매설물이 시공 중 발견된 경우. 다만, 지하매설물을 계약상대자 책임 하에 조사하도록 한 경우는 제외

② 계약체결 이후 계약상대자가 발주처에 사전보고 없이 신규로 매설한 지하매설물의 경우는 제외

(6) 토지·건물소유자의 반대, 지장물의 존치, 관련기관의 인·허가 불허 등으로 지질조사가 불가능했던 부분의 경우

㈜ 조달청의 위 특수조건 같은 조에서는 위 (6)항의 "경우"란 다음 각 호를 충족한 경우로 제한하고 있다.

① 입찰자가 토지·건물소유주 및 인·허가기관 등 관련자와 최소 1회 이상 문서로 협의하여 발주처가 인정한 경우

② 조사가 불가능하였던 부분에 대하여 그 내용을 관련 증빙자료를 첨부하여 입찰시 설계서와 함께 제출한 경우

(7) 태풍·홍수 기타 악천후, 전쟁 또는 사변, 지진, 화재, 전염병, 폭동 기타 계약당사자의 통제범위를 초월하는 사태가 발생한 경우

역으로 말하면, 발주처의 이와 같은 책임, 구체적으로는 계약예규 「공사계약일반조건」 제21조에서 규정하고 있는 발주처의 비용부담과 관련한 사항을 제외한 설계변경사유에 대하여는 모두 설계·시공자의 책임이라고 하여도 될 것이다.

3. 공사비에 대한 책임

지극히 당연한 논리이지만, 발주처는 설계와 시공을 일괄하여 발주하고, 시공자는 설계와 시공을 일괄하여 수행하는 방식이 설계·시공일괄계약방식이다.

그렇다면, 설계자의 중요한 의무는 설계서의 작성과 공사비의 산정에 있을 것이므로, 여기에서 공사비의 산정에 대한 결과책임도 설계·시공자에게 있는가 하는 논란이 대립되고 있다.

a. 설계·시공자책임설

이 논자(論者)들은 설계·시공일괄계약의 속성상 공사비의 적정성이 결여되는 설계, 특히 설계·시공자가 과소책정함으로 인하여 당초의 예상보다 추가로 투입되는 비용에 대하여는 설계·시공자의 책임이라고 주장한다.

이 설의 핵심은 발주처의 계약상대자인 설계·시공자 자신이 설계를 하고, 물량을 산출하고(물량내역서를 작성하고), 그리고 제안서(proposal) 또는 입찰서(tender, bid)에 의하여 계약금액을 스스로 결정하여 제시한다는 점에서 설계·시공자에게 책임이 있다는 것이다.

b. 발주처책임설

이 논자들은 설계를 비록 설계·시공자가 수행하고, 공사비를 그가 산정한다고 하더라도, 이는 어디까지나 발주처가 이미 책정해 놓은 예산의 범위 안에서 이루어지므로 특히 예산의 과소책정으로 인하여 공사의 수행 중 발생하는 추가비용은 발주처가 부담하여야 한다고 주장한다.

이 설은 설계·시공일괄계약이라고 하더라도 발주처는 오히려 입찰 이전에 예산을 사전에 책정해 놓을 뿐만 아니라 기본계획 및 설계지침 등을 미리 정해 놓으므로, 결국 설계·시공자는 한정된 예산으로 발주처의 요구에 부합하는 설계를 하기 위하여서는 적정공사비를 산출하는 문제 이전에 발주처의 기본계획이나 지침에 오히려 공사비를 역산(逆算)하여 맞춘다는 현실을 논지의 근거로 한다.

c. 소 결

상기 양설의 선택여부는 독자의 판단으로 맡긴다. 다만, 일본이나 영·미 등 선진외국은 발주처의 과실로 예산이 과소책정됨으로 인하여 발생한 추가비용에 대하여는 둘째의 견해 즉 발주처책임설에 따른다.

㈜ 상기 양설에 대하여 설계·시공자 및 발주처가 공동으로 책임이 있다는 '공동책임설'을 제기하기도 하나, 이는 결코 절충하거나 타협할 대상이 아니라는 것이 필자의 생각이다. 또한, 발주처의 필요에 의한 설계변경시 그 추가비용을 발주처가 부담하므로 공동책임설을 두둔하는 것은, 공사비책정상의 책임과 발주처의 책임있는 사유로 인한 설계변경과는 명백하게 별개의 사안임을 간과한 것이라고 할 수 있다.

9·5 평 가

a. 계약조건의 보완

우리나라는 지금, 특히 발주처에서, 설계·시공일괄계약의 본래적인 장점을 살리지 못하고 책임전가 또는 그러므로 편의적인 수단으로 이 방식을 채택하고 있는 것 같은 인상이 짙다. 이와 같이 계약의 1당사자가 자신의 본원적인 책임을 그 상대방에게 포괄적으로 전가하는 것을 책임이론에서는 개방책임(open liability) 또는 확대책임(broad liability)이라 하며, 이 책임이론은 공공기관을 1당사자로 하는 계약에서는 원칙적으로 적용하지 아니한다.

그러함에도 불구하고, 현재 우리나라의 설계·시공일괄계약에서는 이와 같은 책임의 전가 내지 편무성이 배제되지 않고 있다.

또한 일괄계약은 설계와 시공의 복합적인 계약형태임에도 불구하고, 현재 우리나라는 설계·시공분리계약 즉 기타공사계약에 적용하도록 되어 있는 계약예규(「공사계약일반조건」 등)를 적용함으로써 상당한 비효율에 당면하고 있다.

이를 시정하기 위한 계약예규의 보완이 이루어져야 한다.

b. 계약관리상의 문제

원래 설계·시공일괄계약은 설계와 시공을 동일한 계약상대자, 즉 설계·시공자에게 일괄하여 수행토록 함으로써 첫째 : 공사의 수행에 일관성을 가질 수 있고, 둘째 : 그렇게 함으로써 발주처의 계약관리에 있어서 조기착공(fast tracking)을 가능하게 하여 공사기간의 단축을 기할 수 있다는 점 등에서 이를 채택하는 실익이 있다.

이는 우리나라 대법원판례 93다1665호('96.8.23)에서, 설계의 전문성과 우수한 기술능력을 갖춘 건설업체가 수급인이 되어 도급인인 발주처가 의욕하는 건설공사의 당초목적을 이해한 후 그 건설공사의 목적에 맞는 설계서를 작성하여 이를 토대로 스스로 공사를 시행하고 그 성능을 보장하여 결과적으로 도급인이 의욕한 공사목적을 달성하게 하도록 하는 것이 설계·시공일괄계약이라고 판시한 점에서도 잘 나타난다.

그러나 이 대법원판례에도 불구하고, 「국가계약법 시행령」 제79조제1항제7호의 규정에 의하면, 설계·시공일괄계약이라고 하더라도 "공사의 범위·규모, 설계·시공기준, 품질 및 공정관리 기타 입찰 및 계약이행에 관한 기본계획 및 지침 등"을 사전에 발주처가 작성하여 설계·시공자로 하여금 그에 따르도록 하고 있을 뿐만 아니라, 건설기술진흥법령에 의하면, 설계·시공자라고 하더라도 '스스로' 공사를 수행하는 것이 아니라 공사감독관(또는 건설사업관리자)의 지시에 따라 수행하도록 하고 있다.

이 경우 원래적 또는 상기 대법원판례에서 주창하는 설계·시공일괄계약의 취지는 우리나라의 현실에서 다소 괴리가 있음을 알 수 있다. 발주처의 인식 또한 설계·시공일괄계약은 공사의 수행과 관련한 모든 책임이 설계·시공자에게 있는 것으로 되어 있어 그 괴리를 좁히는데 상당한 부정적인 요인으로 작용하고 있다.

참고로, 2000.10.21일자 대한상사중재원의 중재판정사례를 아래에 소개한다.

중재판정사례 (중재 제99111-00250호, 2000.10.21)

"… 그리고 현재 운영되고 있는 일괄입찰방식(일명 턴키방식)에 의한 도급계약방식의 경우에는 앞으로도 이 중재건과 유사한 분쟁이 계속적으로 발생할 가능성이 크다. 이 중재의 대상공사의 피신청인인 서울특별시는 국내의 지하철공사에 처음으로 도입된 일괄입찰방식으로 인하여 예상되는 문제점들을 예방하고 원만하게 처리하기 위하여 관리계획서를 만드는 등 나름대로 최선을 다하고자 노력한 것은 인정된다. 그러나 중앙정부 차원(건설교통부 등)에서 현재의 미비한 제도를 개선하지 않는다면, 과거의 갑·을 관계의 편무적 계약집행 관행에서 계약당사자 쌍방간의 대등한 계약문화가 정착되어 가는 현 시점에서는 일괄입찰방식과 관련된 분쟁이 점차 확대될 가능성이 크다.

따라서 국내의 일괄입찰방식을 근본적으로 개선하여, 일괄입찰의 취지와 장점을 살릴 수 있도록 하여야 한다. 실질적인 Fast Track(소위 설계시공병행방법)이 가능하도록 하고, 공사비지불방식을 재검토하며 예비비를 확보하는 등의 근본적인 제도 개선이 이루어져야 한다. 그리고 설계와 시공이 분리되어 발주되는 소위 기타공사(일명 내역입찰)에 적용되는 것을 전제로 제정된 현행 공사계약일반조건을 일괄입찰방식에도 그대로 사용함으로 인하여 발생되고 있는 문제를 최소화하기 위하여 설계시공일괄공사계약조건을 별도로 제정할 필요가 있다. 특히, 현재는 규모 위주로 일괄입찰방식의 채택 여부를 결정하고 있어서, 일괄입찰방식에 부적절한 공사의 경우에도 일괄입찰방식으로 추진됨으로 인하여 분쟁이 빈발하고 있다. 그러므로 입찰방식(이하 발주방식이라 한다) 선정방법을 전면 보완하여 프로젝트의 특성, 발주자의 능력 등을 종합적으로 판단하여 해당 프로젝트에 적절한 발주방식을 선정할 수 있도록 함으로써, 분쟁의 발생을 최소로 하여야 할 것이다………………"

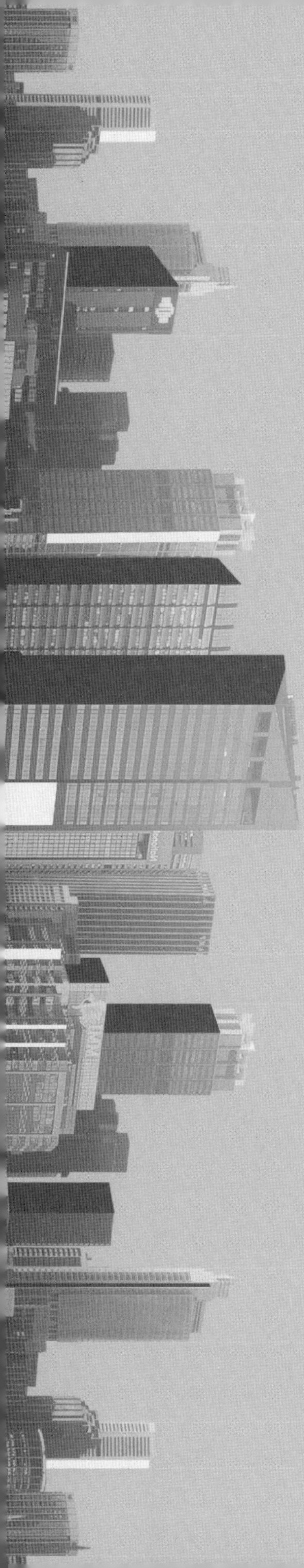

10

공동계약

제10장

공동계약

10·1 공동계약의 개념

우리나라의 기획재정부 계약예규「공동계약운용요령」및 국토교통부고시「건설공사공동도급운영규정」등에 의하면, 공동계약(共同契約)이라 함은 건설공사의 도급계약에 있어서 발주처와 공동수급체가 체결하는 계약을 말한다.

공동계약에 대한 정확한 영문표기는 찾아보기가 쉽지 않다. 그 이유는 'Owner-Client'(발주처-고객), 또는 'Government-Contractor'(정부-계약상대자), 'Government-Constructor'(정부-시공자)로서, 발주처가 정부이든 민간기업이든 하나의 주체로 보며, 계약상대자 역시 그것이 단수의 시공자이든 복수의 시공자이든 하나의 주체로 보기 때문에 우리나라식 공동계약은 논의의 필요성이 없었기 때문이다.

굳이 영문으로 표기한다면 Contract with Joint Venture 또는 Contract with Contractor Team이라 할 수 있을 것임을 앞에서 언급하였던 바 있다.

건설공사에 있어서 근대적인 공동계약의 효시는 1930년대 후버댐건설공사로 보고 있다. 당시 미국의 경제상황과 건설업체의 규모 등을 감안하여 후버댐건설공단은 개별 건설업체의 전문성도 살리고 그로 인한 고용효과도 높이기 위하여 이 계약방식을 적극 유도하였고, 그 결과는 성공적이었다고 평가받고 있다.

그 성과를 인정한 미국과 일본은 제2차 세계대전 후 일본의 전후복구사업에 이 계약방식을 적용하게 되었고, 우리나라의 경우에는 1997년도에 도입되어 현재 이 계약방식에 의한 공사의 수행이 오히려 일반적이다.

10·2 공동수급체의 유형

1. 현시적 공동수급체

현시적(顯示的) 공동수급체라 함은 공동수급체구성원이 모두 외부로 노출되어 있는 공동수급체를 말하며, 우리가 일반적으로 공동수급체라 함은 이를 가리킨다.

위 계약예규 「공동계약운용요령」 및 국토교통부고시 「건설공사공동도급운영규정」 등에 의하면, 공동수급체(共同受給體)라 함은 구성원을 2인 이상으로 하여 수급인이 당해 계약을 공동으로 이행하기 위하여 잠정적으로 결성한 조직체를 말한다. 이 경우 구성원을 2인 이상으로 한 사실과 그 구성원이 누구인지를 누구나 알 수 있기에 굳이 구분한다면 현시적 공동수급체인 것이다.

이 공동수급체를 영문으로 Joint Venture(JV)라 한다.

미국건축사협회(AIA)의 「건설용어해설」(Glossary of Construction Industry Terms)에서는 JV를 아래와 같이 정의하고 있다.

미국건축사협회(AIA) 「건설용어해설」의 JV

Joint Venture; A business association consisting of two or more persons or entities having many of legal characteristics similar to those of a partnership.

(Joint Venture; 하나의 조합처럼 다양한 법적 성격을 갖는 하나 또는 그 이상의 사람 또는 기구로 이루어지는 사업연합체)

이는 법률적 색체가 강한 반면, 앞의 우리나라 예규상의 정의는 다분히 실무적이다. 우리나라 예규상의 정의에 따르는 것이 이해가 쉬울 것으로 보인다. 이 점에서 일본의 「공동기업체운영지침」도 동일하다.

㊟ 상기 공동계약의 정의에서 보듯이 Joint Venture는 잠정적인 조직체 또는 실체임에 비하여, Consortium은 2인 이상이 공동목적을 가지고 설립한 독립적인 조직체 또는 실체라는 점에서 차이가 있다. 예컨대, A와 B가 자신들의 실체를 유지하면서, 즉 A와 B 각자의 이름으로 어떤 사업을 수행할

때 Joint Venture라 하며, A와 B가 설립한 또다른 실체인 C의 이름으로 수행할 때에는 Consortium이라 한다. 그러나 이 양자의 구분이 절대적인 것만은 아니다. 사우디아라비아의 경우 외국인과 자국인과의 연합·합작 등은 상기 양자의 구분없이 모두 Joint Venture라 한다.

㈜ 일본은 Joint Venture를 공동기업체라 하며, 일본정부가 이 제도를 공식적으로 도입한 것은 소화(昭和) 26년 즉 1951년도로서, 2차대전 후 전후복구사업에 적극 활용하였다 (일본 건설업공동기업체연구회의 「공동기업체운영지침」 해설서 서문 참조)

2. 은닉형 공동수급체

은닉형(隱匿型) 공동수급체라 함은 시공자의 특수한 사정에 의하여 시공자 자신이 실제적으로는 공동기업체이나, 그렇지 않은 것으로 하여 계약에 임하는 경우(단일기업체형식으로 계약에 임하는 경우)와 공동수급체구성원 중의 일부를 은닉하고 계약에 임하는 경우가 있다. 후자의 경우는 예컨대 실제적으로는 공동수급체구성원이 5인인데 외부로는 4인이라 하고 1인을 은닉하여 계약에 임하는 경우가 그 예라고 할 수 있다.

은닉형 공동수급체 그 자체를 영문으로 Silent Joint Venture, 은닉된 구성원을 Silent Joint Venturer라 한다.

미국의 저명한 건설관련분쟁 변호사인 Richard W. Miller는 그의 논문 「Insurance and Bonding for Joint Venture Construction Projects」(JV건설공사에서의 보험 및 보증)에서 은닉형 공동수급체를 활용하는 사유를 아래와 같이 예시하고 있다.

(1) 구성원 중 1인이 사정상 다른 구성원과의 공동수급체인 관계를 나타내고 싶지 않을 경우
(2) 구성원 중 1인이 관련 부문에서 면허를 받거나 또는 등록을 하지 못한 경우
(3) 구성원 중 1인으로 인하여 전체 공동수급체가 보증을 받는데 장애가 될 경우

은닉형 공동수급체가 비정상인 것은 사실이나, 우리나라의 경우 이에 의한 계약이 법 또는 계약에 위배되는지 여부는 분명하지 않다. 미국의 경우에는 실무에서 이를 묵인하고 있는 것처럼 보인다. 위의 Richard W. Miller는 자신의 논문에서 「Sample Silent Joint

Venture Agreement」(JV계약서의 예) 등을 부록으로 수록하고 있음에 그렇게 추정할 수 있다.

10·3 우리나라의 공동계약이행방식

1. 이행방식의 양분(兩分)

영·미 등 대부분의 경우에서 공동계약의 이행방식은 공동수급체구성원 상호간의 문제이지 이를 계약법령이나 계약조건 등에서 강제할 사항이 아닌 것으로 간주되고 있다.

이에 비하여 우리나라나 일본의 경우에는 공동계약의 이행방식을 계약예규 또는 고시로 정하여 놓고 그에 따르도록 하고 있다.

우리나라는 공동계약의 이행방식에 있어서 위의 예규 및 고시의 관할기관인 기획재정부 및 국토교통부와 행정안전부 사이에 차이를 보이고 있다.

a. 기획재정부 및 국토교통부의 이행방식

기획재정부 계약예규 「공동계약운용요령」 및 국토교통부고시 「건설공사공동도급운영규정」에서는 첫째; 공동이행방식, 둘째; 분담이행방식, 셋째; 주계약자관리방식, 이렇게 소위 3원이행방식을 채택하고 있다.

㊟ 종전 기획재정부 계약예규 「공동계약운용요령」에서는 공동이행방식 및 분담이행방식의 2원이행방식을 채택하고 있었으나, 2009년 4월부터 주계약자관리방식을 추가하여 채택함으로써 현재와 같은 3원이행방식이 되었다. 일본에 대하여는 뒤에 항을 달리 하여 살펴보기로 한다.

공동계약의 3원이행방식

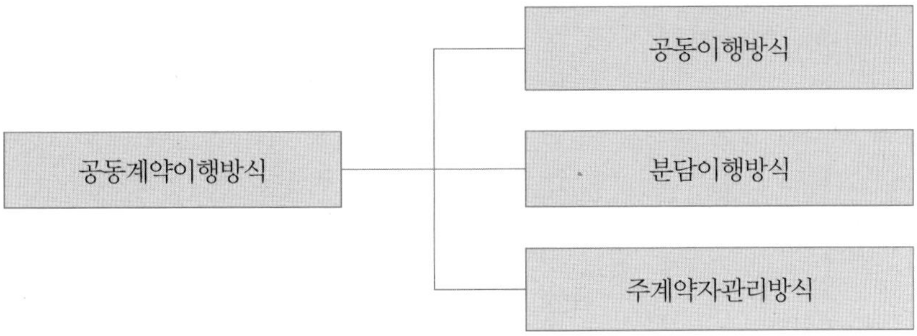

b. 행정안전부의 이행방식

행정안전부의 경우에는 공동계약의 운영과 관련한 규정을 독립된 예규로 하지 않고, 「지방자치단체 입찰 및 계약집행기준」이라는 예규 안에 하나의 장(章)으로 포함시켜 다루고 있다. 그 제7장이 「공동계약운용요령」이며, 여기에서 위 기획재정부나 국토교통부의 3원이행방식에 혼합방식을 더하여 4원이행방식을 취하고 있다. 즉, 첫째; 공동이행방식, 둘째; 분담이행방식, 셋째; 주계약자관리방식, 넷째; 혼합방식이 그것이다.

공동계약의 4원이행방식

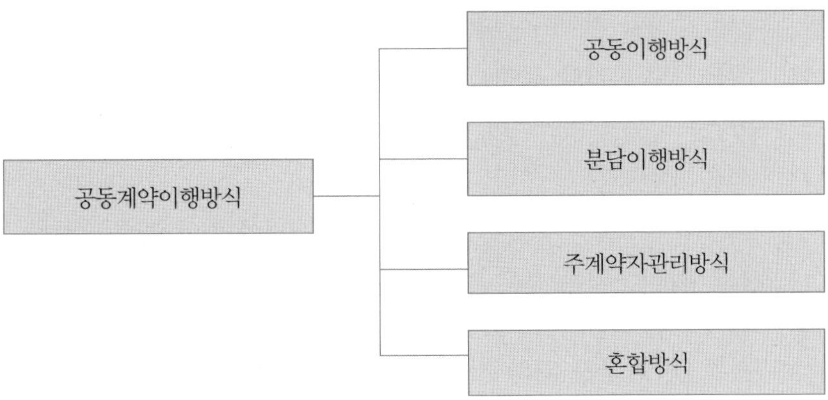

2. 공동이행방식

a. 공동이행방식의 개념

공동계약에 있어서 공동이행방식이라 함은 공동수급체구성원이 도급받은 건설공사의 수행에 필요한 자금과 인력 등을 공동으로 출자 또는 파견하여 공사를 수행하고, 이에 따른 이익 또는 손실을 각 구성원의 출자비율에 따라 배당 또는 분담하는 이행방식을 말한다.

b. 구성원의 책임

공동수급체구성원은 발주처에 대한 계약상의 의무이행에 대하여 연대하여 책임을 진다.

하자담보책임에 있어서도 공동수급체가 설령 해산하였다고 하더라도 하자에 대하여 연대책임을 진다. 다만, 공사이행보증서가 제출된 공사로서 계약이행요건을 충족하지 못하는 구성원은 출자비율에 따라 책임을 진다.

c. 구성원의 중도탈퇴

공동수급체의 구성원은 다음의 경우 외에는 입찰 및 해당계약의 이행을 완료하는 날까지 탈퇴할 수 없다.

(1) 발주처 및 구성원 전원이 동의하는 경우
(2) 파산, 해산, 부도, 기타 정당한 이유없이 해당계약을 이행하지 아니하거나 자신에게 할당된 비용을 미납하여 해당구성원 외의 구성원이 발주처의 동의를 얻어 탈퇴조치를 하는 경우
(3) 구성원 중 파산, 해산, 부도, 기타 정당한 이유없이 해당계약을 이행하지 아니하여 입찰참가제한조치를 받은 경우

공동수급체구성원 중 일부가 위의 사유로 탈퇴하는 경우에는 잔존구성원이 연대하여 계약이행책임이 있다. 이 경우 잔존구성원만으로는 도급한도액 등 해당계약의 이행요건을 갖추지 못하는 경우에는 잔존구성원이 발주처의 승인을 얻어 새로운 구성원을 추가하

는 방법 등으로 해당요건을 충족하여야 한다.

d. 대가의 지급

공동수급체구성원별로 구분 기재된 대가지급신청서를 공동수급체대표자가 발주처에 제출하며, 발주처는 공동수급체구성원 각자에게 해당금액을 지급한다. 즉, 대가지급신청은 대표자가 하더라도 지급은 각 수급체에게 한다.

공동수급체대표자가 부도, 파산 등의 부득이한 사유로 신청서를 제출할 수 없는 경우에는 공동수급체의 다른 구성원 전원의 연명으로 이를 제출할 수 있다.

e. 구성원의 수 및 최소지분율

공동수급체의 구성원은 5인 이하로 하며, 구성원별 계약참여최소지분율은 10% 이상이다. 다만, 대형공사 중 추정가격이 1,000억원 이상인 공사의 경우에는 구성원수 10인 이하, 최소지분율 5% 이상으로 한다.

해당공사가 지역의무공동계약의 대상인 경우에는 지역업체의 최소지분율을 30% 이상으로 정할 수 있으며, 이 내용은 입찰공고시에 명시하여야 한다.

f. 하도급

공동이행방식에 있어서 공동수급체구성원은 다른 구성원의 동의를 받지 않고는 분담부분의 일부를 하도급할 수 없다.

3. 분담이행방식

a. 분담이행방식의 개념

공동계약에 있어서 분담이행방식이라 함은 도급받은 공사를 공동수급체구성원별로 분담한 내용에 따라 공동으로 이행하는 방식을 말한다.

b. 구성원의 책임

공동수급체구성원은 발주처에 대한 계약상의 의무이행에 대하여 자신의 분담부분에 따라 각자 책임을 진다.

하자담보책임에 있어서, 공동수급체가 해산한 후 하자가 발생한 경우에는 분담내용에 따라 관련책임을 진다.

c. 구성원의 중도탈퇴

공동수급체의 구성원은 다음의 경우 외에는 입찰 및 해당계약의 이행을 완료하는 날까지 탈퇴할 수 없다.

(1) 발주처 및 구성원 전원이 동의하는 경우
(2) 파산, 해산, 부도, 기타 정당한 이유없이 해당계약을 이행하지 아니하여 해당구성원 외의 구성원이 발주처의 동의를 얻어 탈퇴조치를 하는 경우

공동수급체구성원 중 일부가 파산 기타의 사유로 계약을 이행할 수 없는 경우에는 잔존구성원이 이를 이행하여야 한다. 잔존구성원만으로는 면허, 실적, 시공능력공시액 등 잔여계약의 이행요건을 갖추지 못할 경우에는 발주처의 승인을 얻어 새로운 구성원을 추가하는 방법 등으로 해당요건을 충족하여야 한다.

d. 대가의 지급

공동수급체구성원별로 구분 기재된 대가지급신청서를 공동수급체대표자가 발주처에 제출하며, 발주처는 공동수급체구성원 각자에게 해당금액을 지급한다. 선금도 이와 같다.

e. 구성원의 수

공동수급체의 구성원은 5인 이하로 하되, 발주처는 공사의 특성 및 규모 등을 고려하여 20%의 범위 내에서 가감할 수 있다. 해당공사가 지역의무공동계약의 대상인 경우에는

지역업체의 최소지분율을 30%이상으로 정할 수 있으며, 이 내용은 입찰공고시에 명시하여야 한다.

f. 하도급

공동수급체구성원은 자기책임 하에 분담부분의 일부를 하도급할 수 있다.

g. 설비공사의 공동계약

설비공사의 경우에는 설비제조업체와 시공업체간 분담이행방식에 의한 공동계약방식으로 입찰에 참가하게 할 수 있으되, 단일설비제조업체의 설비부분이 전체 추정가격의 50% 이상인 경우에 한한다.

또한, 설계·시공일괄계약의 경우에는 설비제조업체, 시공업체 및 기술용역업체간 분담이행방식에 의한 공동계약방식으로 입찰에 참가하게 할 수 있다.

4. 주계약자관리방식

a. 주계약자관리방식의 개념

공동계약에 있어서 주계약자관리방식이라 함은 도급받은 공사를 공동수급체구성원별로 분담하여 수행하되, 공동수급체구성원 중 주계약자를 선정하고, 이 주계약자가 전체건설공사의 수행에 관하여 계획·관리 및 조정하는 이행방식을 말한다.

주계약자(主契約者)가 아닌 나머지 구성원을 부계약자(副契約者)라 한다.

b. 주계약자

종합건설업자와 전문건설업자가 공동으로 도급받은 경우에는 종합건설업자가 당연직 주계약자가 된다.

주계약자는 공사의 품질 및 시공을 확인하고 그 결과 적정하지 못하다고 인정되는 경우에는 해당구성원에게 재시공지시 등 필요한 조치를 하여야 하며, 공사진행의 경제성·효율성 등을 감안하여 다른 구성원 즉 부계약자(副契約者)간의 협의를 거쳐 자재 및 장비 등의 조달을 일원화하여 관리하여야 한다.

c. 주계약자관리방식의 대상

주계약자관리방식의 적용대상은 국가계약과 지방계약에서 확연한 차이를 보이고 있다.

(1) 국가계약

국가계약에 있어서는 주계약자관리방식을 기본적인 공동계약이행방식으로 인정하지 않고, 종합심사낙찰제대상공사 중 추정가격 300억원 이상 공사에 한하여 이 방식에 의한 공동계약으로 수행할 수 있도록 하고 있다. 이 경우 분담내용은 공사의 내용 및 특성에 따라 정한다.

(2) 지방계약

지방계약의 경우에는 행정안전부예규「지방자치단체 입찰 및 계약집행기준」에서 제7장에「공동도급운용요령」을 두고 있으면서도, 제8장에「주계약자공동도급운용요령」을 따로 두어 운용하고 있는 특징이 있다.

「주계약자공동도급운용요령」 제2절제2항에 의하면, 지방계약에서 주계약자관리방식의 적용대상은 추정가격 2억원 이상 100억원 미만인 종합공사로서 발주처가 이 방식으로 발주할 필요성이 있다고 판단하는 공사이다.

d. 구성원의 책임

주계약자관리방식에 있어서 공동수급체구성원은 발주처에 대한 계약상의 의무이행에 대하여 자신이 분담한 부분에 대하여만 책임을 지되, 불이행시 그 구성원의 보증기관이 책임을 진다.

주계약자는 최종적으로 전체계약에 책임을 지며, 불이행시는 역시 주계약자의 보증기관이 책임을 진다. 여기서 유의할 점은 주계약자가 탈퇴한 후에 주계약자의 계약이행의무 대행이 이루어지지 않을 경우에는 다른 구성원(부계약자)은 자신의 분담부분에 대하여 계약이행이 이루어지지 않은 것으로 본다는 것이다. 즉 주계약자는 자신의 분담부분 외에 다른 구성원(부계약자)의 계약이행에 대하여도 연대책임을 진다.

e. 중도탈퇴에 대한 조치

공동수급체구성원 중 일부가 파산, 해산, 부도 등으로 계약을 이행할 수 없는 경우에는 그 구성원의 분담부분을 주계약자가 이행할 수 있으며, 주계약자가 이행할 수 없는 경우에는 다른 구성원에게 재분배하거나 보증기관으로 하여금 이행하도록 하여야 한다.

f. 하자담보책임

공동수급체가 해산한 후 해당공사에 하자가 발생한 경우에는 해당구성원이 분담내용에 따라 책임을 진다.

구성원간에 하자책임구분이 곤란한 경우에는 주계약자가 책임에 대한 조정을 할 수 있으며, 조정이 불가능한 경우에는 하자와 관련이 있는 구성원이 공동으로 하자담보책임을 이행하여야 한다.

g. 대가의 지급

공동수급체구성원별로 구분 기재된 대가지급신청서를 주계약자가 발주처에 제출하며, 발주처는 공동수급체구성원 각자에게 해당금액을 지급한다.

h. 구성원의 수 및 최소지분율

공동수급체의 구성원은 10인 이하로 하며, 구성원별 계약참여최소지분율은 5% 이상으로 하되, 발주처는 공사의 특성 및 규모 등을 고려하여 20%의 범위 내에서 가감할 수 있다.

5. 혼합방식

a. 혼합방식의 운용

공동이행방식과 분담이행방식을 혼합하여 공동수급체를 구성하여 공동계약을 이행하는 방식이며, 지방계약에서 고유하게 인정되고 있다.

b. 구성원의 책임

혼합방식에서 공동수급체구성원은 발주처에 대한 계약의 의무이행 또는 제3자에 끼친 손해에 대하여 분담내용에 따라 해당구성원이 책임을 지되, 공동이행부분에 대하여는 해당구성원간에 연대하여 책임을 진다.

c. 구성원의 탈퇴

공동수급체구성원 중 일부가 파산 기타의 사유로 계약을 이행할 수 없는 경우에는 잔존구성원이 이를 이행하여야 하며, 공동이행의 경우에는 잔존구성원이 공동연대하여 계약을 이행하여야 한다. 잔존구성원만으로는 면허, 실적, 시공능력평가액 등 잔여계약의 이행요건을 갖추지 못할 경우에는 발주처의 승인을 얻어 새로운 구성원을 추가하는 방법 등으로 해당요건을 충족하여야 한다.

d. 하자담보책임

공동수급체가 해산한 후 해당공사에 하자가 발생한 경우에는 해당구성원이 분담내용에 따라 책임을 진다. 다만, 공동이행부분에 대한 하자의 경우에는 해당구성원이 연대하여 책임을 진다.

e. 기타

위에서 보는 바와 같이 이 방식은 '분담이행방식+공동이행방식'원칙에서 분담이행방식을 선(先) 적용하고, 공동이행방식을 후(後) 적용하는 방식을 채용하고 있으므로 여타의 경우에 대하여는 논의를 생략한다.

10·4 공동계약의 발주의무

「국가계약법 시행령」 제72조의 규정에 의하면, 발주처가 경쟁에 의하여 계약을 체결하고자 할 경우에는 계약의 목적 및 성질상 공동계약에 의하는 것이 부적절하다고 인정되는 경우를 제외하고는 가능한 한 공동계약에 의하여야 한다. 「지방계약법 시행령」 제88조도 이와 같은 취지의 규정을 두고 있다.

이에 따라 계약예규 「공동계약운용요령」에서는 발주처가 입찰공고시 상기 예외적인 경우를 제외하고는 공동계약이 가능하다는 뜻을 명시하도록 규정하고 있다.

여기에서 예외적인 경우라 함은 아래와 같다.

(1) 동일현장에 2인 이상의 수급인을 투입하기가 곤란한 경우
(2) 계약의 긴급한 이행이 필요한 경우

10·5 공동계약의 실적인정

a. 제한경쟁입찰의 공동계약실적

제한경쟁입찰에 있어서의 제한사항 중 시공능력, 공사실적, 기술보유상황 등은 건설산업기본법령 등에서 규정하는 동일면허의 경우에는 공동수급체구성원 모두의 것을 합산한다.

b. 실적의 인정범위

공동계약에 의하여 이행된 계약실적의 인정범위는 다음과 같이 배분한다.

첫째, 분담이행방식에 의한 경우는 공동수급체구성원별 분담부분으로 배분

둘째, 공동이행방식에 의한 경우에는 아래와 같이 배분

(1) 금액 : 공동수급체의 구성원별 출자비율에 해당되는 금액
(2) 규모 또는 양 : 실적증명 발급기관에서 공사의 성질상 공동수급체의 구성원별 실제시공부분을 분리하여 구분할 수 있는 경우에는 실제시공한 부분. 다만, 분리·구분할 수 없는 경우에는 출자비율에 따라 배분

셋째, 주계약자관리방식의 경우는 아래와 같이 배분

(1) 구성원 : 분담부분
(2) 주계약자 : 「건설산업기본법 시행규칙」 제23조제6항에 의함

「건설산업기본법 시행규칙」 제23조제6항

⑥ 법 제23조제1항에 따른 시공능력의 평가를 신청하지 못한 건설업자로서 다음 각 호의 어느 하나에 해당한 자가 시공능력의 평가를 신청한 경우 해당건설업자의 시공능력은 제1항 및 제2항에 따라 평가할 수 있다.

1. 법 제9조에 따라 새로 건설업을 등록한 자
2. 「채무자회생 및 파산에 관한 법률」 제574조 또는 제575조에 따라 복권된 자
3. 법 제82조의2제3항 및 제83조에 따른 건설업등록말소 처분이 취소되거나 법원의 판결 등으로 집행정지 결정이 된 자

10·6 지역의무공동계약

a. 국가계약에서의 지역의무공동계약

공동계약 중 ①추정가격이 고시금액 미만이고 건설업 등의 균형발전을 위하여 필요하다고 인정되는 사업이거나, ②저탄소·녹색성장의 효과적인 추진, 국토의 지속가능한 발전, 지역경제활성화 등을 위하여 특별히 필요하다고 인정하여 기획재정부장관이 고시하는 사업의 경우에는 공사현장을 관할하는 특별시·광역시 및 도('시·도')에 주된 영업소가 있는 자 중 1인 이상을 공동수급체의 구성원으로 하여야 하나, 다만 해당지역 안에 공사의 이행에 필요한 자격을 갖춘 자가 10인 미만인 경우에는 구성원으로 하지 않아도 된다.

㈜ 위 본문의 제②항은 「국가계약법 시행령」 제72조제3항제2호의 내용인 바, 이는 2017.12.31일까지 유효하다. 다만, 2017.12.31일까지 입찰공고한 사업에 대해서는 그 사업이 종료될 때까지 효력을 유지한다.

㈜ 2018.7.1 현재 ①기획재정부장관이 정한 고시금액은 공사 80억원, 용역 2.1억원이며(단, 공기업·준정부기관의 경우에는 공사 240억원, 용역 6.4억원), ②행정안전부장관이 정한 고시금액은 공사 240억원, 용역 3.2억원(기초자치단체의 용역은 6.4억원)이다.

지역의무공동계약수급체의 구성원이 되는 지역업체는 입찰공고일 현재 90일 이상 해당 공사현장을 관할하는 시·도에 주된 영업소가 소재한 업체이어야 한다.

b. 지방계약에서의 지역의무공동계약

지방자치단체인 발주처는 공사를 공동계약으로 수행하고자 하는 경우에는 해당 시·도에 소재한 지역업체의 최소시공참여비율을 40%로 하는 내용을 입찰공고에 명시해야 한다. 다만, 지역경제활성화를 위하여 필요하다고 인정되는 경우에는 지역업체의 최소시공참여비율을 49% 이하의 범위에서 정할 수 있다.

그러나 다음의 어느 하나에 해당하는 경우에는 지역의무공동도급으로 발주하여서는 아니 된다.

(1) 해당공사의 지역업체 최소시공참여비율 이상에 해당하는 시공능력평가액을 갖춘 지역업체가 입찰공고일전일기준으로 10인 미만인 경우
(2) 40% 이상 지역업체로 제한할 경우 입찰참가자격에 필요한 면허·등록 등 자격을 갖춘 지역업체가 입찰공고일전일기준으로 10인 미만에 해당하는 경우
(3) 그밖에 지역업체의 시공비율로 제한할 경우 시공상 품질이 떨어질 우려가 있거나 원활한 공동수급체의 구성이 어려운 경우

지방자치단체의 장은 위 (1)항 및 (2)항에 대하여, 지역여건 등을 고려하여 지역업체 최소시공참여비율을 적의 조정할 수 있다.

10·7 일본의 공동계약

일본의 공동계약은 일본국토교통성의 「공동기업체운영준칙」(2011.11.11, 평성23년 11월 11일 개정본)의 내용을 소개하는 것으로 한다.

일본은 우리나라식 공동수급체를 '공동기업체(共同企業體)'라 하며, 이 공동기업체에는 크게 ①특정건설공사공동기업체, ②경상건설공동기업체 및 ③지역유지공동기업체로 구분되며, 이들은 다시 각기 갑형(甲型)과 을형(乙型)으로 세분된다.

일본의 공동기업체 유형

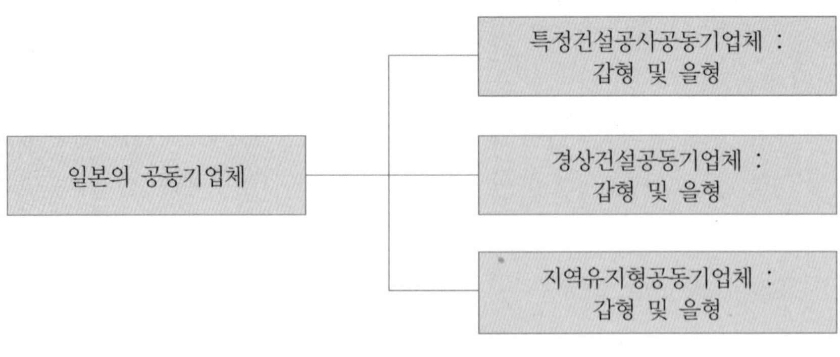

갑형(甲型)은 우리나라의 공동이행방식, 을형(乙型)은 우리나라의 분담이행방식과 대동소이하다.

특정건설공사(特定建設工事)공동기업체(특정JV)는 공사별로 특성에 따라 결성되는 1회성 공동기업체이며, 기술적 난이도가 높은 대규모공사(전형공사)와 그 외 공사의 규모나 성격상 공동기업체에 의한 시공이 필요하다고 인정되는 공사(토목·건축공사의 경우 통상 5억엔 이상인 공사를 대상)의 시공을 위하여 결성되는 공동기업체이다.

경상건설(經常建設)공동기업체(경상JV)는 중소·중견건설업체의 계속적 협업관계를 위하여 결성되는 공동기업체이며, 하나의 독립된 개별건설업체와 동일하게 영업활동을 한다는 특징이 있다. 따라서 개별기업과 당해 경상건설공동기업체가 또다른 공동기업체를 결성하기도 한다.

㈜ 전자 즉 특정건설공동기업체가 우리나라식 공동수급체이며, 이를 Joint Venture(JV)라 하고 있으나, 실제적으로는 컨소시엄(Consortium)에 해당한다. 후자 즉 경상건설공동기업체가 구·미제국(歐美諸國)에서 정의되어 있는 전형적인 Joint Venture이다.

지역유지형(地域維持型)공동기업체(지역유지형JV)는 지역의 유지관리 및 긴급재난의 복구를 위하여 계속적 협업관계를 확보하기 위하여 결성되는 공동기업체이다.

10·8 평 가

1. 공동계약의 일반적인 문제점

건설공사의 수행관행상 1공사현장에 대하여 발주처는 1계약상대자를 선정함이 일반적이다. 공동계약에서 2인 이상의 자가 공동수급체를 구성한다고 하더라도 발주처의 입장에서는 결국 1공동수급체와 계약을 체결하는 것이 된다.

공동수급체를 영문으로 Joint Venture라고 할 때 영·미 등 구미제국은 Joint Venture 그 자체를 하나의 독립된 실체로 간주하는 것이며, 그 개별 구성원(an individual party

또는 member)을 계약상대자로 간주하는 것은 아니다. 그러므로 발주처는 JV라는 실체에게 계약이행 책임을 묻고, 대가도 JV라는 실체에게 지급하게 된다. 이 경우 구성원 상호간의 역할이나 책임과 의무는 구성원 스스로 협의하여 결정하게 된다. 이들 구성원간의 계약을 Joint Venture Agreement라 한다. 이 계약은 구성원이 상호 협의하여 체결하는 것이며, 발주처가 관여하는 경우는 거의 없다.

여기에서 우리나라식 공동계약은 그 본래적 장점이 퇴색되고 오히려 아래와 같은 문제점이 노정되고 있다.

첫째 : 공동수급체를 하나의 실체(물론 잠정적 실체)로 인정하면서도 그 틀을 정부가 정하여 건설업체로 하여금 거기에 부합되도록 요구하고 있다.

JV Agreement는 건설업체의 한 경영전략 또는 방식을 실현하는 것이라고 할 때 현행 '공동수급표준협정서'는 규제성이 강하다.

둘째 : 2001.3.1일부터 5.31일까지의 기간동안 당시 '일간건설신문'(현 건설경제신문)에 입찰공고된 181건 정부발주공사의 공동계약을 분석한 결과 82.9%에 이르는 150건 공사가 공동이행방식으로 수행하도록 발주처에 의하여 사전에 지정되어 있었고, 30건 16.6%는 공동이행방식과 분담이행방식 중에서 입찰자가 선택하도록 되어 있었으나, 분담이행방식으로 고유하게 지정된 경우는 단 1건도 없었다(나머지 1건은 이행방식에 대한 기재사항이 없었음).

공동계약 이행방식 분석 ('01.3.1 ~ 5.31 발주공사)

구 분	전 체	공동이행	분담이행	공동·분담 선택	기 타
건 수	181	150	–	30	1
%	100	82.9	–	16.6	0.5

그 이전에는 거의 대부분의 공사에서 분담이행방식을 채택하였으나, 이처럼 공동이행

방식으로 전환된 것은, 공사의 수행 중 시공자, 특히 공동수급체대표자들이 자신에게 분담되지 아니한 사항에 대하여 그 책임을 발주처가 지도록 요구하자, 발주처가 이를 회피하기 위한 방편으로, 그렇다면 공동수급체 모두가 연대하여 책임을 지라는 뜻에서 공동이행방식을 선호하게 되었다는 것이 중론이다. 이것이 사실이라면, 운용방안의 제정자인 정부 발주처가 취할 올바른 자세라고 하기는 어려울 것이다.

2. 주계약자관리방식의 문제점

공동계약의 이행방식에 있어서, 앞에서 언급한 국가계약과 지방계약의 주계약자관리방식의 대상공사를 표로서 비교하면 아래와 같다.

주계약자관리방식 대상공사 비교 : 국가계약 vs 지방계약

구 분	국가계약	지방계약
대상공사	추정가격 300억원 이상 종합심사낙찰제대상공사	추정가격 2억원 이상 100억원 미만 모든 공사

너무 큰 차이가 난다.

국가계약은 국가계약법령의 지배를 받는 계약이고 주관부서는 기획재정부이며, 지방계약은 지방자치단체에 의한 계약 즉 지방계약법령의 지배를 받는 계약이고 주관부서는 행정안전부이다.

물론 기획재정부와 행정안전부는 상이한 부서이다. 그러나 모두 대한민국의 정부기관이다. 더 이상 논의하고 싶지 않은 사항이다. 제도의 정비가 시급하다.

3. 은닉형 공동계약에 대한 대책

소위 은닉형 공동수급체(Silent JV)의 경우 은닉된 공동수급체구성원(Silent JVr)에게는 공식적인 보험이나 보증 또는 대가의 수급에 있어서 방패막이 없음은 당연하다. 예를

들면, 발주처는 법령상 대가를 공동수급체구성원 각자에게 지급하도록 되어 있으나, 은닉되어 있기 때문에 그러지 못하여 어떤 다른 특정수급체에게 지급할 수밖에 없으며, 그 특정업체가 은닉된 구성원에게 지급하여야 할 금액을 지체하여 지급하거나 지급하지 않을 경우 분쟁이 발생할 수 있다.

이와 같은 불이익이나 분쟁을 방지하기 위하여 법령이나 예규 등에서 분명한 규정을 마련하여야 한다.

「지방계약법 시행령」 제88조에서는 1기업체가 2이상의 공동수급체에 참여하는 것을 금지하고 있다.

11

건설사업관리 계약

제11장

건설사업관리계약

11·1 건설사업관리(CM)의 개념

우리나라에서 건설사업관리에 대한 일반적인 영문표기는 Construction Management (CM)인 것 같다. 그러므로 건설사업관리의 개념은 먼저 CM에 대한 개념을 알아보고 난 뒤에 정립하는 것이 수순일 것이다.

CM의 개념에는 최협의, 협의 및 광의로 구분된다.

1. 최협의의 CM

최협의의 개념으로 CM이라 함은 우리나라식 시공관리 또는 시공감리를 뜻한다. Cyril M Harris는 그의 「건축사전」(dictionary of architecture and construction, McGrawhill, 미국)에서 이 개념의 CM을 따르고 있다.

Cyril M Harris의 CM

"Construction Management : The special management services performed by the architect or others during the construction phase of the project, under separate or special agreement with the owner. This is not part of the architect's basic services, but is an additional service sometimes included in comprehensive services."

(건설사업관리 : 발주처와의 별도 또는 특별계약에 의하여 공사의 시공단계에서 건축사나 제3자에 의하여 수행되는 특별관리업무. 이는 건축사의 기본업무의 일부가 아니라 경우에 따라서는 포괄업무에 속하는 추가업무이다)

그러므로 최협의의 CM은 당연히 시공단계(during the construction phase)에서 이루어진다는 특징이 있다.

2. 협의의 CM

협의의 개념으로 CM이라 함은 전통적으로 공사관리 또는 시공관리의 개념으로 익숙해져 있다. 좀 극단적으로 표현하면 미국 이외의 국가, 즉 영국 등 유럽권이나 우리나라·일본 등의 아시아권에서 종래 'Construction Management'라 함은 협의의 CM을 지칭한다. 그렇다고 하여 미국에서 이 개념이 존재하지 않는 것은 아니며, 경우에 따라 최협의, 협의 및 광의의 개념이 구분되되 공존한다.

전술한 최협의의 CM이나 후술하는 광의의 CM이 제3자에 의한 감독 또는 감리를 뜻하는데 비하여, 협의의 CM은 당해 주체에 의한 관리를 뜻한다는 점에서 차이가 있다.

3. 광의의 CM

광의의 개념으로 CM이라 함은 한마디로 미국건설사업관리협회(CMAA)라고 할 때의 건설사업관리(CM)를 말한다. 이 개념으로의 CM은 미국건축사협회(AIA)의 「발주처-건설사업관리자계약조건」(A121)과 미국건설협회(AGCA)의 「발주처-건설사업관리자계약조건」(AGC 565)에서 채택하고 있는 개념과 동일하다.

최근 CMAA가 발간한 「CM용어해설서」(CM Glossary of Terms, 2017.10.31 현재 CMAA 홈페이지 게시자료)에 의하면 CM의 개념은 아래와 같다.

CMAA의 CM정의

"Construction Management : A professional management practice applied to construction projects from project inception to completion for the purpose of controlling time, cost, scope, and quality"

(건설사업관리 : 시간, 비용, 범위 및 품질관리의 목적으로 공사의 착수시부터 완공시까지 적용되는 전문적인 관리의 실체)

4. 소 결 : CM vs PM

이상에서 살펴본 바와 같이 Construction Management는 첫째 시공관리를 뜻하는지

(최협의의 CM), 둘째 : 순수 공사관리 또는 시공관리를 뜻하는지(협의의 CM), 셋째 : CMAA에서 지칭하는 CM을 뜻하는지(광의의 CM) 그 자체로 구분이 쉽지 않다.

이와 같은 혼선을 피하기 위하여 영국, 예컨대 컨설팅엔지니어협회(Association of Consulting Engineers : ACE) 등에서는 광의의 CM을 Project Management (PM)라 하여 표기를 달리하고 있다.

본고에서 건설사업관리는 그러므로 PM 또는 광의의 CM을 나타낸다.

참고로, 우리나라 「건설산업기본법」에 의하면 건설사업관리는 "건설공사에 관한 기획·타당성조사·분석·설계·조달·계약·시공관리·감리·평가 또는 사후관리 등에 관한 관리를 수행"하는 것을 말한다.(제2조제8호)

11·2 건설사업관리의 수행단계

CMAA의 해설서 「CM수행지침」(CM standards of practice)에 의하면 건설사업관리는 아래의 5단계로 수행된다.

(1) 설계사전단계(pre-design phase)
(2) 설계단계(design phase)
(3) 입찰단계(조달단계 : procurement phase)
(4) 시공단계(construction phase)
(5) 유지·관리단계(시공사후단계 : post construction phase)

단계별 구체적 업무내용은 본서에서 기술하지 아니한다.

이들 다섯 단계에서 수행되는 업무는 상기 「건설산업기본법」에서 예시한 업무 내용과 다르지 않다. 다만, 우리나라의 경우 종전 「건설산업기본법」에서 이들 업무의 '일부'를 수행할 경우에도 건설사업관리로 간주하였지만, 현재에는 그에 해당하는 규정을 없이하여 CMAA의 경우처럼 이들 업무의 전부를 수행하는 것을 전제로 하고 있다.

11·3 건설사업관리의 구성요소

CM의 요체는 ①건설공사의 기획에서부터 유지관리까지 전반에 걸쳐, ②발주처의 입장에서, 왜 CM이 요구되는가를 이해하는 것이다. 이 점에서 시공단계만을 대상으로 하는 최협의의 CM이나, 발주처와 시공자가 독자적인 최선책을 추구하는 협의의 CM과 구분된다.

이를 강조한 나머지 건설사업관리자(construction manager) 또는 사업관리자(project manager)를 발주처의 대리인이라고 부르기도 한다.

CM의 구성요소 내지 건설사업관리자의 역할은 아래와 같이 요약된다.

(1) 원가관리(cost management)
(2) 시간관리(time management)
(3) 품질관리(quality management)
(4) 계약관리(contract administration 또는 project administration)
(5) 안전관리(safety management)

여기서 주의할 점은 이들 개별요소 또는 활동은 전술한 건설사업관리의 모든 단계(from project inception to completion)에서 지속적으로 이루어진다는 것이다. 예를 들면, 원가관리는 설계사전단계에서만 이루어지는 것이 아니라 설계·입찰·시공·유지·관리의 모든 단계에서 점검되고 보완된다. 발주처의 입장에서 볼 때 어떤 공사의 기획에서 설계·입찰·시공·유지 및 관리가 자신의 본연의 업무이다.

11·4 건설사업관리의 유형

건설사업관리는 건설사업관리자가 시공자를 겸하느냐 아니냐에 따라 다음과 같이 구분된다.

1. 시공자로서의 CM

이를 미국건축사협회(AIA)의 A121과 미국건설협회(AGCA)의 AGC 565 해설서에는 'CM as Constructor'(CMC)로 표기하며, 미국CM협회(CMAA)에서는 'Construction Management-at-Risk' 또는 'CM-at-Risk'로 표기하고 있다.

㈜ Construction Management-at-Risk를 At-Risk Construction Management라고 표기하기도 한다. 그러나 약어로는 양자 모두 CM-at-Risk라 한다.

CMC에서는 건설사업관리자가 시공자를 겸한다. 물론 이 경우라고 하더라도 건설사업관리자인 CM이 직접 공사를 수행하는 것은 아니며, 일반시공자를 하도급형식으로 고용하여 실제적인 공사를 수행토록 하는 것이 일반적이다. 건설사업관리자는 공사목적물의 품질 내지 완성에 대한 총체적인 책임이 있다.

이를 일본에서는 도급형 CM이라 부르기도 한다.

시공자로서의 CM(CMC)의 계약관계

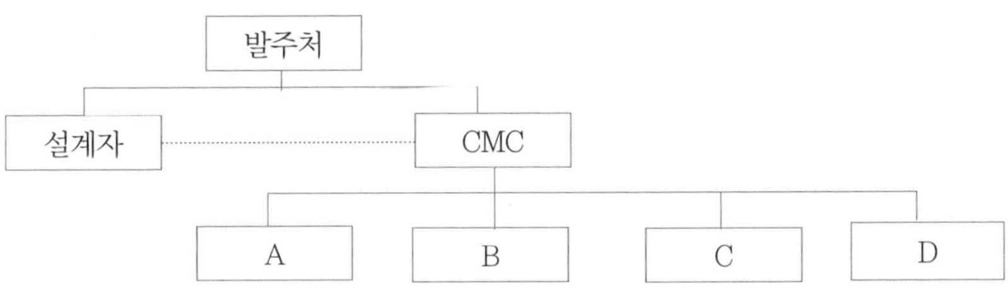

CMC : Construction Manager as Constructor
A·B·C·D : CMC의 하수급자(일반적인 경우 시공자)
———— : 계약적 관계
.... : 관리적 관계

2. 조언자로서의 CM

앞에서 언급한 미국건축사협회(AIA)의 A121과 미국건설협회(AGCA)의 AGC 565 해설서에서는 'CM as Advisor'(CMA)로 표기하고 있으며, 미국CM협회(CMAA)에서는 'Agency Construction Management'(Agency CM)로 표기하고 있다. 이 경우 CM은 일반시공자에 대하여 원청자로서의 위치가 아니라 발주처에 대한 조언자(advisor 또는 agency)로서의 위치에 있다. 일반시공자는 그러므로 발주처가 선정하며, 발주처의 통제하에 공사를 수행한다.

이 유형은 'CM for Fee'로 불리우기도 하며, 일본에서는 대리인형 CM이라 부르기도 한다.

조언자로서의 CM(CMA)의 계약관계

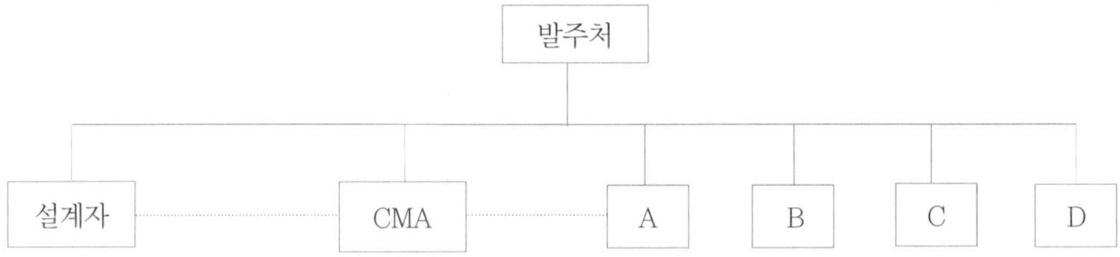

CMA : Construction Manager as Advisor
A·B·C·D : 발주처의 시공자
———— : 계약적 관계
.... : 관리적 관계

㈜ 미국의 경우 CMC와 CMA의 점유율은 90 :, 10 정도로 CMC가 주종을 이루고 있다고 한다. 1993년도의 계약실적을 비교하면, CMC유형이 733억불인데 비하여, CMA유형은 64억불에 지나지 않았다.

㈜ 미국이라고 하여도 CM이 반드시 일반화된 것은 아니다. 전체 51개 주 중 10여개 주는 공공공사에서 CM을 허용하고 있지 않고 있음에 유의해야 한다.

11·5 우리나라의 건설사업관리(CM)

1. 우리나라 CM의 개념

a. 「건설산업기본법」의 정의 규정

우리나라는 미국의 건설사업관리 즉 CM을 도입하여 1997년 「건설산업기본법」에서 법제화함으로서 공식적으로 도입되었다고 할 수 있다. 이 법 제2조의 정의에 의하면, 건설사업관리는 "건설공사에 관한 기획·타당성조사·분석·설계·조달·계약·시공관리·감리·평가 또는 사후관리 등에 관한 관리를 수행하는 것"이다.

이 정의에 따르면, 비록 '시공관리'는 CM에 포함되나, '시공' 그 자체는 제외되고 있음에 유의하여야 한다.

㈜ 건설사업관리용역을 수행하기 위한 계약을 건설사업관리용역계약이라 하며, 「국가계약법 시행령」 제73조의3은 이 계약을 규정하고 있다.

b. 시공책임형 건설사업관리

「건설산업기본법」 제2조제9호에 의하면, '시공책임형 건설사업관리'란 종합공사를 시공하는 업종을 등록한 건설업자가 건설공사에 대하여 시공이전단계에서 건설사업관리업무를 수행하고 아울러 시공단계에서 발주처와 시공 및 건설사업관리에 대한 별도의 계약을 통하여 종합적인 계획, 관리 및 조정을 하면서 미리 정한 공사금액과 공사기간 내에 시설물을 시공하는 것을 말한다.

이 정의를 세분하면 시공책임형 CM은 아래와 같이 내용이 구분된다.

(1) CM은 기본적으로 종합건설업자가 수행

(2) 시공이전단계에서 CM업무 수행

(3) 시공단계에서 발주처와 시공 및 CM에 대한 별도의 계약을 통하여

(4) 종합적인 계획, 관리 및 조정을 수행

(5) 이 경우 미리 정한 공사금액과 공사기간 내에 시설물을 시공함은 당연한 의무이다.

「건설산업기본법」에서 규정하고 있는 시공책임형 건설사업관리계약의 요체는 시공을 기준으로 ①시공이전단계의 건설사업관리계약과 ②시공단계에서의 시공계약 및 건설사업관리계약이다.

이를 단계별 흐름도로 나타내면 아래와 같다.

건설사업관리계약의 단계별 구분

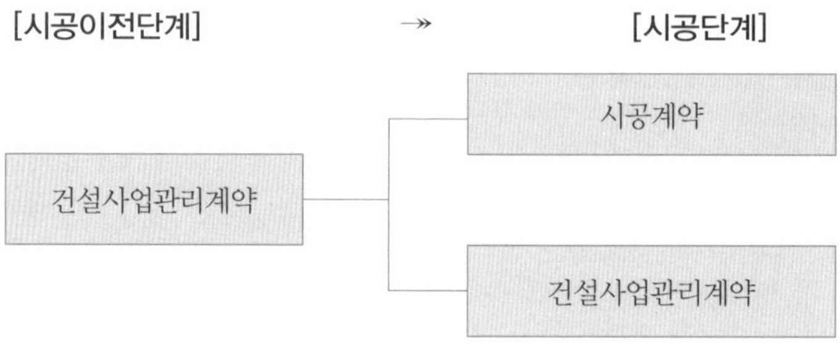

이 유형은 미국의 CMC 즉 시공자로서의 CM과 유사하기는 하나, 미국의 CMC는 건설사업관리자 즉 CMr(Construction Manager)에 의하여 수행됨에 비하여, 우리나라의 시공책임형 CM의 경우에는 종합건설업자에 의하여 수행된다는 중요한 차이점이 있다.

c. 시공조언형 건설사업관리

위의 시공책임형 건설사업관리 외의 건설사업관리를 본서에서 시공조언형 건설사업관리 또는 시공조언형 CM이라 표기하기로 한다. 이는 미국의 CMA 즉 조언자로서의 CM과 동일하다고 보아도 무방하다.

2. 건설사업관리기술자

기획재정부 계약예규 「용역계약일반조건」 제3장 '시공단계의 건설사업관리용역계약조건'(이하 '시공단계CM계약조건'이라 함)에 의하면, 건설사업관리기술자라 함은 일정한 자격을 갖추고 「건설기술진흥법」에 따른 건설사업관리용역업자에 소속되어 건설사업관리업무를 수행하는 자를 말한다.

㈜ 이 건설사업관리기술자를 영문으로 나타내고자 할 때에는 '기술'을 드러내지 않고 그냥 건설사업관리자 즉 Construction Manager 또는 CMr로 표기하여도 무방하다.

우리나라의 건설기술진흥법령상 건설사업관리기술자는 아래와 같이 4개 유형으로 구분된다.

a. 책임건설사업관리기술자(책임 CMr)

발주처와 체결된 건설사업관리용역계약에 의하여 건설사업관리용역업자를 대표하며 해당공사의 현장에 상주하면서 해당공사의 건설사업관리업무를 총괄하는 자를 말한다.

b. 분야별 건설사업관리기술자(분야별 CMr)

소관 분야별로 책임건설사업관리기술자를 보좌하여 건설사업관리업무를 수행하는 자로서, 담당 건설사업관리업무에 대하여 책임건설사업관리기술자와 연대하여 책임을 진다.

c. 상주건설사업관리기술자(상주 CMr)

「건설기술진흥법 시행규칙」 제34조제1항에 규정된 바에 따라 현장에 상주하면서 건설사업관리업무를 수행하는 자를 말한다.

d. 기술지원건설사업관리기술자(기술지원 CMr)

「건설기술진흥법 시행규칙」 제34조제1항에 규정된 바에 따라 상주건설사업관리기술자의 업무를 지원하는 자를 말한다.

3. CM의 대상

a. 일반적인 CM대상

「건설기술진흥법」 제39조에 의하면, 발주처는 아래의 공사에 대하여는 건설기술용역업자로 하여금 건설사업관리를 하게 할 수 있다.

(1) 설계·시공관리의 난이도가 높아 특별한 관리가 필요한 건설공사
(2) 발주처의 기술인력이 부족하여 원활한 공사관리가 어려운 건설공사
(3) 제(1) 및 (2)항 외의 경우로서 해당건설공사의 원활한 수행을 위하여 발주처가 필요하다고 인정하는 건설공사

b. 법인에 의한 CM대상

총공사비가 200억원 이상인 건설공사로서 「건설기술진흥법 시행령」 별표 7에 해당하는 특수한 공사의 경우에는 법인인 건설기술용역업자가 수행하여야 한다.

4. 설계용역에 대한 CM

발주처는 아래의 설계용역에 대하여 건설기술용역업자로 하여금 건설사업관리를 하게 하여야 한다.

(1) 「시설물안전관리특별법」에 따른 1종시설물 및 2종시설물 건설공사의 기본설계 및 실시설계용역
(2) 위 1종시설물 및 2종시설물이 포함되는 건설공사의 기본설계 및 실시설계용역
(3) 신공법 또는 특수공법에 따라 시공되는 구조물이 포함되는 건설공사로서 발주처가 건설사업관리가 필요하다고 인정하는 공사의 기본설계 및 실시설계용역
(4) 총공사비가 300억원 이상인 건설공사의 기본설계 및 실시설계용역

㈜ 위 내용 중 '기본설계'의 경우에는 건설사업관리가 필요하다고 발주처가 인정하는 경우에만 실시한다.

그러나 위의 설계용역이라고 하더라도 ①한국가스공사, 한국농어촌공사, 한국석유공사, 한국전력공사 및 한국전력공사가 출자하여 설립한 발전회사, 한국환경공단, 지방공사 등이 시행하는 설계로서 해당기관의 소속직원이 용역감독업무를 수행하는 설계용역과 ② 일괄입찰의 실시설계적격자가 시행하는 실시설계용역은 제외한다.

5. CM의 업무단계

「건설기술진흥법 시행령」은 건설사업관리의 업무수행단계를 아래와 같이 정하고 있다.

(1) 설계전(前)단계
(2) 기본설계단계
(3) 실시설계단계
(4) 구매조달단계
(5) 시공단계
(6) 시공후(後)단계

앞 미국CM협회(CMAA)의 5단계업무와 비교하면 참고가 될 것으로 보인다.

6. 건설사업관리기술자의 기본임무

국토교통부고시「건설공사 사업관리방식 검토기준 및 업무수행지침」은 건설사업관리기술자의 기본임무를 아래와 같이 정하고 있다.

(1) 건설산업기본법령에 따른 건설사업관리기술자의 업무를 성실히 수행
(2) 용지 및 지장물보상과 국가, 지방자치단체, 그 밖에 공공기관의 허가·인가 협의 등에 필요한 발주처 업무 지원
(3) 관련법령, 설계기준 및 설계도서작성기준 등에 적합한 내용대로 설계되는지의 여부를 확인 및 설계의 경제성검토를 실시하고, 시공성검토 등에 대한 기술지도

를 하며, 발주처에 의하여 부여된 업무 대행

(4) 설계공정의 진척에 따라 정기적 또는 수시로 설계자로부터 필요한 자료 등을 제출받아 설계용역이 원활히 추진될 수 있도록 함.

(5) 해당공사의 특성, 공사의 규모 및 현장조건을 감안하여 현장별로 수립한 검측체크리스트에 따라 관련법령, 설계도서 및 계약서 등의 내용대로 시공되는지 시설물의 각 공종마다 육안검사·측량·입회·승인·시험 등의 방법으로 검측업무 수행

(6) 시공자가 검측을 요청할 경우에는 즉시 검측을 수행하고 그 결과를 시공자에게 통보

(7) 해당공사의 토석물량 및 반출·입시기 등의 변동사항을 토석정보시스템(http://www.tocycle.com)에 즉시 입력·관리

12

총액계약

제12장

총액계약

12·1 서 론

앞에서 논의한 설계·시공일괄계약이나 공동계약, 건설사업관리계약은 모두 공사의 수행방식에 따른 계약유형에 해당한다고 할 수 있으며, 본 장 총액계약과 다음장의 단가계약은 대가의 지급방식에 따른 계약유형에 해당한다고 할 수 있다.

대가의 지급방식에 따른 계약유형은 전술(前述)한 공사의 수행방식에 따른 계약유형 및 계약의 체결방식에 따른 계약유형이 결정되고 난 뒤 계약금액의 결정 또는 그 지급방법을 선택(pricing option)하는 단계에서 논의되는 유형이라고 할 수 있다.

계약은 공사대가의 지급계획과 발주처와 시공자간 위험부담의 정도에 따라 유형을 달리하게 된다. 발주처의 관심은 양질의 공사목적물을 얻는데 있을 것이며, 그에 비하여, 시공자의 관심은 공사에서 얼마나 많은 이익을 내느냐에 있다. 그러므로 공사대가의 지급방식은 어떤 특정공사에서 나타나는 가변성 및 발주처와 시공자간의 협상에 의하여 다양한 유형을 띄게 된다.

이 총액계약유형은 전통적으로 미국권 및 일본 등에서 많이 시행하고 있다.

12·2 총액계약의 개념

총액계약을 영문으로는 Lump Sum Contract 또는 Stipulated Sum Contract 라고 표기한다.

이 계약의 개념은 미국건축사협회(AIA)의 「건설용어해설」(Glossary of Construction Industry Terms)에서 아래와 같이 명쾌하게 정의되고 있다.

AIA의 총액계약(Stipulated Sum Contract) 정의

"Contract in which a specific amount is set forth as the total payment for performance of the contract."

(특정금액이 계약의 이행에 대한 총지급액임을 명시한 계약)

이 계약체계에서 시공자는 공사의 수행 중 발생할지도 모를 여하한 장해에 관계없이 주어진 금액으로 공사를 완성해야 한다. 시공자는 그러므로 상당한 재정적 부담을 가지게 되며, 이 부담은 입찰단계에서 입찰금액에 추가되어야 하겠지만 이로 인하여 입찰금액이 높으면 그만큼 낙찰에 대한 성공률은 낮아진다. 그러나 시공자는 인력이나 자재의 효율적인 투입으로 높은 이익을 얻을 수 있는 기대치도 있다.

발주처의 경우에는 공사의 예상비용을 사전에 어느 정도 파악하고 있을 것이므로 상대적으로 위험부담이 적다. 그러므로 발주처는 공사의 적정수행여부나 계약공기 내(內) 완성여부 등의 문제에만 주의를 기울이면 될 것이며, 이를 보장하기 위하여 각종 보증제도를 두게 된다.

12·3 총액계약의 특징

1. 기성대가의 지급

중간기성금액, 즉 기성대가의 지급(interim payment)은 실제 수행공사량에 의한다기보다 수행공사량의 일정비율(예 : 90%) 또는 월별 일정금액 즉, 계약금액을 공사기간으로 안분한 금액을 지급한다. 이에 비하여 실비정산계약이나 단가계약 등에서는 실제 수행공사량(work done)에 일치하여 지급함이 일반적이다.

AIA의 총액계약조건인「A101」제5조는 이를 아래와 같이 규정하고 있다.

AIA A101 제5조

"… the Owner shall make payment to the Contractor not later than the ○○ day of the ○○ month.………………………………………………………"

(발주처는 ○○월 ○○일 이전에 시공자에게 기성대가를 지급한다)

즉, 발주처는 매월 시공자에게 공사진척도에 따라 대금을 지급하되, 공사에 투입된 인력 및 자재·장비비 중 일정비율과 현장에 반입된 자재·장비비 중 일정액에서 전월까지의 지급누계액을 공제한 잔액이 당월의 기성대금이 된다.

당해 지급금액은 Cost Breakdowns 또는 Price Schedule로 불리우는 금액명세서를 기초로 하여 산정됨이 일반적이다.

[임금·자재비·장비비의 일정비율 + 현장에 반입된 자재비·장비비의 일정비율] − 전월까지의 지급누계액 = 당월기성금액

이와 같은 특징은 일본의 「공공공사청부계약약관」에서도 두드러지게 나타나고 있다. 우리나라의 기성대가에 해당하는 일본의 부분지불금액은 다음의 산식으로 계산한다.

$$\text{부분지불금액} \leqq \text{공사수행금액} \times \left(\frac{x}{10} - \frac{\text{전불금액}}{\text{청부금액}}\right)$$

상기 χ는 유보금을 공제한 수치이므로 통상 9가 되며, 이로 인하여 좌항 부분지불금액은 공사수행금액의 60% 또는 50% 이하가 된다.(전불금액이 발주처에 따라 30% 또는 40%이기 때문)

㊟ 미국 「연방조달규정(FAR)」에서는 기성대가는 공사수행부분의 금액에 대하여 80% 이하의 범위에서 지급하도록 규정하고 있다(제52.232-16). 이 경우 잔여 20%는 유보금이다.

2. 최종기성대가의 지급

최종기성(final payment)은 계약금액에서 중간기성대가의 지급누계액을 공제한 잔액이 된다. 이에 비하여 실비정산계약이나 단가계약에서 최종기성은 최종정산(final account)과정을 거쳐야만 금액이 확정된다.

상기 AIA의 「A101」 제6조를 보면 더욱 뚜렷해진다.

AIA A101 제6조

"Final Payment, constituting the entire unpaid balance of the Contract Sum, shall be paid by the Owner …"

(계약금액의 총미지급잔액으로 이루어지는 최종대가는 발주처에 의하여………지급된다)

3. 계약금액의 조정

총액계약은 앞에서도 언급한 바와 같이 계약금액을 단가 등으로 세분하지 아니하고 총액(lump sum 또는 stipulated sum)으로 하여 계약을 체결한다는 데에 그 의미가 있다.

이 총액의 개념을 잘못 이해하여 그 총액 또는 정해진 금액은 조정할 수 없으며, 그 금액으로 공사를 완성하여야 한다고 오해하는 경우가 있다. 그러나 원래 계약금액의 조정은 이 계약유형에서 필요성이 있었던 것이다. 다시 말하면, 당초에 정해진 금액을 불가항력·설계변경 기타의 사유가 발생하였을 경우에 그 금액을 다시 정하여야 했던 것이다.

이를 확인하기 위하여 상기 AIA의 총액계약조건인「A101」제21조를 아래에 소개한다.

AIA A101 제21조

"The Owner without invalidating the Contract may order Changes in the Work consisting of additions, deletions, or modifications, the Contract Sum and the Contract Time being adjusted accordingly …"

(발주처는 계약을 훼손하지 않는 범위 내에서 추가, 삭제, 또는 수정 등 공사의 변경을 지시할 수 있으며, 계약금액과 계약기간은 그에 따라 조정된다)

이 계약유형의 최대의 단점은 계약금액조정시 그 조정기준이 되는 금액 또는 단가가 명확하지 않다는 데에 있다.

4. 정형적인 공사

총액계약은 계약의 체결시점에 통상 설계가 완료되고, 계약금액이 확정된다.

이로 인하여 새로운 공법·기술 등이 필요하지 않은 공사 또는 과거에 이미 수행된 적이 있는 정형적(定型的)인 공사에 효과적이다. 이 경우 시공자는 공사에 대한 공정관리 또는 손익의 예측이 용이할 수도 있을 것이다.

5. 산출내역서의 존재가치

산출내역서라 함은 물량내역서(또는 공내역서)에 단가 또는 요율 및 금액을 기재한 문건을 말한다.

㈜ 물량내역서 및 산출내역서에 대하여는 뒤에 다시 논의하기로 한다.

총액계약의 중요한 특징 중의 하나는 이 산출내역서가 반드시 계약문서에 포함되는 것이 아니라는 점이다.

전통적으로 총액계약유형을 채택하고 있는 일본의 경우 「공공공사표준청부계약약관」에서 산출내역서가 필수적인 계약문서가 아님을 명시하고 있다.

일본 「공공공사표준청부계약약관」

제3조(A)
"1. 수주자는 설계도서에 의거 청부대금내역서(이하 "내역서"라 한다) 및 공정표를 작성하여 발주자에게 제출하고, 그 승인을 받아야 한다.
2. (생략)
3. 내역서 및 공정표는 이 약관의 다른 조항이 정하는 경우를 제외하고는 발주자 및 수주자를 구속하지 아니한다."

제3조(B)
"1. 수주자는 이 계약의 체결 후 ○일 이내에 설계도서에 의거 내역서 및 공정표를 발주자에게 제출하여야 한다.
2. (생략)
3. 내역서 및 공정표는 발주자 및 수주자를 구속하지 아니한다."

제3조(A)는 계약내용에 불확정요소가 많은 경우(예 : 대규모 토목공사)로서 발주처가 내역서의 내용이 되어야 할 수량에 대하여 명시한 때 등에 적용한다. 제3조(B)는 발주처가 내역서를 필요로 하지 않을 경우에는 내역서에 관한 조항을 삭제할 수 있다.

이렇게 볼 때 일본의 공공공사에서는 내역서의 작성이 반드시 강제되는 것이 아니라 공사여건 또는 발주처의 필요에 따라 결정되고 있음을 알 수 있다.

12·4 우리나라의 총액계약

우리나라 공공공사의 계약유형은 1997년을 기준으로 그 이전의 계약유형과 그 이후의 계약유형에 있어서 차이가 있다.

a. 1997년 이전의 총액계약

예컨대, 1995.7.10일자의 회계예규(현재는 계약예규로 명칭변경) 2200.04-104「공사계약일반조건」 제7조 단서의 규정에 의하면, 추정가격이 1억원 미만인 공사에 있어서는 산출내역서가 필수적인 계약문서가 아니며, 이 경우 상기 제12·3-5항의 특징에 해당한다.

또한 상기 회계예규 제25조제4항의 규정에 의하면, 기성대가는 '매 90일마다 공평하게 지급'하도록 되어 있으며, 이 경우 상기 제12·3-1항의 특징에 해당한다.

이상을 종합할 때, 첫째 : 추정가격이 1억원 미만인 공사의 경우에는 ①산출내역서는 계약문서에 해당하지 않으며, ②기성대가도 정액·정시에 지급하므로 전형적인 총액계약에 해당한다.

둘째 : 추정가격이 1억원 이상인 공사의 경우에는 산출내역서가 계약문서이기는 하나 기성대가를 정액·정시에 지급하고 있어서, 이 규모의 공사계약유형을 총액계약이라고 할 수 있는가에 대한 논란이 있었다. 그러나 산출내역서가 계약문서에 해당한다는 사실 하나만으로는 그 계약유형을 총액계약이 아니라고 하기에는 당시 발주처나 시공자의 정서를 감안할 때 무리가 있다.

그러므로 1997년 이전의 우리나라 공공공사의 계약유형은 총액계약에 해당하였다고 생각된다.

b. 1997년 이후의 총액계약

「WTO협정」에 따라 1997.1.1일부로 우리나라의 건설시장이 개방되었으며, 이에 대한 대책의 일환으로 계약문서를 재정비하였던 바 있다. 이 계약문서 중에서도 종전의「공사계약일반조건」 및 「공사입찰유의서」는 전면 개정되었으며, 이 때 상기 논란의 초점이었던 기성대가의 지급규정을 월별 또는 공정에 따른 기성대가의 지급으로 변경하였다.(현행 계약예규 「공사계약일반조건」 제39조제1항 참조)

개정당시에 전제로 한 계약유형은 첫째 : 추정가격이 1억원 미만인 공사의 경우 총액계약, 둘째 : 추정가격이 1억원 이상인 공사의 경우 단가계약으로 하는 소위 계약유형의 2원체계이었다. 물론 이 2원체계는 대가의 지급방식에 따른 계약유형을 논의할 경우에 한정된다.

㊟ 여기에서의 단가계약은 「국가계약법」 제22조에서 규정하는 단가계약과 별개의 계약유형임을 유의하여야 한다. 이는 다음 장(章)에서 따로 논의한다.

당시 「국가계약법 시행령」의 관련규정을 아래에 인용한다.

2007년 개정 이전의 「국가계약법 시행령」 제14조제2항

"추정가격이 1억원 이상 50억원 미만인 공사의 경우에는 낙찰자에게 제1항의 입찰에 관한 서류 중 설계서 및 물량내역서를 교부하여야 한다."

추정가격이 50억원 이상인 공사의 경우에는 입찰에 참여하고자 하는 자의 요구가 있을 경우 이를 교부하도록 되어 있었다(위 시행령 제14조제1항). 그러나 추정가격이 1억원 미만인 공사의 경우에는 물량내역서를 교부하지 않았다.

이 물량내역서는 뒤에 산출내역서로 전환됨은 주지하는 바와 같다.

c. 현재의 단가계약

1997년 건설시장이 개방될 당시의 총액계약 및 단가계약의 2원체계는 2007.10월 「국가계약법 시행령」의 개정시 그 제14조제2항을 삭제함으로써 폐지되고, 단가계약의 단일체계로 정립되어 오늘에 이르고 있다.

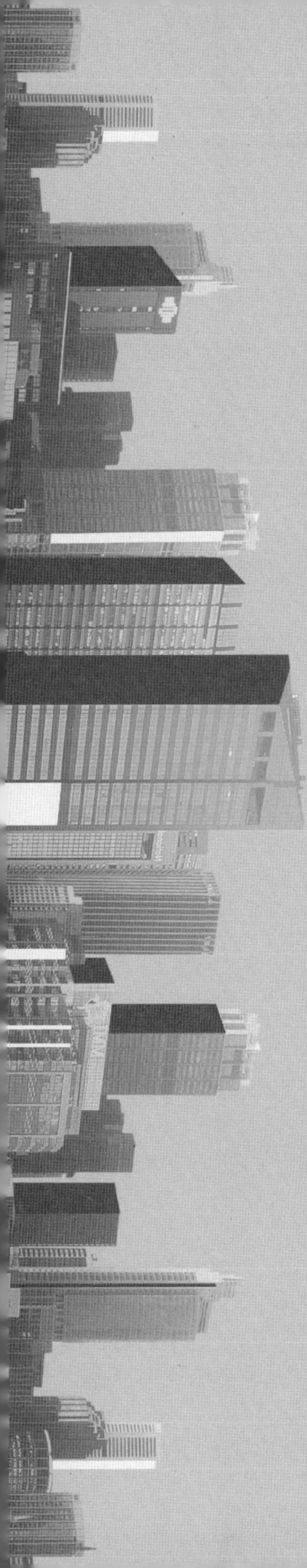

13

단가계약

제13장

단가계약

13·1 단가계약의 개념

미국건축사협회(AIA)의 「건설용어해설」(glossary of construction industry terms)에서는 단가계약을 아래와 같이 정의하고 있다.

AIA의 단가계약 정의

"A contract based on acceptance and incorporation of unit price quotations for the various portions of the project."

(공사의 각종 부분에 대한 단가견적의 승인 및 이의 적용에 근거로 하는 계약)

좀 더 구체적으로 말하면, 단가계약이라 함은 ①계약금액이 되는 전체공사에 대한 총액과 ②개별공종 또는 항목에 대한 단가 또는 요율을 기초로 하여 체결하는 계약을 일컫는다.

이 계약은 넓은 의미로는 총액계약의 한 범주에 속하지만, 그 특징에 있어서 이 총액계약과 극명하게 대비되기도 한다.

이 계약유형은 총액계약의 발전적 유형이라는 데에 견해가 합치된다.

위에서 단가계약의 정의를 미국건축사협회의 「건설용어해설」에서 인용하였지만, 실제로 미국은 단가계약을 선호하지 않고 총액계약이나 실비정산계약을 주로 사용하고 있다.

이 단가계약은 영국에서 발전되었으며, 영국의 단가계약유형을 기본으로 하고 있다. FIDIC「공사계약조건」도 대표적인 단가계약유형에 해당한다. 영국의 경우에 있어서도 단가계약은 그 성격상 복합공종의 공사보다 도로, 댐 또는 특수·전문공사에 더 효과적인 계약유형인 것으로 인식되고 있다.

13·2 단가계약의 특징

1. 내역계약

단가계약의 중요한 특징 중의 하나는 계약금액이 세부공종별·내역별로 분해되어 있다는 점이다. 이들 내용은 모두 내역서(內譯書)라고 불리우는 문서에 기재되어 있으며, 이 내역서가 핵심적인 계약문서가 된다.

이와 같은 특징을 강조하여 단가계약을 한편으로 내역계약이라 하는 것이다.

내역서는 일반적인 경우 BOQ, 즉 Bill of Quantities 라고 하고 있으나, FIDIC은 1999년 「공사계약조건」의 전면 개정시 BOQ 뿐만 아니라 그 산출자료 등을 총칭하여 'Schedules'로 정의하고 있다. 이로 인하여, 종전에는 내역계약을 영문으로 BOQ Contract 라 하였으나, 이제는 Schedules Contract 를 병행하여 표기하여도 될 것 같다.

참고로, BOQ 는 Blank BOQ와 Priced BOQ가 있다.

우리나라 국가계약법령에서는 전자를 물량내역서라 하고 현업에서는 간혹 공(空)내역서라고도 하며, 후자를 산출내역서 또는 가격산출내역서라 한다. 물량내역서는 입찰과 동시에 사실상 산출내역서로 전환됨은 주지하는 바와 같다.

1999년 이전의 구(旧) FIDIC 「공사계약조건」에서 BOQ는 후자 즉, 산출내역서 또는 가격산출내역서를 특정하였다.

구(旧) FIDIC 「공사계약조건」 제1.1조제(b)·(iv)항

"Bill of Quantities means the priced and completed bill of quantities forming part of the Tender."

(BOQ라 함은 입찰서의 일부를 구성하는 문서로서 가격이 기재되고 완성된 산출내역서를 말한다)

2. 검측계약

공사비를 물량에 단가 또는 요율을 곱하여서 산출한다고 할 때 일반적으로 물량은 발주처(또는 설계자)가 결정하며, 단가 또는 요율은 시공자가 결정한다.

우리가 검측이라고 번역하는 영문 Measurement는 원래 설계자가 결정한 상기 물량을 계약당사자가 공사의 수행 중 실제에 부합되게 적정물량으로 조정하는 행위를 뜻한다. 이 Measurement에 따라 시공자가 수행한 물량을 발주처 또는 검측원(건설사업관리기술자·감리자)이 확인하여 실제수행물량(actual quantities) 또는 순물량(net quantities)을 확정하고 거기에 단위당 가격을 곱하여 공사비를 정산해 나가는 행위를 Remeasurement (또는 admeasurement)라고 한다. 후자를 우리식으로 표기하면 재검측이 될 것이다. 그러나 오늘날 이 구분은 절대적인 것이 아니고, 오히려 Measurement가 Remeasurement를 대체하고 있는 듯하다.

현행 FIDIC 「공사계약조건」의 관련조항을 아래에 소개한다.

FIDIC 「공사계약조건」 제14.1조

"(c) any quantities which may be set out in the Bill of Quantities or other Schedule are estimated quantities, and are not to be taken as the actual and correct quantities …………"

(산출내역서 또는 여타의 내역서에 기재되어 있는 수량은 추산치이며, 실제적이고 정확한 수량으로 간주되어서는 아니 된다.)

단가계약은 검측에 의하여 수량 및 대가가 확정되므로, 이 특징을 중요시하여 검측계약(檢測契約, measurement contract)이라고 불리우기도 하는 것이다.

3. 계약금액의 조정

BOQ상의 수량은 발주처 또는 설계자에 의한 'estimated' 수량임을 전제로 하므로 이 계약에서 계약금액의 조정은 어쩌면 당연한 귀결이다. 다시 말하면, 이 추산물량(estimated quantities)은 실제물량(actual quantities) 또는 순물량(net quantities)으로 수정되어야 하며, 이 과정을 measurement라 하는 것이다.

여기에서 유의할 점은, 계약금액을 조정한다고 하더라도 BOQ상의 단가조정에 의한 금액조정이 아니라 measurement 후 수량이 변경됨으로써 이루어지는 조정이라는 것이다.

물론 당초 BOQ상의 항목이 아닌 신규항목(new item)이 발생된 경우에는 당연히 발생시점에서 새로운 비용항목(신규비목)이 설정되고 그에 대한 단가가 부여된다.

단가계약의 이와 같은 계약금액조정원칙이 총액계약 등 여타의 계약유형과 대비되는 중요한 특징 중의 하나라고 할 것이다.

4. 기성대가의 지급

단가계약의 또다른 특징은 기성대가를 공정률(통상 월간공정률)에 따라 지급한다는 것이다. 이와 같은 관점에서 기성대가(interim payment)를 월별기성(monthly payment), 공정진척기성(progress payment) 또는 월별공정진척기성(monthly progress payment)이라고도 한다.

㊟ 기성대가는 영문으로 interim payment 외에 partial payment 라고도 한다. 일본에서 기성대가를 부분지불금이라고 함은 아마도 후자식 영문표기를 참작한 것이라고 보여 진다.

여기에서 월별기성이라 하여 반드시 매월 지급한다는 뜻은 아니다. 당연히 시공자의 기성지급신청을 전제로 한다. 이 의미는 그러므로 시공자에게 매월 기성신청을 할 권리가 있다는 뜻이며, 시공자는 그에 따라 매월 기성을 신청할 수도 있고 격월 또는 그 이상의 기간으로 기성대가를 신청할 수도 있다.

그런데 경우에 따라서는 기성신청의 최소금액을 약정하고 이 금액 이상의 경우에 한하여 기성지급신청을 하도록 하는 경우도 있다. FIDIC, 싱가포르, 사우디아라비아 등의 경우가 그러하다.

아래에서는 싱가포르 「공공공사표준계약조건」의 관련조항을 소개한다.

싱가포르 「공공공사표준계약조건」 제32·2·(2)조

"The Superintending Officer shall not be bound to issue any certificate under Clause 32·2·(1) if either (a) or (b) is less than the Minimum Amount for Interim Payment stated in the Appendix ……"

(감독관은 a 또는 b가 부록에 기재된 최소기성금액보다 작을 경우에는 32·2·(1)조에 의한 확인서를 발급하지 않을 수 있다)

13·3 우리나라의 단가계약

1. 단가계약의 일반적 특징 반영

우리나라의 공공공사계약은 대가의 지급방식에 따른 유형을 논의함에 있어서는 단가계약으로 분류할 수 있음을 앞에서 언급하였다.

앞 제13·2항에서 논의한 단가계약의 특징을 다시 정리하면 아래와 같다.

첫째 : 산출내역서가 필수적인 계약문서이며,
둘째 : 검측에 의하여 실제수행물량을 확정하며,
셋째 : 공정률에 따라 기성대가를 지급한다.

이를 단가계약의 3대 특징이라 한다. 우리나라의 공공공사계약에서 기본적으로 이 특징을 모두 반영하고 있다. 즉, 기획재정부 계약예규「공사계약일반조건」제3조에서 산출내역서가 계약문서이고, 제39조에서 시공자는 적어도 매 30일마다 공정률에 따라 기성대가를 신청할 수 있으며, 건설기술진흥법령상 최종수량을 건설사업관리기술자 또는 감리원의 검측에 의하여 확정짓도록 하고 있다.

2. 검측업무의 계약상 수행의무 불분명

물론 이 일반조건 제27조제8항의 규정에 의한 기성검사에서 검측업무를 병행하여 수행하고,「건설기술진흥법」상 검측이 건설사업관리기술자 또는 감리원의 필수적인 업무에 해당되어 현업에서 검측업무를 수행하고 있으므로 전혀 문제가 없다고 하는 주장도 있다. 그러나 문제는「공사계약일반조건」에서 시공자에게 검측받을 의무를 명시적으로 규정하고 있지 않다는 데에 있다. 이에 대하여, 혹자(或者)는 검사(inspection)를 실시할 때 검측(measurement)도 함께 실시하므로 문제될 것이 없다고 주장한다. 그러나 검사(inspection)와 검측(measurement)은 구분된다는 것이 일반적인 견해이다.

이와 같은 점에서, 만약 시공자가 검측은 계약상의 의무가 아니므로 그와 관련한 비용을 추가로 지급하여 줄 것을 요구할 경우에 충분히 문제가 될 수 있다고 본다.

3. 내역계약 vs 내역입찰

우리나라에서 내역입찰과 내역계약을 동일시하는 오류를 간혹 접하게 되는데, 이는 아마도 언어상의 유사성에 기인한 것으로 보여 진다.

한마디로, 내역입찰은 입찰시에 입찰금액내역 즉, 산출내역서를 함께 제출하는 입찰을 말하며, 내역계약은 산출내역서가 계약문서인 계약 즉, 계약금액이 내역으로 세분되어 있는 계약을 말한다.

우리나라에서는 그러므로 추정가격이 100억원 이상인 공사입찰이 전자의 경우에 해당하나, 추정가격이 100억원 이상인 공사라고 하더라도 재입찰에 부치는 공사 및 추정가격이 100억원 미만인 공사는 내역입찰은 아니지만, 낙찰자가 착공신고서의 제출시까지 산출내역서를 제출하고 당해 서류가 계약문서인 점을 감안할 때 내역계약에 해당된다고 할 것이다.

㈜ 「조달사업법 시행령」에 의하면 지방자치단체장은 추정가격이 100억원 이상인 공사에 대해서는 조달청장에게 공사원가의 사전검토를 요청하여야 하며, 조달청장은 이 요청을 접수한 날부터 10일 이내에 검토하고 그 결과를 해당 지방자치단체장에게 통보하여야 한다.(제15조의2)

그러나 다음의 경우에는 사전검토를 요청하지 않아도 된다.
① 천재지변, 긴급한 행사, 그 밖에 이에 준하는 사유가 있는 경우
② 재해 또는 사고로 인한 복구공사를 하는 경우
③ 그 밖에 공사의 특성 또는 긴급성 등으로 인하여 필요한 경우

–이 내용은 앞에서 이미 소개하였으나, 본 항과 그 내용이 관련 있을 것 같아 다시 소개한다.–

4. 물량내역서의 작성

물량내역서는 통상 그 작성자가 아래와 같이 2원화되어 있다. 즉, 발주처가 작성하는 경우와 시공자가 작성하는 경우가 그것이다.

a. 발주처가 작성

물량내역서는 설계서에 해당하므로 비록 발주처가 설계자에게 그 작성업무를 위탁하였다고 하더라도, 시공자의 입장에서 보면 그 작성의무자가 발주처이다. 이것이 전통적인 공사의 수행절차 중의 하나이며「국가계약법 시행령」제14조제1항의 규정이기도 하다.

b. 시공자가 작성

우리나라에서 시공자가 물량내역서를 작성하는 경우는 아래와 같은 두 가지 유형의 공사에서 그러하다.

(1) 설계·시공일괄공사

위의 전통적인 공사수행방식에 대하여 소위 설계·시공일괄계약방식에 있어서는 시공자(이 시공자를 '설계·시공자'라 함은 앞에서 정의하였던 바 있음)가 설계서를 작성하므로 그에 포함된 물량내역서를 시공자가 작성함은 당연한 귀결이다.

(2) 종합심사대상공사

「국가계약법 시행령」제14조제1항단서에 의하면, 종합심사에 의하여 낙찰자를 결정하는 공사입찰 즉 추정가격이 300억원 이상인 공사의 경우에는 입찰참가자로 하여금 물량내역서를 작성하게 할 수 있도록 규정하고 있다.

14

실비정산계약

제14장

실비정산계약

14·1 서 론

실비정산계약은 영문으로 Cost Reimbursement Contract 또는 Cost Plus Contract, Cost Plus Fee Contract 등 다양하게 표기되고 있다. 이로 인하여 원가가산계약 또는 원가가산보수계약, 실비정액가산계약 등으로 불리우기도 한다.

이 계약은 미국에서 발전하여 현재 미국 공공공사계약에 있어서 총액계약과 함께 대표적인 계약방식이 되고 있다.

미국건축사협회(AIA)의 「건설용어해설」에서 내리고 있는 이 계약의 정의를 살펴본다.

AIA의 실비정산계약 정의

"An agreement under which the contractor is reimbursed for stipulated direct and indirect costs of performance of the agreement and, in addition, is paid a fee for services."

(시공자가 계약의 이행에 대하여 약정된 직접비 및 간접비의 상환에 추가하여 보수를 지급받는 계약)

상기 AIA의 정의에서 보는 바와 같이 이 계약은 그 유형상 대가의 지급방식에 따른 계약에 해당한다.

여기에서 cost를 원가라 할 때 이 계약의 비목은 아래와 같이 이루어진다.

실비정산계약의 금액구성

원 가 (cost)	보 수 (fee)	비 고
직접비 (direct cost) 간접비 (indirect cost)	보수 (fee)	

㈜ 상기 표에서 ①직접비는 통상 직접노무비, 자재비, 하도급비, ②간접비는 현장관리비, 즉 Job Site Overheads, ③보수는 일반관리비, 즉 Home and Branch Office Overheads 또는 General Administrative Expense 및 이윤, 즉 Profit를 합한 개념이다.

위와 같은 비목체계 즉 '원가(Cost)+보수(Fee)' 체계로 인하여 이 계약을 Cost Plus Fee Contract라 하는 것이기도 하다.

14·2 실비정산계약의 장·단점

실비정산계약은 계약시에 계약금액을 정액(fixed sum)으로 하지 않는다는 특징이 있다. 이로 인하여 이 계약은 아래와 같은 장·단점이 있다.

a. 장 점

(1) 도면과 시방서의 완비가 공사의 착수에 반드시 필요한 것이 아니므로 정액계약보다 착공시기가 더 빠를 수 있다.
(2) 시공자의 전문적인 지식과 경험이 시방서에 반영될 수 있다.
(3) 공사가 착수되었다고 하더라도, 경우에 따라서는 기본보수가 보장되므로 계약사항의 변경이 용이하다.
(4) 시공자는 실제 수행작업에 대하여 공사대금을 지급받으므로 최종정산이 용이하다.

b. 단 점

(1) 모든 비용이 발주처에 의하여 지급되므로 시공자로부터 효율적인 시공관리나 경비절감을 기대하기 어렵다.
(2) 정산방식의 특징이기도 하지만, 예상공사비의 추정이 어려우므로 발주처나 시공자 모두 단기적인 금융정책에 확실성이 결여된다.

14·3 실비정산계약의 종류

실비정산계약은 시공자의 보수(contractor's fee)를 어떻게 정하는가에 따라 아래와 같이 구분된다.

아래의 표기는 이 계약을 영문 Cost Plus Contract 또는 Cost Plus Fee Contract로 할 때를 기본으로 하였다.

a. 원가비례가산계약(Cost Plus Percentage of Cost Contract)

시공자의 보수(fee)가 원가(cost)의 일정비율로 결정되는 계약유형이다.

원가가 크면 클수록 시공자의 보수도 크게 되므로 시공자는 공사비의 절감에 노력하지 않을 수도 있다. 그러므로 발주처는 이 유형의 계약을 채택할 때에는 신뢰성이 있는 시공자를 선정하여야 하며, 입찰시 합리적·경쟁적 입찰을 유도하는 것이 적절치 못할 경우에 한하여 채택해야 할 것이다. 이와 같은 한계성으로 인하여 미국의 경우 공공공사에서는 이 계약유형은 매우 제한적으로 채택되고 있다.

b. 원가가산정액보수계약(Cost Plus Fixed Fee Contract, CPFF)

앞에서 미국의 대표적인 계약유형을 총액계약 및 실비정산계약이라고 하였던 바, 이 경우의 실비정산계약은 바로 본 항 원가가산정액보수계약(CPFF)을 상정한 것이라고 보아도 무리가 없다.

이 CPFF는 시공자의 보수가 정액으로 고정되어 있으므로 원가가 증가한다고 하더라도 시공자의 보수는 증가하지 아니한다. 그러므로 이 계약의 최대장점은 시공자가 공기단축을 위하여 노력하는 유인책이 있다는 것이다. 즉, 공기의 지체는 결과적으로 시공자의 경상비의 증가를 초래하게 되고 이 추가부담은 시공자 자신의 부담이 된다. 시공자의 보수가 사전에 정액으로 고정되기 때문에 이 계약에서는 공사의 규모가 계약체결 전에 파악되어야 한다.

c. **원가가산변동보수계약**(Cost Plus Sliding Fee Contract)

정확한 공사규모를 파악하기 어려울 때 일반적으로 이 유형이 효과적이다. 즉, 원가가 초기책정금액을 초과할 경우에는 초과된 원가에 비례하여 최소한의 기본보수를 지급한다.

14·4 실비정산계약의 비목

실비정산계약은 원가(직접비 및 간접비)에 추가하여 시공자의 보수를 지급하는 계약유형이므로 이 계약의 운용의 핵심은 공사의 수행 중 접하게 되는 다양한 비용항목 중에서 이를 비용으로 인정하는 비목(reimbursable costs)과 인정하지 아니할 비목(costs not to be reimbursable 또는 non-reimbursable costs)을 분명히 하는 데에 있다.

아래에서 미국건축사협회(AIA)가 분류한 비목을 소개한다.

a. **비용인정항목**(Reimbursable Costs)

(1) 임금(wages)

현장에 직접 투입된 인력 및 제작, 운송, 창고 등에서 공사와 관련된 작업에 종사하는 인력에 대한 임금, 후생복리비, 세금 등이다.

(2) 급여(salaries)

현장에 직접 투입된 직원 및 공사자재의 생산에 종사하는 직원의 급여(의무적인 지불은 물론 관례적인 수혜사항도 포함)를 말한다.

(3) 하도급비(subcontracts)

(4) 자재·장비비(materials and equipment)

(5) 여행비(travel expense)

(6) 가설비(field facilities)

(7) 설비 및 장비비(plant and equipment)

이 항목은 작업을 위한 설비와 장비를 일컬으며 이들이 공사의 일부가 되는 것은 아니다. 그러나 상기 제(4)항은 공사의 일부를 형성하게 된다.

이 비용항목에 대한 전통적인 관례는 이들 설비나 장비를 시공자가 자신으로부터 또는 제3자로부터 임차계약을 통하여 조달한다는 관념이다. 임차비는 미국건설협회(Associated General Contractors of America : AGCA)에서 권장하는 바와 같이 개별 장비 또는 설비의 형태에 따른 정액임차비로 결정되는 경우가 많다. 이에 의하면, 운행비용은 직접비로 계산되므로 임차비는 감가상각비, 수리비, 철거비 등으로 이루어진다. 임차료에 대한 이익은 별도로 계상하지 않는다. 이익은 소유비에 적의 계상되어 있는 것으로 간주하기 때문이다. 대형공사에서는 시공자로 하여금 임차토록 하는 것보다 비용인정항목으로 구입토록 함이 경제적이다. 이 경우에는 공사의 완성 후 이들 설비나 장비를 발주처에서 매입하여 인수할 수 있게 된다.

(8) 소도구 및 기구(small tools and equipment)

사용관례상 시공자의 인력이 자신의 부담으로 구입하여 사용하지 않는 소모성 도구 및 기구를 뜻한다.

(9) 보증 및 보험(bonds and insurance)

(10) 손실(losses)

홍수, 지진, 폭동 등 불가항력의 사유로 인한 손실 및 추가비용을 뜻하며, 보험이나 여타의 수단으로 보상받을 수 없어야 하고, 손실방지에 대한 시공자의 태만이나 불이행이 없어야 하는 조건이 따른다.

(11) 허가비, 사용료, 특허권(permits, royalties and patents)

(12) 통신비(communication services)

(13) 기타(other expenses)

보상이 가능한 기타비용이라 함은 시공자에 의하여 발생하기 이전에 발주처에서 승인한 비용을 뜻한다.

b. **비용부인항목**(Non-Reimbursable Costs)

(1) 시공자의 본·지사 인력의 급여 및 경비(즉, 일반관리비)
(2) 금융비용(공사용 자금에 대한 이자도 포함)
(3) 비용인정항목이 아닌 간접비나 경상비
(4) 시공자 또는 하수급자의 부주의로 인하여 발생한 비용이나 그들에게 책임이 있는 행위로 인하여 발생한 비용(예 : 하자보수비용, 부적격자재의 폐기 등)
(5) 비용인정항목에 포함되지 않는 비용
(6) 최대비용을 설정하였을 경우 그를 초과하는 비용

14·5 우리나라의 실비정산계약

우리나라의 경우 공사계약(공공공사계약)에는 당해 계약방식을 적용하지 않고 기술용역계약에서 부분적으로 적용하고 있다.

아래에서는 산업통상자원부고시 「엔지니어링사업대가의 기준」에서 규정하고 있는 실비정액가산방식을 소개하는 것으로 본 항의 내용을 갈음하고자 한다.

1. 적용대상

엔지니어링계약이라고 하더라도, 건설부문, 통신부문, 산업플랜트부문 등의 경우에는 실비정액가산방식을 적용하지 아니하고 공사비요율방식을 적용한다.

그러므로 이 계약방식의 적용대상은 엔지니어링 및 설계·감리 등의 일부 기술용역에 한하여 적용한다.

2. 비목의 구성

「엔지니어링사업대가의 기준」에서 규정하고 있는 실비정액가산방식의 비목에는 직접인건비, 직접경비, 제경비, 기술료 및 부가가치세로 구성되어 있다.

실비정액가산방식의 대가 = 직접인건비 + 직접경비 + 제경비 + 기술료 + 부가가치세

a. 직접인건비

해당업무에 직접 종사하는 기술자의 인건비로서, 투입인원수에 해당기술자의 기술등급별 노임단가를 곱하여 계상한다. 이 경우 엔지니어링기술자의 투입인원수 및 기술등급별 노임단가의 산출은 다음 각 호를 적용한다.

(1) 투입인원수를 산출하는 경우에는 산업통상자원부가 인가한 표준품셈을 우선 적용한다. 다만 인가된 표준품셈이 존재하지 않거나 업무의 특성상 필요한 경우에는 견적 등 적절한 산출방식을 적용할 수 있다.

(2) 노임단가를 산출하는 경우에는 기본급·퇴직급여충당금·회사가 부담하는 산업재해보상보험료, 국민연금, 건강보험료, 고용보험료, 퇴직연금급여 등이 포함된 한국엔지니어링협회가 「통계법」에 따라 조사·공표한 임금실태조사보고서에 따른다. 다만, 건설상주감리의 경우에는 계약당사자가 협의하여 한국건설감리협회가 「통계법」에 따라 조사·공표한 노임단가를 적용할 수 있다.

b. 직접경비

해당업무의 수행에 필요한 여비, 특수자료비(특허·노하우 등의 사용료), 제출도서의 인쇄·청사진비, 측량비, 토질·재료 등의 시험비 또는 조사비, 모형제작비, 타 전문기술자에 대한 자문비 또는 위탁비, 현장관리비(직접인건비에 포함되지 않은 보조요원의 급여 및 현장사무실 운영비)를 포함한 것으로서 그 실제소요비용으로 한다. 다만, 공사감리 또는 현장에 상주해야 하는 엔지니어링사업의 경우 주재비는 상주직접인건비의 30%로 하고 국내출장여비는 비상주직접인건비의 10%로 한다.

c. 제경비

제경비란 직접비 즉 상기 a 및 b항의 비목에 포함되지 않고 행정운영을 위한 기획, 경영, 총무분야 등에서 발생하는 간접경비로서 임원, 서무, 경리직원 등의 급여, 사무실비, 사무용소모품비, 비품비, 기계기구의 수선·상각비, 통신운반비, 회의비, 공과금, 운영활동비 등을 포함한 것으로서 직접인건비의 110~120%로 계상한다.

d. 기술료

기술료란 엔지니어링사업자가 개발·보유한 기술의 사용 및 기술축적을 위한 대가로서, 조사연구비, 기술개발비, 기술훈련비, 이윤 등을 포함하며, 직접인건비에 제경비를 합한 금액의 20~40%로 한다.

e. 부가가치세

상기 a~d의 합산액의 10%로 한다.

15

공사비비례 계약

제15장

공사비비례계약

15·1 공사비비례계약의 개념

공사비비례계약은 영문으로 Percentage Agreement, Percentage of Construction Cost Agreement 또는 Ad Valorem Agreement 등으로 표현된다.

Cyril M. Harris는 그의 「건축사전」(dictionary of architecture and construction)에서 Percentage Agreement를 아래와 같이 정의하고 있다.

Cyril M. Harris 의 공사비비례계약 정의

"An agreement for professional services in which the compensation is based upon a percentage of the construction cost."

(보수가 공사비의 비율에 의하여 결정되는 전문업무에 대한 계약)

이 계약은 그러므로 시공계약에서는 적용할 수 없고, 설계나 감리 등 기술용역(상기 Cyril M. Harris의 정의에서 professional services)에 한하여 적용된다.

이 계약은 대가의 지급방식에 따른 한 계약유형이라고 할 수 있다.

15·2 공사비비례계약의 특징

1. 기술용역의 계약

이 계약은 기술용역의 계약이며, 대가의 지급방식에 따른 계약유형에 속함은 앞에서 언급한 바와 같다.

2. 대가의 결정

이 계약의 또다른 특징은 대가의 결정방식에 있어서 첫째 : 대가의 세부비목을 구분하지 않고 공사비에 대한 몇 %를 총대가로 하는 방식, 둘째 : 대가의 세부비목을 정하여 특정비목은 공사비의 몇 %로 하고 여타의 비목은 별도의 약정에 따라 결정하는 방식이 있다. 첫째를 총대가방식이라 하고, 둘째를 비목별 대가방식이라 부르기로 한다.

공사비비례계약의 대가결정방식

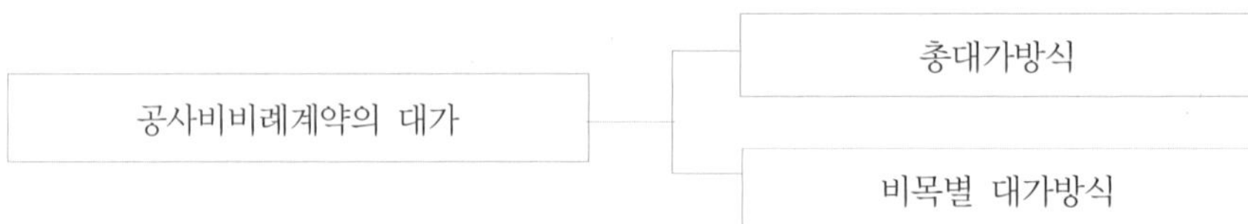

a. 총대가방식

이 방식에서 계약금액은 공사비에 대한 일정비율 즉, 총액으로 결정된다. 그러므로 인건비나 경비, 일반관리비, 이윤 등의 비목구분이 필요로 하지 않는다.

이와 같은 속성으로 인하여 용역수행자는 공사비가 클수록 유리하며, 자칫 시공자의 공사비 증액요구에 동조할 개연성도 없지 않게 된다.

계약금액 = 공사비 × ㅇㅇ%

b. 비목별 대가방식

이 방식은 첫째 : 업무의 구분, 둘째 : 비목의 세분을 전제로 한다.

위의 총대가방식은 공사계약의 총액계약과 대칭되고, 당해 비목별 대가방식은 단가계약과 대칭될 수 있다면 이해가 쉬울 것이다.

용역수행자의 업무는 ①업무의 3원체계로서 기본업무, 추가업무 및 특별업무로 구분하는 경우와 ②업무의 2원체계로서 기본업무 및 추가업무만으로 구분하는 경우가 있다. 전자로는 FIDIC 및 우리나라의 계약예규「용역계약일반조건」이 대표적이다. 후자로는 미국건축사협회(AIA), 미국CM협회(CMAA), 영국컨설팅엔지니어협회(ACE) 및 우리나라 산업통상자원부고시「엔지니어링사업대가의 기준」에서 규정하는 업무의 분류가 대표적이다.

아래에서는 ACE의 계약조건(conditions of engagement)에서 규정하고 있는 공사비비례계약(ACE에서는 ad valorem agreement로 표기)의 대가결정방식을 소개하기로 한다.

(1) 업무의 구분

영국컨설팅엔지니어협회(ACE)는 컨설턴트의 업무를 기본업무(normal services) 및 추가업무(additional service)의 2원체계로 한다.

(2) 비목의 구분

ACE는 계약금액, 즉 대가의 구성요소를 기본업무의 대가, 추가업무의 대가 및 경비(disbursements)로 구분하고 있다.

(3) 기본업무의 대가

ACE에서 공사비비례방식이라고 할 때에는 기본업무의 대가를 공사비에 비례하여 결정함을 뜻한다.

(4) 추가업무의 대가

추가업무의 대가는 통상 시간기준방식대가(time-based fee) 또는 총액방식대가(lump sum fee)로 한다. 이는 본 항 공사비비례방식에서 논의할 사항이 아니므로 구체적인 논의를 생략한다.

(5) 경 비

경비항목은 인쇄비, 지도·사진제작비, 여비·교통비 등이며 이의 결정에도 실비로 하는 방법과 상기 공사비에 대한 비율로 하는 방법 및 계약당사자간의 합의에 의한 정액으로 하는 방법이 있다. 이는 계약당시 당사자간에 합의하여 선택한다.

(6) 대가의 결정

이상의 내용을 요약하여 표로서 정리하면 아래와 같다.

공사비비례계약의 대가결정방식; ACE의 비목별 대가방식

구분	비목	대가방식
ACE의 용역비	기본업무비	공사비 × oo%
	추가업무비	시간기준방식 또는 총액방식
	경 비	: 실비 또는 공사비에 대한 정률 또는 합의에 의한 정액방식

3. 대가의 지급

ACE에서 기본업무의 대가는 통상 기본업무의 완성단계별로 지급한다.

(1) 개념정립단계(definition stage) : ○○ %

(2) 개략적인 제안단계(outline proposal stage) : ○○ %

(3) 기본설계단계(schematic design stage) : ○○ %

(4) 상세설계 및 입찰문서단계(further design and tender documentation stage) : ○○ %

(5) 입찰 및 자료제공단계(tender stage and production information stage) : ○○ %

(6) 시공단계(construction stage) : ○○ %

(7) 계 : 100 %

각 단계별로 사전에 요율을 정해 놓고 그 완성시마다 해당금액을 지급한다.

추가업무의 대가는 해당업무의 완성 후 용역수행자, 즉 컨설턴트의 청구서(ACE에서는 invoice라 표기함)에 의거 지급한다.

경비는 실제투입비용에 대하여 월별 또는 분기별로 지급하기도 하고, 정액으로 합의한 경우에는 기본업무의 완성시 일괄지급하기도 한다.

15·3 우리나라의 공사비비례계약

우리나라에서 공사비비례계약방식을 명시적으로 규정하고 있는 경우는 산업통상자원부 고시 「엔지니어링사업대가의 기준」이 대표적이다. 이 기준에서는 공사비비례계약방식을 '공사비요율방식'이라 표기하고 있다.

이 기준의 정함에 따라 우리나라의 공사비비례계약을 아래와 같이 정리할 수 있다.

1. 적용대상

상기 기준에 의하면 공사비비례계약은 아래의 경우에 적용하도록 하고 있다.

(1) 건설부문의 엔지니어링사업

(2) 통신부문의 엔지니어링사업

(3) 산업플랜트부문의 엔지니어링사업

이 경우에 있어서도 공사감리 또는 여러 부문의 기술이 복합된 엔지니어링사업은 실비정산계약방식을 적용할 수 있도록 예외규정을 두고 있다.

2. 대가의 결정

우리나라에서 공사비비례계약방식을 적용한 경우에는 기본업무비와 추가업무비의 합산으로 대가가 결정된다. 그러므로 이 대가에는 경비나 이윤이 모두 포함되는 개념이다.

a. 기본업무비

공사비비례계약방식을 적용할 경우 기본설계, 실시설계 및 공사감리의 기본업무는 아래와 같고, 기본업무비는 각 유형의 용역에서 해당 기본업무의 수행내용을 합산하여 산정한다.

아래에서 주요 해당업무를 소개한다.

(1) 기본설계의 기본업무

① 설계개요 및 법령 등 각종 기준 검토
② 예비타당성조사, 타당성 조사 및 기본계획 결과의 검토
③ 설계요강의 결정 및 설계지침의 작성
④ 기본적인 구조물 형식의 비교 · 검토
⑤ 구조물 형식별 적용공법의 비교 · 검토
⑥ 기술적 대안 비교 · 검토
⑦ 대안별 시설물의 규모, 경제성 및 현장 적용 타당성 검토
–이하 생략–

(2) 실시설계의 기본업무

① 설계 개요 및 법령 등 각종 기준 검토
② 기본설계 결과의 검토
③ 설계요강의 결정 및 설계지침의 작성
④ 구조물 형식 결정 및 설계
⑤ 시방서, 물량내역서, 단가규정 및 구조 및 수리계산서의 작성
⑥ 시설물의 기능별 배치 결정
⑦ 공사비 및 공사기간 산정
–이하 생략–

(3) 공사감리의 기본업무

① 시공계획 및 공정표의 검토

② 시공자가 작성한 시공상세도의 검토

③ 시공자가 제시하는 시험성과표의 검토

④ 공정 및 기성고의 사정

⑤ 기성도 및 준공도의 검토

b. 추가업무비

(1) 각종 측량비

(2) 각종 조사·시험 및 검사비용

(3) 공사감리를 위하여 현장에 근무하는 기술자의 제비용

(4) 주민의견 수렴 및 각종 인허가에 필요한 서류 작성

(5) 모형제작·투시도 또는 조감도의 작성비용

(6) 입목축적조사서 등 각종 조사서 작성

(7) 용지도 작성비 및 보상물 작성비

(8) 사전재해영향검토, 자연경관영향검토, 생태환경조사 등 사전환경성검토

–이하 생략–

c. 요 율

공사비비례에 있어서 적용하는 요율은 상기 「엔지니어링사업대가의 기준」의 별표 1, 2 및 3에서 정하는 바에 의한다.

(1) 공사비가 5,000억원 이상인 요율

–생략–

(2) 직선보간법

공사비가 상기 별표의 요율표의 각 단위 중간에 있을 때의 요율은 다음의 직선보간법

에 의하여 산출한 요율로 한다.

$$y = y_1 - \frac{(x - x_2) \times (y1 - y_2)}{x_1 - x_2} \times 100$$

㈜ x : 당해금액
x_1 : 큰 금액
x_2 : 작은 금액
y : 당해 공사비요율
y_1 : 작은 금액요율
y_2 : 큰 금액요율

15·4 평 가

앞에서도 언급한 바 있지만 우리나라의 기획재정부 계약예규 「용역계약일반조건」에서는 기술용역의 업무를 ①기본업무, ②추가업무 및 ③특별업무의 3원체계로 하고 있으나(제3조), 산업통상자원부고시 「엔지니어링사업대가의 기준」에서는 ①기본업무 및 ②추가업무의 2원체계로 하고 있다.

이 경우 「엔지니어링사업대가의 기준」에 따라 용역을 수행한다고 할 때, 그곳에는 규정함이 없으나 계약예규 「용역계약일반조건」에서 규정하고 있는 특별업무에 대한 대가는 어떻게 산정하여 지급할 것인지 의문이 생긴다.

아래에 기획재정부 계약예규 「용역계약일반조건」의 업무유형과 산업통상자원부고시 「엔지니어링사업대가의 기준」의 업무유형을 그림으로 비교하여 본다.

용역업무의 비교 : 기획재정부 vs 산업통상자원부

구 분	「용역계약일반조건」 기획재정부 계약예규	「엔지니어링사업대가의 기준」 산업통상자원부고시
업무유형	– 기본업무 – 추가업무 – 특별업무	– 기본업무 – 추가업무
유형구분	3원체계	2원체계

16

기타의 계약유형

제16장

기타의 계약유형

1. 조기착공계약

조기착공(早期着工)계약이라 함은 영문 Fast Track Contract를 말하며, 발주처는 먼저 설계자를 선정하고 그 설계자가 설계를 완성하는 공종에 따라 차례대로 공사를 착공하는 방식의 계약을 말한다. 이 경우는 시공계약을 설계단계에서 체결하게 되는 셈이다. 전통적인 공사수행의 경우 이른바 '선설계(先設計) 후시공(後施工)' 방식이 원칙이나, 당해 조기착공방식은, 물론 부분적이기는 하지만, 설계와 시공을 병행하거나, 설계업무를 수행하는 중 공사를 착공하는 방식이란 점에서 차이가 난다.

따라서 조기착공계약은 본서 제1장 "건설공사의 시행과정"의 흐름도 중 (a)와 (b)의 중간단계에서 시공계약을 체결하는 것이 된다.

이 계약의 실익은 비록 전체공사에 대한 설계가 완성되지 않았다고 하더라도 부분적으로 공사의 착수가 가능하여 상당한 공기단축의 효과가 있다는 데에 있다. 이로 인하여 예산의 집행도 단계적으로 이루어지게 되므로 대규모공사에서 예산의 확보가 용이하다는 장점이 있다.

이 계약유형은 공종별로 분리가 가능한 공사에서는 상기와 같은 장점이 있으나, 공종이 중복되는 복합공사에서는 계약관리에 어려움이 있다.

이 계약은 그러나 공사의 수행방식에 따른 계약유형에 해당하므로 반드시 대가의 지급방식에 따른 계약유형을 따로 논의하여야 한다.

여기서 유의할 점은, 설계·시공일괄계약의 설계·시공자가 부분적으로 완성된 설계에 따라 공사를 수행할 경우도 있으나, 이 경우에는 조기착공 '계약'이라고 하기보다 조기착공 '방식'(fast tracking 또는 fast tract method)이라고 한다.

우리나라에서도 Fast Tracking에 대한 법적근거를 마련하고 있으며, 「국가계약법 시행령」 제87조제5항의 규정이 그것이다.

「국가계약법 시행령」 제87조 일괄입찰의 낙찰자 결정

-전항 생략-

⑤ 각 중앙관서의 장 또는 계약담당공무원은 제2항의 규정에 의한 낙찰자결정에 있어서 공사의 시급성 기타 특수한 사정으로 인하여 필요하다고 인정하는 경우에는 제1항의 규정에 의한 실시설계적격자로 하여금 당해공사를 공정별 우선순위에 따라 구분하여 실시설계서를 작성하게 할 수 있으며, 당해 실시설계서에 대하여 중앙건설기술심의위원회 또는 기술자문위원회로부터 실시설계적격통지를 받은 때에는 그 실시설계적격자를 낙찰자로 결정하고 우선순위에 따라 공사를 시행하게 할 수 있다.

-후항 생략-

다만, 첫째, 이 조항은 제목이 그러하듯이 '일괄입찰' 즉 설계·시공일괄계약에 대한 규정이며, 둘째, 이 계약이라고 하더라도 공사의 시급성 기타 특수한 사정으로 인하여 필요하다고 인정하는 경우로 제한하고 있음에 유의해야 한다.

2. 개산계약

총액 또는 단가 등 계약금액에 대한 구체적인 사전합의없이 공사의 수행이 지시된 경우의 계약형태로서 신기술이나 신공법 또는 개발시제품의 설비를 포함하는 공사 등에서 사전에 계약금액을 결정하기가 어려울 때 적용된다.

우리나라는 공공공사의 경우 확정계약을 원칙으로 하므로, 당해 개산계약은 그 원칙에 대한 중요한 예외에 해당하는 계약방식이라고 할 것이다. 따라서「국고금관리법」은 공사나 용역계약에 있어서 이 방식을 인정하기는 하되, "개산(概算)하여 지급하지 아니하면 해당사무나 사업에 지장을 가져올 우려가 있는 경비의 경우"에 한하여 개산급(概算給)을 인정하고 개산계약(概算契約)을 인정한다(제26조).

공사대금의 지불은 계약의 성격상 일종의 실비정산방식(cost reimbursement 또는 cost-plus-fee)을 취하는 것이 일반적이다. 이 개산계약은 영문 Force Account Contract를 필자가 그렇게 번역한 것인데, 이 영문을 '직영계약'으로 번역한 경우를 본 적이 있다. 이를 논하기 전에 미국건축사협회(AIA)의 「건설용어해설」(glossary of construction industry terms)에서 정의한 Force Account를 음미할 필요가 있다.

AIA의 Force Account 정의

"Term used when work is ordered, often under urgent circumstances, to be performed by the contractor without prior agreement as to lump sum or unit price cost thereof and is to be billed at the cost of labor, materials and equipment, insurance, taxes, etc. plus an agreed percentage for overhead and profit ; sometimes used to describe construction performed by owner's own forces in a similar manner."

(긴급한 경우 등에서 금액이나 단가에 대한 사전 합의없이 공사가 시공자에게 지시되고, 노무비·자재비·장비비·보험료·제세 등에 약정된 일반관리비 및 이윤을 추가하여 차후에 청구하는 공사수행방식이며, 경우에 따라서는 발주처 자신의 인력으로 공사를 수행할 때 사용하는 용어이기도 하다)

Force Account를 직영계약 또는 직영방식으로 번역하는 것은 아마도 상기 AIA의 정의 중 후자의 경우만을 나타낸 것이 아닌가 싶다. 그러므로 Force Account를 직영ㅇㅇ으로 번역하는 것이 잘못되었다는 것이 아니고, 적어도 계약유형을 논의할 때에는 그와 같은 번역이 맞지 않다고 하겠다. 발주처가 자신의 인력(owner's own forces)으로 공사를 수행하는 것을 '계약'이라고 하지 않는다.

본 항에서 Force Account를 '개산ㅇㅇ'으로 표기하는 이유가 여기에 있음을 유의하기 바란다.

우리나라 「국가계약법」 제23조의 개산계약 및 이 법 시행령 제70조는 물론이고, 제73조 사후원가검토조건부계약도 모두 Force Account Contract에 해당한다.

3. 최대비용계약

이 계약은 총액계약에서의 공사비의 확정성과 실비정산계약에서의 융통성을 접목한 계약유형이라고 할 수 있다. 영문으로는 Maximum Cost Contract, Guaranteed Maximum Price Contract 또는 Ceiling Price Contract 등 다양하게 표기되고 있다.

아래에서 미국건축사협회(AIA)의 「실비정산계약조건」 제5.2조를 인용한다.

AIA 「실비정산계약조건」 제5.2조

"5.2 The maximum cost to the Owner, including the Cost of the Work and the Contractor's Fee, is guaranteed not to exceed the sum of ○○ dollars : such Guaranteed Maximum Cost shall be increased or decreased for Changes in the Work."

(공사원가와 시공자의 보수를 포함하여 발주처의 최대비용은 ○○달러를 초과하지 않아야 한다. 이 최대보증비용은 설계변경에 대하여 증감된다)

결국 이 계약의 최대의 특징은 설계변경의 경우를 제외하고는 계약금액을 조정하지 않는다는 데에 있음을 알 수 있다. 이와 같은 특징으로 인하여 아래와 같은 문제점이 제기되기도 한다.

첫째 : 설계자는 시공자가 최대비용을 적의 결정할 수 있도록 충분한 정보를 제공해야 하며, 중간기성에 대한 지불이 이루어지고 있을 때라도 계약사항의 변경을 가능하게 하는 세부적인 조건을 입찰관련서류에 명시해야 하나, 이들이 결코 쉽지 않다는 점이다.

둘째 : 시공요소나 구조에 대한 예상비용에 영향이 있는 결정에는 시공자가 연루되어야 한다. 그러나 이와 같은 요소나 구조는 시공자가 선정되기 전에 이미 결정됨이 일반적이다.

셋째 : 예상최대비용을 초기에 계획한 예산 또는 공사의 경제적 타당성과 계속적으로 조화시킨다는 것이 쉽지 않다.

4. 시간기준계약

시간기준계약은 영문 Time-Based Contract를 문언대로 번역한 표기이다.

이 계약은 일정기간(주로 월간) 투입된 인력을 기준으로 대가가 지급되며, 대가의 산정은 합의된 기본인건비에 일반관리비나 이윤 등이 가산되는 형식을 취한다. 이 계약은 그러므로 자재나 장비비의 항목이 중요하지 않은 유지관리계약 또는 용역계약에서 효율적인 유형이다.

이 계약에서 주된 비용항목은 인건비이고, 그 비용의 결정단위기간이 주로 월간(月間)인 연유로 이를 합성한 개념인 인월계약(man−month contract)이라고도 한다. 인건비 산정의 기준이 되는 시간(time)은 미국이나 영국컨설팅엔지니어협회(ACE)의 경우에는 시단위(man−hour)이며, 일본은 일단위(man−day)이다.

㈜ 기타 BOT(Build–Operate–Transfer) 방식이나 BTL(Build–Transfer–Lease) 방식은 본서에서 논의하는 공사계약의 수행방식이라기 보다 사업수행방식이라고 할 것이기 때문에 논의에서 제외한다. 다소의 논란이 있을 수도 있겠지만, 공사계약은 BOT나 BTL 등에서 "B"에 해당하는 분야라고 할 것이다.

17

계약문서

제17장

계약문서

17·1 서 론

현대 건설계약의 특징 중의 하나는 일부 종교적 또는 혈연중심사회의 전통적인 경우를 제외하고는 문서로서 이루어진다는 데에 있다. 이를 서면계약이라고 하며, 구두계약에 비하여 계약당사자의 책임과 의무 등의 계약내용이 안정적으로 이행될 수 있다는 장점이 있다.

우리나라 역시 「국가계약법」 제11조 계약서의 작성 및 계약의 성립, 「건설산업기본법」 제22조 건설공사에 관한 도급계약의 원칙 등에서 계약당사자로 하여금 계약금액, 이행기간 기타 필요한 사항을 사전에 명백히 기재한 계약서를 작성하여 기명·날인 또는 서명(이하 '기명·날인')하도록 규정하고 있다.

앞에서 이미 논의하였던 바와 같이 계약은 그 체결로서 성립한다고 할 때, 계약의 체결은 곧 계약당사자가 계약서에 기명·날인하는 행위라고도 할 수 있다.

17·2 계약문서의 종류

계약문서는 국가에 따라, 건설수행관행에 따라, 또는 계약유형에 따라 달리하며, 심지어 한 국가에서라고 하더라도 발주처에 따라 이를 달리하는 경우도 있다.

1. 영국 공공공사계약의 계약문서

영국의 공공공사에서 계약문서는 통상 아래와 같다.

(1) Tender(입찰서)
(2) Acceptance of Tender(낙찰서)
(3) General Conditions(일반조건)

(4) Specification(시방서)
(5) Bill of Quantities or Schedule of Rates(산출내역서 또는 금액명세서)
(6) Drawings(도면)

상기 중 제(5)항의 의미는 산출내역서(bill of quantities : BOQ)와 금액내역서(schedule of rates : SOR)는 상황에 따라 상호 대체될 수도 있음을 뜻한다.

산출내역서에 대하여는 다음 장에서 다시 논의하기로 한다.

㈜ 위의 내용은 종전 영국의 General Conditions of Government Contracts for Building and Civil Engineering Works(빌딩 및 토목공사에 대한 정부계약일반조건) 제1조에서 인용하였음을 밝힌다. 이 일반조건을 「관급공사계약조건」이라고도 하고, 「GC Works 1」이라고도 한다.

2. 미국 AIA 계약조건

미국건축사협회(AIA) 계약조건에서는 계약문서를 아래와 같이 규정하고 있다.

(1) Agreement(계약서)
(2) Conditions of Contract(General, Supplementary and other Conditions) (계약조건) (일반, 보완 및 기타 조건)
(3) Drawings(도면)
(4) Specifications(시방서)
(5) Addenda(Prior to the Agreement)(계약서 부록) (계약체결 전)
(6) Accepted Alternates(Prior to Agreement)(승인된 대안) (계약체결 전)
(7) Modifications(Subsequent to the Agreement)(수정본) (계약체결 후)

AIA를 대표하는 계약유형은 총액계약(stipulated sum contract) 및 실비정산계약(cost plus fee contract)이나 이들 계약에서 계약문서는 달리하고 있지 않다.

이와 같은 계약유형상의 특징으로 인하여 BOQ는 계약문서가 아니며, 단지 Price

Breakdown 이라는 금액분석표를 작성하여 대가지급 및 금액조정의 기초로 하고 있을 뿐이다.

㈜ 미국 엔지니어합동계약문서위원회(EJCDC : Engineers Joint Contract Documents Committee)의 계약조건에서는 상기 AIA의 계약문서에 입찰서(bid)와 착공지시서(notice to proceed : NTP)를 추가하고 있다.

3. 일본 청부계약약관

일본의 「공공공사표준청부계약약관」은 계약문서로 ①계약서, ②계약약관, ③도면, ④시방서(현장설명서·질의응답서도 시방서에 포함)를 예시하고 있다. 일본에서 계약문서는 계약체결 전에 계약당사자에게 충분한 검토기회를 부여한 후(일본 「건설업법」 제20조), 독립된 당사자의 의사표시가 합치하여 체결된 것이므로 계약문서는 계약의 내용이며 당사자를 구속하는 유일한 법률상의 효력을 갖는 것으로 인식되고 있다. 이 점에서 동일한 법체계임에도 불구하고, 계약문서는 법률의 집행을 위한 보조수단으로 인식되고 있는 우리나라의 계약관념과 차이가 난다.

도급대금내역서, 공정표, 상세도, 원촌도(原寸圖) 등으로 구성되는 도서는 계약체결 후 계약상대자로부터 작성, 제출, 승인되어지는 계약관련서류이긴 하나, 계약문서는 아니므로 계약문서에서 특별히 규정한 경우를 제외하고는 계약당사자에게 구속력이 없는 특징이 있다. 이 점에서 FIDIC이나 ICE의 계약조건, 영국의 「관급공사계약조건」, 사우디의 「공공공사표준계약조건」 및 우리나라의 계약예규 「공사계약일반조건」의 규정과는 차이가 있다.

상기 계약약관에서는 현장설명서와 현장설명에 대한 질의응답서도 시방서의 일부로 간주하여 시방서를 도면과 함께 설계도서라 하며, 역시 계약문서에 해당한다(제1조). 만약 설계도서의 표시가 명확치 않거나 여타의 조건과 일치하지 않을 때에는 공사내용의 변경, 설계도서의 정정, 도급금액의 조정, 또는 공기의 변경 등을 위하여 즉시 감독원에게 통지하고 그 확인을 청구하여야 한다.(제18조)

4. FIDIC 공사계약조건

국제컨설팅엔지니어협회(FIDIC) 「공사계약조건」(conditions of contract for works of civil engineering construction)은 제1.1.1조에서 계약문서를 아래와 같이 규정하고 있다.

(1) Contract Agreement(계약서)
(2) Letter of Acceptance(낙찰서)
(3) Letter of Tender(입찰서)
(4) Conditions of Contract(계약조건)
(5) Specifications(시방서)
(6) Drawings(도면)
(7) Schedules(내역서)
(8) 기타 계약서 또는 낙찰서에 명시된 서류

FIDIC이 취하고 있는 계약유형은 단가계약의 전형으로 인정되고 있으며, 그 「공사계약조건」에서 명시된 계약문서는 영국토목엔지니어협회(ICE)와 사우디아라비아의 「공공공사계약조건」에서도 동일하게 규정되어 있다.

FIDIC이나 ICE의 Letter of Acceptance는 낙찰서를 뜻하며, 여타의 계약서에서 표기하고 있는 Acceptance of Proposal, Acceptance of Tender [Bid], 또는 Letter of Intent 등과 같은 개념이다.

5. FIDIC 일괄계약조건

FIDIC의 「설계·시공일괄계약조건」(conditions of contract for design-build and turnkey)에서는 상기 「공사계약조건」과는 달리 계약문서를 아래와 같이 규정하고 있다.

(1) Conditions of Contract (Parts Ⅰ and Ⅱ) (계약조건 Ⅰ 및 Ⅱ)

(2) Employer's Requirements (발주처지침)
(3) Tender (입찰서)
(4) Contractor's Proposal (시공자의 제안서)
(5) Schedul'es (내역서)
(6) Letter of Acceptance (낙찰서)
(7) Contract Agreement (계약서)

상기 중 제(2)항 Employer's Requirements는 발주처가 설계·시공자에게 제공하는 설계지침·계획 등을 뜻한다. 앞에서 미국건축사협회(AIA)의 입찰유의서에서 Bidding Requirements는 입찰지침을 뜻한다고 설명하였던 바 있다. 제(4)항 Contractor's Proposal은 설계·시공자가 입찰서와 함께 제출한 예비설계(preliminary design), 제(5)항 Schedules은 산출내역서(BOQ)와 기타 각종 자료 등을 포함하는 광의의 내역서를 말한다.

6. 싱가포르 공사계약조건

싱가포르의 「공공공사표준계약조건」(standard conditions of contract for public sector construction works)에서는 계약문서를 아래와 같이 규정하고 있다.

(1) Conditions and Appendix (계약조건 및 부록)
(2) Specifications (시방서)
(3) Drawings (도면)
(4) Schedule of Rates(if any) (금액내역서)
(5) Bill of Quantities(if any) (산출내역서)
(6) Tender (입찰서)
(7) Letter of Acceptance (낙찰서)
(8) Agreement (계약서)

㈜ 상기 제(4)항과 (5)항의 "if any"라는 표기는 SOR과 BOQ가 상호 대체될 수 있음을 뜻한다.

7. 우리나라의 계약문서

우리나라의 경우 계약문서는 국가계약과 지방계약에서 확연히 차이를 보이고 있다.

a. 국가계약의 계약문서

「국가계약법 시행령」 제48조의 규정에 의하면 계약서 기타 필요한 사항은 기획재정부령으로 정하도록 하고 있으며, 기획재정부령인 「국가계약법 시행규칙」은 그 제49조에서 공사도급표준계약서 서식을 작성하여 두고 있다(별지 제7호 서식). 이 표준계약서에는 아래의 (2)항~(6)항의 5개 일반계약문서를 '붙임서류'로 정해 놓고 있으며, 기획재정부 계약예규 「공사계약일반조건」 제3조제5항은 이 붙임서류와 계약서 자체를 합한 '계약문서'를 아래와 같이 규정하고 있다.

(1) 계약서
(2) 설계서
(3) 공사입찰유의서
(4) 공사계약일반조건
(5) 공사계약특수조건
(6) 산출내역서

㈜ 기획재정부 계약예규 「공사계약일반조건」 제3조제5항에 의하면, 상기 여섯 개 계약문서 외에 계약의 이행 중 계약당사자가 주고받은 서한 등도 계약문서에 포함된다.

㈜ 상기 제(2)항 설계서 및 제(6)항 산출내역서는 뒤에 다시 구체적으로 논의하기로 한다.

b. 지방계약의 계약문서

행정안전부예규 「지방자치단체 입찰계약집행기준」 제13장 '공사계약일반조건'(이하 '지자체공사계약일반조건'이라 함)에서는 계약문서로서 아래의 15종을 예시하고 있다(제2절 공사계약의 체결- 제2항 계약문서).

“나. 계약문서의 종류

(1) 품의서·계획서

(2) 계약서 (계약당사자간 상호 날인·간인)

- 계약금액 5천만원 이하, 국가기관·지방자치단체 간 계약은 계약서 작성 생략 가능 (시행령 제50조)

(3) 입찰유의서, 계약일반조건, 계약특수조건 (필요시)

(4) 설계서 (설계설명서, 설계도면, 현장설명서), 규격서 (물품)

(5) 물량내역서 (입찰·수의계약안내공고의 경우)

(6) 과업내용서, 과업지시서 (용역·물품 등)

(7) 착공 · 준공신고서, 공정예정표, 산출내역서 등

(8) 감독관, 검사·검수공무원이 지정하는 서류, 감독조서, 검사·검수조서 등

(9) 입찰·계약·하자·선금보증서 (계약기간·보증기간·보증금액 등 확인)

- 면제자는 보증금지급확약서

(10) 정부수입인지 (인지세법)

(11) 지역개발공채매입필증 등 (지역개발기금설치조례 등)

(12) 하도급계약서 사본 (하도급계약통지의 경우)

(13) 하도급대금직불합의서 (하도급대금직불의 경우)

(14) 공동계약이행계획서 (공동계약의 경우)

(15) 그 밖의 계약이행에 필요한 서류”

c. 시공도서

조달청은 「일괄계약특수조건」에서 시공도서의 개념을 정립하고 있다.

조달청고시 「일괄계약특수조건」 제2조제10호

“10. “시공도서”란 계약상대자가 공사시공을 위하여 작성하여 제출하는 도면 및 계산서, 시공상세도면, 견본, 사양, 모형, 작업 및 유지보수지침서 및 기타 기술자료로서 공사감독관의 승인을 받은 것을 말한다.”

이 시공도서는 공사수행세부계획서에 포함되며, 해당공정의 착수 이전에 공사감독관의 승인을 받도록 하고 있다(제12조 및 제13조 참조).

공사수행계획서는 착공신고서의 제출시 함께 제출하는 문서이다.

17·3 계약문서의 우선순위

1. 우선순위의 결정기준

건설공사의 계약문서는 그 종류도 다양하지만, 경우에 따라서는 그 작성자가 다를 수도 있다. 이로 인하여 계약문서 상호간에 그 내용이 상치되는 경우가 있을 수 있을 것인데, 이 경우 어느 문서의 내용을 우선적으로 적용하여야 할지가 논란이 된다.

도면과 시방서 또는 일반조건과 특수조건 등에 있어서 그 작성자가 다르므로 인하여 이들 문서 상호간 그 내용이 상치되는 경우가 비일비재하다. 우리나라만 하더라도 일반조건은 기획재정부가 작성하며, 특수조건Ⅰ은 조달청, 특수조건Ⅱ는 개별 발주처가 작성하는 것이 관례화되어 있다.

이와 같은 현실을 감안하여 아래에서는 일반조건과 특수조건을 예로 하여 그 우선순위를 결정하는 기준을 논의하고자 한다.

a. 특수조건우선설

이 견해는 특수조건의 특수(特殊)는 일반조건의 일반(一般)에 대한 특수를 뜻하므로, 다시 말하면 특수한 내용을 규정하고 있으므로 일반적인 내용을 규정하고 있는 일반조건에 대하여 특수조건이 우선하여야 한다는 것이다. 법률의 해석에 있어서 특별법우선주의(特別法優先主義)를 원용한 견해이다.

미국건축사협회(AIA), 국제컨설팅엔지니어협회(FIDIC), 싱가포르, 사우디아라비아 등이 이 견해를 따르고 있다고 볼 수 있다. 우리나라 조달청의「일괄계약특수조건」제3조제3항에서 규정하는 계약문서의 우선순위조항도 이 견해에 근거하고 있는 듯 보여 진다.

b. 일반조건우선설

이 견해는 일명 기관설이라고도 하며, 일반조건은 통상 개별발주처보다 상위기관이 작성한 것이므로 하위기관이 작성한 특수조건에 대하여 우선하여야 한다는 데에 근거한다. 법률의 해석에 있어서 상위법우선주의(上位法優先主義)를 원용한 견해라고 할 수 있다.

예컨대 우리나라의 경우 일반조건은 기획재정부가 작성하며, 특수조건Ⅰ은 그 산하기관인 조달청이 작성하고, 특수조건Ⅱ는 일반정부기관 또는 여타의 공공기관 등이 작성하므로 일반조건이 우선하여야 한다는 주장이 그것이다.

c. 상호보완설

이 견해는 일반조건과 특수조건 사이에 우열을 인정하지 않고 그 내용을 상호 독립적·보완적 관계에 있다는 것이다.

미국, 일본, 영국토목엔지니어협회(ICE), 우리나라 일반조건 등이 이 견해에 따르고 있다고 할 수 있다.

d. 시차설

이 견해는 시간적으로 나중에 작성된 것이 이전에 작성된 것보다 우선한다는 것이다. 법률의 해석에 있어서 신법우선주의(新法優先主義)를 원용한 견해이다.

FIDIC「용역계약조건」(consultancy agreement)에서 이 견해를 따르고 있다.

FIDIC「용역계약조건」제2조 해석

"(iii) If there is conflict between provisions of the Agreement, the last to be written chronologically shall prevail, unless otherwise specified in Part Ⅱ."

(계약규정 상호간에 상치점이 있을 경우에는, 특수조건에서 달리 규정하고 있지 않다면, 시간적으로 나중에 작성된 내용이 우선한다)

일반적으로 특수조건이 일반조건에 비하여 나중에 작성된다는 점에서 결국 특수조건이 우선하게 되며, 이 점에서 특수조건우선설과 결론이 같다고 할 수 있으나, 이해의 관점 또는 결론의 도출을 위한 접근의 방법을 달리한다는 점에서 차이가 난다.

e. 소 결

특수조건우선설(特殊條件優先說)은 특수조건을 영문으로 Special Conditions로 표기할 때 Special이란 단어로 인하여 설득력이 있는 듯하다. 그러나 특수조건의 특수는 일반에 대한 특수개념이 아니라, general한 사항을 보완(supplementary) 또는 구체화(particular)한다는 개념이라는 것이 현대적인 해석이다. 실제로 미국은 이 특수조건을 Supplementary Conditions라 하며, FIDIC은 Particular Conditions (Part Ⅱ)라 한다. 그러므로 특수조건에서 권리와 의무에 관한 창설적(創設的) 규정을 두거나 그를 제한하는 규정을 두는 것은 특수조건 본연의 취지를 일탈하는 것이 된다는 점에 유의하여야 한다. 우리나라도 「국가계약법 시행령」 제4조에서 법령 또는 일반조건에서 부여하고 있는 계약상대자의 계약상 이익을 부당하게 제한하는 특약 또는 조건을 정하지 못하도록 규정하고 있다.

일반조건우선설(一般條件優先說)은 일견하여 상위기관이 작성한 일반조건이 그에 비하여 하위기관이 작성한 특수조건에 우선한다는 것이 당연한 듯 보이지만, 계약에 있어서 계약문서를 계약당사자 일방의 누가 작성하였느냐를 논의하는 것은 의미가 없다. 계약당사자는 그 자체로 독립된 실체이지 그 조직구성원 개개인이 계약의 당사자는 아니라는 점에서 논리적 모순이 있다. 그러나 다른 한편으로는, 특수조건은 본디 일반조건의 내용을 구체화하며 보완하고 있다는 점에서 이를 일반조건에 대하여 우선하지 않다면 그 존재가치가 의문시 될 수도 있다.

상호보완설(相互補完說)은 일반조건과 특수조건의 내용에 우열을 두지 않고 독립적·보완적으로 적용한다는 사고 그 자체는 일견 건전하다고 보인다. 그러나 이 견해는 일반조건과 특수조건의 내용이 일치되지 아니할 때, 즉 상호보완으로 문제점이 해결되지 아니할 때에는 어느 내용을 적용해야 할 것인가에 대한 해답이 없게 된다. 계약문서의 우선순위를 논의하는 것은 그 개별문서 상호간의 내용에 상치점이 있을 경우를 전제로 한다.

시차설(時差說)이 가장 합리적이며 현실적이라고 생각된다.

전혀 무리가 없다고는 할 수 없지만, 계약의 이행 중 설계변경 기타의 계약내용을 변경하여 그에 따르는 것도 이 시차설이 아니고는 접근이 용이하지 않다. 물론 이 경우라고 하더라도 특수조건의 내용이 시공자의 계약상 이익을 부당하게 제한하는 것이 아니어야 하며, 일반조건에 대하여 보완적·구체적 사항을 규정하고 있을 때를 전제로 한다.

2. 우선순위의 실례

a. 미국의 공공공사

미국의 경우 공공공사의 표준계약조건은 종전에는「Standard Form 23A」(SF 23A)이었으나, 이 계약조건은 1984년도에 폐기되고, 현재에는 1985년 조달청(GSA)이 제정한「Standard Form 1442」(SF 1442)로 대체되어 있다.

계약문서의 우선순위와 관련한 규정은「SF 23A」에는 포함되어 있었으나, 현행「SF 1442」에는 두고 있지 않다.「SF 23A」라고 하여도 모든 계약문서에 대한 우선순위를 규정하고 있은 것이 아니라, 도면과 시방서에 대한 상충사항이 있을 때에 한하여 그 적용방법을 규정하고 있었을 뿐이었다.

비록 현재의「SF 1442」에서는「SF 23A」의 해당조항을 두고 있지 않다고 하더라도「SF 23A」의 종전 규정이 배제되는 것이 아니라, 현업에서는 여전히 그 내용을 따르고 있다.

아래에서「SF 23A」의 종전규정을 소개한다.

미국의 종전「표준계약조건 23A」제2조

"… In case of difference between drawings and specifications, the specifications shall govern …."

(도면과 시방서간 차이가 있을 경우에는 시방서가 우선한다)

"… Anything mentioned in the specifications and not shown on the drawings or shown on the drawings and not mentioned in the specifications, shall be of like effect as if shown or mentioned in both. …"

17 계약문서

(시방서에 규정되고 도면에 나타나지 않았거나 도면에는 나타나고 시방서에 규정되지 않은 사항은 양자에 규정되거나 명시된 것과 같은 효력이 있다)

b. 일본 「공공공사청부계약약관」

일본의 계약약관에는 계약문서의 우선순위에 관한 명문규정이 없으나 제1조(총칙)의 해석상 첫째 : 본 약관 및 계약서, 둘째 : 설계도서의 순이라고 할 수 있을 것이다.

c. 사우디아라비아 「공공공사표준계약조건」

사우디아라비아의 「공공공사표준계약조건」 제2조에서는 계약문서의 우선순위를 아래와 같이 규정하고 있다.

(1) Agreement(계약서)
(2) Special Conditions (특수조건)
(3) General Conditions (일반조건)
(4) Special Specifications(if any) (특수시방서)
(5) Drawings and Layouts (도면)
(6) General Specifications (일반시방서)
(7) Bills of Quantities(and Price Lists) (산출내역서)
(8) Letter of Intent(or Letter of Acceptance) (의향서 또는 낙찰서)

d. FIDIC 「공사계약조건」

FIDIC 「공사계약조건」 제1.5조의 규정에 의하면, 계약문서는 상호보완의 효력을 가지나 상치점이 있을 때에는 아래의 우선순위에 따른 계약문서의 내용을 적용한다.

(1) Contract Agreement (계약서)
(2) Letter of Acceptance (낙찰서)
(3) Letter of Tender (입찰서)

(4) Particular Conditions (특수조건)
(5) General Conditions (일반조건)
(6) Specification (시방서)
(7) Drawings (도면)
(8) Schedules and any other document forming part of the Contract (내역서 및 기타 계약의 일부를 구성하는 서류)

e. AIA 계약조건

미국건축사협회(AIA)의 총액계약조건에서는 계약문서의 우선순위를 규정하고 있지 않으나, 실비정산계약(A111)에서는 아래와 같은 규정을 두고 있다.

AIA A111 계약조건 제1조

"… If anything in the General Conditions is inconsistent with this Agreement the Agreement shall govern."

(일반조건의 규정이 본 계약서와 일치하지 않을 경우에는 계약서가 우선한다)

f. ICE 계약조건

영국 토목엔지니어협회(ICE)의 계약조건에서는 계약문서 상호간 보완적인 효력이 있으며, 모순되거나 모호한 부분에 대하여는 감독관의 해석에 따른다. 이 점에서 FIDIC도 제1.5조에서 유사한 규정을 두고 있다.

ICE 계약조건 제5조

"… in case of ambiguities or discrepancies the same shall be explained and adjusted by the Engineer who shall issue to the Contractor appropriate instructions in writing which shall be regarded as instructions issued in accordance with Article 13."

(모호하거나 모순점이 있을 경우에는 감독관에 의하여 해석·조정되며, 감독관은 문서로써 적절한 지시를 시공자에게 하여야 한다. 이 지시는 제13조에 의거 발급된 것으로 간주한다.)

참고로, 제13조는 여타의 계약조건에서 찾아보기 힘들 정도로 감독관의 절대적인 권한을 규정하고 있다.

ICE 계약조건 제13조

"(1) … the Contractor … shall comply with and adhere strictly to the Engineer's instructions and directions on any matter connected therewith.(whether mentioned in the Contract or not) …"

(시공자는, 계약문서에 규정되어 있든 규정되어 있지 않든 간에, 공사의 수행과 관련되는 여하한 사항에서도 감독관의 지시에 철저하게 따라야 한다)

g. 싱가포르 계약조건

싱가포르「공공공사표준계약조건」제3.1조의 규정에 의하면, 계약문서는 상호보완적인 효력이 있되, 상치점이 있을 때에는 ①특수조건, ②일반조건, ③여타의 계약문서 순으로 그 내용을 적용한다.

싱가포르「공공공사표준계약조건」제3.1조

"The several documents forming the Contract are to be taken as mutually explanatory of one another, but in the event of any conflict or inconsistency between the Conditions and the other documents forming the Contract, the Conditions shall be given precedence. Within the Conditions, the Particular Conditions, if any, shall be given precedence."

(계약문서는 상호 보완적으로 적용되어져야 하나, 계약조건과 여타의 계약문서 사이에 상치점이 있는 경우에는 계약조건이 우선한다. 계약조건에 있어서는, 특수조건이 있다면, 특수조건이 우선한다)

h. 우리나라「일괄계약특수조건」

우리나라의 경우 계약예규「공사계약일반조건」에는 계약문서의 우선순위에 대한 규정을 두고 있지 않으나, 조달청고시「일괄계약특수조건」에서는 이를 규정하고 있다(제3조제3항). 계약문서는 상호 보완의 효력을 갖지만 해석의 우선순위는 아래와 같다.

(1) 계약서
(2) 입찰안내서
(3) 공사시방서 및 설계도면
(4) 일괄계약특수조건
(5) 일반조건

i. 우리나라 국토교통부고시

국토교통부고시 「건축물의설계도서작성기준」(2016.12.30)에서는 비록 계약문서 전체는 아니라고 하더라도 설계서에 대한 해석의 우선순위를 규정하고 있어서 현업에서 충분히 활용할 가치가 있다고 생각되어 본 항에서 소개한다.

즉, 설계도서·법령해석·감리자의 지시 등이 서로 일치하지 아니하는 경우에 있어 계약으로 그 적용의 우선순위를 정하지 아니한 때에는 다음의 순서를 원칙으로 한다.

(1) 공사시방서
(2) 설계도면
(3) 전문시방서
(4) 표준시방서
(4) 산출내역서
(5) 승인된 상세시공도면
(6) 관계법령의 유권해석
(7) 감리자의 지시사항

17·4 계약문서와 Contra Proferentem 원칙

계약문서는 상호 보완적으로 적용하는 것이 기본적인 원칙이나, 계약문서 상호간 또는 1건 계약문서 내에서도 그 내용에 상치점이 있을 때에는 ①계약조건에서 계약문서의 적용상 우선순위를 정하고 있을 경우에는 우선하는 계약문서의 내용을 적용하되, ②이 우선순위를 정하고 있지 아니할 경우에는 시공자에게 유리한 내용을 적용한다.

이 제②항은 그러므로 발주처에게 불리한 내용을 적용하게 될 것인데, 이와 같은 원칙을 Contra Proferentem Rule 또는 Against Drafter Rule이라 한다. 이를 우리말로 번역하면 발주처불이익원칙 또는 제정자불이익원칙이 된다.

우리나라도「약관규제법」제5조에서 이 원칙을 명시적으로 규정하고 있다.

우리나라「약관규제법」제5조

제5조(약관의 해석) ① 약관은 신의성실의 원칙에 따라 공정하게 해석되어야 하며 고객에 따라 다르게 해석되어서는 아니 된다.

② 약관의 뜻이 명백하지 아니한 경우에는 고객에게 유리하게 해석되어야 한다.

18

산출내역서

제18장

산출내역서

18·1 산출내역서의 개념

공사문서나 계약문서 중에서 산출내역서만큼 다양하게 불리고 또 다양한 의미로 취급되고 있는 문서는 아마도 없을 것이다. 심지어는 이를 규정하고 있는 법령이나 계약문서 등에서조차 그 내용이 일치하고 있지 않음이 사실이다.

이와 같은 현실에서 이 산출내역서의 개념을 단정적으로 정의한다는 것은 자칫하면 그에 대한 한 단면만을 이야기하게 되는 오류를 범할 수도 있다. 따라서 법령 등에서 정의되어 있는 내용을 먼저 살펴보는 것이 순리일 듯하다.

1. 「국가계약법 시행령」상의 정의

이 시행령 제14조제7항의 해석상 산출내역서는 물량내역서에 단가를 기재한 문서로 정의할 수 있다.

2. 「공사계약일반조건」상의 정의

위 「국가계약법 시행령」의 단일개념에 대하여, 기획재정부 계약예규 「공사계약일반조건」 제2조제9호에서 산출내역서는 아래와 같이 복합적 개념으로 정의되고 있다.

(1) 발주처가 교부한 물량내역서에 입찰자 또는 계약상대자가 단가를 기재하여 제출한 내역서
(2) 대안입찰 또는 일괄입찰시 입찰서와 함께 제출한 내역서
(3) 실시설계기술제안입찰에서 설계서 및 기술제안서의 내용을 반영하여 입찰자가 제출하는 물량과 단가를 명백히 한 산출내역서

(4) 기본설계기술제안입찰에서 실시적격자로 선정된 자가 제출하는 단가 및 수량을 명백히 한 산출내역서

(5) 수의계약의 경우 착공신고서 제출시까지 제출한 내역서

이 개념정의는 산출내역서가 작성되는 가능한 상황을 예정하여 그에 따른 정의를 별개로 내렸다는 점에서 다분히 현업적 정의라고 할 수 있다. 그러나 이와 같은 아류의 정의가 대부분 그러하듯이, 이 정의 역시 산출내역서란 무엇인가라는 물음에 대한 규범성이 결여되고 있는 단점이 있다. 이 정의대로라면, 추가공사에 대한 내역서도 하나의 독립된 정의로 내려져야 할 것이고, 변경계약에 대한 산출내역서도 역시 독립된 정의로 내려져야 할 것이며, 예정가격에 대한 산출내역서, 개산계약에 대한 산출내역서(소위 불확정산출내역서) 등등… 산출내역서의 정의라고 하기에는 너무 나열적이고 예시적인 면이 없지 않다.

3. 「일괄계약특수조건」상의 정의

조달청고시 「일괄계약특수조건」 제2조제5호에서 산출내역서는 입찰자 또는 계약상대자가 물량과 단가를 기재하여 제출한 내역서로 정의되고 있다. 즉, 위 「국가계약법 시행령」 제14조제7항에서 규정하고 있는 산출내역서의 개념에 따른 정의라고 할 수 있다.

4. 미국의 산출내역서

미국에서 내역서는 포괄적으로 Schedule이라 하고, 우리나라식 물량내역서는 Bill of Quantities(BOQ) 또는 Quantity Survey라 하며, 금액내역서는 Schedule of Values(SOV)라 하는 경향이 많다.

아래에서 보는 바와 같이 Cyril M Harris는 그의 「건축사전」에서 BOQ와 Quantity Survey를 동일한 개념으로 기술하고 있기도 한다.

Cyril M Harris의 「건축사전」에서의 BOQ

"Bill of quantities : Same as quantity Survey"
(BOQ는 quantity Survey와 같음)

"Quantity Survey : A detailed analysis and listing of items of material and equipment necessary to construct a project."

(물량내역서 : 공사수행에 필요로 하는 자재 및 장비항목에 대한 상세한 분석서류)

한편 미국건축사협회(AIA)의 「건설용어해설」에서는 Schedule of Values를 아래와 같이 정의하고 있다.

AIA의 「건설용어해설」에서의 Schedule of Values

"Schedule of Values : A statement furnished by the Contractor to the Architect reflecting the portions of the Contract Sum allocated to the various portions of the Work and used as basis for reviewing the Contractor's Applications for Payment."

(시공자가 여러 공종별로 할당된 계약금액을 반영하여 감독관에게 제출한 명세서로서, 시공자의 대가지급 신청서의 검토기준으로 활용됨.)

참고로, 「연방조달규정(FAR)」 및 「연방조달합리화법」 (Federal Acquisition Streamlining Act, 1994) 등에 의하면, 계약금액 또는 설계변경 등에 의한 계약금액조정금액이 150,000달러를 초과하는 경우 시공자는 낙찰 전 또는 조정금액의 결정 전 우리나라의 산출내역서와 유사한 원가 또는 가격자료(cost or pricing data) 및 그에 대한 확인서를 발주처에 제출하여야 한다. 그러나 아래의 경우에는 이를 제출하지 않아도 된다(FAR 15.403-1).

(a) 적정한 가격경쟁, 기존 카탈로그상의 가격, 시장가격 또는 법령에 의하여 정해진 가격에 의한 경우
(b) 발주처의 장이 그와 같은 자료의 제출이 필요하지 않다고 결정한 경우

18 · 2 산출내역서의 유형

1. 협의 vs 광의

a. 협의의 산출내역서

산출내역서는 협의의 개념으로 물량내역서에 단가 및 금액을 기재한 내역서이다.

우리나라「국가계약법 시행령」상의 개념과 1999년 제5차개정 이전의 FIDIC「공사계약조건」(1987년 제4차개정본)이 취하는 개념 등이 그러하다.

구(旧) FIDIC「공사계약조건」제1.1-(b)-(iv)함

"(iv) 'Bill of Quantities' means the priced and completed bill of quantities forming part of the Tender."

(산출내역서라 함은 금액이 기재된 물량내역서로서 입찰서의 일부를 구성한다.)

따라서 FIDIC의 종전「공사계약조건」에서 BOQ라 하면, 'priced BOQ' 즉, 우리나라「국가계약법 시행령」제14조제7항상의 산출내역서를 뜻하였다. 이렇게 볼 때 단가와 금액이 기재되지 않은 BOQ 즉, 우리나라식 표기로 물량내역서는 'Blank BOQ' 라 하여 구별되어지는 것이다.

b. 광의의 산출내역서

광의의 산출내역서는 협의의 산출내역서에 그 산출의 근거가 되는 자료를 통합하는 개념이 된다.

현행 FIDIC의「공사계약조건」은 이를 Schedules라 지칭하고 있으며, 이를 우리말로는 내역서라 할 수 있을 것이다.

FIDIC 「공사계약조건」 제1.1.1.7조

"Schedules means the document(s) entitled schedules, completed by the Contractor and submitted with the Letter of Tender, as included in the Contract. Such document may include the Bill of Quantities, data, lists, and schedules of rates and / or prices."

(내역서라 함은 계약문서에 포함되는 문서로서 시공자에 의하여 작성되고 입찰서와 함께 제출된 문서를 말한다. 당해 문서는 물량내역서, 자료, 목록, 금액내역서를 포함한다.)

2. 수량 vs 금액

산출내역서는 '산출'의 대상이 수량이냐, 금액이냐 또는 이를 통합한 개념이냐에 따라 수량산출내역서, 금액산출내역서 및 복합내역서로 구분된다.

우리나라의 현행 국가계약법령이나 계약조건 등에서는 기타공사(설계·시공분리공사)에 대하여는 물량내역서와 금액내역서를 구분하고, 일괄공사에 대하여는 이를 통합한 복합내역서의 개념을 취하고 있다(「국가계약법 시행령」 제85조제2항제3호 및 제3항제2호제다목 등 참조).

한편, 종전에는 물량내역서의 물량에 대한 단가산출을 위하여 필요한 세부설명서도 물량내역서와 함께 입찰자에게 배부되었으나, 이 제도는 1999.9월 국가계약법령의 개정시 폐지되었다. 이 종전의 물량내역서의 개념이 현행 FIDIC 「공사계약조건」의 Schedules에 유사하다고 할 수 있다.

수량산출내역서는 물량내역서 외에 수량산출서라고 불리기도 한다.

금액산출내역서는 예산산출내역서, 예정가격산출내역서, 계약금액산출내역서, 입찰금액산출내역서 등으로 다시 세분될 수 있다.

산출내역서의 유형(1)

- 수량·금액산출내역서
  - 물량산출내역서 : 물량내역서
  - 금액산출내역서 : 예산금액내역서, 입찰금액내역서, 계약금액내역서
  - 복합내역서 : 수량 및 금액내역서

㈜ 1999년 제5차개정 이전의 FIDIC 「공사계약조건」에서는 BOQ라고 하면 Priced BOQ를 지칭하는 것이었으나, 미국의 경우에는 그와 달리 Blank BOQ를 지칭하여 다소 상반된 개념을 보이고 있었다.

FIDIC은 제5차개정본에서 미국적 개념을 수용하게 됨으로써, 이제는 BOQ라 하면 Blank BOQ 즉, 물량내역서로 새기는 것이 정확하다고 보여 지며, 우리나라식 산출내역서는 "Schedules of Rates and/or Prices" (FIDIC 「공사계약조건」 제 1.1.1.7조 참조)에 가깝다고 할 수 있다.

3. 설계 vs 입찰 vs 계약

산출내역서는 그 용도에 따라 설계내역서, 입찰내역서 및 계약내역서 등으로 구분되기도 하는 바, 설계내역서는 예산편성의 기초가 되는 내역서이며, 앞의 예산금액내역서를 말한다. 입찰내역서와 계약내역서는 앞에서 이미 언급하였던 바와 같다.

산출내역서의 유형(2)

- 용도에 따른 산출내역서
  - 설계내역서 : 예산금액산출내역서
  - 입찰내역서 : 입찰금액산출내역서
  - 계약내역서 : 계약금액산출내역서

4. 설계·시공분리 vs 설계·시공일괄

물량내역서(Blank BOQ)를 발주처가 작성하여 입찰자에게 배부하느냐, 아니면 입찰자가 작성하느냐에 따라 산출내역서는 다시 구분된다.

전자가 일반적인 경우이지만, 일괄계약의 경우에는 입찰자가 물량내역서를 작성하고, 여기에 스스로 단가 및 금액도 기재하여 산출내역서라고 통칭한다.

㈜ 우리나라의 경우 수의계약에 있어서도 물량내역서를 계약상대자가 작성하는 것을 전제로 하고 있으나, 원래 수의계약은 경쟁입찰을 통하지 않은 계약유형일 뿐 물량내역서를 누가 작성하느냐와는 무관하다. 따라서 발주처가 물량내역서 이를테면, 설계서를 작성하면 설계·시공분리방식에 의한 수의계약형태이며, 시공자가 이를 작성하면 설계·시공일괄방식에 의한 수의계약형태가 된다.

산출내역서의 유형(3)

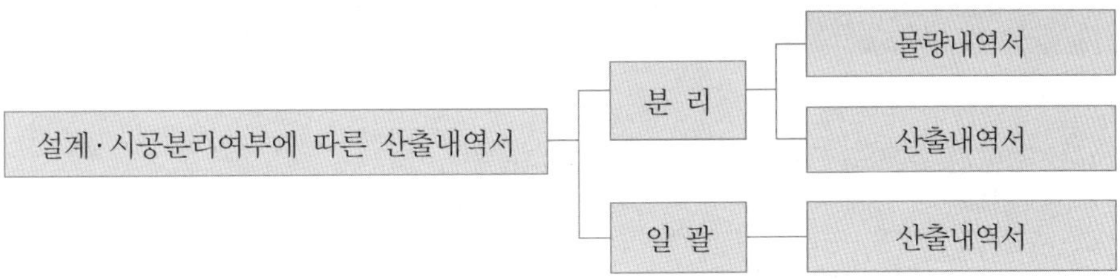

그러나 일괄계약에서 물량내역서를 독립된 문서로 고려하고 있지 않다고 하여 이 문서를 작성하지 않는 것과는 다르다는 점을 유의하여야 한다. 금액산출을 위하여서는 물량산출이 선행되어야 한다.

참고로, 우리나라는 설령 일괄계약이 아니라고 하더라도 추정가격이 300억원 이상인 공사 및 문화재청장이 정하는 문화재수리공사의 경우에는 입찰자로 하여금 물량내역서를 직접 작성하게 할 수 있다.

5. 확정 vs 불확정

계약은 원래 계약체결 이전에 계약내용이 확정됨이 원칙이지만, 경우에 따라서는 예컨대, 개산계약 또는 사후원가검토조건부계약, 실비정산계약 등의 경우에는 그 성질상 사전에 확정하는 것이 오히려 모순적일 수도 있다.

이와 같은 계약에 있어서 산출내역서는 불확정한 상태로 계약을 체결하게 되며, 공사의 수행에 따라 확정되어 간다. 아이러니컬하게도 원래적인 성격의 단가계약에 있어서는 산출내역서가 필수적인 계약문서이지만, 그 산출내역서는 잠정산출내역서(Provisional BOQ) 및 개산산출내역서(estimated BOQ)로 구성되고 있다.

따라서 산출내역서는 그 내용의 확정여부에 따라 확정산출내역서와 불확정산출내역서로 구분되기도 한다.

산출내역서의 유형(4)

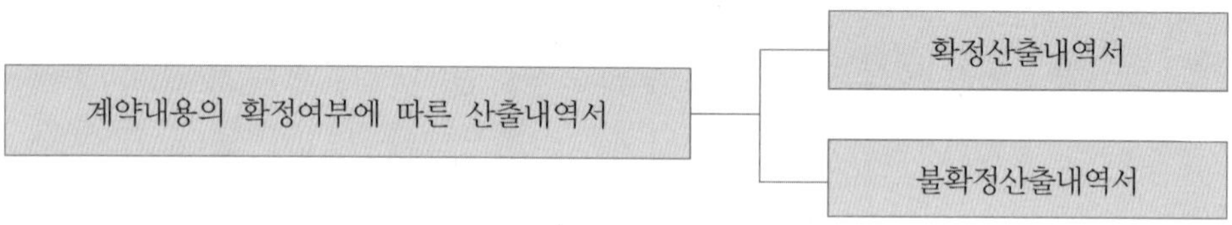

6. 본서에서의 산출내역서

앞에서 살펴본 산출내역서의 여러 가지 개념 중 본서에서는 특별한 경우를 제외하고는 아래의 개념을 취하는 것으로 한다.

a. 기본양식

현업에서 산출내역서는 대동소이하지만 다양한 양식으로 사용되고 있음을 본다. 본서에서는 그러나 기획재정부 계약예규 「정부입찰계약집행기준」에서 채택하고 있는 [별지 제1호]의 산출내역서 양식을 기본으로 삼기로 한다.

〔별지 제1호〕

산출내역서의 기본양식

(작성자 직책·성명 : 인)

○ 공사명:						
항 목 별 ①	규 격 ②	수량 ③	단 위 ④	금 액		비 고
				단 가 ⑤	금 액 ⑥	
1. 공 종 별 합 계 − ○○○ 공 종 … 세 부 공 종 〃 〃 〃 − ○○○ 공 종 … 세 부 공 종 〃 〃 〃 2. 경 비 등 합 계 − 산 재 보 험 료 − 안 전 관 리 비 〃 〃 3. 일 반 관 리 비 4. 이 윤 5. 부 가 가 치 세 **총 계**						

b. 물량내역서

본서에서 물량내역서는 계약예규「공사계약일반조건」제2조제8호의 정의에 따라 공종별 목적물을 구성하는 품목 또는 비목과 동 품목 또는 비목의 규격·수량·단위 등이 기재된 내역서로 개념짓기로 한다.

이 경우 위 [별지 제1호] 양식 가로선에서 ①~④항만 기재되고 ⑤ 및 ⑥항은 공란으로 남게 된다. 이와 같이 ⑤ 및 ⑥항이 공란으로 되어 있다고 하여 당해 물량내역서는 공(空)내역서 또는 Blank BOQ라고 불리우기도 하는 것이다.

이 개념에서 유의할 점은 위의 개념에 부합할 경우 작성자가 누구이냐를 불문한다는 점이다.

따라서 그 작성자가 발주처이든 입찰자 또는 계약상대자이든 물량내역서의 요건을 취하고 있으면, 그에 따른 계약유형은 별론으로 하고, 그를 물량내역서로 간주한다는 뜻이다.

c. 산출내역서

산출내역서는 물량내역서에 계약상대자(시공자 또는 설계·시공자)가 단가 및 금액을 기재한 금액내역서로 정의한다.

따라서 물량내역서를 계약상대자가 작성하였다고 하더라도 그 내역서에 단가 및 금액을 기재하게 되면, 이를 산출내역서라고 정의하기로 한다.

위 [별지 제1호]에서 공란으로 남은 ⑤항 및 ⑥항에 단가와 금액이 기재된 내역서이다. 이를 금액산출내역서 또는 Priced BOQ 또는 Schedules of Values [Rates, Prices] 등으로 구체화하기도 한다.

이와 같은 개념으로 인하여, 단가와 금액을 시공자가 아닌 발주처 또는 그의 위탁을 받은 설계자가 작성한 설계내역서 또는 예정가격산출내역서도 산출내역서에 해당하기는 하나, 본서에서는 시공자에 의하여 작성된 산출내역서를 기본적 대상으로 할 것이므로 특별한 경우 예컨대 넓은 의미로 논의할 경우를 제외하고는 이를 산출내역서라 지칭하지 않기로 한다.

d. 제출시점 불문

물량내역서에 계약상대자가 단가 및 금액을 기재한 내역서일 경우 이를 입찰시에 제출하든, 계약체결시에 제출하든, 착공신고서의 제출시에 제출하든, 계약의 이행 중에 제출하든(예 : 추가공사 또는 변경계약의 경우) 모두 본서에서 지칭하는 산출내역서의 개념에 해당하게 된다.

18 · 3 건설공사에 있어서 산출내역서의 위치

1. 내역입찰의 기본요소

내역입찰이라 함은 입찰서에 입찰금액산출내역서를 첨부하여 제출하는 입찰로서, 현행 국가계약법령에서는 추정가격이 100억원 이상인 공사를 그 대상으로 한다. 물론, 추정가격이 100억원 이상인 공사라고 하더라도, 재입찰에 부치는 공사의 경우에는 입찰시에 산출내역서를 제출하는 것아 아니라, 낙찰자에 한하여 착공신고서의 제출시까지 이를 제출하도록 하고 있으므로 이 공사의 경우에는 내역입찰의 대상에서 제외한다.

2. 내역계약의 기본요소

내역계약이라 함은 산출내역서가 계약문서의 일부가 되며, 그 내역을 근거로 하여 계약금액이 결정되는 계약으로서 단가계약의 중요한 특징 중의 하나에 해당한다.

우리나라 공공공사의 경우 내역입찰은 추정가격이 100억원 이상인 공사가 그 대상이나, 내역계약은 내역입찰의 대상공사뿐만 아니라 추정가격이 100억원 미만인 공사라고 하더라도 산출내역서가 계약문서에 해당하는 공사는 모두 내역계약에 해당한다고 할 것이다.

참고로, 일괄계약, 대안계약, 수의계약 또는 종합심사대상공사 즉 추정가격이 300억원 이상인 공사계약에 있어서 비록 계약상대자가 물량내역서 또는 통합된 산출내역서를 작성한다고 하더라도 제출된 산출내역서는 계약문서에 해당하므로, 이들 모두 내역계약에 해당함을 유의해야 한다.

계약유형의 분류기준상 일괄계약이나 대안계약은 공사의 수행방식 또는 설계·시공의 분리여부에 따른 계약유형에 해당하며, 수의계약은 경쟁의 유무에 따른 계약유형인 반면, 내역계약은 대가의 지급기준에 따른 계약유형에 해당한다. 따라서 이들 계약은 1단위계약에서 중첩적으로 적용되어도 무방하다. 예컨대, 우리나라의 경우 일괄계약에 있어서, 대가의 지급방식으로는 단가계약에 해당하나, 계약의 이행방식에 있어서는 당해 설계·시공일괄계약을 적용하고, Fast Track방식을 적용할 수도 있는 것이다.

3. 계약금액조정의 기준

설계변경으로 인하여 계약금액을 조정하는 경우 원칙적으로 산출내역서에 기재된 단가 즉, 계약단가에 의한다. 다만, 신규비목의 단가는 설계변경당시단가로 하고, 발주처의 필요에 의하여 발주처가 설계변경을 요구한 경우에는 증가된 물량이나 신규비목의 단가는 협의단가로 한다.

그런데, 「공사계약일반조건」 제3조제1항 단서에 의하면, 산출내역서는 일반적 계약문서로서의 효력이 있는 것이 아니라, 계약금액의 조정 및 기성부분에 대한 대가의 지급시에 적용할 기준으로서의 효력을 가지는 것으로 규정하고 있다.

18 · 4 산출내역서의 제출시기

우리나라의 경우 산출내역서는 공사의 규모 등에 따라 제출시점을 구분하고 있다.

a. 입찰시 제출

추정가격이 100억원 이상인 공사의 경우에는 모든 입찰자는 입찰시에 입찰서와 함께 산출내역서를 제출하여야 한다. 이 경우 입찰서의 입찰금액과 산출내역서의 금액합계가 일치하여야 함은 당연하다.

앞의 계약예규 「정부입찰계약집행기준」 제22조에 의하면, 입찰자 또는 계약상대자는 당해 산출내역서의 작성에 참여한 자 전원의 직책 및 성명을 산출내역서에 기재하고 날인하도록 규정하고 있다.

b. 착공신고서 제출시까지 제출

아래의 경우에는 산출내역서를 입찰시 제출하지 않고, 낙찰자가 되어 계약체결 후 착공신고서의 제출시까지 제출하면 된다. 이 경우에는 입찰자가 아니라 낙찰자 또는 계약상대자만이 제출의무가 있다.

(1) 추정가격이 100억원 미만인 공사
(2) 추정가격이 100억원 이상이되, 재입찰에 부치는 공사

c. 설계변경시 제출

설계변경으로 공사량의 증감이 발생하는 경우나, 신기술 또는 신공법의 적용을 제안하는 경우 계약상대자는 설계변경을 신청할 때 또는 설계변경의 확정 이전에 여타의 서류와 함께 산출내역서를 제출하여야 한다.

비록 발주처의 필요에 의한 설계변경의 경우라고 하더라도 산출내역서는 시공자가 작성하여 제출함이 일반적이다.

d. 계약금액의 조정신청시 제출

설계변경뿐만 아니라 물가변동 또는 기타 계약내용의 변경으로 인한 경우라고 하더라도 계약금액의 증액신청시에는 계약상대자가 관련부분에 대한 산출내역서를 제출하여야 한다.

18 · 5 산출내역서의 조정 및 보관

1. 산출내역서의 조정

내역계약에 있어서 계약이 체결되고 난 뒤에는 산출내역서상의 공종별 단가의 수정은 금지된다.

계약의 체결 이전이라고 하더라도 일단 제출된 산출내역서는 원칙적으로 수정이 금지되며, 다만, 예외적으로 세부비목이나 「부가가치세법」 등 다른 법령에서 요구되는 비용의 금액산정에 착오가 있는 경우에 한하여 비목별 또는 항목별 금액을 수정한다.

이 경우 증감된 차액부분에 대하여는 간접노무비, 일반관리비, 이윤에 우선적으로 균등배분하되, 이들 비목의 금액이 관련규정상의 요율을 초과하는 경우 초과되는 금액에 대하여는 다른 비목에 균등배분한다.

산출내역서상의 단가표기금액이 재료비, 노무비, 경비, 합계금액 등으로 구분·작성되어 단가 및 합계금액 등을 고려할 때 단가가 잘못 표기된 것이 명백한 경우에는 입찰금액의 범위 안에서 단가를 수정할 수 있다. 여기에서, 단가표기금액이 구분·작성되었다는 의미는 앞의 [별지 제1호] 산출내역서가 아래와 같이 세분됨을 뜻한다.

세분된 산출내역서

항목	규격	수량	단위	계		재 료 비		노 무 비		경 비		비고
				단가	금액	단가	금액	단가	금액	단가	금액	

2. 산출내역서의 보관

산출내역서의 원본은 발주처에 제출되어 개별 발주처의 내부기준에 따라 관리될 것이다.

앞의 계약예규 「정부입찰계약집행기준」에서는 계약상대자로 하여금 공사의 준공 후 1년의 기간 동안 산출내역서의 부본(副本)을 보관하도록 강제하고 있음에 유의하여야 한다(제22조제3항).

㈜ 건설산업기본법령에 의하면, '발주처가 도급계약을 하면서' 계약서를 발급하지 않을 경우 시공자는 발주처에게 도급받은 내용의 확인을 요청할 수 있으며, 발주처는 15일 이내에 회신하지 않을 경우 계약이 추정된다(법 제22조의3). 이와 관련하여, 계약당사자는 모든 문서를 공사의 완공일부터 3년간 보관토록 되어 있다(시행령 제26조의6). 시공자의 요청서에는 산출내역서도 포함된다는 전에서 건설산업기본법령과 기획재정부 계약예규의 규정간에 상치점(3년 보관 대 1년 보관)이 있다.

19

설계서

제19장

설 계 서

19·1 서 론

앞에서 우리나라의 경우 공사계약문서에는 ①계약서, ②공사입찰유의서, ③설계서, ④공사계약일반조건, ⑤공사계약특수조건, ⑥산출내역서로 구성됨을 보았다.

그러므로 설계서는 계약문서의 하나이다. 그리고 계약은 계약문서에 따라 이행하며, 공사는 설계서에 따라 수행한다.

> "The contract shall be performed in accordance with the contract documents, which the work shall be executed in accordance with the construction documents."

물론 다소의 비약이 없는 것은 아니지만, 공사는 결국 설계서만으로도 수행될 수 있다. 그만큼 설계서가 공사의 수행에 있어서 핵심적인 문서라는 뜻이기도 하다.

'설계서'는 국가계약법령상의 표기이며, 「건설기술진흥법」, 「건축법」 등에서는 '설계도서'라 하고 있다. 일본도 설계도서라 한다. 본서는 '계약관리'를 주제로 하므로 국가계약법령에 따라 이를 설계서로 표기한다.

설계서의 영문표기는 Construction Documents 또는 Technical Documents이며, 종종 Design Documents라 하기도 한다. 그러나 이는 그 개념상의 표기에 지나지 아니하며, 현업에서 그렇게 표기하는 경우는 매우 드물다. 다시 말하면, 우리나라와 일본은 집합적 명칭으로 사용하지만, 여타의 외국에서는 설계서를 구성하는 개별문서를 독자적으로 사용하고 있음에 인식상의 차이가 있다.

19·2 설계서의 분류

앞에서 개략적으로 살펴본 바와 같이 설계서라고 하는 외에 설계도서, 설계문서, 설계서류 등 다양하게 불리우고 있지만 그를 어떻게 부르는가는 중요하지 않다.

그러나 우리나라와 일본식의 집합개념과 영·미 등의 개별개념에는, 관행 또는 인식상의 차이이지만, 여기에는 중요한 의미가 내포되어 있다. 이는 논의를 전개하는 과정에서 음미하기로 하고 먼저 설계서는 어떻게 분류되는지를 살펴보기로 한다.

1. 우리나라의 설계서

우리나라는 설계서에 대한 집합개념을 취하다가 보니, 아마도 법령의 주관 또는 집행기관간 조정의 결여로 인하여, 개별 법령마다 설계서의 종류를 달리 정하고 있음을 본다.

a. 국가계약법령의 설계서

종전에는 이 법 시행규칙에서 설계서에 대한 개념을 규정하고 있었으나, 2010.7월 개정시 해당조문을 삭제함으로써 현재에는 이 법령에서 설계서에 대한 정의나 개념을 규정하고 있지 않다.

㈜ 2010.7 개정 전「국가계약법 시행규칙」제41조제1항제5호제가목의 규정에 의하면, 설계서는 다음과 같았다.
(1) 설계도면
(2) 공사시방서
(3) 현장설명서

㈜ 이에 대하여는 후술 제19·5항에서 다시 논의하기로 한다.

b. 계약예규상의 설계서

기획재정부 계약예규「공사계약일반조건」제2조제4호는 설계서를 아래와 같이 정의하고 있다.

(1) 공사시방서
(2) 설계도면
(3) 현장설명서
(4) 물량내역서

그러나 다음의 내역서는 설계서에 포함하지 아니한다.

(a) 일괄입찰을 실시하여 체결된 공사와 대안입찰을 실시하여 체결된 공사(대안이 채택된 부분에 한함)의 산출내역서
(b) 실시설계기술제안입찰을 실시하여 체결된 공사와 기본설계기술제안입찰을 실시하여 체결된 공사의 산출내역서
(c) 수의계약으로 체결된 공사의 산출내역서. 다만, 시행령 제30조제2항 본문에 따라 체결된 수의계약공사의 물량내역서는 제외

위 (c)항 단서에서 '시행령 제30조제2항 본문에 따라 체결된 수의계약공사의 물량내역서'라 함은 추정가격이 2천만원(여성기업 또는 장애인기업과 계약을 체결하는 경우에는 5천만원)을 초과하는 수의계약의 경우에는 전자조달시스템을 이용하여 견적서를 제출하도록 되어 있는데 이 경우의 수의계약공사의 물량내역서를 말한다. 즉 이 경우의 물량내역서는 설계서에 포함된다는 내용이다.

「국가계약법 시행령」제30조 견적에 의한 가격결정 등

–전항 생략–

② 각 중앙관서의 장 또는 계약담당공무원은 제26조제1항제5호가목에 따른 수의계약 중 추정가격이 2천만원(제1항제2호 단서에 따른 여성기업 또는 장애인기업과 계약을 체결하는 경우에는 5천만원)을

초과하는 수의계약의 경우에는 전자조달시스템을 이용하여 견적서를 제출하도록 하여야 한다. 다만, 계약의 목적이나 특성상 전자조달시스템에 의한 견적서제출이 곤란한 경우로서 기획재정부령이 정하는 경우에는 그러하지 아니하다.

–후항 생략–

c. 건설기술진흥법령의 설계서

이 법령에서는 설계서를 설계도서라 지칭하며, 설계서는 다음 도서의 집합개념이다(시행규칙 제40조).

(1) 설계도면

(2) 설계명세서

(3) 공사시방서

(4) 발주처가 특히 필요하다고 인정하여 요구한 부대도면 기타 관련서류

㈜ 이 법에서 발주처는 '발주청'(發注廳)이라 표기하고 있으며, ①국가, ②지방자치단체, ③공기업·준정부기관, ④지방공사·지방공단, ⑤기타 시행령으로 정하는 기관의 장을 뜻한다. 그렇다면 건설기술진흥법령은 공공공사를 대상으로 하는 법령이다.

d. 건축법령의 설계서

「건축법」에서도 역시 설계서를 설계도서라 지칭하며, 설계서는 다음 도서의 집합개념이다(제2조제14호).

(1) 공사도면

(2) 구조계산서

(3) 시방서

(4) 건축설비계산 관계서류

(5) 토질 및 지질 관계서류

(6) 기타 공사에 필요한 서류

e. 건축사법령의 설계서

「건축사법」에서도 역시 설계서를 설계도서라 하며, 설계서는 다음 도서의 집합개념이다(제2조제3호).

(1) 도면
(2) 구조계획서
(3) 공사설계설명서
(4) 건축설비계산 관계서류
(5) 토질 및 지질 관계서류
(6) 기타 공사에 필요한 서류

f. 주택법령의 설계서

「주택법 시행령」 제43조에 의하면 이 역시 설계서를 설계도서라 지칭하며 아래 도서의 집합개념을 취한다.

(1) 설계도
(2) 시방서
(3) 구조계산서
(4) 수량산출서
(5) 품질관리계획서

2. 일본의 설계서

일본은 법령 등에서 '설계도서'로 통일된 표기를 보이고 있다. 「공공공사표준청부계약약관」 및 「공공토목설계업무 등 표준위탁계약약관」에서 역시 우리나라와 같이 집합개념을 취하고 있다.

(1) 설계도면

(2) 사양서

(3) 현장설명서

(4) 질의·회답서

㈜ 제(2)항 사양서(仕様書)는 우리나라의 시방서이며, 제(4)항 질의·회답서는 입찰후보자들이 발주처의 현장설명과 관련하여 질의한 사항에 대한 발주처의 회답모음을 말한다.

3. 기타 외국의 설계서

영·미 등 거의 대부분의 외국은 설계서에 대한 집합개념을 취하지 않고, 굳이 우리나라나 일본식으로 표기하여 설계서라고 할 때에도 이는 단순한 개념상의 표기 그 이상의 의미를 갖지 않는다. 다시 말하면, Construction Documents 또는 Technical Documents는 도면(drawings)과 시방서(specifications)를 뜻하는 것은 사실이지만, 이 Drawings와 Specifications를 설계서(design documents, construction documents 또는 technical documents)라고 표기하여야 하는 것은 아니라는 점이다.

이는 곧 Drawings와 Specifications는 별개로 계약문서(contract documents)에 포함되며 그 자체로 독립적 문서라는 뜻이 된다.

이에 비하여 일반조건(general conditions)과 특수조건(supplementary conditions 또는 particular conditions)은 '계약조건'(conditions of contract)에 포함되는 집합개념이다.

19·3 설계도면

전통적인 공사수행방식, 예컨대 설계·시공분리계약에서 도면(drawings)이라고 할 때에는 설계자가 작성한 도면, 즉 입찰 또는 계약시 발주처가 교부하는 도면과 시공자가 공사의 수행 중 또는 완성단계에서 작성하는 도면으로 구분된다. 설계자가 작성하여 발주처가 교부하는 도면을 이 항에서 설계도면이라 한다면, 시공자가 작성하는 도면에는 시공상세도면 및 기록도면 또는 준공도면이 있다.

- 도 면
  - 발주처가 교부하는 도면 : 설계도면
  - 시공자가 작성하는 도면 : 시공상세도면·기록도면

이 항에서는 설계도면에 한하여 살펴보고, 시공상세도면과 기록도면은 항을 달리하여 따로 살펴보기로 한다.

1. 기획도면

기획도면(schematic drawings)은 기획 또는 계획단계(planning stage 또는 schematic design stage)에서 작성된다.

이 단계에서는 공사의 규모와 주요구조물의 배치 등의 상관관계가 검토되며, 기본골격만을 나타내므로 실제적으로는 도면이라고 할 수 없다. 이 경우의 도면을 그러므로 'Sketch'라고 부르기도 한다.

2. 기본설계도면

이 도면(basic drawings)은 기본설계단계(basic design stage)에서 작성된다.

a. 기본설계의 개념

기본설계라 함은 예비타당성조사, 기본계획 및 타당성조사결과를 감안하여 시설물의 규모, 배치, 형태, 개략공사방법 및 기간, 개략공사비 등에 관한 조사, 분석, 비교·검토를 거쳐 최적안을 선정하고, 설계기준 및 조건 등 실시설계에 필요한 기술자료를 작성하는 것을 말한다.

b. 기본설계의 내용

(1) 설계개요 및 법령 등 제기준의 검토
(2) 예비타당성조사 및 타당성조사결과의 검토
(3) 공사지역의 문화재 등에 대한 문화재지표조사 및 설계반영 필요성의 검토
(4) 기본적인 구조물형식의 비교·검토
(5) 구조물형식별 적용공법의 비교·검토
(6) 기술적 대안의 비교·검토
(7) 대안별 시설물규모의 검토
(8) 대안별 시설물의 공사비 등 경제성 비교
(9) 시설물의 기능별 배치 검토
(10) 개략공사비 및 공사기간의 산정
(11) 측량 및 지반·지질·기상·기후조사
(12) 주요 자재·장비의 사용성 검토
(13) 설계도서 및 개략공사시방서 작성
(14) 설계설명서 및 계산서 작성
(15) 기타 빌주처가 정하는 사항

3. 실시설계도면

미국건축사협회(AIA, American Institute of Architects)의 표기에 의하면, 이 도면은 설계전개단계(design development stage)에서 작성되며, 상세설계도면이라고도 한다. 이

도면에 대한 영문표기는 그러므로 Contract Drawings, Construction Drawings, Detailed Drawings, Working Drawings 등 다양하게 나타난다.

우리나라에서 공사도면이라고 할 때에는 바로 이 실시설계도면을 일컫는다.

㈜ 상기 영문표기 중 Working Drawings는 이 항의 실시설계도면 뿐만 아니라 경우에 따라서는 후술 Shop Drawings 즉 시공상세도면을 뜻하기도 한다.

a. 실시설계의 개념

실시설계라 함은 기본설계의 결과를 토대로 시설물의 규모, 배치, 형태, 공사방법과 기간, 공사비, 유지관리 등에 관하여 세부조사 및 분석, 비교·검토를 통하여 최적안을 선정하여 시공 및 유지관리에 필요한 설계서를 작성하는 것을 말한다.

b. 실시설계의 내용

앞에서 언급한 바와 같이 실시설계는 곧 설계서를 작성하는 행위를 말하며, 실시설계도면은 이 과정에서 작성하는 도면을 말한다.

(1) 설계개요 및 법령 등 제기준의 검토
(2) 기본설계결과의 검토
(3) 구조물형식의 결정 및 설계
(4) 구조물별 적용공법의 결정 및 설계
(5) 시설물의 기능별 배치 결정
(6) 공사비 및 공사기간의 산정
(7) 토취장, 골재원 등의 조사확인 및 자재공급계획
(8) 기본공정표 및 상세공정표의 작성
(9) 시방서, 물량내역서, 단가규정, 구조 및 수리계산서 작성
(10) 기타 발주처가 정하는 사항

19·4 시방서

1. 시방서의 개념

시방서는 영문으로 Specifications라 하며 편의상 Spec 또는 Specs로 표기하는 바 미국CM협회(CMAA)의 「CM업무해설서」(CM standards of practice)에서는 이를 아래와 같이 정의하고 있다.

CMAA의 시방서 정의

"Specifications : The detailed written descriptions of materials, equipment, systems and required workmanship and other qualitative information pertaining to the Work."

(시방서 : 공사와 관련한 자재, 장비, 설비와 요구되는 시공기술 및 기타 질적인 사항의 상세한 기술)

그러므로 이와 같은 내용은 도면이나 기타 계약문서에도 나타나고 있으므로 영문으로 Spec이라고 할 때에는 계약문서 전체를 포함하는 경우도 있으나(광의의 Spec), 일반적인 경우 이와 같은 내용은 시방서라는 별도의 문서에서 집약적으로 기술된다(협의의 Spec). 본 항의 시방서는 후자의 경우, 즉 협의의 시방서를 뜻하며, 건설공사에서는 Construction Specs(공사시방서)로 특화하여 부르기도 한다.

시방서는 크게 일반시방서(general specs)와 기술 또는 특별시방서(technical specs 또는 special specs, particular specs)로 분류된다.

㈜ 우리나라도 종전에는 시방서를 이와 같이 구분하였으나, 1997. 8월부터 이를 공사시방서로 통합하였다.

「WTO협정문」 제6조는 'Technical Specs'(기술시방서)의 작성기준을 제시하고 있는 것으로서, 제6조제2항부터 아래에 인용한다.

「WTO협정문」 제6조

"2. 발주처가 제정하는 기술시방서는
(a) 디자인 또는 외형적인 면보다 성능에 의하여야 하며,
(b) 국제표준이 있는 경우에는 그를 기준으로 하고, 그렇지 아니할 경우에는 국내의 기술법령·공인표준 또는 빌딩규정을 기준으로 하여야 한다.

3. 특정상표나 상호, 특허, 디자인 또는 형태, 특정원산지, 생산자 또는 공급자를 지정하지 아니하여야 한다. 다만, 수행요건을 정확하게 나타낼 수 있는 방법이 없고 입찰준비문서에 'or equivalent'(또는 동등한 것)과 같은 표기가 있는 경우에는 그러하지 아니하다.

4. 발주처는 경쟁을 제한하는 결과가 되는 방법으로 특정계약의 수행에 이해관계가 있는 기업으로부터 시방서의 작성에 적용될 수 있는 조언을 구하거나 받아들여서는 아니 된다."

이 협정문 제6조를 한마디로 표현한다면 제한시방서(closed specs)를 지양(止揚)하라는 것이며, 결국 경쟁을 제한하지 말라는 뜻이다.

2. 우리나라의 시방서

「건설기술진흥법」 제34조 등의 규정에 의하면, 우리나라는 시방서를 표준시방서, 전문시방서 및 공사시방서의 3원체계를 취한다.

a. 표준시방서

(1) 표준시방서의 개념

표준시방서라 함은 시설물의 안전 및 공사시행의 적정성과 품질확보 등을 위하여 시설물별로 정한 표준적인 시공기준으로서 설계자가 공사시방서를 작성하는 경우에 활용하기 위한 기준을 말한다.

(2) 표준시방서의 작성자

아래의 자는 건설기준 즉 건설공사의 설계기준, 시공기준 및 표준시방서를 작성할 수 있다(「건설기술진흥법 시행령」 제65조제1항).

(a) 국토교통부장관
(b) 해양수산부장관
(c) 농림축산식품부장관
(d) 환경부장관
(e) 지방자치단체
(f) 공기업·준정부기관
(g) 건설기술관련 기관 또는 단체
(h) 건설관련기술의 연구를 목적으로 하는 법인

다만, 이 중에서 제⑤~⑧항의 자가 표준시방서를 포함하여 위의 건설기준을 작성하고자 하는 경우에는 국토교통부장관의 승인을 얻어야 한다.

b. 전문시방서

(1) 전문시방서의 개념

전문시방서라 함은 시설물별 표준시방서를 기본으로 모든 공종을 대상으로 하여 특정한 공사의 시공 또는 공사시방서의 작성에 활용하기 위한 종합적인 시공기준을 말한다.

(2) 전문시방서의 작성자

상기 표준시방서의 작성자와 같다.

c. 공사시방서

건설공사의 설계서에 포함된 시공기준으로서 표준시방서 및 전문시방서를 기본으로 하여 특정공사의 수행을 위하여 작성하는 시방서를 말한다.(구체적인 내용은 상기 제1항 시방서의 개념 참조)

이 공사시방서는 설계서에 해당하나, 전문시방서와 표준시방서는 설계서에 포함되는 것이 아니라 공사관련법령에 해당한다.

19·5 시방서의 일반적 유형

a. 설계시방서(Design Specs)

특정자재 또는 설비의 종류, 유형, 칫수, 설치방법, 시험 및 검사항목 등이 명시되는 시방서를 말하며, 시공자가 시방서에 일치하여 공사를 수행했을 경우에는 공사목적물에 여하한 결과가 나타나더라도 책임이 없다. 이 시방서는 주로 구조공사(structural work)에서 사용된다.

"벽은 지름 1.5cm 철근을 5cm 간격으로 보강한 두께 20cm의 철근콘크리트로 하여야 한다."

이 시방서에서는 시공자가 여하한 시방사항이라도 변경할 경우에는 발주처의 승인을 받아야 하며, 소위 설계변경이 된다.

이 시방서는 Design Specs(설계시방서) 외에 Materials and Workmanship Specs(자재·시공시방서), Method and Materials Specs(공법·자재시방서), Prescriptive Specs(규범시방서) 등 다양하게 표현되므로 유의하여야 한다.

b. 성능시방서 (Performance Specs)

설계시방서와는 달리 특정시공방법이나 자재 등을 명시하는 것이 아니라 공사목적물의 결과나 성능을 명시하는 시방서이며 시공방법이나 자재의 선정책임은 시공자에게 있다. 이와 같은 특징으로 인하여 이 시방서를 End Result Specs(결과시방서)이라고도 한다.

그러므로 창의적이고 노련한 시공자의 경우 비용절감으로 높은 이익을 창출할 수 있다고 하겠다.

"벽은 1m당(plm : per linear meter) 연직하중 300kg을 지탱하여야 한다."

이 시방서에서는 연직하중 300kg을 지탱할 수 있는 벽일 경우 어떤 공법, 어떤 자재를 사용할 것인지는 전적으로 시공자가 판단할 사항이다.

이 시방서는 시공자의 능력을 최대한으로 활용할 수 있음으로 인하여 발주처가 선호하는 시방서이며, 특히 전기 또는 기계설비공사, 포장공사, 시멘트 콘크리트공사 등에서 효과적인 시방서라고 한다.

참고로, 설계시방서와 성능시방서가 상치될 경우에는 설계시방서가 우선한다는 것이 일반적인 견해이다. 예를 들면, 아래와 같은 시방사항을 가정할 수 있을 것이다.

> "벽은 지름 1.5cm 철근을 5cm 간격으로 보강한 두께 20cm의 철근콘크리트로 하되, 연직하중 300kg/plm이어야 한다."

이 예문의 전반부는 설계시방서이며 후반부는 성능시방서이다.

이와 같은 시방서는 외국에서 가끔 접하게 되는 바, 설계·성능시방서(design and performance specs)라고 불리우기도 한다.

이 시방서, 즉 Design and Performance Specs에서 ①1.5cm의 철근을 5cm 간격으로 보강한 두께 20cm의 철근콘크리트 벽이 ②시험결과 연직하중 300kg/plm에 미달하였을 때, 만약 시공자가 제①항(design specs)에 일치하여 시공하였다면 제②항(performance specs)에 대한 책임이 없다. 이는 발주처(정확하게는 설계자)의 책임이다. 그러므로 요구되는 하중에 부합되게 하기 위한 벽의 보강작업에 대한 모든 비용을 발주처가 부담하여야 한다.

c. 개방시방서(Open Specs)

특정자재 또는 설비의 제작이나 품명 등에 제한을 두지 않고 품질이나 규격만 명시하는 시방서를 말한다. 그러므로 제작자 및 품목에 대한 선정권을 시공자에게 부여한다. 공공공사의 시방서는 기본적으로 이 시방서를 사용한다. 상기 「WTO협정문」 제6조제3항은 이 시방서를 전제로 한 조항이며, 우리나라도 국가계약관련법령에서 이를 규정하고 있다.

d. 제한시방서(Closed Specs)

특정유형의 제품을 지정하는 시방서를 말하며, 해당 특정제조자에게는 높은 이점이 있지만 여타의 제조자에게는 참여기회가 배제되므로 공공공사에서는 특별한 경우가 아닌

한 이 시방서를 사용할 수 없다.

그런데, 만약 두 제조자의 제품을 지정하였다면 경쟁이 전면 배제된 것은 아니라고 하더라도 당해 국가의 조달관련 법령상 3인 이상의 입찰자에게 입찰초청장을 발부하여야 한다는 등의 규정이 있다면 이는 제한시방서에 속한다.

또한 특정제조자의 특정모델을 명시하지 않더라도 특정제조자의 특정제품만이 시방서의 요구를 충족시킬 수 있도록 목적물의 결과나 성능을 명시하였다면 역시 제한시방서에 속한다.

e. 전용시방서(Proprietary Specs)

특정제조자의 특정제품을 지정하고 이의 대체수단을 허용하지 아니하는 시방서를 말한다. 제한시방서에 속하며, 설계시방서의 독특한 형태라고 할 수 있다.

> "에어컨은 대한상사의 모델 No. DH-912이어야 한다."

이 시방서에서는 여타의 제품의 성능이 상기 모델보다 좋고 값이 저렴하다고 하더라도 이를 대체하여서는 아니 된다.

f. 복수전용시방서(Multiple Proprietary Specs)

두 제조자 이상의 제품을 지정하는 시방서이며, 설계시방서의 일종이다. 선택권은 시공자에게 있다.

> "에어컨은 대한상사의 모델 No. DH-912 또는 한국상사의 모델 No. HK315이어야 한다."

g. 동등시방서(Or Equal Specs)

전용시방서의 변형이며, 아래의 예문으로 설명을 대신하고자 한다.

> "The air conditioner shall be Model No. DH-912 manufactured by Dae-Han Corp. or equal."
>
> (에어컨은 대한상사의 모델 No. DH-912 또는 이와 동등한 제품이어야 한다)

여기에서, 동등한 제품에 대한 결정기준은 ①지정제품, 즉 대한상사의 모델 No. DH-912가 없을 때에 한하여 여타의 동등제품이 허용된다는 견해와 ②설령 대한상사의 모델 No. DH-912가 가능하다고 하더라도 이 제품 또는 여타의 동등제품에 대한 선정권한이 시공자에게 있다는 견해가 대립되고 있다. 영국과 미국의 판례는 후자의 견해를 수용하고 있다.

상기 협정문 제6조제3항에서 "or equivalent"는 본 항의 "or equal"과 같은 뜻이다.

h. 승인된 동등시방서(Or Approved Equal Specs)

발주처에서 사전에 다양한 제조자의 제품을 적격제품으로 선정해놓고 그 제품 또는 그와 동등한 제품을 사용하도록 하는 시방서로서 개방시방서에 속한다.

"The air conditioner shall be A, B, C, D, E or approved equal."

(에어컨은 A, B, C, D, E 또는 승인된 동등제품이어야 한다)

i. 표준시방서(Standard Specs)

발주처 또는 공인기관이 시방사항을 제정하여 이를 적용하는 시방서로서 우리나라의 경우 콘크리트표준시방서, 토목공사표준시방서, 건축공사표준시방서, 도로공사표준시방서 등이 전형적인 예이다. 이 시방서의 장점은 발주처의 경우 공사마다 시방서를 작성해야 하는 번거로움이 없으며, 시공자의 경우 하나의 시방서로 여러 공사를 수행할 수 있으므로 시방사항을 쉽게 익힐 수 있다는 데에 있다. 그러나 설계자나 시공자의 능력을 활용할 수 없다는 것이 최대의 단점이다.

j. 참조시방서(Reference Specs)

시방서에 기존의 세계적인 특정규격, 예를 들면, ASTM(American Society for Testing Materials : 미국자재시험협회), BS(British Standards : 영국표준규격), JIS(Japanese Industry Standards : 일본산업표준) 등을 명기하여 그 규격에 따르도록

하는 시방서이다. 이와 같은 시방서의 장점은 목적물의 결과나 성능에 대하여 검증을 거쳤기 때문에 시방사항을 신뢰할 수 있다는 점에 있다.

k. 일괄시방서(All–Inclusive Specs)

인도받을 목적물만을 명시하는 시방서이며 시공자가 정해진 예산과 기간 안에 모든 사항을 결정하여 완성품을 발주처에 인도하여야 한다.

"에어컨 1식을 설치하여야 한다."

19·6 시공상세도면 및 기록도면

1. 시공상세도면

시공상세도(shop drawings) 역시 도면(drawings)인 것은 사실이나 상기 제19·3항의 설계도면과는 달리 통상 설계자가 아닌 시공자가 이를 작성한다는 점에서 차이가 있다.

미국 EJCDC 계약조건에서 정의된 시공상세도는 공사의 특정부분을 구체적으로 나타내기 위하여 시공자가 준비하여 제출하는 도면·도해·설명서·성능 및 시험자료 등을 말한다.

시공자는 이와 같은 도면이나 자료를 상호 연계하여 조정해야 하며, 계약에서 기본적으로 요구하고 있는 사항과 부합되는지를 검토·확인한 후에 발주처(또는 감독관)의 승인을 받아야 하지만, 승인을 받았다고 하더라도 아래의 책임에서 면책되지 아니함을 주의하여야 한다.

미국 EJCDC「표준계약조건」제6·27조

"Engineer's review and approval of shop drawings or samples shall not relieve the Contractor from responsibility for any variation from the requirements of the Contract Documents ...."

(시공상세도 및 견본에 대한 감독관의 검토 및 승인은 계약문서상의 요구사항에 대한 여하한 변경에 대하여도 시공자의 책임을 없이하는 것이 아니다. ......)

다만, 시공자가 시공상세도의 제출 이전에 계약의 내용에 대한 변경사항을 제안하여 감독관이 이를 승인한 경우에는 책임이 면제된다.

우리나라의 경우 발주처는 공사의 진행단계별로 시공상태를 검토·확인 받아야 하는 시공상세도면의 목록을 공사시방서에 명시하여야 한다(「건설기술진흥법 시행규칙」 제42조).

그러나, 건축법령에서는 연면적의 합계가 5,000㎡ 이상인 건축공사의 감리자는 필요하다고 인정하는 경우 시공자로 하여금 당해 시공상세도면을 작성하도록 요청할 수 있는 것으로 규정하고 있어 약간의 차이가 있다.

2. 기록도면

기록도면은 실제도면 또는 준공도면·완성도면으로서, 완성된 공사목적물의 실제상황을 나타내며, 하자보수 또는 운영 및 유지관리에 있어서 매우 중요한 도면이다. 따라서 발주처는 이 도면을 최소한 해당 공사목적물이 존재하는 한 보관하여야 할 것이며, 경우에 따라서는 영구보관하기도 한다.

설계도면은 시공상세도면, 기록도면의 차례로 전환한다고 보아 무리가 없다.

기록도면의 영문표기는 Record Drawings, As-Built Drawings, Completion Drawings 등으로 나타낸다.

19·7 평가 : 물량내역서는 설계서인가?

앞에서 부분적으로 언급하였지만, 우리나라에서 물량내역서는 상당히 모호한 위치에 있다.

첫째 :「국가계약법 시행령」 제14조제1항 및 이 법 시행규칙 제41조제1항에서는 설계서에 포함되지 않는 것으로 규정하고 있다(설계서와 물량내역서를 별도로 규정함).

「국가계약법 시행령」 제14조 공사의 입찰

" ① 각 중앙관서의 장 또는 계약담당공무원은 공사를 입찰에 부치려는 때에는 다음 각 호의 서류(이하 "입찰관련서류"라 한다)를 작성하여야 한다. 다만, 제42조제4항에 따라 낙찰자를 결정하는 입찰에 대해서는 입찰에 참가하려는 자에게 제2호에 따른 물량내역서를 직접 작성(중앙관서의 장 또는 계약담당공무원이 교부하는 물량내역 기초자료를 참고하여 작성하는 경우를 포함한다)하게 할 수 있다.

1. 설계서
2. 공종별 목적물 물량내역서(이하 "물량내역서"라 한다)
3. 제1호 및 제2호의 서류 외에 입찰에 관한 서류로서 기획재정부령으로 정하는 서류

(이하 생략)"

그런데, 설계서를 이 시행령 제79조제1항제8호의 규정에서와 같이 설계서 및 그 부속도서라고 한다면, 물량내역서도 설계서에 해당하는 것이 당연하다. 이와 같은 전제는 건설기술진흥법령이나 건축법령에서도 작용한 듯하다.

㈜ 「건설기술진흥법 시행규칙」 제14조의2제3항의 설계내역서는 물량내역서와 같으며, 「건축법」 제2조제14호 또는 「건축사법」 제2조제3호의 구조계산서·건축설비계산관계서류도 일종의 물량내역서라고 할 수 있다.(상기 제19·2항 참조)

그러나 계약예규 「공사계약일반조건」 제2조제4호에서는 물량내역서가 설계서에 포함되는 것으로 규정하고 있다.

「국가계약법 시행령」 제14조제1항에서 별개로 규정한 물량내역서가 계약예규에서는 설계서에 포함된다면, 어느 기준에 따라야 할지 상당한 논리적 모순에 빠지지 않을 수 없게 된다.

둘째 : 산출내역서는 물량내역서에 단지 단가와 금액만을 기입한 문서(priced bill of quantities, 종전 FIDIC 「공사계약조건」에서는 이를 그냥 bill of quantities로 정의하고 있었음)인데, 이를 너무 제한적으로 적용하다가 보면 오히려 혼선이 생길 수 있다.

예를 들면, 계약예규 「공사계약일반조건」 제2조제9호에서는 산출내역서를 4개의 종류로 규정하고 있으며, 여기에서는 산출내역서를 입찰시를 기준으로 발주처에 제출하는 내역서로 한정하고 있다. 그렇다면, 공사의 수행 중 설계변경시에 제출하는 산출내역서는 당해 정의에서 제외되는 결과가 된다.

위 「공사계약일반조건」 제2조제9호의 내용을 조정할 필요가 있다.

㈜ 종전 계약예규 「공사계약일반조건」에서는 ①추정가격이 1억원 미만인 공사, ②수의계약으로 체결한 공사, ③설계·시공일괄계약, ④대안입찰에 있어 대안이 채택된 공종의 공사에 있어서는 산출내역서가 설계서에 포함되지 않는다고 규정하고 있어서 흡사 이 4종의 공사가 아닌 공사에 있어서는 산출내역서가 설계서인 것처럼 규정하고 있었다(제19조제2항). 다행하게도 이 규정은 2007.10 삭제되어 오늘에 이르고 있어, 이제 설계서나 산출내역서의 뜻이 한결 분명해진 것은 사실이다.

20

계약상의 통지

제20장

계약상의 통지

20·1 서 론

본 장에서 통지라 함은 기획재정부 계약예규「공사계약일반조건」제5조에서 규정하고 있는 바와 같이 계약당사자 일방이 타방에게 행하는 모든 통지·통보·보고·신청·청구·요구·요청·회신·승인 또는 지시 등을 총칭한다.

이 통지(notice)는 그러므로 계약당사자간의 의사전달(communication) 행위를 뜻한다. 입찰이나 계약의 체결 또는 그 수행은 결국 통지에 의하여 이루어진다고 해도 과언이 아니다.

20·2 통지의 종류

통지는 그 수단에 따라 구두에 의한 통지(oral notice 또는 verbal notice)와 문서에 의한 통지(written notice)가 있고, 그 행위자에 따라 발주처에 의한 통지(owner's notice)와 시공자에 의한 통지(contractor's notice)가 있으며, 그 내용에 따라 요청·청구의 통지(demanding notice 또는 requesting notice)와 그에 대한 답변의 통지(answering notice)등이 있다.

(1) 수단에 따른 통지의 유형 : 구두통지, 서면통지

(2) 행위자에 따른 통지의 유형 : 발주처의 통지, 시공자의 통지

㈜ 건설사업관리자 또는 감리자에 의한 통지도 있으나, 이는 발주처의 입장에서는 또다른 계약상대자와의 통지가 되며, 시공자의 입장에서는 발주처의 통지에 포함시켜도 무방하다.

(3) 내용에 따른 통지 : 요청·청구 등의 통지, 답변의 통지

(4) 의무의 수반여부에 따른 통지 : 의무가 수반되는 통지, 의무가 수반되지 않는 통지

㈜ (3)항과 (4)항은 유사한 것이 사실이나, 예컨대 특정일에 대한 휴무의 통지나 단순한 상황의 주지를 위한 통지 등은 (4)항의 의무가 수반되지 않는 통지에 해당하나, (3)항의 통지에는 해당하지 않는다는 점에서 차이가 있다.

(5) 전달방법에 따른 통지 : 일방이 타방에게 하는 직접통지, 우편·전신·팩스·택배 등으로 하는 간접통지

예컨대, 시공자가 설계변경제안서를 우편으로 발주처에 제출하였다면, 이는 ①서면통지이며, ②시공자에 의한 통지, ③요청·청구 등의 통지, ④발주처의 의무(제안사항의 수락여부에 대한 회신)가 수반되는 통지, ⑤간접통지이다.

20·3 통지의 효력발생시기

전항 말미의 예에서, 그렇다면 시공자의 설계변경제안은 언제부터 효력이 발생하는가. 시공자가 제안서를 발송한 날부터인가, 아니면 발주처가 그 제안서를 접수한 날부터인가.

1. 도달주의원칙

통지의 효력은 상대방에게 도달한 때부터 효력이 발생한다는 원칙이 도달주의원칙이다. 우리나라, 일본 등이 이 원칙을 취한다.

「민법」 제111조 의사표시의 효력발생시기

"① 상대방있는 의사표시는 그 통지가 상대방에게 도달한 때로부터 그 효력이 발생한다.
② 표의자가 그 통지를 발한 후 사망하거나 행위능력을 상실하여도 의사표시의 효력에 영향을 미치지 아니한다."

계약예규 「공사계약일반조건」 제5조 통지 등

"①~② – 생　략 –
③ 통지 등의 효력은 계약문서에 따로 정하는 경우를 제외하고는 계약당사자에게 도달한 날부터 발생한다. – 이하 생략 – "

FIDIC, 「국제상업회의소(ICC)중재규정」(ICC Rules of Arbitration), 「UN국제거래위원회법」(UNCITRAL) 등에서도 도달주의원칙을 채택하고 있다.

UNCITRAL　제2조제1항 및 제2항

"1. … any notice …… is deemed to have been received if it is physically delivered to the address ……. Notice shall be deemed to have been received on the day it is so delivered.
2. …… period shall begin to run on the day following the day when a notice …… is received. …………"

(1. 통지는 수신인에게 실제적으로 도달된 경우에 접수한 것으로 간주한다. 통지는 도달일에 접수된 것으로 간주한다.
2. 기간은 통지가 접수된 날의 익일부터 개시된다)

「ICC중재규정」　제3조제3항

"3. A notification …… shall be deemed to have been made on the day it was received by the party itself……."

(통지는 상대방이 접수한 날에 이루어진 것으로 간주한다)

FIDIC 「공사계약조건」 제8·1조

"8.1 Commencement of Work
The Engineer shall give the Contractor not less than 7 days' notice of the Commencement Date. Unless otherwise stated in the Particular Conditions, the Commencement Date shall be within 42 days after the Contractor receives the Letter of Acceptance.
………………………………………"

(8.1 공사의 착수
감독관은 7일 이상의 착공일자를 부여하여야 한다. 특수조건에서 달리 규정하는 경우를 제외하고는 착공일은 시공자가 낙찰통지서를 접수한 후 42일 이내이어야 한다.
– 이하 생략 –)

2. 발송주의원칙

발송주의원칙이라 함은 통지를 상대방에게 발송한 날부터 효력이 발생한다는 원칙을 말한다.

우리나라 「상법」은 발송주의원칙을 채택하고 있다.

「민법」은 도달주의원칙을 기본으로 하나, 예외적으로 발송주의원칙을 취하는 경우가 있는 바, 아래와 같다.

(1) 무능력자의 상대방의 최고에 대한 확답
(2) 무권대리인의 상대방의 최고에 대한 확답
(3) 채무인수인에 대한 채권자의 승낙
(4) 격지자간의 계약의 승낙통지
(5) 승낙연착의 통지
(6) 사원총회소집의 통지

외국의 경우에는 영국, 미국, 싱가포르 등이 이 원칙을 채택하고 있다.

영국 컨설팅엔지니어협회(ACE) 계약조건 제10조

"…… These notices shall if sent by registered post be deemed to have been received forty eight hours after being posted."

(통지를 등기우편으로 발송하는 경우에는 발송 후 48시간에 접수한 것으로 간주한다)

싱가포르 「공공공사표준계약조건」 제36 · 2조제(5)항

"… service of any originating process …… shall be deemed to be due service if it is posted to or left at the service address."

(통지는 통지장소로 우송하거나 전달된 경우에는 유효한 통지로 간주된다)

20·4 통지의 적합성

a. 일반적인 적합성

통지의 효력발생시기를 발송일기준으로 할 것이냐, 아니면 도달일기준으로 할 것이냐의 논의도 통지의 적합성이 전제가 되어야 한다. 이 적합성은 상기 어느 원칙을 취하느냐에 관계없이 공통적으로 요구되고 있음은 말할 것도 없다.

첫 째 : 자격있는 자에 의한 통지여야 한다.
둘 째 : 계약서에 기재된 주소지로 하여야 한다.
셋 째 : 약정된 방식에 의한 통지이어야 한다. 예컨대, 우리나라「공사계약일반조건」제5조제1항의 규정에 의하면, 구두통지는 문서로 보완되어야 효력이 있다.
넷 째 : 기한이 정하여진 경우에는 이 기한 내에 통지가 이루어져야 한다.
다섯째 : 통지의 수령능력이 있는 자에게 하여야 한다.(직접통지의 경우)

b. 구두통지의 효력

앞에서 구두통지도 통지의 한 유형임을 언급하였던 적이 있다. 그렇다면, 구두통지는 그 자체만으로 효력을 발생하는가?

결론부터 말하면, 구두통지도 통지의 한 유형인 것은 사실이나 그 자체만으로 통지의 효력을 갖는 것이 아니라 반드시 뒤에 서면통지로 보완되어야 한다. 보완시기에 대하여는 우리나라의 경우 일반조건에서는 시한을 명시하고 있지 아니하나 특수조건에서 이를 3일 이내로 하여 규정하고 있다.

우리나라 조달청고시「일괄계약특수조건」제6조

"제6조(통지 등) ①~② (생략)

③ 계약담당공무원·공사감독관 및 그 위임을 받은 대리인의 구두지시를 서면으로 확인할 필요가 있다고 판단되는 경우에는 계약상대자는 그 구두지시가 있은 날로부터 3일 이내에 서면으로 확인요청을 하여야 하며, 계약담당공무원·공사감독관 및 그 위임을 받은 대리인은 그 요청을 받은 날부터 3일 이내에 사유 및 내용을 첨부하여 서면으로 통지하여야 한다"

미국의 경우 「연방조달규정(FAR)」에 의하면, 구두통지는 계약기간이나, 계약조건 또는 설계사항에 아무런 영향을 미칠 수 없다. 이 경우 반드시 계약관(CO) 또는 그의 위임을 받은 대리인에 의하여 문서로 이루어 져야 한다.

미국 「연방조달규정(FAR)」 제52.247-27조

Contract Not Affected by Oral Agreement

No oral statement of any person shall modify or otherwise affect the terms, conditions, or specifications stated in this contract. All modifications to the contract must be made in writing by the Contracting Officer or an authorized representative.

여하한 자의 구두통지도 계약상의 기간, 조건 또는 설계사항을 변경하거나 달리 영향을 미칠 수 없다. 계약사항의 변경은 계약관 또는 그의 위임을 받은 대리인에 의하여 문서로 이루어져야 한다.

영국의 경우에도 「표준용역계약조건」(model terms and conditions of contracts for services)(이하 '공공계약조건'이라 함)에서 위 미국 「연방조달규정(FAR)」과 아주 유사한 내용의 규정을 두고 있다.

영국 「공공계약조건」 제A5.1조

Except as otherwise expressly provided within the Contract, no notice or other communication from one Party to the other shall have any validity under the Contract unless made in writing by or on behalf of the Party concerned.

계약서에 달리 명시된 경우를 제외하고, 일방의 타방에 대한 여하한 통지 또는 기타의 의사전달도 그 일방당사자 또는 그의 대리인에 의하여 문서로 이루지지 않을 경우에는 계약상 효력을 갖지 못한다.

이와 같이 문서통지를 원칙으로 함에 있어서, 구두통지는 계약상의 통지 또는 원칙적인 통지가 아니라는 점에서 이를 특별히 Constructive Notice(간접통지 또는 예비통지)라고 한다. 이 통지에 의한 설계변경은 Constructive Change 또는 Constructive Variation이라 한다.

㈜ Constructive Variation 또는 Constructive Change는 뒤에 다시 논의한다.

20·5 기간의 계산

1. 「민법」의 규정

a. 기간의 기산점

기간을 시·분·초로 정한 때에는 즉시로부터 기산(起算)하고, 일·주·월·년으로 정한 때에는 기간의 초일은 산입하지 아니한다.

b. 기간의 만료점

기간을 일·주·월·년으로 정한 때에는 기간말일의 종료로 기간이 만료한다. 그러나 기간의 말일이 공휴일인 때에는 그 익일에 만료한다.

c. 달력에 의한 계산

기간을 주·월 또는 연(年)으로 정한 때에는 달력에 의하여 계산하며, 주·월·년의 처음으로부터 기간을 기산하지 아니하는 때에는 최후의 주·월·년에서 그 기산일에 해당한 날의 전일에 기간이 만료하고, 월 또는 연으로 정한 경우에 최후의 월에 해당일이 없는 때에는 그 월의 말일에 기간이 만료한다.

2. 계약예규 「공사계약일반조건」의 규정

「공사계약일반조건」에서는 기간계산의 구체적인 규정을 두고 있지 아니하나, 계약문서에 특별히 규정한 경우를 제외하고는 상기 「민법」의 규정을 준용한다고 본다(조달청고시 「일괄계약특수조건」 제53조제3항 참조).

다만, 이 일반조건 제5조제3항의 규정에 의하면, 원칙적으로 통지의 효력은 상대방에게 도달한 날부터 발생하되, 도달일이 공휴일인 경우에는 그 익일부터 효력이 발생하는 것으로 하고 있다.

3. EJCDC의 규정

미국의 엔지니어합동계약문서위원회(EJCDC) 계약조건에서는 아래와 같은 기간계산과 관련한 규정을 두고 있다.

EJCDC 「표준계약조건」 제17·2·1조

"When any period of time is referred to in the contract documents by days, it will be computed to exclude the first and include the last day of such period. If the last day of any such period falls on a Saturday or Sunday or on a day made a legal holiday by the law of the applicable jurisdiction, such day will be omitted from the computation."

(기간을 일로 계산하도록 계약문서에 규정되어 있을 때에는 초일은 기간에 산입하지 아니하고 말일은 포함시킨다. 기간의 말일이 토요일·일요일 또는 법정공휴일에 도래하는 경우에는 그 말일은 기간의 계산에서 제외한다)

㈜ ICC중재규정 제3조제4항 및 UNCITRAL 제2조제2항도 EJCDC의 상기 규정과 유사한 바, 인용을 생략한다.

이 EJCDC의 규정은 우리나라 「민법」의 일(日)단위 기간계산법과 동일하다.

20·6 즉시의 의미

통지의 시한 또는 기간의 개념 중에 즉시 또는 지체없이 등의 표기(이하 본 항에서 "즉시"로 통칭함)를 접하게 되는 바 이의 구체적인 개념에 논란이 있음을 본다.

영문으로 immediately, forthwith, promptly, without delay, as soon as possible 등 다양하게 표기되고 있으나 그 의미에 차이를 둘 필요가 없다.

㈜ 본 항에서 논의하는 즉시는 계약상의 표기를 대상으로 하며, 우리나라 「민법」 제156조에서 규정하고 있는 즉시, 즉 시·분·초의 즉시가 아님을 유의해야 한다.

1. 실제조항의 음미

우리나라의 계약예규 「공사계약일반조건」 제26조의 규정을 인용하여 보기로 한다.

우리나라 「공사계약일반조건」 제26조 계약기간의 연장

"① 계약상대자는 제25조제3항 각 호의 어느 하나의 사유가 계약기간 내에 발생한 경우에는 계약기간 종료 전에 지체없이 제17조제1항제2호의 수정공정표를 첨부하여 계약담당공무원과 공사감독관에게 서면으로 계약기간의 연장신청을 하여야 한다. 다만, 연장사유가 계약기간 내에 발생하여 계약기간 경과 후 종료된 경우에는 동 사유가 종료된 후 즉시 계약기간의 연장신청을 하여야 한다.

② 계약담당공무원은 제1항의 규정에 의한 계약기간연장신청이 접수된 때에는 즉시 그 사실을 조사·확인하고 공사가 적절히 이행될 수 있도록 계약기간의 연장 등 필요한 조치를 하여야 한다.

③~⑥ – 생 략 – "

이 규정의 내용을 요약하여 흐름도로 나타내면 아래와 같다.

계약기간의 연장절차

(a) 연장사유 발생

↓ ……… (지체없이)

(b) 공사공정표 수정(시공자)

↓

(c) 연장신청서 작성(시공자)

↓

(수정공정표 첨부)(시공자)

↓

(d) 연장신청서 제출(시공자)

↓

(e) 연장신청서 접수(발주처/감독관)

↓ ……… (즉시)

(f) 사실의 조사·확인(발주처)

↓

(g) 승인여부 회신(발주처)

상기 규정을 다시 요약하면 다음과 같다. 즉, ①연장사유가 계약기간 내에 발생한 경우 시공자는 '지체없이' 연장신청을 하고, 신청을 접수한 발주처는 '즉시' 그 사실을 조사·확인하고 계약기간의 연장여부를 회신하여야 한다. ②연장사유가 계약기간 내에 발생하여 계약기간의 종료 후까지 계속된 경우에는 그 사유가 종료된 후 '즉시' 계약기간의 연장신청을 하여야 한다.

여기에서, 시공자는 '지체없이' 연장신청을 하고, 발주처는 '즉시' 사실의 조사·확인 후 필요한 조치를 하도록 되어 있다. 이 경우 '지체없이' 와 '즉시'는 구체적으로 어느 정도의 시간길이인가.

2. 기준기간 이내인 기간

a. 기준기간의 개념

기준기간이라 함은 계약상 기간의 산정에 있어서 기준이 되는 기간을 말하며 영문으로는 Basic Period, Unit Period 또는 Period Criteria라고 표기한다.

영·미권 제국 및 FIDIC 등의 계약조건은 기간단위를 철저하게 7일 또는 1주일 단위로 하고 있으므로, 이 7일이 대표적인 기준기간이다. 따라서 기간의 계산은 7일, 14일, 21일, 28일...........등으로 정해져 있다.

우리나라도 기본적으로는 이 7일의 기준기간체계를 적용하고 있기는 하나(「공사계약일반조건」 제16조, 제17조, 제27조, 제28조, 제35조, 제45조, 제47조의2), 한편, 제20조, 제22조, 제25조, 제27조, 제39조, 제40조, 제41조, 제43조의2, 제43조의3, 제47조, 제47조의3, 제49조 등에서는 이 기준기간을 벗어나 2일, 3일, 5일, 20일, 30일 또는 60일의 기간을 설정하고 있기도 하다.

b. 기준기간이 아닌 기간

기준기간이 설정되어 있을 경우라고 하더라도 기준기간단위를 벗어나는 기간이 필요로 하는 경우도 있을 수도 있음은 물론이다. 그렇다고 하여, 일(日)을 기준으로 한다면, 1일부터 시작하여 2일, 3일, 4일 ……등 모든 수치를 계약조건에서 규정하는 것은 비록 기간은 정확할지 모르나 계약당사자로 하여금 기간 또는 시한의 예측을 어렵게 하게 될 것이다.

이를 위하여, 즉 기간 또는 시한의 예측을 용이하게 하고 계약의 안정적인 수행을 위하여 기준기간단위가 아닌 기간은 'OO일(기준시간) 이내'라는 표기를 사용한다.

아래에서 기준기간이 7일인 경우 기준기간이 아닌 기간에 대한 표기의 예를 들어보기로 한다.

(예) · 19일 : 21일 이내(within 21 days)
· 12일 : 14일 이내(within 14 days)
· 5일 : 7일 이내(within 7 days)

c. 기준기간 이내인 기간

상기의 예 중에서도 기준기간(정확하게는 기초기준기간) 이내인 기간, 즉 5일은 '7일 이내'라고 표기하기도 하지만, 그 긴급성을 강조하기 위하여 특별히 본 항의 '즉시'라고 표기하기도 한다.

3. 즉시의 개념 도출

이상에서, 즉시라 함은 기초기준기간 7일 이내의 기간 또는 계약조건에서 명시된 최단기의 기간 이내의 기간을 말한다. 그러므로 영·미·FIDIC 등의 경우 '즉시'라고 할 때에는 7일 이내의 기간을 일컫는다.

우리나라의 경우 「공사계약일반조건」에서 규정하는 최단기는 제43조의3제3항에서 규정하는 2일이다. 이처럼 2일이 명시적으로 규정되어 있으므로, 우리나라의 경우 기초기준시간은 2일이고, '즉시'는 그 2일 이내의 기간을 일컫게 된다.

이 개념을 적용할 경우 상기 앞에서 인용한 「공사계약일반조건」 제26조제1항의 지체없이는 계약기간의 연장사유가 발생하였을 때 시공자는 늦어도 2일 이내에 계약기간의 연장신청에 임해야 하고, 시공자로부터 계약기간연장신청서를 접수한 발주처는 2일 이내에 그 사실을 조사·확인하는 등 관련조치의 시행해야 한다는 뜻이 된다. 2일 이내에 이와 같은 업무를 수행한다는 것이 쉽지 않음은 불을 보듯 뻔하다.

이렇게 볼 때 우리나라에서 기간개념이 너무 즉흥적으로 적용되고 있지 않나 하는 생각이 든다.

20·7 경유통지

1. 경유통지의 개념

경유통지라 함은 상대방에게 하는 통지에 앞서 제3관련자의 검토·확인을 거쳐 하는 통지를 말하며, 이는 통지의 절차를 기준으로 한 통지의 또다른 유형이라고 할 수 있다.

여기에서 제3관련자라 함은 의사결정의 통상적인 라인(Line) 즉 계선(系線)상의 자 이외의 자를 말하며, 경유자란 그 관련자가 계선상의 자로 의제되는 경우이다. 유사용어로 협조자가 있는데 이는 계선상의 자 이외의 자로 참여하는 경우를 일컫는다. 전자는 본 항에서 논의하고자 하는 사항이고, 후자의 경우는「공사계약일반조건」제32조제3항에서 불가항력으로 인한 시공자의 손해에 대하여 발주처가 '공사감독관의 의견을 고려' 한다면, 이는 공사감독관이 협조자의 역할을 하는 예라고 할 수 있을 것이다.

㈜ 조달청고시「일괄계약특수조건」은 2004년 제정당시 제2조제11호에서 감독관 경유통지를 문서의 사본을 감독관에게 송부하는 것으로 정의하였던 바 있으나, 2006. 6월 당해 특수조건의 개정시 이를 삭제하였다.

2. 경유통지의 절차

공사계약에 있어서 경유통지가 논의될 수 있는 경우는 공사감독관 경유가 유일하다고 할 수 있다. 공사감독관을 제외하고는 제3자로서 '시공자–발주처'의 의사결정 라인에 직접 참여될 수 있는 자는 없기 때문이다(경우에 따라 설계자가 공사목적물의 구조적 내용에 대하여 의견을 제시하는 것은 경유자의 입장이 아니라 협조자의 입장임).

이 경유통지의 절차에 있어서 두 개의 대립되는 유형이 있기에 아래에서 살펴보고자 한다.

a. 제Ⅰ유형

이 유형에 있어서 공사감독관을 경유하라는 의미는 시공자가 발주처에게 직접적으로 통지하는 것이 아니라, 그 통지를 공사감독관에게 하며, 공사감독관이 이를 검토·확인한 후 시공자를 대신하여 발주처에 제출하는 유형이라 정의하기로 하며, 이 경우의 통지절차는 아래의 그림과 같다.

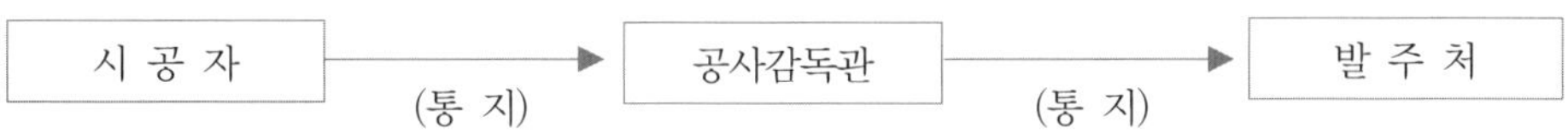

이 유형이 경유통지에 대한 가장 일반적인 절차이며, FIDIC·영국·미국·일본 등 우리나라를 제외한 거의 대부분의 국가에서 채택하고 있는 유형이다.

아래에서 일본의 관련계약조항을 소개한다.

일본「공공공사표준청부계약약관」제9조제5항

"5. 발주자가 감독원을 두었을 때는 이 약관이 정하는 청구, 통지, 보고, 신청, 승낙, 또는 해제에 대해서는 설계도서에 정한 것을 제외하고 감독원을 경유하고 시행하도록 한다. 이 경우에는 감독원에 도달한 날을 발주자에 도달한 것으로 간주한다."

b. 제Ⅱ유형

이 유형에서는 위의 제Ⅰ유형과는 대조적으로, 예컨대 공사감독관을 경유하라는 의미는 시공자가 공사감독관의 검토·확인 소위 검토필 등을 받아 시공자가 직접적으로 발주처에 통지하는 것이라는 견해로써 이 경우의 통지절차는 아래의 그림과 같다.

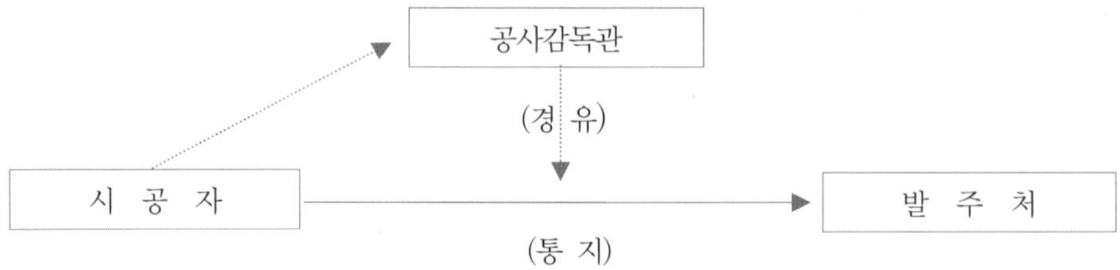

이 유형은 우리나라 공공공사에서 채택하고 있는 기본적인 유형이다.

c. 소 결

위 제Ⅰ유형의 경우는 비록 통지의 상대방이 발주처이기는 하나, 실제적으로 시공자는 공사감독관에게 통지를 한 것이라고 할 수 있으므로, 그렇다면 이는 발주처에 대한 통지가 아니라 공사감독관에 대한 통지라는 반론이 제기된다.

제Ⅱ유형의 경우는 비록 시공자가 통지의 상대방인 발주처에게 직접적으로 한 통지이므로 제Ⅰ유형에서와 같은 반론은 있을 수 없으나, 건설사업관리자 또는 감리자가 현장에 상주하는 공사의 경우에는 이들이 해당공사의 수행과 관련한 전반적인 사항을 검토, 확인 또는 검토·확인을 하고, 또한 시공자의 모든 통지는 공사감독관에게 통지된다는 점에서 굳이 공사감독관을 경유하라는 의미가 어디에 있느냐는 반론이 제기된다.

㈜ 우리나라 「공사계약일반조건」 제16조제5항의 규정에 의하면, 시공자는 그가 발주처에 제출하는 모든 문서의 사본을 공사감독관에게 제출하도록 되어 있다.

그러함에도 불구하고 공사감독관을 경유하도록 한 것은 설계변경이나 대가의 지급과 같이 그 통지의 내용이 중요한 경우에 있어서는 통지에 더욱 신중을 기하자는 강조적 의미가 함축된 것이라고 새길 수밖에 없다.

20·8 평 가

1. 통지조항의 연계성 결여

우리나라의 통지조항은 기획재정부 계약예규「공사계약일반조건」제5조와 조달청고시「일괄계약특수조건」제6조가 대표적인 바, 아래에 이들을 비교하여 보기로 한다.

통지조항에 대한 일반조건 및 특수조건의 비교

일 반 조 건	특 수 조 건
① 구두에 의한 통지 등은 문서로 보완되어야 효력이 있음.	① 계약당사자간의 통지 등은 서면으로 하여야 함. 다만, 계약문서에 별도로 정한 경우에는 그에 따름.
② 통지 등의 장소는 계약서에 기재된 주소로 하며, 주소의 변경시는 즉시 상대방에게 통지해야 함.	② 통지는 계약상대자 또는 그 위임을 받은 대리인에게 할 수 있으며, 통지장소는 달리 정한 경우를 제외하고는 계약서상의 주소로 함.
③ (생 략)	
④ 서면으로 정당한 요구를 받은 경우 성실히 검토·회신해야 함.	③ 발주처·공사감독관 또는 대리인의 구두지시를 서면으로 확인할 필요가 있다고 판단되는 경우 계약상대자는 그 지시일부터 3일 이내에 확인요청을 해야 하며, 발주처·공사감독관 또는 대리인은 요청받은 날부터 3일 이내에 답변해야 함.

위 통지조항에서 상호 연계성이 결여되었다고 한 것은 주로 특수조건이 그러하다는 뜻이다. 무엇이 문제인지 아래에서 짚어보기로 한다.

첫째, 특수조건 제①항의 경우 일반조건 제①항에서 규정한 '문서로 보완'하는 방법이나 시한 등을 구체적으로 규정해야 연계성을 살린다고 할 수 있다. 그런데 특수조건은 자세히 보면 일반조건의 내용을 반복하고 있다.

둘째, 특수조건 제②항 역시 제①항과 동일한 문제점을 지니고 있다.

셋째, 특수조건 제③항에서 규정하고 있는 '대리인'은 구체적으로 누구인지 얼른 이해가 가지 않을 수 있다. 특수조건은 그 내용이 일반조건에 비하여 구체화하여야 하는 것이며, 특수조건의 내용에 대하여 또 다른 해석이나 조건을 필요로 하는 것은 바람직하지 못하다.

2. 통지의 일반조항 vs 동시통지

계약예규 「공사계약일반조건」 제16조제5항의 규정에 의하면, 시공자는 발주처에 제출하는 모든 문서의 사본을 공사감독관에게 제출하도록 되어 있다. 이를 시공자의 공사감독관에 대한 통지의 일반조항이라고 할 수 있을 것이다.

이 일반조항에 대하여, 2006년 위 일반조건의 개정시 '동시통지'의 개념을 추가하였다. 즉, 일반조건 제19조의2 등에서 시공자는 발주처(구체적으로는 계약담당공무원)와 공사감독관에게 '동시에 통지'하도록 하는 규정을 둔 것이 그것이다.

그런데, 이 일반조건 제19조의4와 조달청고시 「일괄계약특수조건」 제27조, 제30조 및 제50조에는 경유통지조항이 잔존해 있고, 행정안전부예규 제1호 「지방계약일반조건」(2018.7.1 현재)에는 신기술·공법 및 계약기간의 연장신청에서 경유통지조항이 규정되어 있다.

a. 「공사계약일반조건」상의 경유통지

(1) 제19조의4제1항　신기술·신공법에 의한 설계변경신청
(2) 제19조의4제3항　신기술·신공법으로 수행할 공사에 대한 시공상세도의 제출

b. 「일괄계약특수조건」상의 경유통지

(1) 제27조　기타 계약내용의 변경으로 인한 계약금액의 조정신청
(2) 제30조　예측하지 못하였던 폐기물의 발견시의 통지
(3) 제44조　분쟁발생시 협의신청

c. 「지방계약일반조건」상의 경유통지

(1) 제6절제4항 신기술·공법에 의한 설계변경신청 및 시공상세도의 제출

(2) 제8절제2항 계약기간의 연장신청

d. 문제점

경유통지를 할 것인지 동시통지를 할 것인지는 발주처가 결정할 사항이라고 할 수 있으나, 적어도 동일사항에 대하여는 통지방법을 같이하는 것이 계약관리에 효과적일 것이리라 보며, 그것이 공연한 논란을 없이하는 것이기도 할 것이다.

21

설계변경

제21장

설계변경

21 · 1 설계변경에 대한 인식

설계변경이라 함은 설계사항의 변경을 일컬음은 말할 나위도 없다. 이 설계사항은 설계서에 기재되어 있으므로, 설계변경은 결국 설계서 내용의 변경이라고 할 수도 있다.

설계사항뿐만 아니라 여타의 계약내용도 계약의 이행과정에서 변경될 개연성이 있다. 이 의미는 완벽한 계약문서는 존재할 수 없다는 뜻도 된다.

건설공사는 그 수행에 장기간(long lead time)이 소요되는 것이 일반적이므로, 공사의 수행기간 중에 주위여건이나 공사목적물에 대한 당초의 수요(需要)가 바뀔 수도 있고, 계약의 이행 중 과학기술 특히 신기술이나 신공법의 개발에 따라 설계사항은 바뀌게 되는 것이다.

그런데 여기에서 생각해 볼 일이 있다. 모두(冒頭)에서 설계변경을 설계사항의 변경이라고 나름대로의 개념을 세워보았지만, 이에 대하여는 여전히 견해상 대립이 있다.

- 첫째 : 설계서의 내용 즉 설계사항을 변경하는 것뿐만 아니라 모든 계약내용에 대한 변경을 뜻한다는 견해
- 둘째 : 설계서의 변경, 그에 따른 변경된 공사의 수행 및 계약금액의 조정도 포함한다는 견해
- 셋째 : 설계사항의 변경과 함께 그에 따른 계약금액의 조정도 포함한다는 견해
- 넷째 : 설계사항의 변경 그 자체만을 뜻한다는 견해

첫째의 견해는 영·미식 Change 또는 Variation에서 볼 수 있고, 이 경우는 설계변경이라기보다 계약사항의 변경이라 함이 올바르다. 이를 최광의의 설계변경이라고 하는 경우도 있다.

㈜ 이 견해의 대표적인 경우는 미국의 Cyril M. Harris로서, 그는 그의 「건축사전」(dictionary of architecture and construction)에서 'Change'를 설계변경지시(change order)로 좁게 정의하기도 하지만, '양 당사자가 서명한 계약문서에 대한 수정'(A written amendment to the contract documents signed by both parties)이라 하여 당해 최광의의 개념을 취하기도 한다. 이 change에 대한 정의는 뒤에 다시 소개한다.

둘째의 견해는 종전 본서에서 채용하였던 견해이며 광의의 설계변경이다.

셋째의 견해는 협의의 설계변경이라고 할 수 있으며, 이 견해에 따르는 자들의 경우에는 설계변경으로 인한 계약금액의 조정을 그 자체로 설계변경이라 지칭하기도 한다.

넷째의 견해는 최협의의 설계변경이라고 할 수 있으며, 이 장(章) 모두(冒頭)에서 언급한 설계변경의 정의와 일치한다.

금번 본서에서는 넷째의 견해, 즉 최협의의 설계변경 개념을 취하기로 한다. 그러므로 본서에서 설계변경은 설계서 내용의 변경 즉 설계사항의 변경만을 지칭하는 개념이 된다.

㈜ 설계변경을 어디까지로 할 것이냐의 문제는 사실 매우 난해한 사항이다. 우리나라 계약예규 「공사계약일반조건」을 보면 ①설계변경은 그 설계변경이 필요한 부분의 시공 전에 완료하도록 되어 있고(제19조제3항), ②그에 따른 계약금액의 조정청구는 준공대가 수령 전까지 하도록 되어 있다(제20조제10항).
①항에서 설계변경은 해당공사의 시공 전에 완료하도록 되어 있다는 점에서, 첫째와 둘째의 견해를 배제해야 하며, ②항에서 설계변경으로 인한 계약금액의 조정청구를 준공대가의 수령 전까지 하도록 되어 있다는 점에서 셋째의 견해 역시 배제할 수밖에 없다. 또한, 계약예규 「공사계약일반조건」 제20조의 제목이 설계변경으로 인한 계약금액의 조정으로 되어 있는데, 이는 설계변경 후에 계약금액의 조정이 이루어진다는 뜻으로서, 계약금액의 조정은 설계변경의 후속사항이다. 그러함에도 불구하고 본 장에서 설계변경으로 인한 계약금액의 조정을 다루는 것은 이해를 용이하게 하기 위해서이다.
물론 생각하기에 따라서는 변경공사의 수행이나 관련계약금액의 조정도 설계변경에 포함시킬 수도 있을 것이다. 이것이 설계변경에 대한 인식(認識)상의 차이이다. 종전 본 항의 제목을 '서론'이라 하였다가 지금 이를 '설계변경에 대한 인식'으로 바꾸는 것도 같은 맥락이다.

어쨌든 설계변경에는 물가변동 또는 기타 계약내용의 변경은 제외된다. 현업에서는 이들도 설계변경이라 하는 경우를 종종 접하게 된다.

21·2 설계변경의 유형

1. 설계변경의 유형구분

a. 설계변경자에 따른 유형

설계변경은 그 변경자에 따라 발주처에 의한 설계변경과 감독관에 의한 설계변경이 있다. 그러나 시공자의 입장에서는 감독관에 의한 설계변경이라 하여 달리 취급할 아무런 이유가 없는 바 이 유형은 중요성이 덜하다고 할 수 있다.

b. 설계변경원인에 따른 유형

설계변경은 그 발생원인에 따라 다음과 같이 구분할 수 있다.

(1) 발주처의 필요 또는 사정변경에 의한 설계변경
(2) 시공자의 제안에 의한 설계변경
(3) 불가항력의 사유에 의한 설계변경
(4) 설계결함에 의한 설계변경
(5) 설계서와 현장상태의 상이로 인한 설계변경

c. 설계변경의 형식에 따른 유형

(1) 직접설계변경
(2) 간접설계변경
(3) 경미한 설계변경

d. 대가의 유무에 따른 유형

(1) 무상설계변경
(2) 유상설계변경

e. 설계변경의 내용에 따른 유형

(1) 제Ⅰ유형설계변경

(2) 제Ⅱ유형설계변경

㈜ 상기 b~e항의 개별유형은 다음 제2항 이하에서 구체적으로 논의한다.

2. 발주처의 필요에 의한 설계변경

발주처는 자신의 필요(이 경우 공사목적물에 대한 수요의 변경 또는 계획의 변경 포함)나 법령의 제·개정 등 사정변경에 따라 설계를 변경할 수 있다. 다시 말하면, 발주처는 설계변경에 있어서 재량권이 있다.

아래에서 우리나라 계약예규 및 국제컨설팅엔지니어협회(FIDIC) 「공사계약조건」의 관련조항을 소개한다.

우리나라 「공사계약일반조건」 제19조의5

"① 계약담당공무원은 다음 어느 하나의 사유로 인하여 설계서를 변경할 필요가 있다고 인정할 경우에는 계약상대자에게 이를 서면으로 통보할 수 있다.

1. 해당공사의 일부변경이 수반되는 추가공사의 발생
2. 특정공종의 삭제
3. 공정계획의 변경
4. 시공방법의 변경
5. 기타 공사의 적정한 이행을 위한 변경

②~④ – 생 략 –"

FIDIC 「공사계약조건」 제13·1조

"13.1 Right to vary

Variations may be initiated by the Engineer at any time prior to issuing the Taking-Over Certificate for the Works, either by an instruction or by a request for the Contractor to submit a proposal.

……………………”

(감독관은 공사목적물에 대한 인수확인서를 발급하기 이전까지는 언제든지 설계변경지시 또는 시공자에 의한 제안을 받는 형식으로 설계변경을 발의할 수 있다.)

3. 시공자의 제안에 의한 설계변경

시공자는 스스로 설계를 변경할 권한이 없으나, 필요한 경우 그를 발주처에 제안할 수 있다. 이 경우에는 당연히 ①당초설계에 비하여 품질이 좋아야 하며, ②공사비의 절감, ③공사기간의 단축 등의 효과가 있어야 함은 당연하다. 이를 그러므로 설계변경에 대한 내용상의 기본요건이라고도 한다.

우리나라에서 이 설계변경의 요건이 가장 구체적으로 반영된 경우로는 신기술·공법의 적용을 위한 시공자의 설계변경제안이 그것이며, 이 요건이 비록 구체적으로 제시되지 않고 있다고 하더라도 설계변경은 이 요건이 충족되어야 함을 전제로 한다.

㈜ 신기술·공법과 관련한 사항은 장(章)을 달리하여 논의하고자 한다.

미국의 경우 시공자의 제안에 의한 설계변경을 Contractor-Originated Change 또는 Contractor-Initiated Change라 하며, 이 유형의 설계변경이 보편화되어 있다. 아래에서 「국방성조달규정(DFARS)」 제252.243-7000조의 엔지니어링설계변경제안(engineering change proposals, 1994) 조항을 소개한다.

미국 DFARS의 엔지니어링설계변경제안 규정

“(a) – 생 략 –

(b) The Contractor may initiate engineering change proposal. Contractor initiated engineering change proposal shall include a ‘not to exceed’ price or a ‘not less than’ price and delivery adjustment. If the CO orders the engineering change, the increase shall not exceed nor the decrease be less than, such ‘not to exceed’ or ‘not less than’ amounts.”

(시공자는 엔지니어링설계변경제안을 할 수 있다. 시공자에 의한 엔지니어링설계변경제안에는 상한금액과

하한금액을 제시하여야 한다. 계약관이 엔지니어링설계변경을 지시할 경우에는 이 상한금액이나 하한금액을 초과하거나 미달하여서는 아니 된다)

㈜ 위 「국방성조달규정(DFARS)」의 엔지니어링설계변경제안 인용문 중 'not to exceed price'는 상한금액, 'not less than price'는 하한금액으로 번역하였기에 참고하기 바란다.

물론 뒤에 다시 논의하겠지만, FIDIC도 1999년의 제5차개정본에서 위와 대동소이한 내용의 Value Engineering 규정을 신설하여 현재에 이르고 있다(「공사계약조건」 제13.2조 참조).

4. 불가항력의 사유로 인한 설계변경

불가항력의 사유 중 홍수, 지진, 화재 등으로 인하여 당초의 설계를 변경하여야 하는 경우도 있다. 그러나 단순한 피해의 복구는 설계변경이라고 하지 않는다.

5. 설계결함으로 인한 설계변경

우리나라의 「공사계약일반조건」 제19조의2의 규정에 의하면, 시공자는 계약의 이행 중 설계서의 내용이 불분명하거나 설계서에 누락·오류 및 설계서간에 상호모순점을 발견하였을 때에는 설계변경이 필요한 부분의 이행 전에 해당사항을 분명히 한 서류를 작성하여 발주처와 공사감독관에게 동시에 통지하여야 하며, 발주처는 ①설계서의 내용이 불분명한 경우 설계자의 의견 및 발주처가 작성한 단가산출서 또는 수량산출서 등의 검토를 통하여 설계변경 여부를 결정하여야 하며, ②설계서에 누락·오류가 있는 경우에는 이에 대한 설계서를 보완하고, ③설계서간에 상호모순점이 있는 경우에는 설계도면과 공사시방서를 기준으로 이를 시정하되, ④이들이 상치하는 경우에는 설계도면과 공사시방서 중 최선의 공사시공을 위하여 우선되어야 할 내용으로 확정한 후 그에 맞춰 물량내역서를 수정하도록 하고 있다.

㈜ 국토교통부고시 「건축물의설계도서작성기준」(2016.12.30)에는 설계서에 대한 해석의 우선순위를 규정하고 있기에 아래에 소개한다(이 내용은 앞 제17장에서 이미 소개하였음).
즉, 설계도서·법령해석·감리자의 지시 등이 서로 일치하지 아니하는 경우에 있어 계약으로 그 적용의 우선순위를 정하지 아니한 때에는 다음의 순서를 원칙으로 한다.

(1) 공사시방서
(2) 설계도면
(3) 전문시방서
(4) 표준시방서
(4) 산출내역서
(5) 승인된 상세시공도면
(6) 관계법령의 유권해석
(7) 감리자의 지시사항

6. 직접설계변경

직접설계변경이라 함은 권한 있는 계약당사자, 즉 설계변경권자가 정상적인 방법과 절차에 따라 시행하는 설계변경을 말한다. 이는 특별히 간접설계변경을 논의하여야 하는 필요가 있는 경우에 이렇게 지칭할 뿐이며, 일반적으로 설계변경이라고 할 때에는 직접설계변경을 뜻한다.

a. Variation vs Change

양자 모두 설계변경을 나타내지만, Variation은 영국식 표기(British term for change)이고, Change는 미국식 표기(American term for variation)이다. 참고로, 「WTO협정문」과 FIDIC 계약조건은 영국인이 작성하였거나 그 영향을 받은 것으로 알려져 있다.

이에 따라 영국「공공계약조건」, FIDIC 및 ICE 계약조건, 싱가포르「공공공사표준계약조건」 등에서는 설계변경을 Variation으로 표기하고 있다.(앞 제2항에서 인용한 FIDIC 「공사계약조건」 제13조, 싱가포르「공공공사계약조건」 제19조 등 참조)

미국 AIA·EJCDC 등의 계약조건에서는 그러므로 설계변경을 당연히 Change로 표기한다.

AIA 계약조건 A201 제21조

"The Contract Sum and Contract Time may be changed only by Change Order."

(계약금액 및 계약기간은 계약사항의 변경지시에 의하여서만 변경될 수 있다)

여기에서 유의할 점은, 앞에서도 일차 언급한 바 있지만, 영·미 등에서 Change 또는 Variation이라고 할 때에는 우리나라와 같이 반드시 설계서의 변경만을 뜻하는 것이 아니라 계약내용의 변경, 즉 계약문서의 변경으로 그 개념이 포괄적이라는 것이다.

이에 따라 Cyril M. Harris는 그의 「건축사전」(dictionary of architecture and construction)에서 Change를 아래와 같이 정의하고 있다.

Cyril M. Harris의 Change 정의

"1) A written amendment to the contract documents signed by both parties
2) A change order
3) A written or graphic interpretation issued by the architect
4) A written order for a minor change in the work 1) issued by the architect."

(Change
· 계약문서에 대한 서면수정
· 설계변경지시
· 건축사에 의하여 발급된 서류 또는 도면상의 해석
· 상기 첫째항의 공사에서 건축사가 발급한 경미한 설계변경지시)

Variation과 Change에 대한 영국식 또는 미국식 구분은 일반적인 경우를 일컫는 것으로서 이 구분이 절대적인 것은 아니다. 그러함에도 불구하고 FIDIC이나 ICE, 영국 및 싱가포르의 공공공사계약조건에서는 Variation, AIA·EJCDC·AGCA 등의 계약조건에서는 Change로 그 표기에 일관성을 보이고 있음이 사실이다.

㈜ novation은 법률용어로서 우리말 '갱신(更新)'에 가깝다. 따라서 계약기간을 갱신한다든지, 계약내용을 갱신한다든지 할 때에 이 용어를 쓸 수 있겠지만, 건설공사에 있어서는 관행적으로 전자의 경우에는 "extension" 또는 "Prolongation", 후자의 경우에는 위의 "variation" 또는 "change"를 쓰고 있다.

b. Alteration vs Addition

양자 모두 Variation 또는 Change에 속하지만, Alteration은 구조물의 면적이나 칫수는 변경시키지 않고 정해진 기본요소의 범위 내에서 변경하는 경우를 뜻한다. 이에 비하여 Addition은 기존 구조물의 면적이나 칫수를 증가시키는 경우를 뜻한다. 그러므로 기존 구조물의 내부구조부, 기계설비 또는 개구부의 위치 등을 변경하는 경우는 Addition이 아니고 Alteration이다.

c. Addition vs Extra

양자 역시 Variation 또는 Change에 속하며 '추가'를 뜻하지만, Addition은 당초 설계사항의 추가, 즉 기존 계약사항에 대한 물량 등의 증가를 뜻하며, Extra는 당초 설계사항이 아닌 사항의 추가, 즉 소위 신규비목을 뜻한다는 점에서 차이가 있다.

7. 간접설계변경

간접설계변경이라 함은 정상적인 방법과 절차에 의하지 아니한 설계변경을 말한다. 상기 제6항의 직접설계변경을 정형적·공식적인 설계변경(formal variation)이라 한다면, 이 간접설계변경은 비정형적 또는 비공식적 설계변경(informal variation)이라고 할 수 있다.

간접설계변경의 일반적인 영문표기는 Constructive Variation 또는 Constructive Change이며, 조지워싱턴대학(The George Washington University)의 John Cibinic Jr.와 Ralph C. Nash Jr.는 그들의 공저 「정부계약관리론(Administration of Government Contract)」(National Law Center, 1995)에서 아래와 같이 기술하고 있다.

> "A constructive change occurs when the contract work is actually changed but the procedures of the changes clause have not been followed. ………"
>
> (간접설계변경은 계약된 공사가 실제로는 변경되었으되 설계변경조항상의 절차가 수반되지 않을 때 발생한다)

㈜ 간접설계변경은 장(章)을 달리하여 별도로 논의하기로 한다.

8. 경미한 설계변경

경미한 설계변경이라 함은 공사감독관(또는 감리자)의 판단에 의한 설계변경을 말하며, 영문으로는 Minor Variation 또는 Minor Change, 경우에 따라서는 Field Order라고도 한다.

미국건축사협회(AIA) 「공사계약조건(A201)」에서는 Minor Change를 아래와 같이 규정하고 있다.

AIA A201 제7·4조

"The Architect will have authority to order minor changes in the work not involving adjustment in the contract sum or extension of the contract time and not in consistent with the intent of the contract documents. Such changes shall be effected by written order and shall be binding on the Owner and Contractor. The Contractor shall carry out such written orders promptly."

(건축사는 계약금액의 조정이나 계약기간의 연장을 수반하지 않고 계약문서의 취지를 벗어나지 않는 경미한 설계변경을 지시할 권한이 있다. 이와 같은 설계변경은 서면지시로 하여야 하며, 발주처와 시공자를 기속한다. 시공자는 이 서면지시를 신속하게 이행하여야 한다)

우리나라 계약예규 「공사계약일반조건」 제16조제2항에서 공사감독관은 계약담당공무원의 승인없이 시공자의 의무와 책임을 면제시키거나 증감시킬 수 없도록 하고 있는데, 이를 역으로 해설할 때 공사감독관은 시공자의 의무와 책임을 면제시키지 않거나 증감시키지 아니하는 사항에 있어서는 자신의 판단으로 지시할 수 있다는 것이 되며 결국 경미한 설계변경에 대한 지시권이 있다고 할 수 있다.

미국 EJCDC의 「표준계약조건」 제9.5조 및 일본 「공공공사청부계약약관」 제9조도 위 AIA 및 우리나라 계약예규 제16조제2항과 거의 동일한 내용을 규정하고 있다.

9. 무상설계변경

무상설계변경이라 함은 설계변경은 하되, 그에 따른 대가, 즉 추가비용을 지급하지 않는 설계변경을 말한다. 예컨대, 우리나라 계약예규 「공사계약일반조건」 제21조제5항의 규정에 의하면, 다음의 경우에는 발주처의 책임있는 사유 또는 불가항력의 사유로 인한 경우를 제외하고는 비록 설계변경이 이루어진다고 하여도 계약금액을 증액할 수 없는 바, 대표적인 무상설계변경에 해당한다.

(1) 일괄계약의 설계변경
(2) 대안계약의 설계변경
(3) 기본설계기술제안입찰에 의한 계약의 설계변경
(4) 실시설계기술제안입찰에 의한 계약의 설계변경

대가성없는 설계변경, 즉 무상설계변경은 설계변경이 아니라는 일부의 견해도 있다. 이 견해에 의하면, 설계변경은 설계변경 그 자체뿐만 아니라 계약금액의 조정에 이르는 일련의 과정을 뜻하는 것이므로 무상설계변경은 설계결함에 대한 시정행위에 지나지 않는다는 것이다.

그러나 엄밀한 의미에서 설계변경은 설계내용의 변경, 즉 설계서의 변경을 뜻하는 것이며, 그로 인한 추가비용은 합의(선의의 합의)에 의하여 지급받지 않을 수도 있다고 할 때 대가성 유무가 설계변경의 성립요건에 있어서 필요·충분조건이라고만은 할 수 없다. 예컨대, 앞에서 논의한 경미한 설계변경(Minor Variation), 즉 공사비와 공사기간에 영향을 미치지 아니하는 설계변경이라고 하더라도 이를 설계변경이라고 아니할 수는 없는 것이다.

무상설계변경을 영문으로는 Non-onerous Variation 또는 Gratuitous Variation으로 표기한다.

10. 유상설계변경

유상설계변경이라 함은 설계변경으로 인하여 추가비용이 발생하고, 그 비용을 설계변경에 대하여 책임있는 자가 이를 지급하는 설계변경을 말한다.

일반적인 경우 설계변경이라 함은 이 유상설계변경을 뜻하게 되며, 영문으로는 Onerous Variation 또는 그냥 Variation으로 표기한다.

특히 전통적인 공사계약, 즉 설계·시공분리계약에서의 설계변경은 거의 대부분 유상설계변경에 해당한다.

11. 제Ⅰ유형 및 제Ⅱ유형설계변경

미국 국방성「군사표준973」(MIL-STD-973) 및 일부 기관에서 구분하고 있는 설계변경의 유형으로서, 시공자의 설계변경제안(engineering change proposal)이 아래와 같을 경우에는 제Ⅰ유형설계변경(class Ⅰ change)이라 한다.

(1) 당초의 내구성이나 한계를 변경하는 경우
(2) 외형이나 안전성에 영향을 미치거나 부재(副材)를 변경 또는 개조하여야 하는 경우
(3) 공사비, 공정계획, 보증 등에 영향을 미치는 경우

상기 이외의 경우는 모두 제Ⅱ유형설계변경(class Ⅱ change)이라 한다.

12. 계약사항의 변경; Modification

설계변경의 의미로 유럽권에서 간혹 Modification을 쓰는 경우가 있기는 한데, 미국의 경우「연방조달규정(FAR)」에서 광의의 설계변경 또는 계약사항의 변경이란 의미로 표기하고 있기도 하다.

이 FAR 제43.103조는 그 제목을 'Types of Contract Modification' 즉 계약사항 변경의 유형이라 하고 아래의 2개 유형을 규정하고 있다.

a. 쌍방변경

쌍방변경(Bilateral Modification)이라 함은 설계변경서에 시공자와 발주처(계약관; Contracting Officer) 쌍방이 서명한 계약사항변경(Contract Modification)으로서, 아래의 경우에 적용한다.

(1) 설계변경지시서를 발급한 결과 적정한 계약금액의 조정을 위한 협의
(2) 서한계약의 확인
(3) 기타 계약내용을 변경하는 당사자간의 합의의 반영

b. 일방변경

일방변경(Unilateral Modification)이란 설계변경서에 발주처(계약관; Contracting Officer) 일방만이 서명하는 계약사항변경으로서, 아래의 경우에 적용한다.

(1) 관리사항의 변경(Administrative Changes)
(2) 설계변경지시서의 발급
(3) 설계변경 이외의 규정(예; 자산규정, 옵션규정, 공사정지규정 등)에 의한 변경
(4) 계약해제통지서의 발급

21·3 설계변경의 내용

설계변경의 내용은 설계에 대한 인식 또는 설계서의 구성문서를 어떻게 정하는가에 따라 다소의 차이가 있다.

a. 우리나라의 설계변경

우리나라 계약예규「공사계약일반조건」제19조 및 제19조의5의 규정에 의하면 설계변경의 내용은 아래와 같다.

(1) 설계서의 내용이 불분명할 경우의 보완
(2) 설계서에 누락·오류가 있을 경우의 보완
(3) 설계서의 내용이 상호 모순될 경우의 변경
(4) 지질·용수 등 공사현장의 상태가 설계서와 다를 경우의 변경
(5) 새로운 기술·공법을 사용할 경우의 변경
(6) 기타 발주처의 필요에 의한 다음의 변경
  (a) 추가공사
  (b) 특정공종의 삭제
  (c) 공정계획의 변경
  (d) 시공방법의 변경
  (e) 기타 공사의 적정한 수행을 위한 변경

㈜ 계약예규「공사계약일반조건」제19조의5에 의하면, 위 제(6)–(a)항을 '해당공사의 일부변경이 수반되는 추가공사'로 표기하고 있으나, '변경'이 수반되지 않는 것은 설계변경이라고 할 수 없다는 점에서, 또한 추가공사는 그 자체가 당초설계에 대한 변경이므로, '해당공사의 일부변경이 수반되는' 설계변경이라고 하지 않아도 될 것이다.

b. 미국의 설계변경

미국 엔지니어합동계약문서위원회(EJCDC) 는 설계변경에 대한 규범적인 규정을 두고 있다. 즉, 발주처는 ①설계변경에 대한 재량적인 권한을 갖고 있되, ②계약의 기본목적을 훼손하지 않아야 한다는 것이 그것이다. 이 점에 있어서 AIA도 A201 제7.3.1조에서 거의 동일한 내용의 규정을 두고 있다. 아래에서 EJCDC의 관련규정을 소개한다.

미국 EJCDC의 「표준계약조건」 제10조

"Article 10 – Changes in the Work

10.1 Without invalidating the Agreement and without notice to any surety, Owner may, at any time or from time to time, order additions, deletions or revisions in the Work. ...."

(제10조 공사의 변경

10.1 발주처는 계약을 무효로 하지 않는 범위 내에서, 보증인들에게 통지하지 않고도 공사에 대한 추가, 삭제 또는 변경을 언제든지 또는 수시로 지시할 수 있다. – 이하 생략 –)

c. FIDIC의 설계변경

FIDIC「공사계약조건」 제13.1조에서 규정하고 있는 설계변경의 내용은 아래와 같다.

(1) 계약상의 공사물량에 대한 증감
(2) 계약상의 특정 공종의 삭제(이 경우 삭제된 공종은 발주처 자신 또는 여타의 시공자에 의하여 수행될 수 없음)
(3) 계약상의 특정 공종에 대한 품질이나 내용의 변경
(4) 어떤 공사의 부분에 대한 고저, 위치 및 칫수의 변경
(5) 공사목적물에 필요로 하는 추가공사, 설비, 자재 또는 용역의 추가(준공검사, 시추공 및 여타의 시험 또는 탐사작업 포함)
(6) 공정의 변경

21·4 설계변경의 절차

1. 설계변경의 기본요건

일반적인 경우 설계변경(이를 직접설계변경이라 함)은 다음의 요건을 만족시켜야 하는 바, 이를 설계변경의 3대 기본요건(three elements of variations)이라고 한다.

(1) 설계변경에 대한 권한있는 자, 즉 적법한 설계변경권자에 의하여야 하고,
(2) 요구되는 방법 또는 수단에 의하여야 하며,
(3) 정상적인 절차에 의하여야 한다.

이를 형식상의 기본요건이라 하며, 내용상의 기본요건은 ①품질, ②공사비, ③공사기간이다.

2. 설계변경권자

원칙적으로 설계변경권자는 발주처이다. 그러나 실정계약조건에서는 이 설계변경권을 계약담당공무원 또는 감독관 등에 위임하기도 한다.

(1) 우리나라 「공사계약일반조건」 : 발주처(계약담당공무원)
(2) 일본 「공공공사청부계약약관」 : 발주처
(3) 영국 「공공계약조건」 : 발주처(Client)
(4) 미국 「연방조달규정(FAR)」 : 발주처(Contracting Officer: 계약관)
(5) 사우디아라비아 「공공공사표준계약조건」 : 감독관(Engineer)
(6) FIDIC 「공사계약조건」 : 감독관(Engineer)
(7) ICE 「공사계약조건」 : 감독관(Engineer)
(8) AIA 「공사계약조건」 : 발주처(Owner)
(9) EJCDC 「표준계약조건」 : 발주처(Owner)
(10) 싱가포르 「공공공사계약조건」 : 발주처(Superintending Officer : 감독관)

여기에서 유의할 점은 상기 중 감독관(engineer)이 설계변경권자라고 하더라도 감독관이 독자적으로 설계변경권을 행사하는 것이라기보다 그와 발주처간의 약정(owner-engineer agreement)에 따라 이를 행사함이 일반적이다.

그러나 상기 제(4)항 「연방조달규정(FAR)」, 제(8)항 AIA 및 제(9)항 EJCDC의 계약조건에서 보는 바와 같이 미국의 경우에는 전통적으로 건축사(architect) 또는 감독관(engineer 또는 consultant)에게는 설계변경권을 인정하고 있지 않음이 특이하다.

이로 인하여 Minor Change, 즉 경미한 설계변경의 개념이 대두되고 있는 것이다. 이 점에 있어서는 우리나라나 일본의 경우도 동일하다.

㈜ 미국의 판례(Texas Instrument Inc. v United States, Fed. Cir., 1990)에 의하면, 계약의 체결 전 상급자의 승인을 받도록 하는 내규가 있으나, 계약관(이 판례에서는 Administrative Contracting Officer 즉 ACO를 지칭. 이를 관리계약관이라 함)이 당해 승인없이 한 계약체결행위라고 하더라도 발주처는 그 계약의 효력을 부정하지 못한다고 한다.

3. 설계변경의 방법

설계변경은 문서로 지시하여야 함을 원칙으로 한다. 만약 구두로 설계변경을 지시한 경우에는 반드시 문서로 보완(확인)하여야 한다.

4. 설계변경의 시행절차

먼저 미국건축사협회(AIA)가 제정한 「공사계약조건」(A201)에서 제시하고 있는 설계변경절차를 흐름도로 나타내어 보기로 한다.

AIA의 설계변경 절차

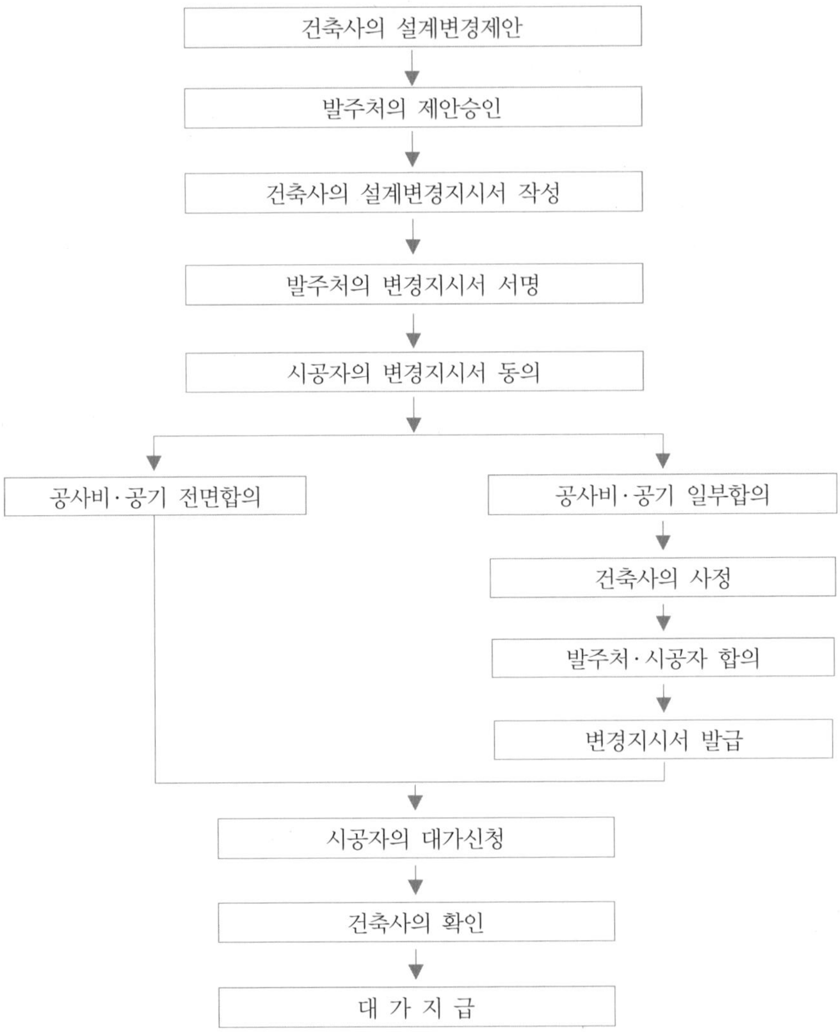

상기 표에서의 특징은 발주처의 설계변경지시라고 하더라도 시공자가 설계변경 그 자체 및 공사비·공사기간에 대하여 동의 또는 합의가 이루어져야 한다는 데에 있다.

이에 비하여 우리나라의 경우 「공사계약일반조건」 등을 종합할 때 설계변경은 다음과 같은 흐름도로 시행되고 있음을 알 수 있다.

우리나라의 설계변경절차

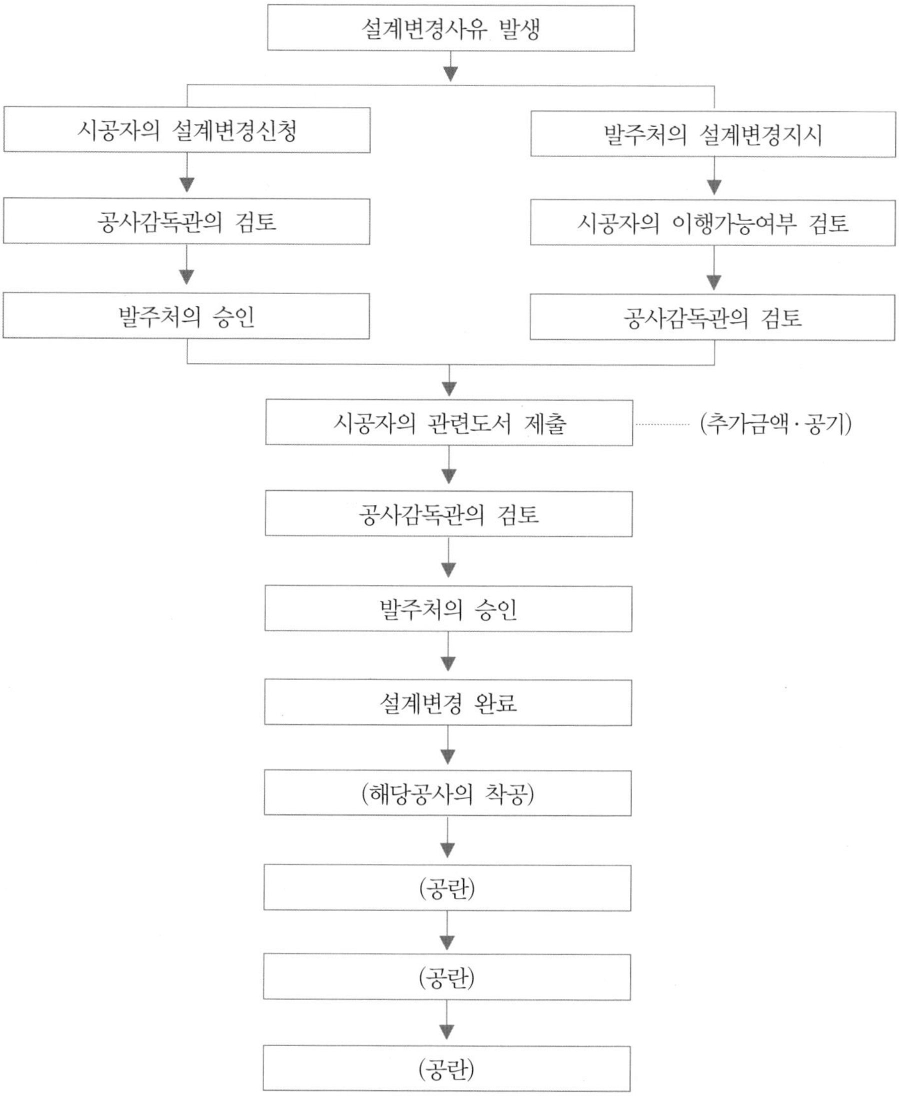

㈜ 상기 흐름도의 좌측은 설계서의 불분명·누락·오류 및 상호모순, 설계서와 현장상태의 상이, 새로운 기술·공법 등의 적용을 위하여 시공자의 제안에 의한 설계변경의 경우이며, 우측은 발주처의 필요에 의한 설계변경의 경우이다.

㈜ 상기 흐름도 중 '시공자의 관련도서 제출'에서 관련도서라 함은 아래와 같다.(「공사계약일반조건」 제19조의7제2항)

① 해당공종의 수정공정예정표
② 해당공종의 수정도면 및 수정상세도면
③ 조정이 요구되는 계약금액 및 기간
④ 여타의 공정에 미치는 영향

5. 설계변경의 시한

통상 설계변경의 단계는 크게 설계변경의 확정단계와 설계변경의 수행단계로 대별할 수 있다. 전자의 확정단계는 발주처가 설계변경을 승인하는 시점까지이며, 후자의 수행단계는 설계변경에 대한 후속조치 즉 해당공사의 수행, 계약기간의 조정 및 계약금액의 조정시점까지라고 할 수 있을 것이다.

일괄계약(대안계약 포함)을 예로 하여 이를 좀 더 구체적으로 살펴보면 아래와 같다.

첫째, 계약상대자는 설계변경사유가 발생한 날 또는 그 사실을 안 날로부터 14일 이내에 공사감독관과 발주처에 통지하여야 하며(「일괄계약특수조건」 제24조),

둘째, 발주처는 통지를 접수한 날로부터 21일 이내에 설계변경 등의 승인여부를 계약상대자에게 통지하여야 하며(위 특수조건 같은 조),

셋째, 계약상대자는 발주처의 통지를 접수한 날로부터 30일 이내에 계약금액의 조정 또는 계약기간의 연장을 요청하여야 하며(위 특수조건 같은 조),

㈜ 여기에서, 계약상대자의 계약금액조정청구시한을 준공대가(장기계속공사계약의 경우 각 차수별 준공대가)의 수령 전까지로 하고 있는 계약예규 「공사계약일반조건」 제20조의 규정과 상치점이 있다.

넷째, 발주처는 계약상대자의 조정 또는 연장요청을 받은 날로부터 30일 이내에 조정 또는 연장하여야 한다(일반조건 제20조 및 제23조).

이를 흐름도로 나타내면 다음과 같다.

설계변경의 단계별 시한

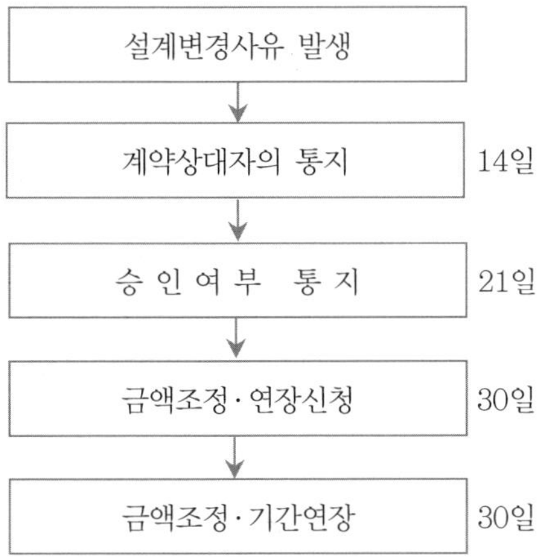

㈜ 금액조정이나 기간연장은 실제적으로 그에 대한 변경계약을 체결하여야 확정된다.

21 · 5 설계변경의 한계

1. 설계변경 한계의 의미

a. 설계변경의 기준

설계변경에 대한 일반적인 기준은 여하한 경우에 있어서도 계약을 무효로 하거나 계약의 목적을 훼손하여서는 아니 된다는 것이다.

이것이 바로 '일반적으로 용인된 계약의 원칙'(generally recognized principles of contract)이며, 미국 EJCDC 계약조건 제10조 "Changes in the Work"가 "Without invalidating the Agreement …"(계약을 무효로 하지 않고)로 시작되는 것도 이와 같은 맥락에서다.

'일반적으로 용인된 계약의 원칙'으로서 설계변경의 기준은 첫째 : 계약을 무효로 하지 않는 범위, 둘째 : 계약의 목적을 훼손하지 않는 범위 내에서 이루어져야 한다는 것이다. 그렇다면, '일반적으로 용인된 계약의 원칙'에 의한 경우 설계변경의 구체적 한계는 어디까지일까. 이 구체적 한계는 계약이행지(center of gravity)의 공사계약에 대한 전통과 관례 또는 실정법상의 규정에 따라 차이가 있을 수 있다.

설계변경에 대한 발주처의 권한은 그러므로 공사의 발주처로서 당연히 가지는 고유 또는 생래적 권한 (inherent or implied right) 또는 무조건적인 권한(unconditional right)인 것이 아니라 계약조건에 의하여 부여된 권한(contractual right)이다. 발주처의 계약관리에서 유의하여야 할 사항이다.

b. 미국의 한계

미국 「연방조달규정」(Federal Acquisition Regulations : FAR, 2018.6.15 개정본) 제52.211-18조에 의하면, 계약상 단가항목의 수량이 추정치로 약정되어 있고, 단가항목의 실제물량이 이 추정치의 15% 이상 증가되거나 감소되었을 경우에는 계약금액 및 계약기간이 적의 조정되는 것으로 규정되어 있다.

미국 「연방조달규정(FAR)」 제52.211-18조 Variation in Estimated Quantity

If the quantity of a unit-priced item in this contract is an estimated quantity and the actual quantity of the unit-priced item varies more than 15 percent above or below the estimated quantity, an equitable adjustment in the contract price shall be made upon demand of either party. The equitable adjustment shall be based upon any increase or decrease in costs due solely to the variation above 115 percent or below 85 percent of the estimated quantity.......(이하 생략)

(계약상의 단가항목의 수량이 추산치이고, 실제수량이 추산치의 15% 이상 증감될 경우에는 계약당사자 일방의 요구에 의거 계약금액의 적정한 조정이 이루어져야 한다. 적정한 조정은 추산치의 115%를 초과하는 경우 또는 85%에 미달하는 경우의 설계변경으로 인한 원가의 증감이 있는 경우에 한하여 이를 기준으로 한다.......)

그러므로 미국공공공사에서는 계약금액 및 계약기간의 조정을 전제로 할 때 설계변경에 대한 외형상의 한계는 없다.

「연방조달규정(FAR)」의 위 규정은 총액계약(fixed-price construction contract)을 전제로 하였다. 이 유형의 계약에서는 합의된 총액이 존중되어야 하며, 이 경우 15% 미만의 물량증감에 대하여는 공사의 발주 또는 입찰시 계약당사자의 오차의 범위 내에 있다고 간주하여 자신의 위험에 포함시키게 된다. 그러나 실비정산계약(cost plus fee contract)에서는 15% 이내의 증감에 대하여도 당연히 그 비용을 정산(reimbursement)하여 주어야 이 계약의 취지와 부합된다고 하겠다.

이렇게 볼 때 총액계약에서 수량을 기준으로 할 때 15% 증가 또는 감소가 계약금액의 조정대상이라고 할 수 있으나, 그것이 설계변경의 한계는 아니다.

c. 일본의 한계

일본「공공공사청부계약약관」제24조(A)에 의하면 수량의 증감이 내역서 기재수량의 100분의 χ를 초과하는 경우 특별한 이유가 없는 한 계약금액은 변경당시의 가격을 기초로 하여 계약당사자간 협의하여 조정하며, 계약공기는 상호 협의하여 변경하는 것으로 규정하고 있다{동조 주서(注書)에 의하면 100분의 χ에서 χ는 20을 예시}. 수량의 증감이 20% 이하인 경우에는 내역서상의 단가를 기초로 정한다.

이 점에서 일본이나 미국의 공공공사계약에서는 설계변경이 15%이냐, 20%이냐를 논외로 할 때 처리방법이 같은 것처럼 보인다. 그러나 미국의 경우에는 증감에 대하여 구체적인 한계가 없으나, 일본의 경우에는 계약금액이 3분의 2 이상 감소한 때 시공자에게 계약의 해제권을 부여하고 있다. 즉, 일본「공공공사청부계약약관」에 규정된 설계변경은 아래와 같이 처리된다.

첫 째 : 수량의 증감이 20% 이하인 경우 계약공기는 쌍방간 협의하여 변경하고, 계약금액은 내역서상의 단가를 기초로 하여 조정한다.

둘 째 : 수량의 증감이 20%를 초과하는 경우 계약공기는 쌍방간 협의하여 변경하고, 계약금액은 변경당시의 단가를 기초로 조정한다.

셋 째 : 수량의 감소가 3분의 2 이상인 경우 시공자에게 계약의 해제권이 있다.

상기에서, 쌍방간 협의가 성립하지 못할 경우에는 발주처가 결정하여 시공자에게 통보한다. 시공자가 계약을 해제하였을 경우에는 ①공사의 기성부분 등 검사에 합격한 것 및 부분지불(部分支拂) 대상이 된 공사재료는 발주처가 인도를 받고 발주처는 당해 기성부분에 상응하는 대가를 지급해야 하며, ②전불금(前拂金)(선급금)의 잔액이 있을 때에는 이를 발주처에게 환불해야 할 것이나 이에 대한 이자는 지급하지 않는다. ③기타의 손실(예 : 해제비용 : termination cost)에 대하여도 청구권이 있을 것이다.

d. 우리나라의 한계

「국가계약법 시행령」 제65조제2항 및 「공사계약일반조건」 제20조제5항의 규정에 의하면, 계약금액이 예정가격의 86% 미만인 경우로서 설계변경으로 인한 계약금액의 증액이 당초계약금액의 10% 이상인 경우에는 계약심의위원회, 예산집행심의회 또는 기술자문위원회의 심의를 거쳐 소속 중앙관서의 장의 승인을 받아야 한다. 또한 계약예규 「공사계약일반조건」에서는 설계변경으로 인하여 당초계약금액이 40% 이상 감소되는 경우에는 시공자가 계약을 해제할 수 있는 것으로 규정하고 있다(제40조).

이렇게 볼 때 계약금액의 증액에 있어서 낙찰률이 86% 미만인 경우에는 10%, 감액의 경우에는 당초계약금액의 40%가 한계라고 할 수 있다.

e. 사우디아라비아의 한계

사우디 「정부조달 및 공공공사의 수행에 관한 법률 시행령」 제25조에는 발주처의 증액 또는 감액권을 20%까지 부여하고 있으나, 1983년 수상(국왕이 겸임) 회람(circular) 제21909호에 의거 감액은 종전과 같이 20%를 유지하고 증액은 10%까지로 제한하였으며, 이 지침은 1988년 「공공공사표준계약조건」 제43조에 계승되어 오늘에 이르고 있다.

그러나 아래의 경우에는 한계를 초과하여 설계를 변경할 수 있다.

첫째 : 장관 4인의 동의가 있을 경우

둘째 : 국왕이 추가공사를 지시하였을 경우

이 점에서 사우디아라비아의 공공공사에서 발주처의 권한은 미국, 일본 또는 우리나라에 비하여 상당히 제한되어 있음을 알 수 있다.

또한 사우디아라비아의 공공공사계약에서는 시공자의 계약해제권을 인정하지 않고 있으며, 소위 공사수행계속주의가 지배하고 있다.

f. FIDIC의 한계

FIDIC「공사계약조건」은 설계변경에 대한 특별한 한계를 규정하지 않고 있으며, 다만 계약공종의 삭제(omission)에 있어서 그 삭제한 공종을 발주처 자신 또는 제3의 시공자로 하여금 수행하도록 하는 경우에는 이를 허용하지 않는다(제13.1조).

g. 영국의 한계

영국에서는 설계변경에 대하여 특별한 한계를 규정하지 않고 있다. 그 이유는 영국권에서는 발주처의 설계변경이 과다하다고 하더라도 시공자에게 계약의 해제권을 부여하거나 새로운 계약으로 인정하지 않고 후술하는 바와 같이 합리적 보상을 하기 때문에 굳이 설계변경에 대한 한계를 거론할 필요가 없다고 생각한다.

다만「공공계약조건」에서는 발주처는 시공자에게 설계변경을 요청할 수 있되, '설계서에 대한 중대한 변경'(material change to the Specification)이 아니어야 한다는 전제가 있다.

영국「공공계약조건」제F3.1조 Variation

F3.1 Subject to the provisions of this clause F3, the Client may request a variation to the Specification provided that such variation does not amount to a material change to the Specification. Such a change is hereinafter called a "Variation".

(당해 제F조의 규정에 따라 발주처는 설계에 대한 변경을 요청할 수 있되, 다만 그 변경은 설계에 대한 중대한 변경을 초래하지 않아야 한다. 그와 같은 변경을 이하 '계약사항의 변경'이라 한다.)

h. WTO의 한계

「WTO협정문」 제15조제1항제(f)호의 규정을 해석할 때 당초계약금액의 50%를 설계변경의 한계로 규정하고 있다고 보아도 무리가 없다.

「WTO협정문」 제15조제1항제(f)호

"(f) ……… However, the total value of contracts awarded for the additional construction services may not exceed 50 per cent of the amount of the main contract."

(그러나 총추가공사계약금액은 당초계약금액의 50%를 초과하여서는 아니 된다)

2. 한계를 초과하는 설계변경

전항에서 논의한 설계의 변경기준 또는 한계는 계약의 기본목적을 훼손하지 않는 범위 내에서 발주국의 법령과 관례에 따라 다소의 차이가 있음을 보았다.

그렇다면, 이와 같은 한계를 초과하여 설계변경이 지시되었다면 어떻게 처리되어야 할 것인가. 대체로 세 가지 처리유형이 정립되어 있다.

a. 계약의 해제

우리나라와 일본의 경우이다. 우리나라는 당초계약금액이 40% 이상 감소될 때, 일본은 3분의 2 이상 감소할 때에는 시공자에게 계약의 해제권이 부여된다. 그러나 일본의 경우에는 당초계약금액의 20%를 초과하는 경우에는 설계변경당시의 가격을 기초로 쌍방간 협의하여 금액조정을 하나, 우리나라의 경우에는 이와 같은 중간기준이 없다. 그러므로 엄밀한 의미에서 일본의 한계는 당초계약금액의 20%라고 할 수도 있다.

b. 새로운 계약

미국의 경우에는 실정법이나 계약조건에서 설계변경의 한계를 규정하고 있지 않지만, 법원의 판례나 이론에서 이 입장을 취한다.

발주처에 의한 설계변경은 당초계약의 일반적인 범위 내에서(within the general scope of the original contract) 이루어져야 하며, 이 범위를 초과하는 것은 새로운 계약(new contract)에 해당한다고 한다. 이 경우의 변경을 'Cardinal Change'라고 한다.

법원의 판례는 당초계약금액의 25%까지의 변경은 당초계약의 범위 내라고 인정한다.

「WTO협정문」 제15조에 의하면 추가공사는 국제입찰의 대상이 아니나, 당초계약금액의 50%를 초과할 경우에는 협정문이 정하는 바에 따라 새로운 입찰에 부쳐야 한다. 다시 말하면, 설계변경으로 인한 증액이 50%를 초과할 경우에는 새로운 계약(국제입찰에 의한)으로 수행하여야 한다.

c. 합리적인 가액평가

영국의 경우가 이에 해당한다. 즉, 영국에서는 설계변경이 일정한계를 초과하거나 발주처의 유책사유로 인한 공정지체로 인하여 계약단가를 적용할 수 없을 경우에는 시공자에게 계약의 해제권을 부여하거나 또는 이를 새로운 계약으로 보는 것이 아니라 한계를 초과하는 부분에 대하여 시공자의 모든 비용을 감안한 단가를 적용하여 보상한다.

여기에서 "시공자의 모든 비용을 감안한 비용"이라 함은 a reasonable valuation in all the circumstances 또는 a reasonable price for the work in all the circumstances를 뜻한다.

이와 같은 가액평가방식을 Quantum Meruit Basis라 한다.

㊟ 영국의 경우 1978년 Wegan Construction Pty Ltd가 Wodonga Sewerage Authority(홍콩)를 상대로 한 소송에서 빅토리아최고법원(Supreme Court of Victoria)은 원고가 제시한 'Quantum Meruit Basis'을 승인하여 시공자의 모든 비용(합리적인 비용)을 보상토록 판결하였다.
또한 계약공종의 삭제(omission)는 그 수행이 요구되지 않는 공종에 한하여야 하며, 이를 다른 시공자 또는 발주처 자신에 의하여 수행될 정도의 필요공종인 경우에는 발주처의 삭제권이 인정되지 않는다는 판례가 있으며(1953년 Carr 대 J A Berriman Pty Ltd. 호주), 이 판례는 1982년 미국의 Torncello v. United States 사건에 대한 판례(소위 톤셀로원칙) 및 1987년 FIDIC 계약조건의 제4차 개정안에 직접적인 영향을 미쳤다.

이 합리적인 가액평가방식, 즉 Quantum Meruit Basis는 설계변경이 한계를 초과하는 경우에만 적용되는 것이 아니라 영·미권에서는 계약상 비용항목이 정액화되어 있지 않은 경우, 다시 말하면, 계약단가를 적용할 수 없는 항목에는 한계문제와 관계없이 이 방식을 적용한다. 미국 공공공사에서 일반적으로 적용하고 있는 'equitable adjustment'(적정금액조정)이나 영국「공공계약조건」제C4.1조의 'good faith negotiation'(성실한 협의)는 이 방식을 근저에 두고 있다고 할 수 있다.

㈜ 영국「공공계약조건」에서는 설계변경 등으로 인하여 계약금액을 조정하여야 할 경우에는 발주처로 하여금 30일 이내에 시공자와 'good faith negotiation'(성실한 협의)를 통하여 합의를 이끌어 내도록 규정하고 있다.

21·6 설계변경지시에 대한 시공자의 수행의무

설계변경은 발주처(또는 그의 위임을 받은 감독관)가 시공자에게 지시하여 이루어지며, 시공자에게는 그 스스로는 설계변경권이 없음은 이미 앞에서 언급하였던 바와 같다. 그리고 시공자에게는 그 설계변경지시를 수행할 일반적인 의무가 있다.

그런데 발주처의 설계변경지시를 시공자가 거부할 수도 있는 것인지에 대하여 아래에서 몇몇 사례를 살펴보기로 한다.

1. 우리나라의 수행의무

우리나라의 경우에는 원칙적으로 발주처에게 설계변경권이 있음은 주지하는 바와 같다. 이에 따라 발주처는 설계서를 변경할 필요가 있다고 인정할 경우 시공자에게 해당설계의 변경지시를 할 수 있으며, 시공자는 그 즉시 공사이행상황 및 자재수급상황 등을 검토하여 지시내용의 이행가능여부를 발주처와 감독관에게 동시에 통지하여야 한다(계약예규「공사계약일반조건」제19조의5 참조).

여기에서, 시공자가 이행가능하다고 통지하는 경우에는 설계변경의 통상적인 절차에 해당하여 특별히 논의할 사항이 아니겠으나, 만약 이행불가능하다고 통보할 경우에는 상당히 비통상적인 절차로 논의되어야 할 것이다. 후자의 경우 계약당사자간에 심각한 상황이 발생할 수 있을 것임에도 불구하고 계약예규에서는 이에 대한 명시적인 규정이 없다. 다만, 생각기에, 설계변경지시를 이행하는 것은 시공자의 계약상의 의무이므로, 그 지시를 거부하는 것은 계약위반이 되어 처벌 또는 불이익을 당하게 되는 것으로 해석할 수 있을 뿐이다.

㈜ 발주처의 설계변경지시를 검토·통지하는 데에는 지시의 내용에 따라 상당한 기간이 소요될 경우도 있을 것이나, 우리나라의 계약예규에는 이 기간 중 계약의 계속적인 이행여부를 규정하고 있지 않다. 예를 들면, A공종을 B공종에 추가하라는 지시를 했을 때 이 지시를 검토하는 기간 동안 B공종의 수행을 중단할 것인가, 아니면 계속할 것인가의 문제이다.

2. 영국의 수행의무

영국의 경우 발주처의 설계변경지시에 대하여, 시공자가 수락할 수 없을 경우나 양 당사자간에 계약금액조정에 합의하지 못할 경우 발주처는 아래와 같은 조치를 취한다(「공공계약조건」 제F3.3조).

(1) 설계변경지시를 철회하고 시공자로 하여금 당초의 설계대로 공사를 수행하게 하거나,

(2) 즉각적인 계약의 해제

3. 미국의 수행의무

미국의 경우 「연방조달규정(FAR)」에서, 시공자는 원칙적으로 설계변경지시를 따라야 하나, 실비정산계약 등에서 시공자에게 수행의무가 없거나, 공사비의 한계가 정해져 있는 경우로서 그 한계를 초과하여 공사원가가 발생하는 경우에는 그와 같은 의무가 없는 것

으로 규정하고 있다(제43.201조).

미국 건축사협회(AIA) 「공사계약조건 A201」에서는 시공자에게 신속하게(promptly) 해당설계변경사항을 수행해야 할 의무가 있으되, 다만, 설계변경지시서에 기재된 계약금액 및 계약기간의 조정방식에 합의할 수 없는 경우에는 그 사실을 건축사에게 통보하는 정도이다(제7.3.4조).

4. FIDIC의 수행의무

FIDIC의 경우에는 영국과 같은 구체적인 조치사항을 규정하고 있지는 않으나, 신기술·공법(VE; Value Engineering)의 제안에 있어서 감독관(Engineer)이 그에 대한 승인 여부를 회신하도록 되어 있는데, 시공자는 회신을 기다리는 동안 공사의 수행을 지체하여서는 아니 되는 것으로 규정하고 있다.

FIDIC 「공사계약조건」 제13.3조

13.3 Variation Procedure

(전략)
The Engineer shall, as soon as practicable after receiving such proposal.....respond with approval, disapproval or comments. The Contractor shall not delay any work whilst awaiting a response.
(후략)

감독관은 그와 같은 제안을 받은 후 가능한 빨리 승인, 불승인 또는 검토의견을 붙여 회신하여야 한다. 시공자는 회신을 기다리는 동안 여하한 공사도 지체시켜서는 아니 된다.

21·7 설계변경으로 인한 계약금액의 조정(외국)

설계변경이 있은 경우에는 경미한 경우, 예컨대 Minor Change 또는 Field Order의 경우를 제외하고는 계약금액의 조정이 필수적으로 수반되어야 한다. 이 경우 설계변경이 계약기간에도 영향을 미친다면 당연히 계약기간도 조정되어야 한다.

아래에서는 계약금액의 조정에 한하여 음미하고자 한다.

1. 영국의 계약금액조정

영국의 경우 설계변경으로 인한 계약금액의 조정은 공공공사나 민간공사나 대동소이하므로 아래에서는 토목엔지니어협회(ICE)의 계약조건 제52조를 소개한다.

(1) 변경된 공사가 BOQ(산출내역서)상의 공사와 동일 또는 유사할 경우에는 BOQ상의 단가를 적용한다.

(2) BOQ상의 공사와 동일 또는 유사하지 않거나 유사한 방법으로 수행되지 않았던 경우에는 BOQ상의 단가는 공정한 금액결정을 위한 근거로서 사용된다. 감독관과 시공자간 이와 같은 금액에 합의되지 아니할 경우에는 감독관이 결정한다.

(3) BOQ상의 단가가 공사 또는 금액의 성격상 적용할 수 없다고 인정되는 경우, 즉 신규비목의 경우에는 감독관과 시공자 양자 모두 이의제기권이 있으며, 감독관이 합리적이고 적정하다고 생각하는 단가를 결정한다.

2. 미국의 계약금액조정

미국은 영국과는 달리 공공공사와 민간공사에서 계약금액의 조정방식에 상당한 차이가 있다.

a. 공공공사의 금액조정

미국의 경우 공공공사에서 설계변경으로 인하여 시공자에게 추가비용이 발생한 경우에는 적정금액의 조정(equitable adjustment)을 한다. 여기에서 특이한 점은 적정금액의 제1차적인 결정권자가 시공자라는 점이다. 다시 말하면, 시공자는 발주처로부터 변경지시를 접수한 날로부터 30일 이내에 추가비용을 산출하여 발주처에 청구한다.

b. 민간공사의 금액조정

민간공사의 경우는 EJCDC 계약조건을 예로 들어 보기로 한다.

EJCDC「표준계약조건」제11조에 의하면 시공자는 발주처의 설계변경지시일로부터 30일 이내에 추가비용청구의사를 통지해야 하며, 그리고 60일 이내에 조정금액을 청구해야 한다.

조정금액의 산정은 아래의 기준에 의한다.

(1) 계약단가가 있는 경우에는 계약단가로 한다.

(2) 계약단가가 없는 경우에는 쌍방간 합의에 의한 총액(lump sum)으로 한다. 이 경우 총액에는 경비·일반관리비와 이윤(O & P : overheads and profit)을 포함한다.

㊟ 원칙적으로 O & P 또는 시공자의 보수(contractor's fee)는 하도급비의 경우에는 5%, 기타 시공자의 임금·급여·자재비·장비비 등의 경우에는 15%로 하지만, 상기 총액에 계상되는 O & P는 이 요율에 구속되지 않는다. 다시 말하면, 쌍방간 별도로 합의된 요율을 적용시킬 수 있다. 참고로, 앞의 공공공사에 있어서는 시공자가 공사를 직접 수행하지 않는 경우에는 O & P를 지급하지 않고, 커미션을 10% 지급한다.

(3) 계약단가가 없고, 총액에도 합의하지 못한 경우에는 일종의 실비정산방식으로 조정한다. 이 경우에는 공사원가산정기준으로 산정한 금액과 상기 ㊟에서 언급한 요율(5%, 15%)의 O & P 즉, 시공자의 보수를 합산한 금액으로 한다.

3. 일본의 계약금액조정

일본 「공공공사청부계약약관」에 의하면 계약기간은 계약당사자간에 협의하여 변경하며, 계약금액의 조정은 아래의 기준에 의한다.

첫째 : 다음의 경우에는 변경당시의 가격을 기초로 하여 계약당사자간 협의하여 결정한다.

(1) 수량의 증감이 도급대금내역서 기재수량의 100분의 χ를 초과하는 경우
(2) 시공조건이 다른 경우
(3) 내역서에 기재되지 않은 항목이 발생할 경우
(4) 내역서에 따르는 것이 부적합한 경우

둘째 : 상기의 경우 이외에는 내역서에 기재된 단가를 기초로 한다.

첫째의 경우 계약당사자간에 계약금액에 대한 합의가 이루어지지 아니할 경우 종전에는 건설공사분쟁심사회의 조정 또는 중재에 의뢰토록 하였으나, 1995년 상기 약관의 개정시 발주처가 결정하여 시공자에게 통보토록 변경하였다.

참고로, 100분의 χ에서 χ는 20을 예시하고 있다.

4. FIDIC의 계약금액조정

FIDIC의 경우에는 감독관이 개별 공사항목의 금액을 사정하고, 전체금액에 대하여는 계약당사자의 합의에 의하여 결정하나, 합의가 성립하지 않을 경우에는 자신이 이를 결정하여 쌍방에게 통보하여 확정한다. 이 경우 합의되거나 결정된 검측방법과 항목별 적정요율 또는 금액(appropriate rate or price)을 적용하도록 하고 있다.

여기에서 항목별 적정요율 또는 금액(appropriate rate or price)은 다음의 3개 유형으로 구분되어 결정된다.

a. **계약단가**

계약문서에 해당항목의 요율 또는 금액이 있는 경우에는 당해 요율 또는 금액(본서에서 이를 "계약단가"라 함)을 적정요율 또는 금액으로 간주한다.

b. **유사항목의 단가**

계약문서에 해당항목이 없는 경우에는 유사공사의 요율 또는 금액을 적정요율 또는 금액으로 간주한다.

c. **신규요율 또는 신규단가**

다음의 경우에는 신규단가 또는 요율을 적정요율 또는 금액으로 간주한다.

첫 째 :

(a) 어떤 항목의 검측수량이 BOQ 또는 여타의 내역서상의 당해 항목의 수량의 10% 이상 증감되고,
(b) 변경된 수량에 위 항목의 점유율을 곱한 값이 당초계약금액의 0.01%를 초과하고,
(c) 변경된 수량이 당해 항목의 단위수량당 비용을 1% 이상 변경시키고,
(d) 당해 항목이 정률항목으로 계약문서에 명시되어 있지 않는 경우

또는,

둘 째 :

(ㄱ) 어떤 공사가 설계변경방식으로 지시되고,
(ㄴ) 당해 항목에 대한 요율 또는 단가가 계약문서에 기재되어 있지 않고,
(ㄷ) 당해 항목이 계약항목과 유사성도 없고, 유사조건으로 수행되지도 않기 때문에 적정요율이나 금액이 존재하지 않는 경우

d. **잠정단가**

위에서 언급한 적정요율 또는 금액이 합의되거나 결정될 때까지 감독관은 기성확인서의 발급목적으로 잠정요율 또는 금액(provisional rate or price)을 결정하여 적용한다.

21·8 설계변경으로 인한 계약금액의 조정(우리나라)

우리나라의 경우 설계변경으로 인한 계약금액의 조정은 첫째, 일반공사의 경우, 둘째, 기술제안입찰에 의한 공사의 경우, 셋째, 일괄계약의 경우, 넷째, 현장여건의 상이로 인한 경우, 다섯째, 신기술 및 공법에 의한 경우, 여섯째, 일식공종의 경우 등으로 세분하여 살펴보는 것이 효과적일 것이다.

1. 일반공사의 계약금액조정

대형공사가 아닌 일반공사에서 시공방법의 변경, 투입자재의 변경 등 설계변경으로 인하여 공사량의 증감이 발생하는 경우에는 다음의 기준에 의하여 계약금액을 조정한다.

a. **계약단가의 적용**

단순히 공사량이 증가한 경우에는 원칙적으로 산출내역서에 기재된 단가(계약단가)를 적용한다.

b. **예정가격단가의 적용**

계약단가가 예정가격단가(발주처가 예정가격을 작성하기 위하여 적용한 단가)보다 높은 경우로서 물량이 증가하게 되는 경우에는 그 증가된 물량에 대한 단가는 예정가격단가로 한다.

㈜ 예정가격이라 함은 입찰 또는 계약체결 전에 낙찰자 및 계약금액의 결정기준으로 삼기 위하여 발주처가 미리 작성하는 가격을 말한다.

미국의 경우 이 가격을 'Government estimate of construction costs' 즉 '정부추산공사원가'라 한다. 내용상 우리나라의 예정가격과 같으나, 증액금액이 150,000달러 이상인 경우에는 설계변경시에도 이 가격을 준비한다는 점에서 차이가 있다(미국 「연방조달규정(FAR)」 제36.203조 참조). 미국에서 이 150,000달러를 'Simplified Acquisition Threshold' 즉 통합기초조달금액이라 한다.

c. 설계변경당시단가의 적용

산출내역서에 없는 품목 또는 비목(신규비목)의 단가는 설계변경당시를 기준으로 산정한 단가에 낙찰률을 곱한 금액으로 한다.

㈜ 동일한 품목이라도 성능 또는 규격이 다른 경우에는 이 역시 신규비목에 포함된다.

㈜ "설계변경당시"라 함은 다음을 의미한다.
① 설계도면의 변경을 요하는 경우에는 변경도면을 발주처가 확정한 때
② 설계도면의 변경을 요하지 않는 경우에는 계약당사자간에 설계변경을 문서에 의하여 합의한 때
③ 우선시공을 한 경우에는 우선시공을 지시한 때

㈜ 낙찰률이라 함은 예정가격에 대한 낙찰금액 또는 계약금액의 비율을 말한다.

낙찰률 = (낙찰금액 또는 계약금액) ÷ 예정가격 × 100

d. 협의단가의 적용

발주처가 설계변경을 요구한 경우(시공자의 책임없는 사유로 인한 경우 포함)에는 증가된 물량 또는 신규비목의 단가는 설계변경당시단가와 이 단가에 낙찰률을 곱한 금액의 범위 안에서 발주처와 시공자가 상호 협의하여 결정한 단가(협의단가)로 한다.

㈜ 시공자의 책임없는 사유라 함은 발주처의 책임있는 사유 및 불가항력의 사유를 말한다.

여기에서, 협의단가라 할 때의 '협의'의 구체적인 개념에 논란이 있을 수 있을 것인 바, 당시 재정경제부(현 기획재정부)는 그 유권해석에서 '협의'는 원칙적으로 낙찰률을 곱하지 아니한 금액을 기준으로 하되, 예외적으로 증가된 공사량의 규모 및 공사자재 등의 시장거래에 대한 조달상황 등을 감안하여 다소 하향조정할 수 있는 것으로 하고 있음에 유의하여야 한다.

기획재정부 유권해석 회계 45107-2128 ('96.9.13)

"국가기관이 체결한 공사계약에서 정부가 설계변경을 요구한 경우에는 증가된 물량 또는 신규비목의 단가는 국가계약법 시행령 제65조제3항제3호의 규정에 의거 설계변경당시를 기준으로 하여 산정한 단가와 동 단가에 낙찰률을 곱한 금액의 범위 안에서 계약당사자간에 협의하여 계약금액을 결정하는 것인 바, 이 경우 "협의"는 원칙적으로 낙찰률을 곱하지 아니하는 금액을 기준으로 하되 다만, 예외적으로 증가된 공사량의 규모, 공사에 필요한 자재 등의 시장거래에 있어 조달상황 등을 감안하여 다소 하향조정할 수 있는 것임."

e. 평균단가의 적용

상기 d항에서 협의가 성립하지 않을 경우 설계변경당시단가와 동 단가에 낙찰률을 곱한 금액의 산술평균금액 즉 합산액의 50%로 한다. 본서에서 이 단가를 평균단가라 지칭하기로 한다.

f. 표준시장단가의 적용

상기 a~e항에도 불구하고 표준시장단가가 적용된 공사의 경우에는 다음 기준에 의하여 계약금액을 조정한다.

(1) 증가된 공사량의 단가는 예정가격산정시 표준시장단가가 적용된 경우에 설계변경당시를 기준으로 하여 산정한 표준시장단가로 한다.

(2) 신규비목의 단가는 표준시장단가를 기준으로 산정하고자 하는 경우에 설계변경당시를 기준으로 산정한 표준시장단가로 한다.

㈜ 표준시장단가제도는 2012.7월에 계약예규 「공사계약일반조건」 제20조제3항을 신설함으로써 국가계약에 도입된 단가제도이다.

g. 승률비용

상기 a~f항에 의한 계약금액 증가분에 대한 간접노무비, 산재보험료 및 산업안전보건관리비 등 승률비용은 산출내역서상의 해당요율에 의한다.

h. 일반관리비

일반관리비도 승률비용과 마찬가지로 산출내역서상의 일반관리비율에 의하여 계상하되, 이 요율은 아래표의 요율을 초과할 수 없다.

일반관리비율

종합공사		전문·전기·정보통신·소방 및 기타공사	
공사원가	일반관리비율(%)	공사원가	일반관리비율(%)
50억원 미만 50억원~300억원 미만 300억원 이상	6.0 5.5 5.0	5억원 미만 5억원~30억원 미만 3억원 이상	6.0 5.5 5.0

i. 이 윤

이윤 역시 일반관리비와 같은 방식으로 계상하나, 다만 공사원가 중 노무비 및 경비와 일반관리비의 합계액(이 경우 기술료 및 외주가공비는 제외)에 이윤율 15%를 초과하여 계상할 수는 없다.

㈜ 상기 h항 및 i항에서, 일반관리비는 공사원가의 6%, 이윤은 노무비·경비·일반관리비의 합산액의 15%를 초과하여 계상할 수 없다고 한 바, 이 경우 산출내역서상의 요율이 이 상한요율보다 클 경우에 산출내역서상의 요율이 유효한가라는 의문이 있을 수 있다.
예컨대 산출내역서상의 일반관리비율이 공사원가의 10%로 계상되었다면, 이 10%는 소위 계약단가이며, ①계약금액의 결정이나 기성대가의 지급에 있어서는 이 요율(10%)을 기준으로 하나, ②설계변경으로 인한 계약금액의 조정시에는 비록 계약단가가 10%라고 하더라도 상기 상한요율, 즉 공사원가의 6%를 초과하여 계상하지 못한다. 그러나 산출내역서상의 일반관리비율이 공사원가의 3%로 계상되어 있다면, 어떠한 경우에 있어서도 이 요율을 적용한다.

기획재정부 유권해석 회계 45107-1075 ('93.9.27)

"국가기관이 실시하는 총액단가입찰(내역입찰)에 있어 입찰자가 제출하는 산출내역서상 명시한 비목의 가격이 계약단가가 되는 것이며, 동 가격은 입찰금액의 범위 내에서 입찰자가 임의로 산정하는 것임."

2. 실시설계기술제안입찰공사의 계약금액조정

a. 계약단가의 적용

설계변경으로 증감된 공사량의 단가는 계약단가를 적용하되, 계약단가가 예정가격단가보다 높을 경우에는 예정가격단가로 한다.

b. 협의단가 및 평균단가의 적용

발주처에서 설계변경을 요구한 경우(시공자의 책임없는 사유로 인한 경우 포함)에는 증가된 물량 또는 신규비목의 단가는 설계변경당시단가와 이 단가에 낙찰률을 곱한 금액의 범위 안에서 계약당사자간에 협의하여 결정한 단가(협의단가)를 적용한다. 다만, 협의가 이루어지지 아니할 경우에는 설계변경당시단가와 이 단가에 낙찰률을 곱한 금액을 합한 금액의 50%(평균단가)를 적용하여 조정한다.

c. 설계변경당시단가의 적용

산출내역서상에 없는 신규비목의 단가는 설계변경당시단가에 낙찰률을 곱한 금액으로 한다.

d. 일반관리비·이윤 등

승률비용과 일반관리비·이윤 등은 상기 일반공사의 경우와 동일하게 계상한다.

e. 공사량의 산출

계약금액을 증감조정하고자 하는 경우 증감되는 공사물량은 수정 전의 설계도면과 수정 후의 설계도면을 비교하여 산출한다.

3. 일괄입찰공사 등의 계약금액조정

대안입찰, 일괄입찰, 기본설계기술제안입찰공사의 경우에는 아래와 같은 방법으로 계약금액을 조정한다.

a. 감소된 공사량의 단가

산출내역서상의 단가(계약단가)를 적용한다.

이들 공사의 경우 입찰자는 단가와 수량을 자신이 결정하여 작성한 산출내역서를 입찰서에 첨부하여 발주처에 제출한다.

b. 증가된 공사량의 단가

설계변경당시단가와 위 a항의 계약단가의 범위 안에서 계약당사자간에 협의하여 결정한 단가로 한다. 다만, 계약당사자 사이에 협의가 이루어지지 않는 경우에는 설계변경당시단가와 a항의 계약단가를 합한 금액의 50%로 한다.

c. 신규비목의 단가

설계변경당시단가를 적용한다.

d. 일반관리비·이윤 등

승률비용과 일반관리비·이윤 등은 상기 일반공사의 경우와 동일하게 계상한다.

e. 공사량의 산출

계약금액을 증감조정하고자 하는 경우 증감되는 공사물량은 수정 전의 설계도면과 수정 후의 설계도면을 비교하여 산출한다.

㈜ 입찰자가 물량내역서를 직접 작성하고 거기에 단가를 기재한 산출내역서를 제출한 경우로서, 그 물량내역서의 누락사항이나 오류 등으로 인한 설계변경의 경우에는 계약금액을 변경할 수 없다.

4. 현장상태의 상이로 인한 조정특례

현장상태와 설계서의 상이 등으로 인하여 설계변경을 하는 경우 전체공사에 대하여 증감되는 금액을 합산하여 계약금액을 조정하되, 계약금액을 증액할 수는 없다는 예외규정이 있다(계약예규 「공사계약일반조건」 제21조제7항).

5. 발주처의 책임있는 사유

설계·시공일괄계약, 대안입찰에 의한 계약, 기본설계기술제안입찰 및 실시설계기술제안입찰에 의한 공사계약에 있어서는 설계변경을 하였다고 하더라도 원칙적으로 계약금액에 대한 증액조정을 할 수 없으나, 아래와 같이 발주처의 책임있는 사유 또는 불가항력의 사유로 인한 경우에는 증액조정을 할 수 있다.

(a) 사업계획변경 등 발주처의 필요에 의한 경우
(b) 발주처 외에 해당공사와 관련된 인·허가기관 등의 요구가 있어 발주처가 이를 수용한 경우
(c) 공사관련법령(표준시방서, 전문시방서, 설계기준 및 지침 등 포함)의 제·개정으로 인한 경우
(d) 공사관련법령에 정한 바에 따라 시공하였음에도 불구하고 발생되는 민원에 의한 경우
(e) 발주처 또는 공사관련기관이 교부한 지하매설지장물도면과 현장상태가 상이하거나 계약 이후 신규로 매설된 지장물에 의한 경우
(f) 토지·건물소유자의 반대, 지장물의 존치, 관련기관의 인·허가 불허 등으로 지질조사가 불가능했던 부분의 경우
(g) 계약당사자 누구의 책임에도 속하지 않는 사유에 의한 경우

6. 일식계약의 계약금액조정

일부공종의 단가가 세부공종별로 분류되어 작성되지 않고 총계방식으로 작성되어 체결한 계약을 일식계약이라 하며, 그 단가를 일식단가라고 한다.

이 계약에서 설계도면 또는 공사시방서가 변경되어 일식단가의 구성내용이 변경되는 때에는 상기 제1항의 내용에 따라 계약금액을 조정한다. 다시 말하면, ①일식단가를 분해하여(breakdown) 새로운 산출내역서를 작성하며, ②이 새로운 산출내역서상의 단가를 세부공종별단가로 하며(이를 계약단가로 하여도 됨), ③설계변경으로 인한 계약금액의 조정은 제1항의 내용에 따라 새로운 산출내역서상의 단가 및 협의단가·평균단가·설계변경당시단가 등을 적의 적용한다.

기획재정부 유권해석 회계 41301-506 ('98.4.10)

"국가기관이 체결한 공사계약에 있어 일부공종의 단가가 세부공종별로 분류되어 작성되지 아니하고 총계방식으로 작성(1식단가)되어 있는 경우에도 설계도면 또는 공사시방서가 변경되어 1식단가의 구성내용이 변경되는 때에는 회계예규 「공사계약일반조건」 제20조제6항의 규정에 의하여 계약금액을 조정하여야 하는 바, 이 경우 증감되는 물량 및 단가 등은 단가산출서 및 일위대가표 등을 참고하여 산출할 수 있을 것입니다."

7. 신기술·공법으로 인한 설계변경의 계약금액조정

이는 장을 달리하여 논의하고자 한다.

8. 계약금액의 조정시기

계약예규 「공사계약일반조건」 제20조의 규정에 의하면, 시공자는 준공대가(장기계속계약의 경우 각 차수별 준공대가)를 수령하기 전까지 계약금액의 조정신청을 하여야 하며, 발주처는 시공자의 계약금액조정청구를 받은 날부터 30일 이내에 조정하여야 한다. 이 경우 발주처는 예산배정의 지연 등 불가피한 경우에는 시공자와 협의하여 이 기간을 연장할 수 있으며, 계약금액을 조정할 수 있는 예산이 없는 때에는 공사량 등을 조정하여 그 대가를 지급할 수 있도록 하고 있다.

21·9 평 가

1. 계약금액의 조정시기에 대하여

설계변경으로 인한 계약금액의 조정시기는 기획재정부 계약예규와 조달청고시 「일괄계약특수조건」에서 차이가 있다.

a. 계약예규상의 조정시기

설계변경으로 인한 계약금액의 조정시기를 계약예규 「공사계약일반조건」을 기준으로 할 때, 시공자는 준공대가의 수령 전까지 조정신청을 하여야 하며, 발주처는 시공자의 계약금액조정청구를 받은 날부터 30일 이내에 조정하도록 되어 있다.

시공자의 조정신청시기는 늦어도 준공대가의 수령 전까지라고 해석되므로, 시공자는 그 이전 언제든지 신청할 수 있다고 보여 진다.

생각건대, 시공자의 조정청구로부터 발주처의 계약금액조정완료까지를 하나의 단위기간으로 하여 이를 계약금액의 조정시기라고 할 때, 이 계약금액의 조정시기는 다음 그림의 어떠한 시점에서도 나타내어질 수 있다.

계약금액의 조정가능시기

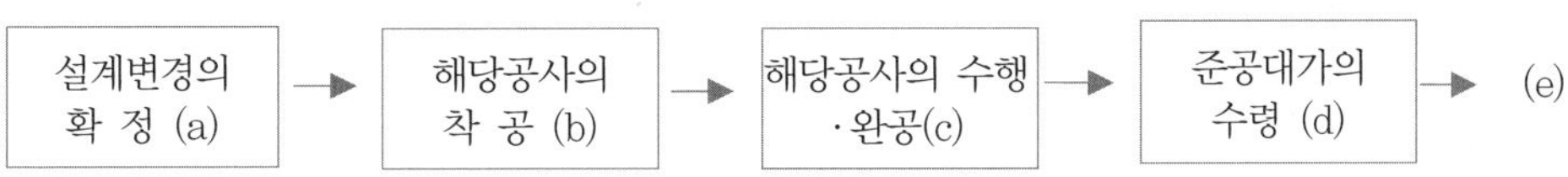

㈜ 상기 흐름도 중 (a), 즉 설계변경의 확정시기는 설계도면을 발주처가 확정한 날 또는 발주처와 시공자가 설계변경에 합의한 날 또는 우선시공을 지시한 날을 뜻하는 것으로 한다.

설계변경이 확정되지도 않았는데 그에 대한 계약금액을 조정한다는 것은 현실적이지 아니하기 때문에 (a)단계 이전은 논의의 대상에서 제외하기로 한다.

상기「공사계약일반조건」에는 시공자의 조정청구시기를 준공대가의 수령 전까지 즉 (d)시점 이전까지라고 규정하고 있으므로, 시공자는 (a)단계에서도 조정청구를 할 수 있고, (b) 및 (c)단계에서도 신청할 수 있다.

b. 조달청고시상의 조정시기

위 계약예규에 대하여, 조달청고시「일괄계약특수조건」에서는 발주처의 설계변경승인일로부터 30일 이내에 계약상대자가 조정신청을 하도록 되어 있어서(제24조제4항) ⓐ단계에서 신청하여야 한다.

준공대가 수령 전까지와 설계변경승인일부터 30일 이내에는 상당한 시간적 간격이 있다. 계약예규와 조달청고시의 관련조항의 조정이 필요하다.

2. 계약금액조정단가의 비합리성

설계변경으로 인한 계약금액의 조정은 기본적으로 조정대상부분의 수량에 계약단가 또는 설계변경당시단가, 협의단가, 평균단가, 표준시장단가 등을 곱하여 산출한 금액으로 한다.

그런데, 신규비목의 경우에는 일반공사에서도 투입자재의 변경 등으로 공사량이 증감하여 계약금액을 조정하여야 하는 경우와 발주처가 설계변경을 요구한 경우에 있어서 적용단가에 차이가 있고, 또한 일괄입찰공사 등에 있어서도 차이가 있다.

다음에서 이들을 표로서 비교하여 보기로 한다.

신규비목의 계약금액조정시 적용단가

일반공사 (원칙상)	일반공사 (발주처의 요구에 의한 설변)	일괄공사 등
– 설변단가 × 낙찰률	– 협의단가 – 협의 불성립시→{설변단가 + (설변단가 × 낙찰률)}× 50%	– 설변단가

발주처의 필요에 의한 설계변경의 경우 협의단가를 적용하는 것은 예외적이라고 하더라도, 같은 상황에서 일반공사에 있어서는 낙찰률을 곱한 설변단가로 하고, 일괄입찰공사 등에 있어서는 100%의 설변단가로 하는 것은 계약관리의 형평성에 어긋난다고 아니 할 수 없다.

합리적인 방안을 찾아내어야 할 것이라는 생각이 든다.

22

현장여건의 상이로 인한 설계변경

제22장

현장여건의 상이로 인한 설계변경

22·1 현장여건의 의의

건설공사에서 또는 본 장에서 현장여건(site conditions)이라고 할 때의 '현장'은 아래의 개념의 통합개념으로 이해되고 있음을 유의하여야 한다.

a. 자연적 여건과 인위적 여건

현장여건에는 자연적 여건과 인위적 여건이 있다. 자연적 여건에는 지질, 암반, 동공(洞空), 지하수 등이 있으며, 인위적 여건에는 상·하수도관, 가스관, 전신주 등이 있다.

b. 지상여건과 지하여건

현장여건에는 또한 지상여건과 지하여건이 있다. 지하여건에는 지하암반, 동공, 지하수, 지하에 매립된 시설물 등이 있으며, 지상여건에는 건축물·전신주 등의 지상구조물, 지상에 돌출된 암반 등이 있다.

c. 인근의 여건

현장여건에는 건설현장 그 자체, 즉 부지상태만을 뜻하는 것이 아니라 공사의 수행과 관련한 인근의 여건도 포함된다. 현장진입로, 우회로, 임시숙소 및 사무실 설치 등을 위하여 조사 또는 검토를 요한다. 그러므로 현장여건을 'Site Conditions'라고 표기할 때에는 문제가 없지만 이를 'Conditions at the Site'라고 할 때의 'at the Site'는 'at or contiguous to the Site'를 뜻하며 현장 및 현장주변의 여건이 조사의 대상이 된다.

d. 물리적 여건

현장여건의 중요한 개념 중의 하나가 물리적 여건(physical conditions)을 뜻한다는 것이다. 그러므로 현장주위의 경관이 좋다든지 날씨가 쾌적하다든지 또는 정치적 여건, 경제적 여건, 기후여건 등의 추상적 여건 또는 과거의 여건은 본 항의 현장여건에는 포함되지 않는다(FIDIC 제4.12조 참조).

22·2 현장여건의 상이(相異)

1. 현장여건의 상이에 대한 표기

현업에서 현장여건의 상이(相異)가 어떻게 표현되고 있는지를 먼저 살펴보고 난 뒤에 현장여건의 상이가 지니는 의미를 음미하여 보는 것이 이해에 도움이 되리라 생각한다.

(1) 현장상태와 설계서의 상이, Differing site conditions : 우리나라 「공사계약일반조건」, 미국 「연방조달규정(FAR)」

(2) Differing subsurface or physical conditions(이질적인 지하 또는 물리적 여건) : 엔지니어합동계약문서위원회(EJCDC) 「표준계약조건」

(3) Unforeseeable physical conditions(예측할 수 없는 물리적 여건) : FIDIC 「공사계약조건」

(4) Adverse physical conditions and artificial obstructions(물리적 악조건 및 인위적 장애) : ICE 「공사계약조건」

(5) Artificial obstructions(인위적 장애) : 미국건설협회(AGCA) 「공사계약조건」

(6) Concealed or unknown conditions(숨겨지거나 알려지지 않은 여건) : 미국건축사협회(AIA) 「공사계약조건」

(7) Unknown conditions(알려지지 않은 여건) : 미국건설협회(AGCA) 「공사계약조건」

(8) 기타 Changed conditions(변경된 여건), Man-made facilities(인위적 시설) 등

따라서 위의 모든 영문표기는 우리나라 계약예규의 지장물 또는 현장여건의 상이의 대상이 된다고 할 수 있다.

2. 현장여건의 상이의 개념

현장여건의 상이에 대한 개념은 미국의 경우와 그 외 여타의 경우에 있어서 차이가 있다. 아래에서 전자의 경우를 현장여건의 상이에 대한 미국식 개념이라 하고, 후자의 경우를 일반적 개념으로 구분하여 논의하고자 한다.

a. 일반적 개념

이 개념을 논의하기 전에 일본 「공공공사청부계약약관」을 먼저 음미할 필요가 있다.

일본 「공공공사청부계약약관」 제18조 조건변경 등

"1. 수주자는 공사의 시공에 있어서 다음 각 호의 1에 해당하는 사실을 발견했을 때는 그 사실을 즉시 감독원에게 통지하고 그 확인을 청구해야 한다.

(1) 도면, 시방서, 현장설명서 및 현장설명에 대한 질의회답서가 일치하지 않는 것(이들의 우선 순위가 정해져 있는 경우를 제외한다)
(2) 설계도서에 오진 또는 탈루가 있는 것
(3) 설계도서의 표시가 명확하지 않는 것
(4) 공사현장의 형상, 지질, 용수 등의 상태, 시공상의 제약 등 설계도서에 제시된 자연적 또는 인위적인 시공조건과 실제 공사현장이 일치하지 않는 것
(5) 설계도서에 명시되어 있지 않은 시공조건에 대해서 예기할 수 없는 특별한 상태가 발생한 것

2～5. - 생　략 - "

이 조 제1항제4호에서 규정하는 바와 같이 일반적 개념으로서 현장여건의 상이라 함은 설계서에 명시된 자연적 또는 인위적 시공조건이 실제와 다른 것을 말한다.

우리나라 기획재정부 계약예규 「공사계약일반조건」도 일본처럼 구체적으로 규정하고 있지는 않지만 기본적으로 개념을 같이 한다(제19조 및 제19조의3 참조). 일본과 우리나라의 계약예규에서 현장여건의 상이를 설계서와 다른 현장여건으로 개념을 단순화할 수

있는 이유는 전항에서 논의한 바와 같이 두 나라 모두 시공자의 현장답사 또는 조사의무를 입찰을 위한 전제요건으로 규정하고 있지 않기 때문이다. 이 점에서 여타의 경우와 다소간의 차이가 있다.

FIDIC「공사계약조건」제4.12조 예측할 수 없었던 물리적 여건

"4.12 Unforeseeable Physical Conditions
In this Sub-Clause, "physical conditions" means natural physical conditions and man-made and other physical obstructions and pollutants, which the Contractor encounters at the Site when executing the Works, including sub-surface and hydrological conditions but excluding climatic conditions.………………………"

(4.12 예측할 수 없는 물리적 여건
이 조에서 "물리적 여건"이라 함은 시공자가 공사의 수행 중 현장에서 접하는 자연적·물리적 여건과 인위적 또는 기타의 물리적 장애 또는 오염물질을 말하며 지하 및 수리여건을 포함하나, 기후여건은 제외한다.)

싱가포르「공공공사계약조건」의 경우에는 인위적 장애(artificial obstructions)에 한하여 설계변경(유상설계변경)을 인정하며, 자연적 여건(natural conditions)에 대하여는 설계변경을 인정하지 않는다.

싱가포르「공공공사계약조건」제5.2조 Artificial Obstructions

"If the Contractor shall encounter artificial obstructions in the course of carrying out subsurface Works …… which artificial obstructions could not have been reasonably foreseen by an experienced contractor and the Contrator is of the opinion that additional cost will be incurred which would not have been incurred if such artificial obstructions had not been encountered, he shall if he intends to make any claim forthwith give notice in writing to the Superintending Officer ……"

(지하공사의 수행중 경험있는 시공자에 의하여 합리적으로 예측될 수 없었던 인위적 장애를 접하고, 또 그와 같은 인위적 장애를 접하지 않았다면 추가비용이 발생하지 않았을 것이라고 생각되는 경우로써 시공자가 클레임을 제기하려는 경우에는 이를 즉시 감독관에게 문서로써 통지하여야 한다)

참고로, 상기 FIDIC「공사계약조건」제4.12조에서는 'climatic conditions'로 표기하고 있으나, ICE 제12조에서는 'weather conditions'로 표기하고 있다.

Longman(영국)의 「현대영어사전」(dictionary of contemporary English, Longman)은 Climate와 Weather를 아래와 같이 정의하고 있다. 표기에 유의하여야 한다.

Climate와 Weather : Longman

"• Climate
the average weather conditions at a particular place over a period of years
• Weather
the condition of wind, temperature, rain, sunshine, snow, etc., at a certain time or over a period of time"

(• 기후(Climate)
수년간에 걸친 특정지역의 평균기상여건
• 기상·날씨(Weather)
특정시간 또는 기간에 걸친 바람, 온도, 비, 일광, 눈 등의 여건)

b. 미국식 개념

미국의 경우 「연방조달규정」(FAR) 52.236-2조뿐만 아니라 AIA, EJCDC, AGCA 등의 민간단체가 제정한 계약조건에서도 현장여건의 상이 개념을 제Ⅰ유형(type Ⅰ)과 제Ⅱ유형(type Ⅱ)으로 구분한다.

미국 EJCDC 「표준계약조건」 제4.2.3조

"4.2.3. Notice of Differing Subsurface or Physical Conditions : If CONTRACTOR believes that any subsurface or physical condition at or contiguous to the site that is uncovered or revealed either : …………

4.2.3.3. differs materially from that shown or indicated in the Contract Documents, or

4.2.3.4. is of an unusual nature, and differs materially from conditions ordinarily encountered and generally recognized as inherent in work of the character provided for in the Contract Documents ; then"

(4.2.3 상이한 지하 또는 물리적 여건의 통지 : 시공자는 개착되는 현장 또는 현장인근의 지하 또는 물리적 여건이 아래 각 호의 1과 같다고 생각되는 경우에는 (즉시 발주처 및 감독관에게 통지하여야 한다) :

―――――――(중 략)―――――――

4.2.3.3 계약문서에 기재된 것과 중대하게 상이하거나,
4.2.3.4 계약문서에 규정된 종류의 공사에서 통상적으로 접하거나 존재할 것으로 인식되는 여건과 중대하게 상이하거나 비정상적인 상태)

이 조 제4.2.3.3항이 현장여건상이의 제Ⅰ유형이며, 제4.2.3.4항이 제Ⅱ유형을 의미한다. 이를 굳이 재정리하면, 제Ⅰ유형은 설계서 또는 지하매설물현황·지질조사보고서 등과 실제의 현장여건이 상이한 경우이며, 제Ⅱ유형은 해당계약과 같은 공사일 경우에 통상적·일반적으로 접하게 되는 현장여건과 상이한 경우이다.

22·3 현장여건에 대한 계약당사자의 조사·확인 의무

1. 발주처의 조사의무

발주처는 공사의 발주 전에 공사현장의 자연적 또는 인위적 시공조건에 대하여 충분한 조사를 실시하고 그에 근거하여 설계서를 작성하여야 하며, 시공자의 입찰준비를 위하여 가능한 모든 정보와 자료를 시공자에게 제공하여야 한다.

FIDIC「공사계약조건」제4.10조

"4.10 Site data

The Employer shall have made available to the Contractor for his information, prior to the Base Date, all relevant data in the Employer's possession on sub-surface and hydrological conditions at the Site, including environmental aspects. The Employer shall similarly make available to the Contractor all such data which come into the Employer's possession after the Base Date. The Contractor shall be responsible for interpreting all such data.……"

(4.10 현장자료
발주처는 환경관련 자료를 포함하여 현장의 지하 및 수리여건에 대한 모든 자료를 시공자가 활용할 수 있도록 하여야 한다. 발주처는 또한 기준일자 이후에 습득한 자료도 시공자가 활용할 수 있도록 하여야 한다. 시공자는 이들 자료의 해석에 대한 책임이 있다.

————후략————)

㈜ FIDIC의 위 조에서 '기준일자'는 Base Date로서 이는 입찰서제출마감일 전 28일을 말한다.

발주처의 이 의무는 상기 FIDIC 및 영국의 토목엔지니어협회(ICE)에서는 계약조건에서 규정하고 있으나, 일반적인 경우 이는 입찰유의서에서 규정한다. 그러나 일본과 우리나라의 경우에는 입찰유의서나 계약조건에서 발주처의 이 의무를 명문으로 규정하고 있지 않으며, 공사의 수행 중 현장여건이 설계서와 다를 때 무조건 설계변경사유가 되는 것으로 규정하고 있다.

발주처의 이 의무는 여타의 계약상의 의무와 성격을 달리한다.

즉, 발주처가 이 의무를 이행하였다고 하더라도 공사의 수행 중 접하게 되는 현장여건의 상이에 대하여 책임이 없다는 뜻이 아니다. 미국의 경우는 설령 계약조건에서 이와 같이 규정하였다고 하더라도 현장여건의 상이에 대하여 발주처의 책임이 면제되지 않는다는 것이 일반적인 인식이다.

미국 판례 Foster Constr. vs United States(1970)

"In the cases arising under the modern changed conditions clause, caution continues to be observed that the duty to make an inspection of the site does not negate the changed conditions clause by putting the contractor at peril to discover hidden subsurface conditions or those beyond the limits of an inspection appropriate to the available."

(현대적인 현장여건의 상이 조항으로 인하여 발생하는 사건에 있어서, 현장조사의무가 시공자로 하여금 숨겨진 여건이나 주어진 시간에 수행할 수 있는 조사의 한계를 초과하는 여건을 찾아내도록 하는 위험에 두게 함으로써 현장여건의 상이조항을 무효로 하는 것은 아니다)

2. 시공자의 의무

a. 우리나라

우리나라의 경우 국가계약법령이나 건설관련법령 또는 계약예규 「공사계약일반조건」 등에 의하면, 입찰단계에서 시공자의 현장조사의무를 명문으로 규정하고 있지 않으며, 계약체결 후, 즉 공사착수단계 또는 시공단계에서 일종의 계약사항 예컨대 설계변경의 대상으로 다루어진다.

계약예규 「공사계약일반조건」 제19조 설계변경 등

"① 설계변경은 다음 각 호의 어느 하나에 해당하는 경우에 한다.
1. 설계서의 내용이 불분명하거나 누락·오류 또는 상호 모순되는 점이 있을 경우
2. 지질, 용수 등 공사현장의 상태가 설계서와 다를 경우
3. 새로운 기술·공법 사용으로 공사비의 절감 및 시공기간의 단축 등의 효과가 현저할 경우
4. 기타 발주기관이 설계서를 변경할 필요가 있다고 인정할 경우 등

– 이하 생략 – "

이 「공사계약일반조건」 제19조의3에 의하면, 시공자는 지질, 용수, 지하매설물 등 공사현장의 상태가 설계서와 다른 사실을 발견하였을 때에는 이를 발주처와 감독관에게 동시에 통지하여야 하며, 통지를 받은 발주처는 즉시 현장을 확인하고 현장상태에 따라 설계서를 변경하도록 규정하고 있다. 즉, 시공자가 입찰당시 현장상태를 조사·확인하였는지 여부는 묻지 않는다.

b. 외 국

외국의 경우에는 거의 대부분의 국가 또는 FIDIC, ICE, AIA, EJCDC 등의 계약조건에 의하면, 시공자의 현장조사의무는 입찰단계에서 이루어진다.

특히 미국「연방조달규정(FAR)」에 의하면, 총액계약으로서 계약금액이 150,000달러를 초과할 것으로 예상되는 경우에는 시공자의 현장조사의무를 반드시 계약문서에 명시하도록 규정하고 있다(FAR 제36.503조).

AIA「입찰유의서」제4조 계약문서 및 현장의 조사

"4.1 It is the responsibility of each Bidder before submitting a Bid :
4.1.1 To examine thoroughly the Contract Documents and related data identified in the Bidding Documents(including 'technical data' referred to below) :
4.1.2 To visit the site to become familiar with and satisfy Bidder as to the general, local and site conditions that may affect cost, progress, performance or furnishing of the Work :
...."

(4.1 입찰자는 입찰서를 제출하기 전에 다음에 대한 책임이 있다.
4.1.1 후술하는 기술자료를 포함하여 입찰문서에서 명시된 관련자료 및 계약문서의 철저한 검토
4.1.2 공사비, 공정, 공사의 수행 및 공급 등에 영향이 있는 일반적, 지역적 및 현장의 여건을 파악하기 위한 현장의 방문)

㈜ 외국이라고 하여도 일본의 경우에는 우리나라와 동일한 제도를 취하고 있다.

c. 현장조사의무의 이행

일반적인 경우 ①발주처의 현장조사의무는 구체적으로 현장부지의 측량, 지장물매설현황 및 지질조사, 조사자료의 제공 등으로 이어지며, ②시공자의 현장조사의무는 엄밀한 의미에서 발주처가 제공한 자료와 현장의 실상을 대조·확인하는 의무라고 할 수 있다. 이와 같은 과정을 흐름도로 나타내면 다음 표와 같다.

현장조사의무의 이행과정

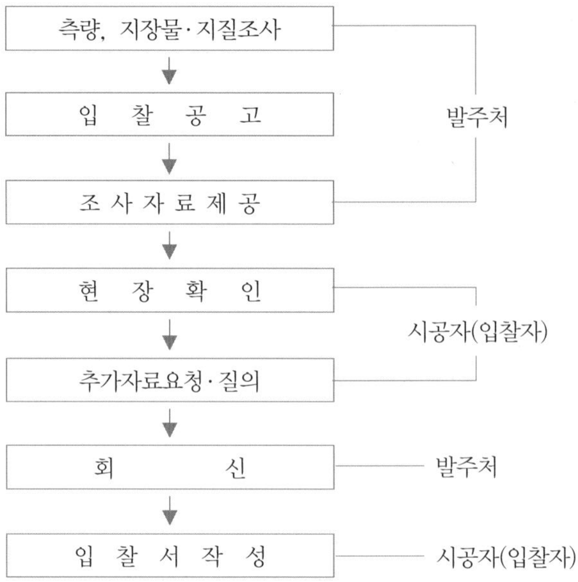

앞 제1항 말미에서 인용한 미국의 판례에서는 시공자의 이 조사의무와 관련하여 입찰자료서의 일반적인 조사가 아닌 전문적인 조사는 입찰자의 조사의무를 벗어나는 것이라고 하고 있다.

미국 판례 Foster Constr. vs United States(1970)

"The contractor is unable to rely on contract indications of the subsurface only where relatively simple inquiries might have revealed contrary conditions. When, for instance, logs in the contract show no water, as in the instant case, he need not seek out experts, who may tell him of the possibility of subsurface water."

(시공자는 비교적 간단한 질의로도 다른 여건을 밝혀낼 수 있을 경우에는 지하여건에 대한 계약문서상의 내용에만 의존하여서는 아니 된다. 당해 계약상의 자료에서, 예를 들면, 본건 사건에서처럼, 지하수가 없는 것으로 기재된 때에는 지하수의 존재가능성을 알아보기 위하여 전문가를 고용할 필요는 없다)

22·4 현장여건의 상이에 대한 인식

현장여건의 상이에 대한 처리에 있어서 그 근거를 어디에 둘 것이냐에 따라 아래와 같은 견해상의 대립이 있다.

1. 계약사항의 변경설

현장여건의 상이는 설계변경, 즉 계약사항의 변경에 해당한다는 견해로서 이와 관련한 추가비용과 시간은 발주처의 책임이라고 한다.

2. 불가항력설

현장여건의 상이는 발주처와 시공자 모두 각자의 의무(현장답사·조사 및 확인 등의 의무)를 성실하게 수행하였음에도 발생한 장해이므로 계약당사자 누구의 책임에도 속하지 아니하지만, 그를 제거 또는 극복하는데 소요되는 추가비용과 시간은 발주처의 책임이라는 견해이다. 영국의 경우 이 설에 가까운 제도를 취하고 있다.

상기 설계변경이론에서 추가공사의 수행이나 불가항력이론에서 장해의 제거 또는 극복에 대하여, 일별할 때 비용과 시간이 모두 발주처에 의하여 보상 또는 연장되므로 차이가 없는 듯이 보인다. 그러나 일반적인 경우 설계변경으로 인한 계약기간의 연장에 있어서는 연장비용(prolongation costs) 또는 시간관련비용(time-related costs)의 청구가 허용되는데 비하여 불가항력으로 인한 계약기간의 연장의 경우에는 이와 같은 연장비용의 청구가 허용되지 않는다는 점에서 미세하나마 차이가 있다. 이는 설계변경은 발주처의 책임이나 불가항력은 계약당사자 누구의 책임도 아니라는 원칙에 근거한다.

3. 새로운 계약설

현장여건의 상이로서의 장해의 제거 또는 극복은 발주처나 시공자 모두 초기에 예측하지 못한 사항이므로 당초계약과는 별도로 수행하여야 한다는 견해이다.

따라서 이로 인한 기간과 비용은 모두 발주처의 부담이 된다.

4. 소 결

현장여건의 상이를 예측하기 위하여, 또는 이를 기존 계약사항에 포함시키기 위하여 계약당사자 모두 자신의 의무사항을 수행하였으므로 계약의 수행 중 발생한 장해에 대하여 계약당사자 누구의 책임도 아닌 것은 사실이다. 이 점에서 불가항력이론이 설득력이 없는 것은 아니다. 비슷한 관점에서 새로운 계약이론 역시 설득력이 있다. 그러나 불가항력이론은 비용청구에 있어서, 새로운 계약이론은 설계변경 중 신규비목의 추가도 새로운 계약이라고 하여야 한다는 모순점을 해결할 수 없다는 점에서 각기 문제점이 있다.

일반적인 견해는 계약사항의 변경이론이다. 그 근거는 현장여건의 상이는 거의 대부분의 계약조건에서 이를 기존 계약의 내용을 변경하는 것으로 규정하고 있다는 데에서 찾을 수 있다.

㈜ 뒤에 다시 논의하겠지만, 미국이나 우리나라의 경우 일반적으로 불가항력의 사유로 인하여 계약기간이 연장되는 경우에는 연장비용을 시공자에게 보상하지 않으며, 반면에 설계변경으로 공정이 지체된 경우에는 계약기간의 연장과 함께 추가비용을 보상한다.

22·5 현장여건 상이의 유형

현장여건의 상이는 현업에서 지장물(obstruction 또는 obstacle)이라고 부르기도 한다. 이 지장물의 유형은 앞장의 개념에서 이미 개략적으로 논의되었다고 할 수 있다. 그러함에도 불구하고 이를 다시 논의하는 이유는 이 지장물이 공사비와 공사기간에 상당한 영향을 미치기 때문에 그를 분명하게 이해하고 있어야 한다는 뜻에 있다.

지장물의 유형 역시 그 개념에서와 같이 일반적 유형과 미국식 유형으로 구분할 수 있다.

1. 일반적 유형

공사현장의 지장물에는 그 존재위치에 따라 지상지장물과 지하지장물로 구분되며, 이들은 다시 그 생성원인에 따라 인위적 지장물과 자연적 지장물로 구분된다. 지상건축물, 전신주, 지상에 돌출된 암반 등은 지상지장물이며, 지하수·지하암반, 지하에 매설된 가스관, 수도관, 하수도관 등은 지하지장물이다. 또한 건축물, 전신주, 가스관, 상·하수도관 등은 인위적 지장물이며, 암반, 지하수 등은 자연적 지장물이다.

이와 같은 분류 외에 지장물의 실체에 따라 유형지장물과 무형지장물로 구분하기도 한다. 위에서 예로 든 지장물은 모두 유형지장물이며, 토지 또는 건축물에 대한 소유권, 지역권, 전세권, 통행권 등은 무형지장물에 해당한다. 그러나 무형지장물은 소위 현장여건의 개념에서 제외됨이 일반적이다.

지장물의 일반적 유형

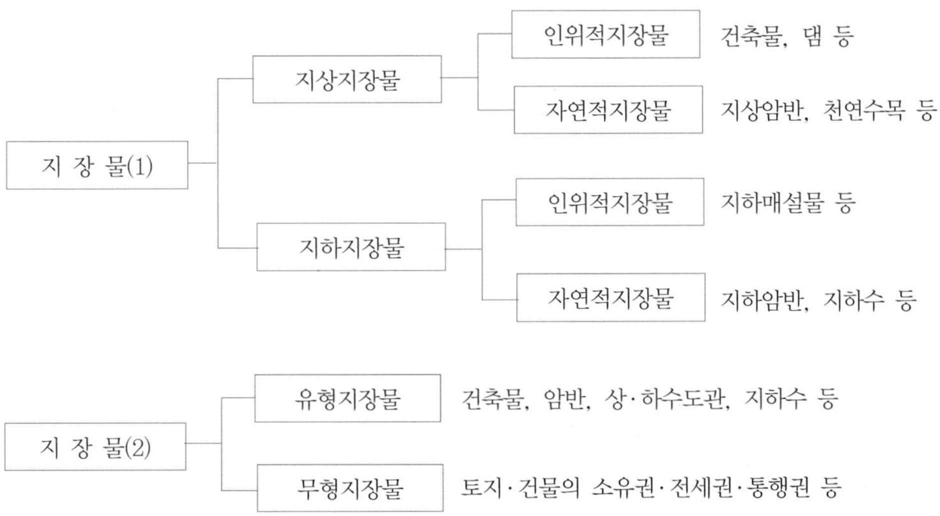

2. 미국식 유형

앞에서 논의한 바와 같이 미국의 경우에는 지장물을 제Ⅰ유형(type Ⅰ)과 제Ⅱ유형(type Ⅱ)으로 구분한다(FAR 제52.236-2조 참조).

제Ⅰ유형은 계약문서에 기재된 것과 상이한 지장물을 말하며, 제Ⅱ유형은 어떤 성격의 공사에서 통상적으로 접하고 일반적으로 알려진 것과 상이한 지장물을 말한다. 전자는 우리나라나 일본 등에서 인정하는 전형적인 지장물이며, 후자는, 예컨대, 암반으로 이루어진 어떤 산의 중턱을 관통하는 터널공사에서 예상하지 못한 희귀한 천연동굴을 접하였을 경우가 그것이다.

지장물의 미국식 유형

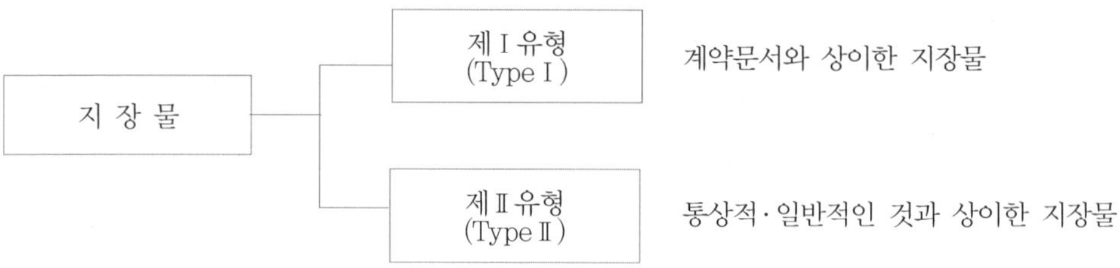

22·6 현장여건의 상이의 성립요건

현장여건의 상이 또는 지장물은 발주처의 현장조사 및 그에 따른 자료 및 정보에 근거하여 입찰자의 현장답사 등의 일련의 조사·검사 과정에서 노출되지 않았던 현장의 이질적인 여건임은 전술한 바와 같다.

다시 말하면, 현장여건이 ①설계서의 내용과 다르거나 어떤 성격의 공사에서 통상적으로 접하고 일반적으로 알려진 것과 상이하되, ②시공자가 입찰과정에서 행한 현장의 조사·검사 또는 확인 과정에서 발견하거나 예측하지 못한 이질적인 여건을 말한다. 이를 구체적으로 분석하면 다음과 같다.

1. 일반적인 성립요건

a. 발주처의 현장조사 및 조사자료의 제공

이는 앞에서 언급한 바와 같이 발주처의 본연의 의무이기도 하다. 발주처의 이 의무는 발주처 자신이 직접 수행하기도 하며 전문가에게 의뢰하기도 하지만, 그 수행의무자는 시공자의 입장에서는 어디까지나 발주처이다.

발주처의 현장조사의무는 수행되지 않더라도 현장여건의 상이가 성립하느냐 성립하지 않느냐와는 본질적으로 관계가 없다. 원래 발주처의 이 행위는 자기 재산의 파악·관리 또는 공사예산의 정확한 산정을 위하여 행하여진다. 이 자료가 바로 계약이론에서는 Data(FIDIC은 이를 'Site Data'라 함) 또는 Technical Data라 불리우며, 우리나라와 일본에서는 지장물매설현황 또는 지질조사현황의 형식을 취한다.

미국「연방조달규정(FAR)」제52.236-4조에 의하면, 정부기관인 발주처가 이와 같은 자료를 입찰자에게 제공하는 경우에는 아래와 같은 조항 또는 지시문을 의무적으로 계약문서에 포함시키거나 주지시키도록 규정하고 있다.

Physical Data

"Data and information furnished or referred to below is for the Contractor's information. The Government shall not be responsible for any interpretation of or conclusion drawn from the data or information by the Contractor.

(a) The indications of physical conditions on the drawings and in the specifications are the result of site investigations by …………(insert a description of investigational methods used, such as surveys, auger borings, core borings, test pits, probings, test tunnels.)

(b) Weather conditions ……………(insert a summary of weather records and warnings).

(c) Transportation facilities ………………(insert a summary of transportation facilities providing access from the site, including information about their availability and limitations.)

(d) ………………(insert other pertinent information)."

(아래에 기재된 자료와 정보는 시공자의 정보를 위한 것이다. 정부는 시공자에 의한 자료나 정보의 해석 또는 시공자에 의하여 도출된 결론에 대하여 책임이 없다.

(a) 도면 및 시방서상의 현장여건에 대한 기재사항은 ……… 에 의한 현장조사의 결과이다.(조사방법, 예컨대 측량, 굴착수보링, 코아보링, 시험공, 프로빙, 테스트터널 등을 기재)

(b) 기후여건 ·············· (기상기록 및 통보사항 요약)
(c) 수송시설 ·············· (현장접근로 등 기재)
(d) ························· (기타 관련정보 기재)

b. 시공자의 현장조사

설계서의 내용이 현장의 실제적인 여건과 차이가 있다고 하더라도 시공자가 입찰준비 과정에서 현장조사의무를 수행하지 않았다면 현장여건의 상이조항의 효력을 인정하지 않는다. 이 점에서 발주처의 현장조사 의무와 성격을 달리 한다.

FIDIC「공사계약조건」은 이에 대하여 매우 강력하고 구체적인 규정을 두고 있다. 즉, 입찰자는 발주처가 제공하는 현장자료(site data)와 현장 및 주변환경을 검토·확인하고, 공사비와 공사의 수행과 관련되는 모든 정보를 입수하여 입찰금액에 반영한 것으로 간주하며(제4.10조), 또한 그 입찰금액은 계약의 이행에 충분한 것으로 간주한다(제4.11조).

미국「연방조달규정(FAR)」도 FIDIC과 대동소이한 규정을 두고 있다(제52.236-3조).

그러나 우리나라의 계약예규「공사입찰유의서」 및「공사계약일반조건」에는 시공자의 현장조사의무와 관계없이 현장여건이 설계서와 다를 때에는 설계변경사유가 된다. 이는 일본에서도 동일하다.

c. 경험있는 시공자

앞에서 시공자의 현장조사의무를 언급하였지만, 그 시공자는 경험있는 시공자(experienced contractor)이어야 하는 요건이 있다.

ICE「공사계약조건」과 싱가포르「공공공사계약조건」은 이 요건을 명시하고 있으나, 대부분의 계약조건에서는 이를 명시하고 있지는 않다.

FIDIC의 경우 앞에서 인용한「공사계약조건」 제4.12조에서 그 제목을 'Unforeseeable Physical Conditions'(예측할 수 없었던 물리적 여건)이라 하고 있기는 하나, 그 내용에는 종전처럼 '경험있는 시공자'에 대한 내용을 두고 있지 않다. 즉, 1999년「공사계약조건」의 개정 이전에는 '경험있는 시공자가 합리적으로 예측할 수 없었던 물리적 여건'이라 하였으나, 1999년 제5차 개정시 당해 조항에서 이 요건을 삭제하였다. 그 대신 용어의 정의조항에서 'Unforeseeable'을 따로 떼어 그 개념을 규정하고 있다.

FIDIC 「공사계약조건」 제1.1.6.8조

"Unforeseeable" means not reasonably foreseeable by an experienced contractor by the date for submission of the Tender.

"예측할 수 없는"이라 함은 입찰서제출일까지 경험있는 시공자에 의하여 합리적으로 예측할 수 없었던 것을 말한다.

여기에서 경험있는 시공자라 함은 앞에서 언급한 바 있는 미국 「연방조달규정(FAR)」 제52.236-2조 및 미국합동계약문서위원회(EJCDC)의 「표준계약조건」에서 천명하고 있는 바와 같이 어떤 종류의 공사에서 통상적으로 나타나고 존재하는 것으로 인식(ordinarily encountered and generally recognized as inhering in work of the character)할 수 있는 정도의 시공자를 뜻하며, 특정사항에 대한 전문가를 지칭하는 것이 아님을 주의하여야 한다.

d. 합리적인 예측

ICE라든지, 싱가포르 및 FIDIC 공사계약조건에는 시공자의 경험뿐만 아니라 예측의 합리성도 판단기준으로 요구되고 있다. 즉, "경험있는 시공자가 합리적으로 예측하지 못했던"(not reasonably foreseen by an experienced contractor, FIDIC 「공사계약조건」 제1.1.6.8조) 여건에 한하여 본 장에서 논의할 현장여건의 상이로 인정하고 있다.

여기에서 생각해 볼 점은, 미국의 계약조건이나 판례에서 논의되고 있는 일반적인 인지(general recognition) 또는 합리적 시공자(reasonable contractor)에 의한 판단 등도 합리적인 예측의 범주에 포함시킬 것인가이다. 생각건대, 일반적인 인지(認知)는 그 이면에 합리성이 내포되어 있다고 하더라도, 표기 그 자체만으로 볼 때에는 합리적인 예측보다 그 기준이 광범위하다고 할 것이고, 후자 즉, 합리적 시공자는 그가 예측하지 못한 여건이라면 당연히 현장여건의 상이의 범주에 포함된다고 할 것이다.

e. 시공자의 통지

공사의 수행 중 현장여건이 상이함을 발견하였을 때에는 즉시 발주처에게 통지하여야 한다. 일반적으로 현장의 이질적인 여건을 접하게 되었을 때에는 이를 발주처에게 통지하고 발주처가 이를 확인할 때까지 해당부분공사의 수행을 중지해야 한다.

f. 발주처의 검토

시공자가 현장여건이 상이함을 통지한 경우 발주처는 이를 확인하고 필요한 경우에는 추가조사를 실시한 뒤 그것이 현장의 이질적인 여건에 부합되는지를 결정한다. 그에 따른 설계변경은 그 설계변경이 필요한 부분의 시공 전에 완료하여야 한다.(우리나라「공사계약일반조건」제19조제3항 참조)

g. 기후여건이 아닐 것

이는 다음 항에서 별도로 논의하고자 한다.

2. 미국식 제Ⅰ유형의 성립요건

현장여건 상이의 유형 중 미국식 제Ⅰ유형에 대한 설계변경이 성립하기 위하여서는 앞에서 논의한 개념에서 나타나는 바와 같이 시공자는 계약문서에 기재된 여건이 현장의 실제여건과 현저하게 차이가 있음을 입증하여야 한다.

a. 계약문서상의 기재

현장여건이 발주처가 입찰당시 시공자에게 배부한 계약문서에 설명 또는 안내되어 있어야 한다.

㈜ 미국「연방조달규정」(FAR) 및「연방조달합리화법」(Federal Acquisition Streamlining Act, 1994) 등에 의하면, 공사계약금액 또는 설계변경 등에 의한 계약금액조정금액이 150,000달러를 초과하는 경우 시공

자는 낙찰 전 또는 조정금액의 결정 전 우리나라의 산출내역서와 유사한 원가 또는 가격자료(certified cost or pricing data)를 발주처에 제출하여야 한다. 그러나 아래의 경우에는 이를 제출하지 않아도 된다.(FAR 15.403-1조 및 15.403-4조)

① 적정한 가격경쟁, 구매되고 있는 기존상품의 가격, 시장가격 또는 법령에 의하여 정해진 가격에 의하는 경우

② 발주처의 장이 그와 같은 자료의 제출이 필요하지 않다(waive)고 결정한 경우

이 150,000달러를 통합기초조달금액(simplified acquisition threshold)이라 한다(FAR 제201조).

계약문서에 기재되어 있어야 한다는 이 요건은 그러나 우리나라 및 일본의 경우에는 설계서에 기재되어야 한다는 요건으로 다소 제한적인 의미를 갖는다.

우리나라 「공사계약일반조건」 제19조 설계변경 등

"① 설계변경은 다음 어느 하나에 해당하는 경우에 한다.

1. 설계서의 내용이 불분명하거나 누락·오류 또는 상호 모순되는 점이 있을 경우
2. 지질, 용수 등 공사현장의 상태가 설계서와 다를 경우
3. - 생 략 -

② - 생 략 - "

그러므로 이 요건, 즉 현장여건이 계약문서 또는 설계서에 기재되어야 한다는 요건이 충족되는가 여부의 제1차적인 판단기준은 그 자료가 실제로 계약문서 또는 설계서의 일부가 되는지의 여부에서부터 출발한다. 당연한 귀결이지만, 이 자료는 발주처가 입찰자에게 제공하거나 입찰자가 스스로 습득한 단순 참고자료와 구별된다. 다시 말하면, 이와 같은 단순 참고자료에 기재되어 있다고 하여 이 요건에 충족되었다고는 할 수 없다. 이 의미는 첫째 : 어떤 자료가 계약문서에 포함된다면, 시공자는 그 내용을 알아야 할 의무가 있으며, 둘째 : 단순 참고자료일 경우에는 시공자가 그 내용을 알고 있다는 것으로 간주되지 않는 한편, 그 해석 및 적용에 대하여는 책임이 있다.

EJCDC 「표준계약조건」 제4.2.2조

"4.2.2 Limited Reliance by Contractor Authorized ; Technical Data : Contractor may rely upon the general accuracy if the 'technical data' contained in such reports and drawings, but such reports and drawings are not Contact Documents. Such 'technical data' is identified in the Supplementary Conditions. Except for such reliance on such 'technical data', Contractor may not rely upon or make any claim against Owner, Engineer or any of Engineer's Consultants with respect to :

4.2.2.1 the completeness of such reports and drawings for Contractor's purposes, including, but not limited to, any aspects of construction to be employed by Contractor and safety precautions and programs incident thereto, or

4.2.2.2 other data, interpretations, opinions and information contained in such reports or shown or indicated in such drawings, or

4.2.2.3 any Contactor interpretation of or conclusion drawn from any 'technical data' or any such data, interpretations, opinions or information."

(4.2.2 제한적 신뢰 ; 기술자료
시공자는 그와 같은 보고서와 도면에 포함된 기술자료에 대하여 일반적인 정확성은 신뢰하여도 좋으나, 이 보고서와 도면은 계약문서는 아니다. 기술자료는 특수조건에 명기된다. 기술자료에 대한 그와 같은 신뢰를 제외하고는, 시공자는 아래 사항을 신뢰하여서는 아니 되며, 그와 관련하여 발주처, 감리자 또는 감리자의 컨설턴트에 대하여 클레임을 제기하여서는 아니 된다.

4.2.2.1 시공자가 채택하는 공법, 기법, 차례, 과정 및 이들과 관련한 안전조치 및 계획을 포함하여 시공자를 위한 그와 같은 보고서와 도면의 완전성

4.2.2.2 보고서에 포함되거나 도면에 명시 또는 지정된 여타의 자료, 해석, 의견 및 정보

4.2.2.3 기술자료 또는 여타의 자료, 해석, 의견, 정보에 대한 시공자의 해석 또는 그로부터 도출한 결론)

EJCDC의 상기 계약조건에서 규정하고 있는 물리적 여건과 관련한 자료는 보증되지도 않고 계약문서의 일부로 구성되지도 않으므로 시공자가 그 내용에 대하여 알고 있었던 것으로 간주되지 않는다는 미국 계약항소위원회(BCA)의 재결이 있다.(ENGBCA No. 3563, 78-1 BCA, 1978)

b. 합리적이고 분별있는 시공자

시공자는 현장여건의 상이 또는 물리적 여건에 대한 계약문서의 해석에 있어서 합리적이고 분별(分别)있는 시공자로서 임하여야 하는 선행요건이 있다.(The contractor must have acted as a reasonable and prudent contractor in interpreting the contract documents)

그러나 전문가만이 도출해낼 수 있는 것까지를 알도록 요구하는 것은 아니다.
(Stock & Grove Inc. vs United States, 1974)

c. 시공자의 신뢰

시공자는 계약문서상에 기재된 현장여건을 사실로서 믿었다는 요건이 필요로 한다. 다시 말하면, 설령 계약문서상의 기재사항이 실제의 여건과 다르다고 하더라도 그에 대하여 계약문서상에 기재된 여건을 믿었음을 입증하여야 한다.

그러므로 시공자는 계약문서상에 기재된 여건과 관련한 자신의 해석이 유일하게 합리적임을 입증할 필요까지는 없다고 하더라도, 적어도 자신이 행하는 공사의 수행은 합리적인 해석이나 판단에 따른 것임을 입증하여야 한다.

d. 중대성 : 중대한 상이

시공자가 기대한 현장여건, 즉 계약문서상에 기재된 현장여건이 실제의 여건과 상이함이 입증된 경우에는 그 상이가 중대함을 입증하여야 한다. 이 중대한 상이 또는 상이의 중대성에 대한 기준은 일률적으로 어느 정도라는 식으로 결정될 수 있는 것이 아니라 사안에 따라 결정될 수 있을 뿐이다. 예컨대, 1965년 미국 계약항소위원회는 어떤 사건의 공사에서 당초 예상보다 16%의 초과굴착은 중대한 상이라고 할 수 없다고 한 반면, 25%의 초과굴착은 중대성의 판단기준이 된다고 결정한 바 있으나, 이 기준이라고 하여 모든 사안에 일률적으로 적용할 수 있는 것은 아니라고 판시하였다.

e. 예측불가능성

현장여건의 상이가 성립되기 위하여서는 실제의 여건이 입찰당시에 시공자가 접할 수 있었던 모든 자료 또는 정보를 근거로 할 때에도 이를 합리적으로 예측할 수 없었던 여건이어야 한다.

f. 추가비용의 발생

현장여건의 상이로 인하여 시공자에게 현실적으로 추가비용 또는 추가공기의 발생이 있었어야 한다.

3. 미국식 제Ⅱ유형의 성립요건

현장여건 상이의 미국식 제Ⅱ유형은 유사한 환경 하에서 경험있는 시공자가 통상적·일반적으로 접하게 되는 현장여건과 실제의 여건이 상이한 경우를 말한다.

a. 알려지지 않은 여건

제Ⅱ유형으로서의 현장여건의 상이가 성립되기 위하여서는 시공자가 입찰당시 자신이 알지 못하였던 현장여건이 공사의 수행 중 접하게 되었음을 입증하여야 한다.

여기에서 알려지지 않은 여건(not shown or unknown condition)이라 함은 계약문서의 검토, 현장조사 또는 시공자의 일반적인 경험 등으로 비추어 볼 때 합리적으로 예측할 수 없었던 여건을 뜻한다. 예컨대, 건설된지 50년이 된 콘크리트구조물이 예상외로 견고하고 계약문서에서 제시된 표준공법으로는 그 파쇄 또는 철거가 적당하지 않은 경우, 비록 콘크리트구조물의 존재는 알려져 있다고 간주될 수 있으나, 그 견고성은 알려지지 않았다고 간주된다.

이와 같은 경우에 있어서 시공자가 합리적인 조사를 함으로써 밝혀질 수 있을 정도의 명료한 여건이었다면 현장여건의 상이에 대한 위험부담은 시공자에게 있다. 만약 현장조사를 실시하지 않았을 경우에는 합리적인 조사를 하였다고 하더라도 현장여건의 상이를 밝혀낼 수 없었을 것임을 입증하여야 자신의 책임에서 벗어날 수 있다.

b. 일반적이지 않은 여건

일반적이지 아니한 여건(unusual conditions)이라 함은 계약상의 공사 및 그 수행장소 등을 감안할 때 합리적으로 예측할 수 없었던 여건을 말한다.

이와 관련하여 미육군계약항소위원회(Armed Services Board of Contract Appeals : ASBCA)는 아래와 같은 유명한 재결내용을 남겼던 바 있다.

ASBCA No. 32627 (1988)

"A contractor is not entitled to expect the most favorable conditions, but it need not anticipate the worst. One need not encounter a geological anomaly, such as permafrost in the tropics, to recover."

(시공자에게는 가장 좋은 여건을 기대할 권리가 없으나, 그렇다고 최악의 경우를 예상할 필요도 없다. 추가비용을 보상받기 위하여, 열대지방에서 만년빙하와 같은 지질적인 예외를 접해야 하는 것은 아니다)

c. 중대성 및 추가비용의 발생

이는 전술 제1항 제 I 유형의 경우와 같으므로 별도의 논의는 생략한다.

22·7 계약금액의 조정

앞에서 논의한 바와 같은 현장여건의 상이개념이 성립할 때에는 그와 관련한 설계내용을 변경해야 할 것이며, 그에 대한 계약금액의 조정 및 계약기간의 연장이 수반된다.

아래에서 우리나라와 미국의 경우를 살펴보기로 한다.

1. 우리나라의 계약금액조정

우리나라의 경우 일반공사계약과 일괄계약 등 특별공사계약에서 조정방법을 달리하고 있다. 이하에서 국가계약법령 및 계약예규 「공사계약일반조건」의 규정에 따라 현장여건의 상이시 계약유형별 그에 대한 계약금액조정방법을 살펴보기로 한다.

a. 일반공사계약에서의 조정

일반공사계약의 경우 시공자는 공사의 수행 중 지질, 용수, 지하매설물 등 공사현장의 상태가 설계서와 다른 사실을 발견하였을 때에는 지체없이 설계서에 명시된 현장상태와 실제상태를 기재한 서류를 작성하여 발주처와 공사감독관에게 통지하여야 하며, 발주처는 이 통지를 받은 즉시 현장상태를 확인하고 그에 따라 설계서를 변경하여야 한다.

다시 말하면, 일반공사계약에서는 설계서에 명시된 현장상태가 실제상태와 다를 때에는 실제상태에 일치하여 설계를 변경한다.

이 경우 계약금액의 조정은 앞 제21장에서 이미 언급하였기에 본 항에서는 논의를 생략하기로 한다.

b. 특별공사계약에서의 조정

본 항에서 특별공사계약이라 함은 대안입찰에 의한 계약, 일괄입찰에 의한 계약, 기본설계기술제안입찰에 의한 계약 및 실시설계기술제안입찰에 의한 계약을 일컫는다.

이들 계약의 경우에 있어서는 설계에 대한 책임도 시공자에게 있으므로, 설계서에 기재된 현장상태가 실제와 다르다는 것은 결국 설계당시 지질조사 등 설계관련 업무를 소홀히 한 것으로 보아 이는 설계·시공자의 책임이라는 주장이 있어 왔다. 이 주장에 의하면, 설계서와 실제의 현장여건이 상이할 경우 설계는 변경하되, 그에 대한 추가비용은 설계·시공자가 부담하여야 한다는 것이다.

그러나 설계·시공자라고 하더라도 설계에 대한 설계자로서의 책임 그 이상에 대하여는 책임이 없다는 것이 일반적인 견해이다. 이 설계자의 책임은 해당 발주처가 주관하는 설계용역계약조건에서 정하는 바와 같다고 하지 않을 수 없다.

다행히 우리나라는 설계와 관련한 「용역계약일반조건」이 기획재정부 계약예규로 마련되어 있고, 또다른 계약예규 「공사계약일반조건」에는 발주처에 책임있는 사유를 분명히 함으로써 설계·시공자의 책임에 대한 논란을 상당부분 불식시키고 있다.

이 「공사계약일반조건」 제21조의 규정에 의하면, 이들 특별공사계약에 있어서는 원칙적으로 설계변경으로 인한 계약금액의 증액조정을 금지하되, 발주처에 책임있는 사유 또는 불가항력의 사유로 인한 설계변경에 대하여는 예외적으로 증액조정을 인정하고 있다. 이 조에서 예시하는 '정부에 책임있는 사유' 즉 발주처에 책임있는 사유는 아래와 같다.

(1) 사업계획 변경 등 발주처의 필요에 의한 경우

(2) 발주처 외에 당해공사와 관련된 인·허가기관 등의 요구가 있어 이를 발주처가

수용하는 경우

(3) 공사관련법령(표준시방서, 전문시방서, 설계기준 및 지침 등 포함)의 제·개정으로 인한 경우

(4) 공사관련법령에 따라 시공하였음에도 불구하고 발생되는 민원에 의한 경우

(5) 발주처 또는 공사관련기관이 교부한 지하매설지장물도면과 현장상태가 상이하거나 계약 이후 신규로 매설된 지장물에 의한 경우

(6) 토지·건물소유자의 반대, 지장물의 존치, 관련기관의 인·허가 불허 등으로 지질조사가 불가능했던 부분의 경우

㈜ 상기 조 제3항에는 상기 예시항목 외에 계약당사자 누구의 책임에도 속하지 않는 사유에 의한 경우도 있으나, 이는 반드시 정부에 책임있는 사유라기보다 불가항력의 사유에 해당한다.

상기 예시항목 중 본 장 현장여건의 상이로 인한 설계변경의 사유에 해당하는 항목은 제(5)항 및 제(6)항이라고 할 수 있으며, 이로 인한 설계변경의 경우에는 비록 당해 특별공사계약이라고 하더라도 그에 따른 추가비용은 계약금액의 증액대상이 된다. 구체적인 조정방법은 앞에서 이미 언급하였다.

2. 미국의 계약금액조정

미국의 경우에는 현장여건의 상이요건이 충족되고, 그를 치유하기 위하여 추가비용과 추가공기가 필요로 할 경우에는 그에 상당하는 추가비용을 계약금액에 증액하고, 계약기간을 연장한다. 다만, 이에 대한 시공자의 청구는 최종대가가 지불되기 이전에 이루어 져야 한다{「연방조달규정(FAR)」 제52.236-2-(D)조 참조}.

22·8 평 가 : 현장여건의 상이요건

우리나라의 경우 시공자는 공사의 수행 중 공사현장의 상태가 설계서와 다른 사실을 발견하였을 때에는 이를 발주처와 공사감독관에게 통지(동시통지)하도록 되어 있으며, 통지를 받은 발주처의 계약담당공무원은 현장확인 후 설계서를 변경하도록 되어 있다.

물론 공사의 수행 중 현장여건의 상이를 발견하겠지만, 입찰당시에 입찰자가 현장여건을 조사·확인하여야 하는 의무는 규정함이 없다.

「국가계약법 시행령」 제14조의2에서 공사의 성질·규모 등을 고려하여 필요한 경우 현장설명을 실시하도록 되어 있고, 추정가격이 300억원 이상인 공사의 경우에는 반드시 현장설명을 실시하도록 규정하고 있기는 하다. 그러나 발주처에 의한 현장설명만으로 현장여건의 상이에 대한 리스크를 없이 한다고는 보기 어렵다. 이에 대한 구체적인 규정이 필요하다. 이 규정이 있은 다음에 시공자의 책임문제를 논의해야 한다.

㈜ **현장설명의 실시 예외**

입찰공고시 「재난 및 안전관리기본법」에 따른 재난이 발생하여 현장설명일에 공사현장에 접근하는 것이 어렵다고 판단한 경우이거나, 다음에 해당하는 지역에서 실시되는 공사로서 지형적 여건으로 인하여 공사현장에 접근하는 것이 어려운 경우에는 현장설명을 실시하지 않아도 된다.

1. 접적지역
2. 육지와 원거리에 위치한 낙도 및 무인도
3. 산간벽지
4. 제1호부터 제3호까지에 준하는 지역으로서 기획재정부장관이 정하는 지역

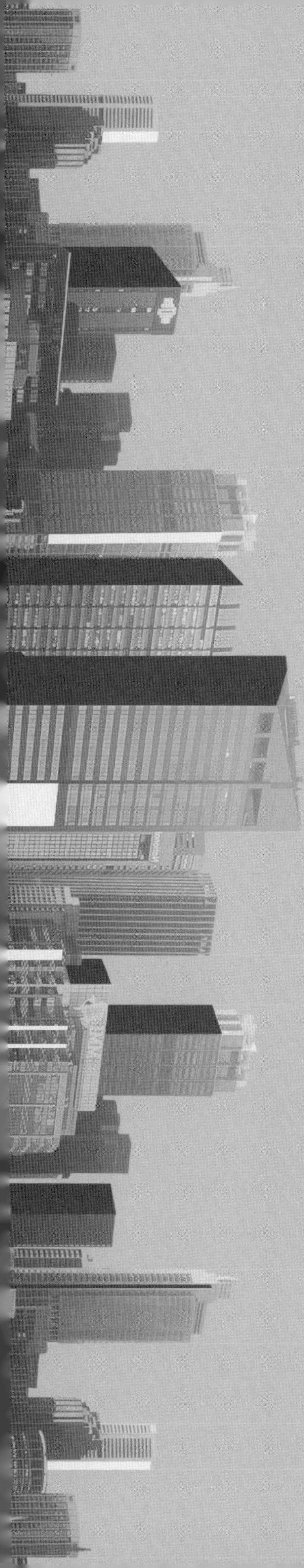

23

신기술·공법에 의한 설계변경 -Value Engineering-

제23장

신기술·공법에 의한 설계변경 -Value Engineering-

23·1 서 론

신기술이나 신공법의 개발은 비단 건설공사뿐만 아니라 모든 산업분야에서 그 필요성이 인정되고 있다. 이에 따라 세계의 거의 대부분의 국가에서 범국가적 차원에서 이의 개발을 지원하고 있다.

본 장에서 지칭하고 있는 신기술이나 신공법은 일반적인 의미의 New Technology라기보다 가치공학(value engineering : VE)으로서의 신기술과 신공법을 뜻한다.

VE는 원래 1940년대 말 미국의 General Electric Co.에서 Lawrence D. Miles 등이 중심이 되어 자사제품에 대한 원가분석기법(cost analysis technology)으로 개발되었으며, 1950년대 중반 미국육군공병단(Corps of Engineers : COE)에서 이 기법에 대한 가치를 인정하고 계약조항으로 수용하였다. 이를 계기로 이 기법(technology)은 공학(engineering)으로 승화하였으며 자연스럽게 세계화하였다.

우리나라에는 1980년대 초에 도입되어 현재에는 국가계약법령 및 계약예규 등에서 명문으로 이에 대한 동기부여조항을 두고 있다.

23·2 신기술과 신공법의 개념

VE의 개념은 원래 제품이나 제조과정 또는 제조행위에 기여하지 않는 요소를 식별하여 제거하는 장치로서, 결국 제품을 최소비용으로 생산하는 방법을 개발하기 위한 설계 및 생산과정을 분석하는 기법을 말한다.

건설공사에 있어서 VE와 관련한 개념정의를 미국CM협회(CMAA)와 미국건축사협회(AIA)는 건설용어해설서에서 다음과 같이 내리고 있다.

AIA의 VE에 대한 정의

"The Process of analyzing the elements of a project design in terms of their cost effectiveness including the proposed substitution of less expensive materials or systems for those proposed."

(당초의 자재비 또는 설비비에 대한 절감방안을 포함하여 공사비의 효율성 측면에서 설계의 구성요소를 분석하는 과정)

CMAA의 VE에 대한 정의

"A specialized cost control technique which utilizes a systematic and creative analysis of the functions of a project or operation to determine how best to achieve the necessary function, performance, and reliability at the minimum life cycle cost."

(프로젝트의 기능에 대한 체계적·창조적 기법을 활용하는 특수한 원가관리기법, 또는 최소생애주기비용으로 필요한 기능, 성능 및 신뢰성을 달성하는 최선의 방안을 결정하는 운영)

본서에서는 그러나 그 지향하는 바 취지에 따라 상기 중 AIA의 정의에 무게를 두고자 한다.

건설공사에서 VE는 첫째 : 공사비의 절감, 둘째 : 공사기간의 단축, 셋째 : 부실시공의 방지 등에서 엄청난 실익을 인정받고 있지만, 계약조건에 VE조항을 채택하고 있는 경우는 미국과 우리나라 외에는 찾아보기가 어려웠으나, FIDIC도 1999년 「공사계약조건」의 제5차 개정시 VE조항을 도입하였다. 일본에 있어서는 표준품셈의 신규제정 또는 개정의 자료로 활용하기 위하여 특정 시공자를 선정하여, 시공 중 VE에 대한 연구 또는 실적을 제출토록 지원하고 있으나, 「공공공사청부계약약관」에는 VE조항을 규정하고 있지 않다.

23·3 미국의 VE제도

1. 미국의 VE 유형

미국 「연방조달규정(FAR)」 제48.101.(b)조에 의하면, 미국은 첫째 : 시공자의 자발적인 VE에 의한 설계변경제안(value engineering change proposal : VECP)(이하 VE설계변경제안 또는 VECP라 함)에 의하는 유형과 둘째 : 계약에서 특정 VE프로그램을 적용하여 시행하는 유형으로 구분되어 시행되고 있다. 전자를 VE에 대한 동기부여조항(incentive clause)이라 하며, 후자를 VE에 대한 의무조항(mandatory clause)이라 한다.

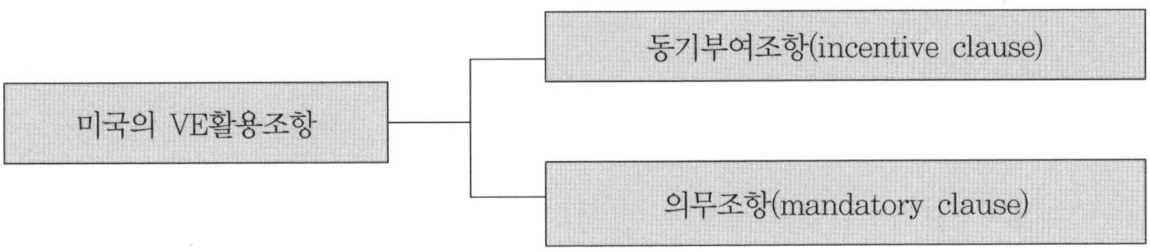

2. VECP 적용대상 및 제외

미국의 경우 계약의 종류에 따라 적용을 달리 한다. 「연방조달규정(FAR)」의 관련 내용을 보면 아래와 같다.

a. 일반계약

아래 b항의 계약을 제외한 일반계약의 경우 계약금액이 150,000달러 이상인 때에는 계약문서에 VE설계변경제안(VECP) 관련조항을 두어야 한다.

> 주 Simplified Acquisition Threshold
> 미국 「연방조달규정(FAR)」 제2.101조에서 150,000달러를 'Simplified Acquisition Threshold'로 정의하고 있다. 이 말을 우리말로 번역한다면, 통합조달기초금액 또는 조달기초금액이 될 것이다. 앞에서 이미 언급하였던 바 있다.
> 본서에서는 이 용어 대신 금액으로 '150,000달러'로 나타내기로 한다.

b. 인도주의 등의 활동을 위한 납품 또는 용역계약

인도주의활동이나 평화유지활동을 지원하는 데 사용될 납품이나 용역계약의 경우에는 계약금액이 300,000달러 이상인 때 계약문서에 VE설계변경제안(VECP) 관련조항을 둔다.

c. 군사용 납품 또는 용역계약

군사상 예비 또는 임시작전이나, 핵·생물학·화학·방사능 등의 공격에 대한 방어 또는 복구를 지원하는 데 사용될 납품이나 용역계약의 경우 미국영토를 기준으로 아래와 같이 적용대상을 달리한다.

(1) 미국영토 내에서 계약의 체결 및 그 이행이 이루어지는 경우;
750,000달러 이상인 납품 또는 용역계약

(2) 미국영토 밖에서 계약의 체결 및 그 이행이 이루어지는 경우;
1,500,000달러 이상인 납품 또는 용역

d. VECP의 적용제외

「연방조달규정(FAR)」 제48.201조의 규정에 의하면, 다음의 경우에는 VECP조항을 두지 않을 수 있다.

(1) 연구·개발계약
(2) 비영리 엔지니어링용역계약
(3) 개인적인 용역
(4) 제품의 개량
(5) 상업적인 생산품
(6) 발주처에서 VECP에 대한 의무를 면제한 경우

3. 용어의 정의

a. 시공자의 개발 및 수행비용(Contractor's Development and Implementation Costs)

발주처가 VECP를 수락하기 전에 시공자에게 VECP로 인하여 발생한 비용 및 발주처가 이 VECP를 수락함으로써 당해 설계변경업무를 수행하는데 소요되는 시공자의 비용을 말한다.

b. 발주처의 비용(Government Costs)

발주처의 비용이라 함은 시공자의 VECP로 인하여 해당 계약내용을 변경함으로써 발주처에게 직접적으로 발생하는 추가비용 및 시험, 운영, 유지관리 및 지원비용 등의 순수 증가분을 뜻한다. 그러나 VECP를 개발하는 관리비용은 포함되지 않는다.

c. 당해계약절감액 (Instant Contract Savings)

VECP의 수락결과 시공자의 계약이행비용에서 시공자에게 지불되는 개발 및 수행비용을 공제한 예상경감액을 뜻한다. 이를 산식으로 나타내면 다음과 같다.

당해계약절감액 = 계약금액 − 시공자에게 지불되는 개발 및 수행비용

d. VECP의 요건

VECP란 다음의 제안사항을 뜻한다.

(1) 당해 계약을 개량(改良)하기 위한 변경을 요구하는 제안이어야 하며,
(2) 기본적인 기능이나 성격을 손상하지 않고 계약금액 또는 예상비용을 절감할 수 있는 제안이되, 인도가 가능한 최종항목의 수량만을 변경하는 것이 아니어야 한다.

4. VECP의 준비

VECP에는 다음 사항이 포함되어야 하며, 제안된 설계변경이 계약적으로 요구된 지형 관리절차에 영향을 미칠 경우에는 형식 및 우선순위와 관련된 절차상의 지시를 VECP 준비과정에서 감안하여야 한다.

(1) 기존 계약사항과 제안된 사항과의 차이 및 장단점의 비교, 당해 항목이 변경되어야 할 타당성, 최종항목의 수행에 대한 변경의 효과
(2) VECP가 수락될 때 변경되어야 할 계약사항의 목록
(3) VECP 및 그로 인하여 기존 계약사항이 영향을 받을 부분에 대한 별도의 상세비용견적서 및 시험, 평가운영 및 지원비용 등 VECP를 수행함으로써 발주처에게 발생하는 비용명세서
(4) 제안된 설계변경으로 인하여 발주처에게 발생하는 부대비용에 대한 대책
(5) 비용의 절감을 최대로 하기 위하여 VECP를 수락하는 설계변경지시를 발급해야 할 시기 및 공사의 완성시기 또는 인도계획에 미치는 영향
(6) 종전 VECP의 제출상황(가능할 경우 제출일, 발주처명, 계약번호, 발주처의 조치사항 등도 포함)

5. VECP의 제출

a. 시공자의 제출

시공자는 해당공사의 현장주재감독관(resident engineer)에게 VECP를 제출하며, 계약관(CO : contracting officer)에게는 사본을 제출한다.

b. 발주처의 회신

계약관은 VECP의 접수일로부터 45일 이내에 검토상황을 시공자에게 통지하여야 하나, 여건상 추가기일이 요구될 경우에는 45일 이내에 연장사유 및 계약관의 결정예상일

을 통지하여야 한다. VECP는 신속히 추진되어야 하나 발주처의 조치가 지연되었다고 하더라고 발주처가 책임을 지는 것은 아니다. VECP를 기각하는 경우에는 계약관은 시공자에게 VECP개발에 따른 주요비용을 청구토록 요구할 수 있다.

6. VECP의 수락

계약관은 당해 설계변경의 지시형식으로서 VECP의 전부 또는 일부에 대하여 수락할 수 있다. 이 경우 계약관은 금액에 대한 합의가 이루어지지 않았다고 하더라고 설계변경사항을 수행할 것을 지시할 수 있다. VECP의 전부 또는 일부의 수락 또는 거부에 대한 계약관의 결정은 종국적인 효력을 가지며 분쟁의 대상이 될 수 없다.

7. 시공자에 대한 보상

a. 보상비율

시공자에 대한 보상액은 당해계약절감액에서 발주처의 비용을 공제한 금액에서 정액계약일 경우에는 55%(발주처 지분은 45%)이며, 실비정산계약일 경우에는 25%(발주처 지분 75%)이다. 이를 정리하면 다음과 같다.

(1) 정액계약에서의 보상범위

정액계약(stipulated sum contract 또는 fixed price contract)으로 수행 중인 공사의 경우 VECP에 대한 시공자의 보상은 상기 제3항의 용어 중 당해계약절감액(instant contract savings)에서 발주처비용(Government costs)을 공제한 금액의 55%로 한다.

시공자에 대한 보상액 = (당해계약절감액 − 발주처비용) × 55%

(2) 실비정산계약에서의 보상

실비정산계약(cost reimbursement contract 또는 cost plus fee contract)으로 수행중인 공사의 경우에는 상기 당해계약절감액에서 발주처비용을 공제한 금액의 25%로 한다.

시공자에 대한 보상액 = (당해계약절감액 – 발주처비용) × 25%

㈜ 이 계약에서도 발주처 즉 계약관(CO; Contracting Officer)은 시공자에 대한 보상비율을 50%까지 상향 조정할 수 있다.

(3) 설계 및 감리용역계약에서의 보상제외

FAR 48.101-(b)조에 의하면, 설계 및 감리용역계약(architect engineer contract)의 경우에는 계약의 특성상 절감액이 있다고 하더라도 보상을 하지 않는다.

b. 지 급

당해 계약에서 VECP를 적용하는데 따른 대시공자 보상금의 지불은 다음과 같은 절차에 따른 설계변경지시에 의하여 이루어진다.

(1) VECP를 수락하고
(2) 당해계약절감액에 의하여 계약금액 또는 예상비용이 경감되고
(3) 상기 a항에 의하여 보상금액이 정해지는 설계변경지시

8. 하도급계약에서의 VE

하도급계약에서도 원도급계약에서와 같이 계약의 유형별로 구분하여 적용하고 있다.

a. 납품 또는 용역계약

「연방조달규정(FAR)」 제52.248-1조에는 'Value Engineering'(가치공학 또는 신기술·공법)을 계약조항으로 예시하고 있으며, 이 계약예시조항에서, 하도급계약금액이 150,000달러 이상인 납품 또는 용역계약의 경우에는 의무적으로 VE조항을 두어야 하며, 150,000달러 이하인 경우에는 필요시 VE조항을 포함시킬 수 있다.

b. 공사계약

「연방조달규정(FAR)」 제52.248-3조에는 'VE-Construction'(공사에서의 신기술·공법)을 계약조항으로 예시하고 있으며, 이 계약예시조항에서, 공사계약의 경우 금액이 70,000달러 이상인 하도급계약을 체결하고자 할 때에는 적정 VE조항을 의무적으로 두도록 하고 있다. 70,000달러 이하인 경우에는 필요시 VE조항을 포함시킬 수 있다.

참고로, 위 예시조항 'VE-Construction'은 2015.10월에 개정된 조항이다.

계약금액의 조정을 위하여, 시공자의 VECP 개발 및 수행비용에는 하수급자의 개발 및 수행비용이 포함되어야 하나, 하수급자에게 지불할 VE장려금액(VE incentive payment)은 제외한다. VE장려금액은 시공자의 부담으로 지불하여야 한다.

9. 자 료

VECP가 수락될 경우 시공자는 발주처에게 VECP 및 관련자료에 대하여 무제한적인 권리를 부여한다. 그러나 기술적인 자료에 대하여는 VECP를 수행하는 설계변경지시에서 특별히 명시한 부분에 한하여 권리를 가지며 자료상에 적의 표시하여야 한다.

23·4 FIDIC의 VE제도

종전 FIDIC「공사계약조건」에는 VE제도를 두고 있지 않았으나, 1999년 제5차 개정시 제13.2조에서 이 제도를 도입하여 오늘에 이르고 있다. 그 내용을 아래에 간략하게 소개한다.

1. VE의 대상

시공자는 다음의 경우에는 언제든지 감독관에게 설계변경제안을 할 수 있다.

(1) 공기단축이 가능하다고 판단되는 겨우
(2) 발주처의 공사비 및 유지·관리비를 절감할 수 있는 경우
(3) 공사목적물의 효율성 또는 가치를 증대시킬 수 있는 경우
(4) 기타 발주처에게 유익하다고 판단되는 경우

2. VE제안서의 제출

VE제안서는 시공자의 비용으로 작성되며, 아래의 내용이 포함되게 하여야 한다.

(1) 제안부분에 대한 개요
(2) 제안부분의 수행계획
(3) 제안으로 인하여 변경되어야 할 관련공정계획 및 완공기한
(4) 필요공사비의 제안

3. VE에 대한 시공자의 책임

VE제안이 감독관에 의하여 승인되어 공사목적물의 해당부분에 대한 설계변경이 이루어지면, 비록 설계·시공일괄공사가 아니라고 하더라도 시공자는 당해 변경부분에 대한

설계서를 작성하여 제출하여야 하며, 다음의 사항을 이행하거나 보증하여야 할 책임이 있다.

(1) VE제안부분에 대한 시공도서의 제출
(2) VE제안부분의 공사목적물과 계약목적의 부합책임
(3) 해당부분의 준공도면 및 유지·관리매뉴얼의 제출

㈜ 위 제(1)항의 '시공도서'는 FIDIC 「공사계약조건」상의 'Contractor's Documents'를 번역한 것으로서, 이는 시공자가 제출하는 계산서, 컴퓨터프로그램, 도면, 매뉴얼, 견본 및 기술자료를 말한다.

원문에 충실할 경우 '시공자문서'일 수도 있으나, 내용으로 볼 때 우리나라의 조달청고시 「일괄계약특수조건」 제2조제10호의 '시공도서'와 동일하기에 본문에서 그렇게 하였다.

4. 시공자에 대한 보상

VE제안으로 인하여 공사비가 절감된 경우에는 아래 금액의 차액의 50%를 시공자에 대한 보수(fee)로 하여 그 금액만큼 계약금액을 증액조정한다.

A : 공사비절감액
B : 발주처에게 변경된 공사목적물의 가치하락이 있다면 그에 대한 금액(품질, 예상생애 및 운영효율 등의 감소분 감안)

만약 A가 B보다 작은 경우(A < B) 시공자에 대한 보수(fee)는 없게 된다.

23·5 우리나라의 VE제도

우리나라의 VE제도는 「국가계약법 시행령」 제65조제4항·제5항 및 계약예규 「공사계약일반조건」 제19조의4 등에서 규정하고 있는 바, 본 항에서는 이들 규정을 음미하는 것으로 한정하고 상세한 논의는 다음 항에서 다시 논의하기로 한다.

1. 국가계약법령상의 VE의 개념

상기 시행령 및 계약예규의 규정에 따라 우리나라의 VE는 다음과 같이 개념지을 수 있다. 즉, VE라 함은 공사비의 절감 및 공사기간의 단축 등에 효과가 현저할 것으로 인정되는 새로운 기술·공법 등을 적용하여 설계변경을 하는 것을 말한다.

㈜ 여기에서 새로운 기술·공법 등에는 당초설계, 즉 정부설계와 동등 이상의 기능·효과를 가진 기술·공법·기자재 등을 포함한다.

2. VE의 시행절차

상기 시행령 및 계약예규의 해석상 VE의 시행절차는 아래와 같다.

[첫 째] 당초설계에 대한 시공자의 검토

새로운 기술·공법을 적용할 때 공사비의 절감 및 공사기간의 단축효과가 있는지 여부를 검토한다.

[둘 째] 발주처에 설계변경을 요청

위 첫째의 검토결과 효과가 현저하다고 판단되는 경우 공사감독관을 경유하여 발주처에 설계변경을 요청한다.

설계변경을 요청할 때에는 다음의 도서를 첨부하여야 한다.

① 제안사항에 대한 구체적인 설명서

② 제안사항에 대한 산출내역서
③ 수정공정예정표
④ 공사비의 절감 및 공사기간의 단축효과
⑤ 기타 참고사항

[셋 째] 시공자의 요청에 대한 발주처의 타당성 여부 검토
발주처는 설계변경요청에 대하여 범위와 한계에 이의가 있을 경우 기술자문위원회 또는 건설기술심의위원회의 심의를 받아야 한다.

[넷 째] 발주처의 검토결과를 시공자에게 통지

[다섯째] 시공자의 시공상세도면 제출
발주처가 시공자의 설계변경요청을 승인하는 경우 시공자는 시공상세도면을 작성하여 공사감독관 경유 발주처에 제출한다.

[여섯째] 해당설계변경공사의 수행.

이상을 흐름도로 나타내면 다음과 같다.

우리나라의 VE시행절차

3. VE의 효과에 대한 음미

VE의 효과는 「국가계약법 시행령」 제65조제4항에서 '공사비의 절감, 공사기간의 단축 등'으로 규정하고 있으나, 「공사계약일반조건」 제19조의4제1항에서는 '공사비의 절감 및 공사기간의 단축 등'으로 규정하고 있어서 다소의 차이를 보이고 있다.

이로 인하여 아래와 같은 해석상의 논란이 있다.

첫 째 : 공사비의 절감효과만 있어도 되는지
둘 째 : 공사기간의 단축효과만 있어도 되는지

셋 째 : 공사비의 절감과 공사기간의 단축효과 모두 충족되어야 하는지

많은 사람들이 상기 시행령 제65조제4항의 '공사비의 절감, 공사기간의 단축 등'이 「공사계약일반조건」 제19조의4제1항에서 '공사비의 절감 및 공사기간의 단축 등'으로 구체화되어 표기되었으므로 셋째, 즉 공사비의 절감과 공사기간의 단축효과 모두가 충족되어야 한다고 한다. 만약 첫째와 둘째의 경우도 VE라고 할 수 있다면, '공사비의 절감, 공사기간의 단축 등'을 '공사비의 절감 또는 공사기간의 단축 등'으로 표기하여야 한다는 것이다.

이에 대하여, 첫째, 둘째 또는 셋째 중에 하나만 충족되어도 VE라고 한다는 견해도 있다.

생각건대, 공사비의 절감과 공사기간의 단축을 별개로 VE에 해당한다고 하는 주장은 ①공사비의 절감효과는 있으되, 공사기간이 늘어난 경우, ②공사기간은 단축되었으되, 공사비가 늘어난 경우 등에 있어서는 해명이 쉽지 않게 된다. 이와 같은 경우는 자재나 장비 또는 설비 등의 변경시 나타날 수 있다. 예컨대, 콘크리트구조물을 현장타설(in-situ concrete)로 하느냐 공장제작 또는 PC(factory-built 또는 precast concrete)로 하느냐에 따라 공사비와 공사기간의 효과가 별개로 나타나는 경우가 있다.

그러므로 상기 첫째의 경우에는 최소한 공사기간이 늘어나지는 않아야 할 것이며, 둘째의 경우 역시 최소한 공사비가 증가하지는 않아야 VE에 해당할 수 있을 것이다. 셋째의 경우는 당연히 VE에 해당한다.

4. 시공자에 대한 보상

「국가계약법 시행령」 제65조제4항의 규정에 의하면, 시공자의 요청으로 새로운 기술·공법을 적용한 설계변경으로 인하여 공사비가 절감된 경우에는 당해 절감액의 30%에 해당하는 금액을 감액한다.

이 규정을 미국식 보상개념으로 해석하면, 절감액의 70%를 시공자에게 지급하는 것과 같다. 그러나 미국의 경우에는 VE의 적용으로 인한 발주처의 비용(government costs)을 절감액에서 공제한 후 그 잔액의 일정비율을 시공자에게 보상하는 방식을 취하고 있는 것과 차이가 있다.

시공자에 대한 보상액 = 공사비 절감액 × 70%

㈜ 우리나라의 경우 절감액의 보상범위는 아래와 같이 변천되어 왔다.

① 1999.9.9 이전 : 절감액 전액
② 1999.9.9 이후 : 절감액의 50%
③ 2003.12.11 이후 : 절감액의 70%

5. 시공자의 위험부담

시공자에게는 위에 대한 보상이 주어지기는 하나, 한편 적지 않은 위험부담도 있다.

즉, 시공자가 제출한 설계변경제안서상의 내용에 이의가 있는 경우 발주처는 기술자문위원회 또는 건설기술심의위원회의 심의를 받도록 되어 있는데, 이처럼 심의를 거친 발주처의 결정에 대하여 시공자는 이의를 제기할 수 없으며, 또한 새로운 기술 · 공법의 개발에 소요된 비용 및 새로운 기술 · 공법에 의한 설계변경 후에 해당기술·공법에 의한 시공이 불가능한 것으로 판명된 경우에는 시공에 소요된 비용을 발주기관에 청구할 수 없다(「공사계약일반조건」 제19조의4)

23·6 VE vs 신기술

앞에서 국가계약법령상의 새로운 기술·공법의 적용을 VE로 간주하였다.

그렇다면, 국가계약법령상의 '새로운 기술·공법'과 건설기술진흥법령상의 '신기술'은 같은 것인지에 대하여 논란이 있다. 아래에서 두 법령에서 규정하고 있는 내용을 비교하여 살펴보기로 한다.

1. 새로운 기술·공법과 신기술의 차이점

본 항에서는 「국가계약법 시행령」 제65조제4항·제5항 및 「공사계약일반조건」 제19조의4에서 규정하는 새로운 기술·공법과 「건설기술진흥법」 제14조·제15조, 동법 시행령 제31조 내지 제37조 및 국토교통부훈령 「건설기술개발 및 관리 등에 관한 운영규정」(이하 '건설기술VE운영규정'이라 함)에서 규정하는 신기술의 차이점을 음미하고자 한다.

전자를 국가계약법령상의 신기술이라 하고, 후자를 건기법령상의 신기술로 줄여서 표기하기로 한다.

a. 개념상의 차이

「건설기술진흥법」 제14조의 신기술은 국내에서 최초로 개발한 건설기술 또는 기존건설기술을 개량한 것으로 신규성·진보성 및 현장적용성이 있는 건설기술을 뜻하나, 국가계약법령상의 신기술은 반드시 국내에서 최초로 개발 또는 개량한 기술·공법이 아니라고 하더라도, 당초설계와 동등 이상의 기능·효과를 가진 기술·공법·기자재 등을 포함하는 개념이다.

재정경제부(현 기획재정부) 유권해석 회제 41301-921('99.11.27)

"국가기관이 체결한 공사계약에 있어 계약담당공무원은 계약상대자가 새로운 기술·공법 등(새로운 기술·공법 등이 아니라도 정부설계와 동등 이상의 기능·효과를 가진 기술·공법·기자재 등을 포함)을 사용함으로써 공사비의 절감, 공사기간의 단축 등에 효과가 현저할 것으로 인정되어 계약상대자의 요청에 의하

> 여 필요한 설계변경을 할 때에는 계약금액의 조정에 있어 당해 절감액의 100분의 50에 해당하는 금액을 감액하는 것이며, ……………"

한편, 건기법령에 있어서도, ①「건설기술진흥법」에서는 국내에서 최초로 특정건설기술을 개발하거나, 기존건설기술을 개량한 자의 신청을 받아 그 기술을 평가하여 신규성·진보성 및 현장적용성이 있을 경우 그 기술을 신기술이라 정의하고 있으나, ②「건설기술VE운영규정」에서는 국내외에서 새로이 개발되었거나 개량된 기술·공법·기자재 등(이하 '공법'이라 함)을 포함한 정부설계와 동등 이상의 기능과 효과를 가진 공법을 사용함으로써 공사비의 절감, 시공기간의 단축 등의 효과가 현저한 것이라 정의하여 다소의 차이를 보이고 있다.

이렇게 볼 때 국가계약법령상의 신기술과 「건설기술진흥법」상의 신기술과 차이가 있으나, 전자와 「건설기술VE운영규정」상의 신기술은 거의 동일하다.

b. 성립요건

건기법령상의 신기술은 국내에서 신규성·진보성 및 현장적용성이 있어야 하며, 국토교통부장관이 이를 신기술로 지정·고시하여야 한다.

이에 비하여 국가계약법령상의 신기술은 계약된 공사에서 공사비의 절감 및 공사기간의 단축효과가 있어야 하며, 해당발주처의 승인이 있으면 된다. 이 경우 발주처의 승인은 신기술 그 자체에 대한 승인이 아니라 신기술을 적용하는 설계변경에 대한 승인이다.

c. 지정 또는 승인권자

앞에서 이미 언급한 바와 같이 건기법령상의 신기술에 대한 지정권자는 국토교통부장관이며, 국가계약법령상의 신기술에 있어서는 그 지정이 필요하지 않고, 단지 시공자가 요청한 설계변경을 발주처가 승인할 뿐이다.

㈜ 국가계약법령상의 신기술 적용에 대한 설계변경승인 신청시의 구비서류는 앞 제23·5-2항에서 이미 언급하였으므로, 건기법령상의 신기술지정신청서의 구비서류를 보면 다음과 같다.

① 신기술의 내용에 관한 서류
② 국내외 건설공사에서의 활용전망
③ 시방서 및 유지관리지침서
④ 국공립시험기관 또는 건설기술용역업자가 발행한 각종 시험성적서 및 시험시공결과 등 신기술의 평가에 필요하다고 인정되는 사항
⑤ 그 밖에 신기술의 평가에 필요한 서류

d. 지정 또는 승인절차

건기법령상의 신기술은 국토교통부에 지정신청을 하며, 국토교통부장관은 신기술심사위원회의 심사를 거쳐 120일 이내에 신기술 지정여부를 결정하여야 한다. 또한 신기술에 해당되는지의 여부에 대한 평가를 함에 필요하다고 인정되는 때에는 이해관계인 등의 의견을 들어야 한다.

국가계약법령상의 신기술은 별도의 승인절차가 필요하지 않으며, 일반 설계변경승인절차에 따른다. 다만, 시공자가 제안한 신기술·공법 등의 범위와 한계에 대하여 이의가 있을 때에 한하여 기술자문위원회 또는 건설기술심의위원회의 심의를 받는다.

건기법령상의 신기술 지정절차

(a) 신기술지정신청

↓

(b) 요 건 심 사

↓

(c) 이해관계인 조회

↓

(d) 전문기관 심사 ······ 30일 이상 관보공고

↓

(e) 신기술심사위 심사

↓

(f) 신기술지정 및 관보고시

↓

(g) 신기술등록 및 지정증서발급

㈜ 상기 흐름도 중 (d)항의 전문기관은 한국건설기술연구원을 말하며, (e)항 신기술심사위원회는 한국건설기술연구원에 설치되어 있다.

국가계약법령상의 신기술·공법 적용절차

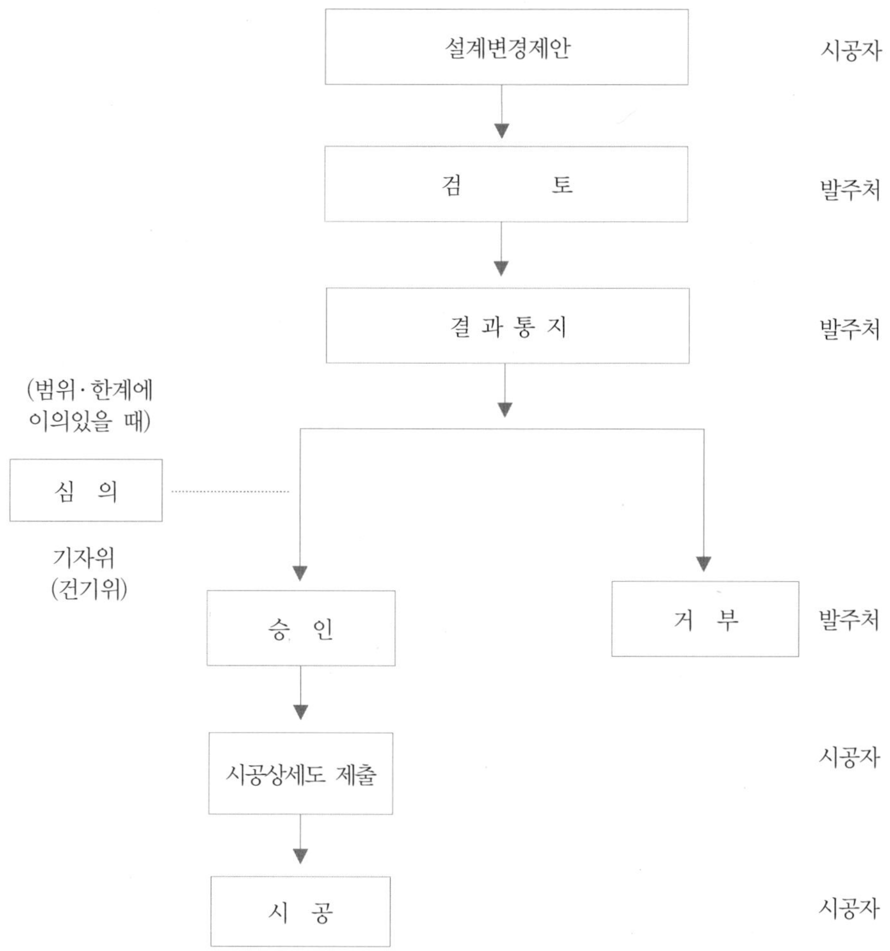

e. 신청자

건기법령상의 신기술은 법인 또는 개인에 관계없이 지정신청을 할 수 있으며, 국가계약법령상의 신기술·공법은 그 지정을 신청하는 것이 아니라 어떤 특정공사의 시공자가 신기술·공법을 적용하는 설계변경을 발주처에 신청한다는 점에서 차이가 있다.

f. 권리보호

건기법령상의 신기술은 신기술의 지정·고시일부터 5년의 범위 내에서 기술개발자에게 기술사용료를 받을 수 있는 권리 등을 부여하나(「건설기술진흥법 시행령」 제35조), 국가계약법령상의 신기술·공법은 해당시공자에게 있어서 권리보호의 대상이 아니다.

g. 신기술의 지정 또는 승인의 실익

건기법령상의 신기술은 그를 개발한 자에게 아래와 같은 특혜를 부여한다.

(1) 기술사용료를 받을 권리의 부여
(2) 기술개발자금, 신기술사업자금, 기술보증, 기타 특별자금 등을 우선적으로 지원
(3) 건설공사 등의 우대발주
(4) 설계 등 용역업자선정시 가산점 부여

이에 비하여 국가계약법령상의 신기술에 대하여는 그를 적용하여 설계변경이 되었을 때, 공사비절감액의 70%를 시공자에게 환원하는 이외 더 이상의 실익은 없다.

h. 적용시기

건기법령상의 신기술은 공사의 발주시 설계에 반영하나, 국가계약볍령상의 신기술은 통상 공사의 수행 중 이를 설계변경에 의하여 적용된다.

2. 개선제안공법의 음미

a. 개선제안공법의 개념

국토교통부훈령 제371호(2014.5.23) 「건설기술VE운영규정」에 의하면, 개선제안공법이라 함은 앞에서 이미 언급하였으므로 중복되기는 하나, 국내외에서 새로이 개발되었거나 개량된 기술·공법·기자재 등(이하 “공법”이라 함)을 포함한 정부설계와 동등 이상의 기능과 효과를 가진 공법을 사용함으로써 공사비의 절감, 시공기간의 단축 등의 효과가 현저한 공법을 말한다.

이 운영규정은 그 제1조에서 국가계약법령 및 건설기술진흥법령에서 국토교통부장관이 정하여야 할 사항과 건설기술의 개발·관리를 효율적으로 수행하기 위하여 필요한 사항을 정함을 목적으로 하고 있다고는 하나, 상기 개념으로 볼 때 개선제안공법은 앞 제1항에서 논의한 건기법령상의 신기술이라기보다 오히려 국가계약법령상의 신기술·공법에 가깝다고 볼 수 있다.

b. 개선제안공법의 적용대상공사

상기 운영규정 제7조제1항의 규정에 의하면, 개선제안공법을 적용하는 대상공사는 국토교통부 및 그 소속행정기관의 장이 발주하는 건설공사로 한정한다.

그러므로 이 운영규정에서 지칭하는 발주처는 국토교통부 및 그 소속행정기관의 장이 된다.

c. 개선제안공법의 시행절차

상기 운영규정 제7조 내지 제12조에서 규정하고 있는 내용을 요약하여 흐름도로 나타내면 다음과 같다.

개선제안공법의 시행절차

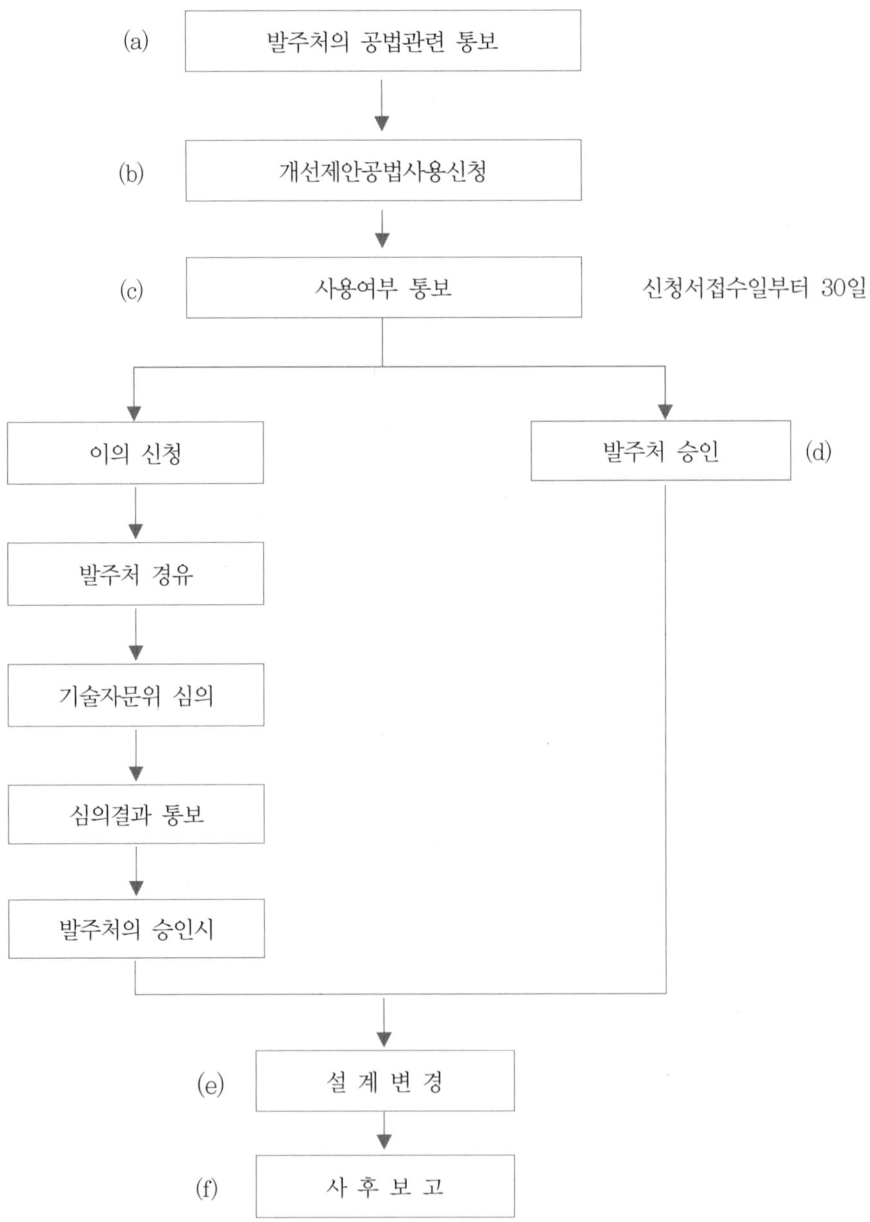

㈜ 상기 흐름도 중 (a)항 발주처의 공법관련통보라 함은 계약체결일부터 7일 이내에 발주처가 다음 사항을 시공자에게 통보하는 것을 말한다.
① 개선제안공법사용신청 방법
② 개선제안공법사용신청서 구비서류
③ 개선제안공법사용신청서 양식
④ 공사비절감제안서 양식

㈜ 발주처는 시공자로부터 개선제안공법사용신청서를 접수한 경우 접수일로부터 30일 이내에 개선제안공법의 승인여부를 결정하여 시공자에게 통보하여야 하며, 승인의 경우 (e)항 설계변경으로 이어지고, 불승인(기각)의 경우 위 흐름도의 좌측 절차대로 진행된다.

㈜ 기술자문위원회의 심의는 첫째 : 발주처가 신청된 개선제안공법의 범위와 한계에 관하여 판단이 곤란한 경우와, 둘째 : 발주처의 사용여부결정에 이의가 있는 신청인이 심의를 요청하는 경우에 이루어진다.
첫째의 경우 발주처는 기술자문위원회에 심의를 요청한 날로부터 7일 이내에 신청인에게 그 사실을 통보하여야 하며, 둘째의 경우 신청인은 발주처의 심의결과를 안 날로부터 30일 이내에 심의를 요청하여야 한다.

㈜ (f)항 사후보고라 함은 발주처가 시공자의 개선제안공법사용신청 및 승인사항에 대하여 매년 12월 31일을 기준으로 다음해 1월 31일까지 국토교통부장관에게 하는 보고를 말한다.

d. 시공자에 대한 보상

이 경우에도「국가계약법 시행령」제65조제4항의 규정을 준용한다. 즉, 신공법의 적용으로 절감한 공사비의 70%를 시공자에 대한 보상액으로 한다.

신청인이 하수급인일 경우 발주처는 개선제안공법이 사용된 부분에 대한 대가의 지급 시 개선제안공법사용에 따른 공사비절감액 중 하도급률에 해당하는 금액이 하수급인에게 지급되도록 조치하여야 한다.

23·7 평 가

우리나라에는 지금 국가계약법령상의 신기술·공법과 건기법령상의 신기술이 같은 것이냐, 아니면 다른 것이냐를 놓고 논란이 있다.

앞에서 논의된 내용으로 이 논란이 불식되기를 기대하나, 한가지 분명한 것은 가치공학(value engineering)과 신기술(new technology)은 결코 그 자체로 동일개념이 아니라는 점이다. 좀 더 구체적으로 말하면, New Technology는 Value Engineering을 실현하는 하나의 요소이기는 하나 Value Engineering이 곧 New Technology는 아니다.

이와 같은 관점에서 국가계약법령상의 '새로운 기술·공법 등'은 New Technology를 포함하여, New Technology가 아니라고 하더라도 당초설계 즉, 정부 등 발주처의 설계와 동등 이상의 기능·효과를 가진 기술·공법·기자재 등을 지칭한다고 이 법 시행령 제65조제4항 및 기획재정부(구 재정경제부) 유권해석 회제 41301-921(1999.11.27)은 천명하고 있는 것이다.

한편, 적용상의 절차문제에 있어서 국가계약법령상의 신기술·공법, 즉 Value Engineering이라고 하더라도 건기법령에서 요구하는 절차를 따라야 한다는 주장이 있으나. 이 법령의 주관기관인 국토교통부는, 운용기관이 국토교통부의 산하기관이 아닐 경우에는 그러하지 않다는 유권해석을 내리고 있음에 주목하여야 한다.

국토교통부(구 건설교통부) 유권해석 기정 58810-572(1999.12.3)

"건설기술개발 및 관리등에 관한 운영규정 제7조 등의 규정은 건설교통부장관이 건설교통부 및 그 소속 행정기관의 장이 발주하는 건설공사에 대하여 국가계약법 시행령 제65조제4항 및 제5항의 규정에 의한 계약금액의 조정관련업무를 효율적으로 수행하기 위하여 필요한 사항을 규정한 것으로서, 동 운영규정 제7조 등의 규정에 의한 개선제안공법의 사용신청 관련규정은 건설교통부 및 그 소속행정기관의 장이 발주하는 건설공사에 대하여 적용하는 것.........."

그러나 아래의 미국연방순회재판소의 판례에 유의할 필요성이 있다.

첫 째 : 감액합의 후의 VE

계약당사자간에 VE와 관련한 논의는 있었으나, 뒤에 시공자가 공사비절감액 전액에 대한 계약금액의 감액조정이 포함된 계약변경(contract modification)에 합의하였다면, 이는 VE조항이 아닌 일반설계변경조항을 적용하여야 한다.(948 F. 2d 1251, Fed. Cir. 1991)

둘 째 : 설계변경 후의 VE

비록 VE조항에서 어떤 설계변경제안이 VE제안임을 밝혀야 한다고 규정하고 있지 않다고 하더라도, 계약당사자 쌍방이 해당공종을 일반설계변경으로 간주하여 발주처가 그 설계변경을 서면으로 승인한 후 상당기간(당해 사건에서는 6개월)이 경과할 동안 계약당사자 쌍방 모두가 이를 VE로 간주하여야 한다는 논의가 없었다면, 이는 VE조항이 아닌 일반설계변경조항을 적용하여야 한다.(731. F. 2d 810, Fed. Cir 1984)

24

간접설계변경

제24장

간접설계변경

24·1 간접설계변경의 개념

간접설계변경이라 함은 영문 Constructive Variation 또는 Informal Variation을 그렇게 번역한 말이며, 앞에서 논의한 직접설계변경, 즉 Formal Variation 또는 Normal Variation에 대칭되는 개념으로서, 당초의 공사가 실제적으로는 변경되었으되 정상적인 설계변경절차가 수반되지 아니한 경우에 나타나는 설계변경을 말한다(A constructive change occurs when the contract work is actually changed but the procedures of the changes clause have not been followed). 이를 미국계약관리협회(National Contract Management Association)의 편집위원인 James F. Nagle은 「건설공사설계변경클레임」(construction change order claim)(John Willy & Sons Inc., 1994)에서 아래와 같이 단정적으로 개념짓고 있다.

James F. Nagle의 간접설계변경

"Constructive changes are changes caused by the owner but not acknowledged by it as change."

(간접설계변경은 발주처에 의하여 발생된 설계변경이되, 발주처에 의하여 확인되지 않은 설계변경이다)

24·2 간접설계변경의 성립요건

간접설계변경은 일반적으로 다음의 2개 요건이 충족되어야 설계변경으로 인정받는다(추가비용을 보전받는다).

첫 째 : 설계변경요건(Variation Element)

비록 간접설계변경이라고 하더라도 일반적인 설계변경사유가 전제되어야 한다. 예컨대, 발주처가 계약상의 자재보다 더 고가의 자재를 사용하도록 시공자에게 요구하였다면, 이 추가비용을 발주처가 부담하여야 하며, 공사현장 인근의 발주처 소유의 시설에서 나오는 과대한 소음으로 인하여 시공자의 공사수행을 저해하였다면, 그로 인한 생산성 저하비용은 발주처가 부담하여야 한다는 등의 경우이다.

둘 째 : 지시요건(Order Element)

발주처(공사감독관 포함)의 지시가 있어야 하며, 이 경우 구두 또는 행위에 의한 지시를 불문한다.

예컨대, AL Johnson Const. Co.와 미국정부와의 송사(1990)에서 클레임법원(Claims Court)은 육군공병단(COE; Corps of Engineers)이 당초배수계획의 부적합함을 이유로 시공자에게 추가저수조의 설치를 구두로 지시하였던 사항과 관련하여 비록 정식설계변경지시는 없었다고 하더라도 그 구두지시도 설계변경지시에 해당한다고 하여 추가비용을 발주처가 지급하도록 판시한 바 있다.

24·3 간접설계변경의 유형

간접설계변경은 쌍무계약이 정착되지 아니한 사회, 즉 편무계약이 성행하는 사회일수록 빈번하게 나타난다고 한다.

물론 간접설계변경의 원인은 다양하게 분석될 수 있지만 대표적인 경우가 발주처의 편무성 또는 계약관리에 대한 인식부족을 들지 않을 수 없으며, 작게는 발주처의 예산부족, 설계결함 등에 기인하기도 한다.

간접설계변경의 유형도 그 원인만큼이나 다양할 수 있을 것이나 대체로 아래의 4개 유형으로 분류될 수 있다.

1. 계약목적을 벗어난 간접설계변경

계약목적을 벗어난 발주처의 요구에 의하여 간접설계변경이 나타날 수 있을 것인데, 주로 당초계약취지에 대한 계약당사자간의 견해상의 불일치가 그 원인이 된다. 비근한 예로, 어떤 공사의 수행에 있어서 시공자는 A공법의 적용을 예상하였으나, 발주처는 B공법이라고 주장하는 경우로서, B공법의 적용시 A공법에 비하여 공사비가 더 들게 될 때가 이 유형의 간접설계변경에 해당한다.

미국계약항소위원회(BCA)의 한 재결문에서 이를 간명하게 결론짓고 있어서 아래에 소개한다.(ASBCA 6004, 61-2 BCA 3248)

미국 BCA의 재결문

"Where as a result of the government's misinterpretation of contract provision a contractor is required to perform more or different work or to higher standards, not called for under its terms the contractor is entitled to equitable adjustments pursuant to the change article, including extensions of time."

(계약조항에 대한 발주처의 해석상의 오류로 인하여 당해 공종에서 당초에 요구된 것에 비하여 추가작업, 상이한 작업, 상위의 기준 등을 시공자로 하여금 수행하도록 하였다면, 시공자는 설계변경조항에 준하여 적정한 계약금액조정 및 계약기간의 연장 등을 받을 권리가 있다)

이 유형의 간접설계변경에서 나타나는 대상공사는 첫째 : 직접설계변경으로 지시되었어야 할 사항과 둘째 : 설계변경의 범위에 포함되지 않은 사항으로 나누어서 음미할 수 있다.

a. 직접설계변경 대상공사

어떤 변경이 당초계약의 범위 내에 속하고, 그러므로 계약상 설계변경조항으로 처리될 수 있음에도 불구하고 발주처가 그에 따르지 아니한 경우이다.

(1) 시공자의 자발적인 수행

발주처는 왕왕 시공자가 추가공사를 자발적으로 수행하였기 때문에 그것을 설계변경으로 받아들일 수 없고 그에 따른 추가비용도 부담할 수 없다고 주장한다.

이에 대하여 우리나라에는 그와 관련한 사례가 없어 보이나, 미국의 경우에는 Chris Berg Inc. vs United States 송사에서 법원은 일반적인 계약의 원칙상, 그것이 무상계약이 아니라면, 시공자는 계약에서 요구되지 아니한 공사를 수행하기로 약정한 것이 아니라고 판시하고, 발주처는 시공자의 수행공사에 대한 대가를 지급할 의무가 있다고 하여 발주처의 주장을 기각하였다(197 Ct CL. 503, 455 F. 2D 1037, 1972). 건설공사계약의 대전제는 유상계약이라는 점이다.

(2) 직접설계변경이 아니라는 단서

발주처가 시공자에게 비록 문서에 의한 설계변경, 즉 직접설계변경의 지시를 하면서 "당해 지시는 설계변경으로 해석되어서는 아니 된다"는 단서를 붙였을 때, 발주처는 그 단서를 근거로 해당공사에 대한 설계변경을 인정하지 않는 경우가 있다.

이에 대하여 일각에서는 만약 시공자가 그 지시가 부당하다고 생각하였다면 해당공사의 수행을 거부하였어야 했던 것이 아니냐는 반론을 제기하기도 한다. 그러나 1943년 미국계약항소위원회는 그와 같은 단서 자체가 부당하므로 그 지시와 관계없이 추가비용을 발주처가 부담하여야 한다고 판시하였다.(WDBCA 20, 1 CCF 32, 1943)

미국 계약항소위원회의 재결문

"An order to install benches, which the contract clearly did not require, must be treated as a change order since the government had the time, the opportunity, and the power to issue a change order."

(계약에서 요구되지 아니한 벤치의 설치지시는 정부로서는 직접설계변경을 지시할 시간도 있었고 그러할 여유 및 권한도 있었으므로 직접설계변경으로 처리되어야 한다)

(3) 발주처의 강압적인 요구

발주처가 비록 직접설계변경지시를 하지 않았다고 하더라도 강압적으로 변경을 제안하거나 요구하였다면, 이는 간접설계변경으로 간주되어 그로 인한 추가비용을 발주처가 부담하여야 함은 너무도 당연하다.

구미제국의 경우는 오히려 이를 확대하여 해석하고 있음을 볼 수 있다. 예컨대, 발주처가 비록 그에 따르라는 직접적인 요구는 하지 않았다고 하더라도 추가공사와 관련한 설계도면을 시공자에게 교부하였다면, 이는 시공자가 그에 따르지 않을 수도 있는 발주처의 단순한 조언 또는 제안이 아니라, 시공자의 해당추가공사의 수행에 영향을 미치지 않을 수 없는 것이 현실이라는 미국계약항소위원회의 재결내용이다.(GSBCA 1023, 1964 BCA 4357)

우리나라의 경우에도 발주처의 강압적인 요구에 의하여 시공자가 제출한 합의서는 효력을 인정할 수 없다는 중재판정이 있다.

대한상사중재원 중재판정 제99111-0020호(2000.10.21)

"..............피신청인의 지하철건설본부에서 작성하여 '95.2.6에 배부한 일괄입찰구간관리계획서(이하 '관리계획서'라 한다)에서 기술된 설계변경과 관련된 주요 내용은 계약서에 비하여 물량이 증가하더라도 계약금액의 조정이 없다는 내용이다. 국내의 지하철공사에 처음으로 도입된 설계·시공 일괄입찰방식으로 인하여 예상되는 문제점들을 원만하게 처리하고자 하는 피신청인측의 노력의 일환으로 이러한 문서를 만들어 시행한 것 자체는 불가피했던 조치였다고 판단된다. 그러나 이것은 어디까지나 피신청인의 내부 문서로서 계약적 효력을 가질 수는 없다고 판단된다.
그리고 증인들의 증언내용에 의해서도 이 문서를 근거로 그 내용에 따르도록 지시한 사실이 인정되고, 합의서 제출시점도 각각 1차공사준공시점과 2차공사준공시점의 직전임으로 미루어 볼 때, 준공을 앞두고 신청인으로 하여금 합의서를 제출하도록 강요되었다는 사실도 부인하기 어렵다. 그러므로 합의서 제출로 인하여 신청인이 추가금액을 청구할 권리가 없다는 피신청인의 주장은 받아들이기 곤란하다 ...."

(4) 발주처의 해석

애매하거나 모호한 설계내용에 대하여 발주처가 일방적으로 해석한 경우 비록 시공자로 하여금 이 해석에 따르도록 명시적으로 지시하지는 않았다고 하더라도 시공자가 그 해석에 따라 공사를 수행한 결과 추가비용이 발생하였다면, 발주처는 이에 대하여 계약금

액을 조정하여야 한다.(ASBCA 427, 4 CCF 60,999, 1950, 미국)

이 논리에 따르면, 우리나라의 경우 불분명한 계약조항이나 설계내용에 대하여 계약당사자간에 협의가 성립하지 않을 때에는 발주처의 견해에 따르기로 하는 특수조건의 규정을 볼 수 있는데, 이와 같은 발주처의 견해에 따라 공사를 수행한 결과 추가비용이 발생하였다면 이는 발주처의 책임이라는 해석이 가능하게 된다.

b. 설계변경조항에 해당하지 않는 사항

이 경우는 발주처의 지시가 설계변경을 유발하지 않는다고 하더라도 그 지시로 인하여 시공자에게 손해가 발생하였다면 간접설계변경으로 간주한다는 것이다.

예컨대, 새로운 계약으로 간주될 만큼 과다한 추가공사를 지시하는 경우 또는 시공자의 여타 채무상환을 위한 담보를 빙자하여 발주처가 시공자에게 지급하여야 할 기성대가를 과다하게 유보하는 경우 등이 이에 해당한다.

2. 설계결함으로 인한 간접설계변경

설계결함은 당연히 발주처의 책임으로 이는 직접설계변경의 대상이지만, 본 항에서 지칭하는 간접설계변경은 그 설계결함으로 인하여 계약당시에 시공자가 예측하지 못하였던 추가로 투입된 시간과 노력에 대한 비용에 대하여도 발주처가 부담하여야 한다는 것을 의미한다. 다시 말하면, 설계결함을 시정하기 위하여 시공자에게 발생하는 추가비용은 계약당시부터 공사비에 포함시켜 이를 시공자에게 보상하여야 한다는 것이다.(Hol-Gar Mfg. Corp. vs United States, 175 Ct. Cl. 518, 360 F. 2d, 1996, 미국)

이와 관련하여 미국계약항소위원회가 Consolidated Diesel Elec. Corp 사건에서 내린 아래의 판시내용은 우리에게 시사하는 바가 매우 크다고 할 것이다.

미국 ASBCA 10486, 67-2 BCA 6669 재결문

"When defective or impossible specifications cause frustration and wheelspinning and increase the time and cost of performance until the specifications are corrected or relaxed, this also gives rise to a constructive change."

(하자있거나 수행이 불가능한 시방사항이 수정 또는 보완될 때까지 공정차질의 원인이 되고 공사기간 및 공사비의 증가를 유발할 때에는 간접설계변경이 된다.)

3. 발주처의 협조부족으로 인한 간접설계변경

이 경우는 발주처의 작위(作爲, action) 또는 부작위(不作爲, inaction) 등으로 인하여 시공자의 공사수행에 차질을 초래하게 되는 경우이다.

전자의 예로는 발주처 또는 관계인에 의한 현장출입의 방해, 빈번한 방문객으로 인한 공정진척의 장해 등의 경우가 이에 해당한다.

후자의 예로는 발주처에 의한 공사수행계획서의 검토 또는 승인의 지체, 시공상세도의 검토 또는 승인 지체, 기타 시공자가 요구한 각종 정보 또는 자료의 제공 지체 또는 거부 등이 있다.

24·4 공정가속지시 vs 간접설계변경

1. 공정가속의 개념

공정가속(工程加速)이라 함은 영문 Acceleration의 우리말 표기로서 원래의 의미는 당초에 계획한 완성시기보다 더 빨리 완성하기 위하여 공사의 수행을 촉진시키는 것을 말하며, 현업에서는 공기단축 또는 돌관작업 등으로 부르기도 한다.

이 공정가속에는 첫째 : ①발주처의 필요에 의한 공정가속과 ②시공자의 필요에 의한 공정가속이 있고, 둘째 : ③단순한 완성시기의 단축을 위한 공정가속과 ④계약기간의 연장사유가 발생하였으나 이를 연장하지 않고 당초의 완성시기에 맞추기 위한 공정가속이 있다.

상기 중 제②항의 공정가속을 무상의 공정가속이라 하며, 제①항, ③항 및 ④항은 모두 유상의 공정가속(compensable acceleration)이다.

그 외에도 ⓐ발주처의 요구에 의한 공정가속과, ⓑ시공자의 자발적인 공정단축을 위한 공정가속이 있다. 전자 즉 ⓐ항을 ordered acceleration 이라 하고, 후자 즉 ⓑ항을 voluntary acceleration 이라 한다.

생각건대, 공정계획의 변경은 중요한 설계변경사유에 해당한다. 다시 말하면, 공기를 단축하거나 계약기간을 단축할 때에는 필연적으로 공정계획의 변경이 수반된다. 이 경우 공정계획을 변경하였다면, 이는 직접설계변경에 해당하며, 그러함에도 불구하고 공식적으로 공정계획을 변경하지 아니하였다면, 그것이 바로 간접설계변경이 된다.

본 항에서는 공정가속의 이와 같은 여러 상황 중 당연히 간접설계변경의 경우를 논의의 대상으로 하여야 할 것이며, 그 중에서도 상기 제④항의 공정가속, 즉 계약기간의 연장사유가 발생하였으되, 발주처가 이를 연장하지 않고 당초의 완성시기에 부합하도록 지시한 경우의 공정가속에 초점을 맞추고자 한다. 이와 같은 공정가속을 특별히 간접공정가속(constructive acceleration)이라 한다.

부연(敷衍)한다면, 공정가속에는 직접공정가속과 간접공정가속이 있다. 직접공정가속은 지시된 공정가속(directed acceleration) 또는 계획된 공정가속(planned acceleration)을 말하며, 반드시 그와 관련한 내용을 계약문서, 특히 계약조건에 명시하여야 한다.

우리나라 계약예규「공사계약일반조건」에서 공정가속과 관련한 규정을 두고 있다. 이 경우의 공정가속은 직접공정가속이며, 직접설계변경의 대상이 된다.

우리나라 계약예규「공사계약일반조건」

제16조 휴일 및 야간작업

① 계약상대자는 계약담당공무원의 공기단축지시 및 발주기관의 부득이한 사유로 인하여 휴일 또는 야간작업을 지시받았을 때에는 계약담당공무원에게 추가비용을 청구할 수 있다.
② 제1항의 경우에는 제23조를 준용한다.

제19조의5 발주기관의 필요에 의한 설계변경

① 계약담당공무원은 다음 각 호의 어느 하나의 사유로 인하여 설계서를 변경할 필요가 있다고 인정할 경우에는 계약상대자에게 이를 서면으로 통보할 수 있다.

1. 해당공사의 일부변경이 수반되는 추가공사의 발생
2. 특정공종의 삭제
3. 공정계획의 변경
4. 시공방법의 변경
5. 기타 공사의 적정한 이행을 위한 변경

(이하 생략)

위 「공사계약일반조건」 제16조제2항에서 언급하고 있는 '제23조'는 기타계약내용의 변경으로 인한 계약금액의 조정조항이다.

여기서 생각할 점은 발주처에 의한 공기단축지시는 공정계획의 변경을 초래한다는 점이다. 그렇다면 직접설계변경의 대상이다. 그러함에도 불구하고 제16조제1항의 공기단축지시로 인한 계약금액조정은 설계변경으로 인한 계약금액조정이 아니라 기타계약내용으로 인한 조정에 해당한다는 모순성이 있다.

위 일반조건 제19조의5제1항제3호를 보면 '공정계획의 변경'은 '설계변경'이라는 점에서 그러하다.

2. 간접공정가속의 성립요건

간접공정가속, 즉 Constructive Acceleration이 간접설계변경으로 인정되기 위해서는 아래와 같은 요건이 충족되어야 한다.

(1) 계약기간의 연장사유가 발생하였을 것

(2) 연장사유가 시공자의 책임있는 사유가 아닐 것

시공자의 책임있는 사유가 아닌 사유로는 발주처의 책임있는 사유 또는 불가항력의 사유가 있다. 이와 같은 사유로 인한 지체를 양해할 수 있는 지체(excusable delay)라 한다.

그러므로 본 항 연장사유가 시공자의 책임있는 사유가 아니라는 뜻은 양해할 수 있는 지체이어야 한다는 것을 의미한다.

(3) 시공자가 지체사실을 발주처에게 통보하고 계약기간의 연장을 요청하였을 것

(4) 발주처가 계약기간의 연장을 거부하였을 것

발주처의 연장거부는 반드시 거부통지가 있어야 하는 것은 아니고 합리적인 기간 이내에 연장여부를 통지하지 아니한 경우도 포함된다.

또한 연장거부 이전에 당초공기를 준수하라든지 공기를 단축하라든지 하는 발주처의 지시가 있었다면, 이 역시 연장을 거부한 것과 같다.

만약 발주처가 계약기간의 연장을 승인하였다면 이는 이미 간접설계변경으로 전환되는 것이며, 경우에 따라서는 직접설계변경이 되기도 한다.

(5) 시공자의 공정가속 노력이 있었을 것

(6) 시공자에게 공정가속으로 인하여 추가비용이 발생하였을 것

3. 간접공정가속으로 인한 추가비용

간접공정가속은 연장되어야 할 기간만큼 공기를 단축하는 것과 같다. 그렇다면 이 간접공정가속이 왜 간접설계변경이며, 추가비용이 발생하는가. 아래에서 그 요인을 살펴보기로 한다.

a. 자원의 추가투입

1일의 작업시간을 종전과 같이한다고 가정할 때 공기단축, 즉 정상공정률보다 빨리 진척시키기 위하여서는 인력이나 장비 등을 추가로 투입하지 않을 수 없다.

이 경우 추가인건비 및 장비비가 발생한다.

b. 혼잡비용의 발생

주어진 현장여건에서 장비와 인력이 추가로 투입된다면, 당연히 시공자에게는 혼잡비용(congestion cost)이 발생한다.

c. 학습비용의 발생

어떤 인력을 새로운 작업에 종사시킬 경우 그 작업을 익혀야 하는 초기에는 생산성이 낮으나 일정기간이 경과한 뒤에야 기대한 생산성에 이를 수 있다. 이와 같은 생산성증감효과를 학습효과(learning effect)라고 한다.{물론 그 종사기간이 과다하게 장기일 때에는 생산성은 다시 감소하게 되며 이를 부(負)의 학습효과라 함}

상기 a항에서처럼 인력을 신규로 투입할 경우 그 인력이 종전에 종사하던 현장에서의 생산성보다 신규현장에서의 생산성이 저하될 것이며, 시공자에게는 그만큼 손해가 발생하게 된다.

d. 교대비용의 발생

1일의 작업시간을 종전과 같이하지를 않고, 기존인력 및 장비와 신규인력 및 장비를 2교대 또는 3교대 형식으로 공사를 수행한다면, 그로 인한 관리비용, 즉 교대비용(shift cost)이 발생하지 않을 수 없다.

e. 초과작업비용의 발생

인력을 교대하지 않고 기존인력의 작업시간을 연장하는 경우(예 : 8시간에서 10시간으로 2시간 연장) 연장근무시간에 대한 초과근무수당(overtime allowance)을 지급하여야 할 것이며, 이 경우 그 인력의 추가작업량은 초과근무수당에 비하여 상대적으로 작다는 것이 일반적인 견해이다. 다시 말하면, 실제작업시간은 10시간임에 비하여 인건비는 11시간분 또는 그 이상으로 지급하여야 한다는 것이 그 뜻이다.

이는 결국 인력의 생산성을 저하하는 것이 되며, 이를 생산성저하비용(less productivity cost)이라고도 할 수 있다.

이는 다음 항에서 다시 논의하기로 한다.

24·5 생산성저하비용

간접설계변경으로 인한 계약금액의 조정은 전술 제21장 등에서 논의한 일반적인 설계변경의 경우와 다르지 않으나, 우리나라의 경우에는 「공사계약일반조건」 제18조제2항 및 제3항에서 발주처의 공기단축지시 및 발주처의 부득이한 사유로 휴일 또는 야간작업을 시공자에게 지시하였을 때에는 실비를 초과하지 아니하는 범위 내에서 계약금액을 조정하도록 규정하고 있다.

이 실비의 산출방법은 장을 달리하여 논의하기로 하며, 본 항에서는 앞에서 간략하게 언급한 적이 있는 생산성저하비용에 대하여 논의하고자 한다.

1. 생산성의 의미

생산성(productivity)이라 함은 인력·장비 등의 자원이 단위기간 중 올릴 수 있는 생산량 또는 매출액을 말한다.

생산성 중에서도 인력을 기준으로 하는 때에는 특별히 노동생산성(labour productivity 또는 productivity of labour)이라 하며, 단위시간 중의 생산량 또는 매출액을 단위시간당 임금으로 나누어서 산출한다. 생산량을 금액으로 환산할 수 있고 이를 매출액이라고 할 때, 노동생산성은 다음 산식으로 계산될 수 있다.

$$LP = TO \div W$$

㈜ · LP : 노동생산성(Labour Productivity)
· TO : 매출액(Turnover)
· W : 임금(Wage)

예컨대, 어떤 건설공사에서 1일 임금이 80,000원인 근로자 1인이 1일 800,000원의 기성고를 올렸다면, 이 근로자의 노동생산성은 10(또는 1,000%)이다.

2. 생산성저하비용의 산출

생산성 중에서도 노동생산성을 기준으로 하기로 하였으므로, 노동생산성저하비용이라 함은 상기 노동생산성이 감소됨으로써 기업에 발생하는 손실을 말한다. 이를 영문으로는 Labour Productivity Loss 또는 Less Productivity of Labour로 표기한다.

이 비용을 단순하게 산출할 때에는 정상적인 노동생산성에 감소된 노동생산성을 뺀 금액이 된다. 그러나 이 비용의 산출에 대하여 견해가 일치하고 있지 아니함으로 인하여 그 산출방법이 다양하게 제시되고 있다.

아래에서는 외국에서 적용하는 산출방법 중 대표적인 경우를 소개하는 것으로 한다.

㈜ 1980년 미국의 「공사비효율성태스크포스보고서」(construction industry cost effectiveness task force report, 1980)에 의하면, 40시간을 기본시간으로 할 때 1주당 50시간씩 10주 동안 작업할 경우 노동생산성은 35%가 감소하며, 60주 동안 작업할 경우에는 45%가 감소한다고 지적한 바 있다.

a. 총비용방식

이 방식은 실질투입비용에서 계획비용을 빼서 산출한다.

노동생산성저하비용 = 실질투입비용 − 계획비용

〈산출예〉		
	(1) 총실질작업시간(A)	120,000 mh
	(2) 설계변경으로 발생된 시간(B)	30,000 mh
	(3) 당초공사의 실질작업시간(C=A−B)	90,000 mh
	(4) 당초공사의 계획작업시간(D)	70,000 mh
	(5) 생산성이 없는 시간(E=C−D)	20,000 mh
	(6) 임금(시급 : 계약단가)(F)	500 원
	(7) 생산성저하비용(G=E×F)	10,000,000 원

㈜ 상기 중 제(3)항 당초공사의 실질작업시간(actual hours for base contract work)이라 함은 총실질작업시간(total actual manhours)에서 설계변경으로 발생된 시간(total change order hours)을 뺀 시간을 말한다.

그러나 이 방식은 다음의 요건이 충족될 경우에 한하여 적용이 가능한 것으로 알려지고 있다.(Servidone Constr. Corp. vs United States, 19 Cl. Ct. 346, 1990 등의 판례)

① 비용산출에 여타의 합리적인 방식이 없거나, 있다고 하더라도 실제적으로 적용할 수 없는 경우
② 시공자의 입찰금액 또는 당초의 견적이 합리적이라고 인정되는 경우
③ 시공자의 실제투입비가 합리적이라고 인정되는 경우
④ 추가로 발생한 비용에 대하여 시공자에게 책임이 없는 경우, 즉 당해 설계변경이 시공자의 책임있는 사유로 인한 설계변경이 아닌 경우

b. 레너드 방식

이 방식은 캐나다의 Concordia 대학(Concordia University, Montreal, Quebec)의 Charles A. Leonard 교수가 1988년 그의 논문「설계변경이 생산성에 미치는 영향」(the effects of change orders on productivity)에서 제시한 방식으로서, 레너드교수는 57개 프로젝트에서 90개 사례를 실증적 자료에 의한 수량분석방법으로 이 방식을 정립하였다고 한다.(토목·건축, 전기·기계의 2개 카테고리로 구분)

연구결과 설계변경에 대한 충격을 결정짓는 가장 중요한 요인은 전체노동력에 대하여 설계변경에 투입된 노동력의 비율이라는 결론을 얻었다. 즉, 전체노동력에 대하여 설계변경에 투입된 노동력의 비율이 크면 클수록 충격도 크다(The greater the percentage of change order labor to total labor, the greater the impact felt)는 것이다.

또한, 설계변경공사에 투입된 노동력이 전체노동력의 10% 이하일 경우 그 충격이 없다고 할 수 있을 정도로 미미하지만, 10%를 초과할 경우에는 여타의 공종, 즉 설계변경이 되지 아니한 공종에 미치는 영향이 심각하다고 지적하고 있다.

레너드는 실질생산성저하비용을 산출함에 있어서 총실질작업시간에서 설계변경으로 추

가된 시간을 뺀 당초계약공사의 기본시간에 생산성저하율을 곱하여서 생산성이 없는 시간을 산출한다.

㈜ 레너드는 상기 연구결과 일반적인 공사(토목·건축)에서 설계변경으로 인한 생산성저하율은 29%라는 결론을 도출하였다. 그리하여 이 생산성저하율 29%를 '레너드 비효율'(Leonard Inefficiency Factor)이라고 한다.

레너드방식에 따라 앞 제a항의 생산성저하비용을 산출하면 아래와 같다.

〈산출예〉		
	(1) 총실질작업시간(A)	120,000 mh
	(2) 설계변경으로 발생된 시간(B)	30,000 mh
	(3) 당초공사의 실질작업시간(C=A−B)	90,000 mh
	(4) 생산성저하율(레너드비효율)(D)	29 %
	(5) 생산성이 없는 시간(E=C×D)	26,100 mh
	(6) 임금(시급 : 계약단가)(F)	500 원
	(7) 생산성저하비용(G=E×F)	13,050,000 원

㈜ 앞에서 노동생산성(labour productivity)은 생산량 또는 매출액을 단위시간당 임금으로 나누어서 산출한다고 하였으나, 노동생산성요율(labour productivity ratio)은 노동시간을 생산량 또는 매출액으로 나누어서 산출한다.

c. AGCA 및 COE 방식

상기 a, b의 방식 외에도 생산성저하비용의 산출에 대한 많은 연구가 있었다. 그 중에서도 1979년 미국에서는 소위 「Business Roundtable Study」가 미국건설협회(AGCA)와 전문건설업체협회(American Subcontractors Association 및 Associated Specialty Contractors)의 공동연구로 이루어졌고, 미국방성의 COE(Corps of Engineer)에서도 「Modification Impact Evaluation Guide」를 발간하였다.

전자, 즉 「사업체간 공동연구(business roundtable study)」에서는 건설공사에서의 생산성저하비용을 산출하기 위한 조견표(table to estimate productivity losses)를 개발하는데 주안점을 두었고, 후자, 즉 COE에서는 소위 「COE지침서(COE Guide)」라고 하는 설계변경으로 인한 영향 산출방식(modification impact evaluation guide)을 정립하는 데에 주안점을 두었다.

(1) 비효율시간의 산정

미국건설협회(AGCA) 등이 「사업체간 공동연구(business roundtable study)」에서 개발한 작업시간, 생산성 및 공사비의 상관관계는 아래의 표와 같다.

작업시간·생산성·공사비의 상관관계표

50시간작업 주일수	생산성		50시간 작업시 실질효과(시간)	40시간 대비 실질효과(시간)	손실시간
	주당40시간	주당50시간			
0 ~ 2주	1.00	0.926	46.3	+ 6.3	3.7
2 ~ 4주		0.900	45.0	+ 5.0	5.0
4 ~ 6주		0.870	43.5	+ 3.5	6.5
6 ~ 8주		0.800	40.0	0.0	10.0
8 ~ 10주		0.752	37.6	− 2.4	12.4
10주 이상		0.750	37.5	− 2.5	12.5

상기 표와 별도산출에 의한 주당요율을 가중치로 적용하면 총비효율요율은 0.766이 되며, 초과작업기간 중의 작업시간에 대한 비효율요율은 0.234(=1−0.766)가 된다.

만약 초과작업기간 중의 작업시간이 77,000시간이라면 비효율시간은 18,018시간이 된다.

비효율시간 : 77,000 × 0.234 = 18,018(시간)

(2) 생산성저하비용의 산정

상기의 비효율시간을 기초로 하여 「COE지침서(COE Guide)」에 따라 생산성저하비용을 산출하면 아래와 같다.

〈산출예〉		
①	최적최다인력(A)	20 명
②	실제최다인력(B)	50 명
③	근로자작업과다율(C=B÷A)	150 %
④	노동손실률(D)	30 %
⑤	초과작업기간중 작업시간(E)	35,000 원
⑥	생산시간(F=E÷1.3)	26,923 시간
⑦	비생산시간(G=E−F)	8,077 시간
⑧	노동효율감소(H) (=G+비효율시간 18,018)	26,095 시간
⑨	임금(시급 : 계약단가)(I)	500 원
⑩	생산성저하비용(J=H×I)	13,047,500 원

㈜ 상기 제④항 노동손실률(labour loss rate) 30%는 제③항 근로자작업과다율(crew overloading rate)이 150%일 때의 COE지침서에서 제시된 요율을 말한다.

3. 생산성저하비용의 실증적 자료

생산성저하비용 또는 비효율과 관련하여 미국토목엔지니어협회(ASCE : American Society of Civil Engineers)는 현장중심의 실증적 연구를 수행했는데, 아래에서는 이 연구결과 중 중요내용을 발췌하여 소개하기로 한다.

㈜ 이 내용의 원전은 Paul Levin의 'construction contract claims, changes & dispute resolution' (1998, ASCE Press)임을 밝힌다.

a. 추가인력의 투입과 노동효율의 영향

주어진 여건 하에서 인력을 추가로 투입하면 할수록(혼잡할수록) 노동생산성은 줄어든다(비효율성은 높아진다). 예컨대, 10% 더 혼잡할 때에는 노동생산성은 약 3% 저하되나, 20% 더 혼잡할 때에는 약 10%의 비효율이 발생하는 것으로 분석되었다.

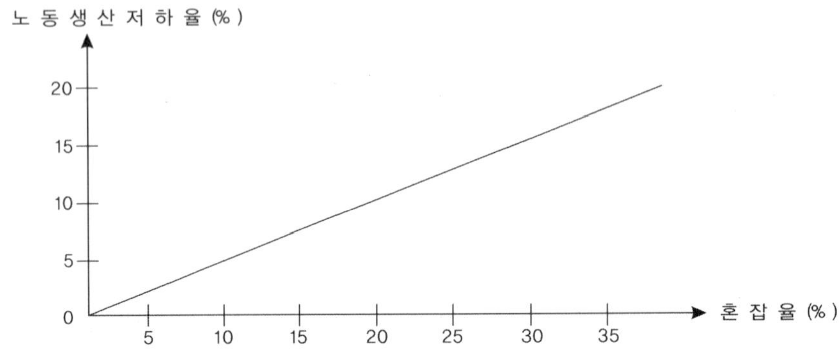

b. 인력의 과다투입시의 영향

적정규모의 인력에서 인력을 추가로 투입할 경우 생산량 또는 매출액이 증가하는 것은 사실이나, 그에 비하여 노무비는 더 가파르게 증가하며, 결국 노동생산성 또는 효율성은 저하된다.

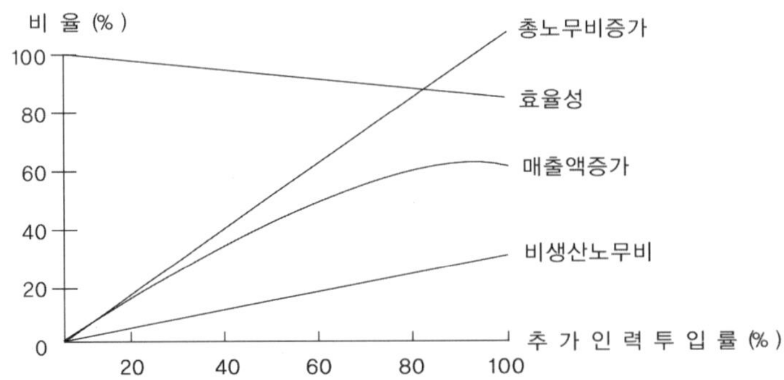

㈜ 0점 : 최적인력규모

c. 초과작업이 생산성에 미치는 영향

1주당 기본작업시간이 40시간이라는 전제 하에서 주당 작업시간을 50시간 또는 60시간으로 연장하였을 때(10시간 또는 20시간의 초과작업을 시행하였을 때), 첫째주에는 심리적 요인으로 인하여 노동생산성은 약 85%(60시간 근무시) 또는 88%(50시간 근무시)까지 급격하게 저하되는 것으로 나타났으며, 2~3주째에는 심리적 안정 및 초과작업에 다소 익숙해져 약 87.5%(60시간 근무시) 또는 91.5%(50시간 근무시)까지 상승하다가 4주째부터는 다시 가파르게 저하되는 것으로 나타났다.

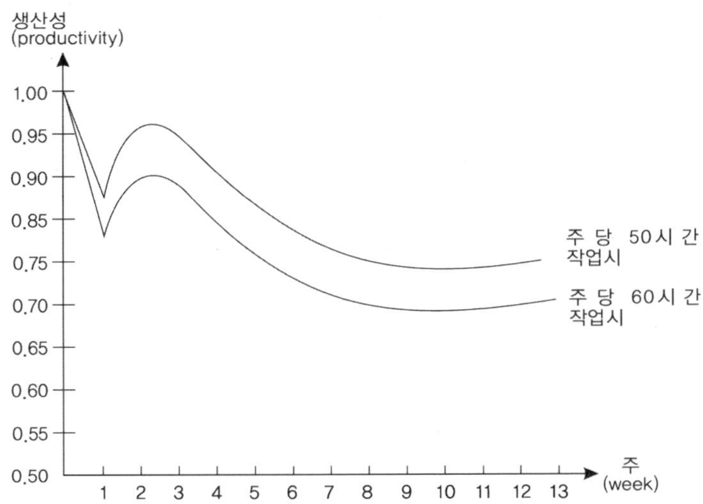

24·6 평 가

본 장 간접설계변경은 우리나라의 계약관련법령이나 계약수행관행으로 볼 때 다소 생소한 면이 없지 않다.

여기에서 생소하다고 표현한 것은 우리나라의 시공자가 이와 같은 간접설계변경을 이해하지 못한다는 뜻이 아니라, 정상적·일반적인 설계변경 소위 직접설계변경에 있어서조차 그로 인한 합당한 추가비용을 보전(補塡)받고 있지 못하므로 감히 간접설계변경으로 인한 추가비용에 대한 청구를 어떻게 하겠느냐는 뜻에서 그렇게 표현한 것이다.

계약예규로 마련되어 있는 「공사계약일반조건」의 본래 취지대로 공사가 수행된다면 필자의 이와 같은 해명이 당초부터 필요하지 않았을 것이다. 이 일반조건 제1조는 계약당사자로 하여금 신의와 성실의 원칙에 따라 도급계약을 이행하도록 천명하고 있고 실제로 우리의 계약당사자는 그를 인지하고, 또 그러할 것임을 약정한다.

간접설계변경 중의 상당부분은 신의와 성실의 원칙에 따라 계약을 이행한다면 이것이 문제될 하등의 이유가 없게 된다. 그러한 의미에서 우리나라의 「공사계약일반조건」 제1조와 같은 계약규정을 황제조항 또는 제왕조항(emperor clause 또는 royal clause)이라고 존경한다. 이 조항을 어기게 되면 여하한 경우에 있어서도 계약의 한 당사자로의 명분이 없게 됨을 알아야 한다.

25

불가항력

제25장

불가항력

25·1 불가항력의 개념

우리나라 기획재정부 계약예규 「공사계약일반조건」 제32조제1항의 규정에 의하면, "불가항력이라 함은 태풍·홍수 기타 악천후, 전쟁 또는 사변, 지진, 화재, 전염병, 폭동 기타 계약당사자의 통제범위를 벗어난 사태의 발생 등의 사유(이하 '불가항력의 사유'라 한다)로 인하여 계약당사자 누구의 책임에도 속하지 아니하는 경우"를 일컫되, 다만 대한민국 국내에서 발생하여 공사이행에 직접적인 영향을 미친 경우에 한하는 것으로 개념짓고 있다.

이를 근거로 우리나라에서의 불가항력의 개념을 다시 정리하면 아래와 같다.

첫 째 : 계약당사자의 통제범위를 초월하는 사태의 발생이 있을 것, 즉 불가항력의 사유가 존재할 것
둘 째 : 그 사유는 계약당사자 누구의 책임에도 속하지 않을 것
세 째 : 그 사유는 대한민국 국내에서 발생한 것일 것
네 째 : 공사이행에 직접적인 영향을 미친 경우일 것

일본의 경우에는 「공공공사청부계약약관」(2017.7월 개정본) 제29조제1항에서 불가항력이라 함은 "천재 등으로 발주자 및 수주자 쌍방의 책임으로 돌릴 수 없는 것"으로 규정하고 있다. 여기에서 '천재 등'은 설계도서에 그 기준을 정하고 있을 경우에는 그 기준을 초과하는 것에 한한다. 그러나 반드시 일본국 내에서 발생한 경우로 제한하지 아니한다. 이 점은 영·미 등 여타의 외국도 같다.

㈜ 상기 중 "천재 등"이라 함은 상기 약관 제20조제1항에서 "폭풍, 호우, 홍수, 해일, 지진, 산사태, 낙반, 화재, 소란, 폭동 그 밖의 자연적 또는 인위적 사상"으로 규정하고 있다.

25·2 불가항력의 범위

a. 불가항력의 표기

불가항력은 원래 Force Majeure라는 프랑스어에서 유래되었으며, 영문으로는 계약조건마다 다소의 차이를 보이고 있다.

(1) Force Majeure(불가항력)
FIDIC 「공사계약조건」, 영국 「공공계약조건」
(2) Accepted Risks (용인된 위험)
구 영국 「관급공사계약조건」
(3) Special Risks (특별한 위험)
사우디아라비아 「공공공사표준계약조건」, 구(旧) FIDIC 계약조건
(4) Excepted Risks(예외적인 위험)
영국 토목엔지니어협회(ICE) 계약조건, 싱가포르 「공공공사표준계약조건」
(5) Unforeseeable Causes(예측할 수 없었던 사유)
미국 「연방조달규정(FAR)」

b. 우리나라의 불가항력

우리나라의 경우에는 "태풍·홍수 기타 악천후, 전쟁 또는 사변, 지진, 화재, 전염병, 폭동 기타 계약당사자의 통제범위를 초월하는 사태"가 발생하였을 경우가 불가항력의 범위 또는 불가항력의 사유라고 할 수 있다.

'계약당사자의 통제범위를 초월하는 사태'는 영문 'beyond the control of the contractor and owner'에서 유래된 말이며, 그 뜻하는 취지가 같다. 그러므로 앞에서 예시한 사유 이외에 방사능물질에 의한 오염, 비행기 추락사고로 인한 현장의 피해 등도 당연히 불가항력의 범위에 포함된다고 하지 않을 수 없다.

c. 사우디아라비아의 불가항력

사우디아라비아는 철저한 이슬람교리에 입각한 생활환경으로 인하여 「공공공사표준계약조건」은 아래와 같이 매우 제한적인 사유만을 불가항력의 범위로 규정하고 있다.

(1) 전쟁
(2) 적의 침공
(3) 군사적인 행위
(4) 상기 (1), (2) 및 (3)항과 유사한 사태의 발생

그렇다고 사우디아라비아가 상기 (1)~(4)항 이외에는 불가항력으로 인정하지 않는다는 것은 아니며, 단지 계약상 상기 이외의 불가항력적인 사유에 대하여는 처리를 달리하고 있을 뿐이다.

d. 일본의 불가항력

일본은 불가항력의 사유를 「공공공사청부계약약관」 제20조에서 공사의 중지사유로 규정하고 있다.

(1) 폭풍
(2) 호우
(3) 홍수
(4) 해일
(5) 지진
(6) 산사태
(7) 낙반(落盤)
(8) 화재
(9) 소란
(10) 폭동
(11) 그 밖의 자연적 또는 인위적 사상(事象)

일본은 상기 사우디아라비아의 불가항력의 사유를 「공공공사청부계약약관」에서 제외하고 있는데, 그 이유는 소위 전수체제(專守體制)라 하여 종전에는 원천적으로 전쟁을 상정하고 있지 않기 때문이었다. 그러나 2000년대로 들어오면서 유사체제(有事體制)로 바뀌어, 적의 무력공격사태 및 무력공격예측사태에서 적극적인 대처를 취할 수 있도록 관련 법률을 제·개정하였기에, 이제 계약약관에서 전쟁 등이 불가항력의 사유로 명시될 지 귀추가 주목된다.

㊟ 일본의 「공공공사청부계약약관」은 2017.7.25일에 최종 개정되었으나, 이 개정본에도 종전의 '천재 등' 개념을 그대로 유지하고 있다. 즉 현재까지 전쟁이나 사변 등을 '천재 등'에 포함시키고 있지 않다.

e. 미국의 불가항력

AIA 및 EJCDC의 계약조건에서는 불가항력에 대한 독립조항을 두지 않고, 양자 모두 계약기간의 연장조항에 연장사유로서 규정하고 있다. 이 점에서 「연방조달규정(FAR)」도 같다. 여기에서, 결국 미국이 불가항력에 대한 독립조항을 두지 않고 계약기간의 연장사유로만 규정하고 있다는 의미는 불가항력으로 인한 공정지체는 양해할 수 있는 사유로 인한 지체로 간주하지만, 그로 인한 추가비용은 발주처가 부담하지 않는다는 중요한 전제가 내포되어 있음을 유의해야 한다. 불가항력은 발주처나 시공자 누구의 책임에도 속하지 않는 사유에 의한 것임을 그 원리대로 받아들이고 있는 것이다.

미국 「연방조달규정(FAR)」은 제52.249-10조에서 시공자의 책임있는 사유로 인한 계약기간의 연장 및 해제조항에서 시공자의 유책사유가 아닌 사유를 아래와 같이 예시하고 있다.

(1) acts of God or of the public enemy (신 또는 공적의 행위)
(2) acts of the Government in either its sovereign or contractual capacity (정부의 통치행위 또는 계약상 부여된 범위 내에서의 행위)
(3) Acts of another Contractor in the performance of a contract with the Government (발주처와의 계약이행 중에 있는 다른 시공자의 행위)

(4) fires (화재)
(5) floods (홍수)
(6) epidemics (전염병)
(7) quarantine restrictions (방역상의 제한조치)
(8) strikes (파업)
(9) freight embargoes (운송중지조치)
(10) unusually severe weather (비통상적인 악천후)
(11) Delays of subcontractors or suppliers at any tier arising from unforeseeable causes (제1차 또는 제2차 등의 하수급자 또는 납품업자에 의한 예측할 수 없었던 지체)

이 경우라고 하더라도, 계약의 이행불능은 시공자가 예측할 수 없었던 사유(unforeseeable causes)로 인한 것으로서, 시공자의 통제범위를 벗어나고 또한 그의 과실이나 해태(懈怠)로 인한 것이 아니어야(beyond the control and without the fault or negligence of the Contractor) 한다.

㈜ 위의 미국 「연방조달규정(FAR)」 제52.249-10조의 'unforeseeable causes'는 force majeure 또는 special risks 즉 불가항력이라 하여도 무방하다.

AIA는 「공사계약조건」(A201) 제8.3.1조에서 ①노동쟁의, ②화재, ③자재 등의 비정상적인 반입지체, ④피할 수 없는 사고, ⑤기타 시공자의 통제범위를 초월하는 사유 등을 불가항력의 범위로 규정하고 있다.

이에 비하여, EJCDC는 「표준계약조건」 제12.3조에서 ①화재, ②홍수, ③전염병, ④비정상적인 기후여건, ⑤신의 행위 등을 그 범위로 규정하여 AIA와 다소 차이를 보이고 있다.

EJCDC는 현재 논란이 되고 있는 하수급자 또는 납품업자의 문제로 인한 지체가 불가항력의 사유에 해당하는가 하는 논란에 대하여, 이는 시공자의 책임 있는 사유에 해당함을 분명히 하고 있다.

EJCDC「표준계약조건」 제12.3조

"……… Delays attributable to and within the control of a Subcontractor or Supplier shall be deemed to be delays within the control of Contractor."

(하수급자 또는 납품업자에 기인하거나 그들의 통제범위에 해당하는 지체는 시공자의 통제범위 내에 있는 지체로 간주한다.)

f. 영국의 불가항력

영국은「공공계약조건」A1.1조에서 불가항력을 'Force Majeure'라 표기하고 이를 계약당사자가 방지노력을 하였고, 또한 그 당사자에 의한 원인행위에 의하지 않고, 그리고 또 그의 합리적인 통제범위 밖에 존재하는 사건 또는 상황{일본은 이를 사상(事象)이라 함}이라 정의하고 아래와 같이 예시하고 있다.

(1) 화재
(2) 홍수
(3) 태풍
(4) 페스트 등 전염병
(5) 화산
(6) 악의적인 손궤
(7) 테러행위
(8) 군사적 충돌
(9) 핵, 생물학 또는 화학 전쟁
(10) 기타 자연적 또는 인위적 재해

그러나 다음의 경우는 불가항력에서 제외된다.

(a) 시공자 또는 그의 하수급자의 조직 내에서 발생하는 산업적인 행위
(b) 하수급자가 하도급계약상의 의무를 이행하지 못한 경우

여기서 유의할 점은, 하수급자 또는 납품업자 자신들이 위의 불가항력으로 인하여 하도급계약상의 의무를 이행하지 못함으로 인하여 발생한 시공자의 이행불능 또는 지체는 불가항력으로 간주한다는 것이다(상기 계약조건 H7.2조).

g. FIDIC의 불가항력

FIDIC「공사계약조건」제19.1조에서는 불가항력의 성립요건을 아래와 같이 규정하고 있다.

(1) 계약당사자의 통제범위를 초월할 것
(2) 계약체결 전에는 계약당사자가 합리적으로 대비하지 못하였을 것
(3) 당해 사유가 발생하였을 때 계약당사자가 그에 대하여 합리적으로 대피하거나 극복하지 못하였을 것
(4) 계약당사자 일방에 기인하지 아니한 것일 것

위의 요건이 충족될 때 아래의 경우는 불가항력의 범위에 해당한다.

(a) 전쟁, 적대행위(선전포고의 유무와 무관), 침략, 외적의 행위
(b) 반란, 테러, 혁명, 폭동, 정변, 내란
(c) 시공자 및 하수급자의 인력이 아닌 자들에 의한 폭동, 소요, 무질서, 파업 또는 직장폐쇄
(d) 군수품, 폭발물, 이온화 방사선, 또는 방사능에 의한 오염(단, 시공자가 그러한 군수품, 폭발물, 방사선 등을 사용한데서 기인한 경우는 제외)
(e) 지진, 허리케인, 태풍, 또는 화산활동과 같은 자연재해

㈜ FIDIC「공사계약조건」제17.3조에 규정된 발주처의 위험(Employer's risks)을 불가항력으로 간주할 것인가라는 의문이 있다. 이 위험의 상당한 부분이 불가항력에 포함되는 것은 사실이다. 그러나 상당한 부분이 불가항력에 포함된다는 사실만으로 그 자체를 불가항력이라고 보기에는 무리가 있다. 이 조항 중 (f)공사목적물의 어떤 부분을 발주처의 사용 또는 점유, (g)발주처에 의한 설계, (h)경험있는 시공자가 적의 예측할 수 없었던 자연의 작용 등은 위에서 예시된 불가항력에서 제외되기 때문이다.
그러나 싱가포르「공공공사표준계약조건」제25.2조에서는 FIDIC의 상기 제(f)항 및 제(g)항을 불가항력(excepted risks)에 포함시키고 있어서 대조적이다.

h. 소 결

앞에서 살펴본 불가항력의 사유 중 시공자의 인력에 의한 행위 또는 그 하수급자의 책임사유 및 행위가 불가항력의 사유로 인정할 것인가 하는 문제는 중요하면서도 국가 또는 발주처마다 차이를 보이고 있다.

아래에서 미국, 영국, 일본, 싱가포르, 우리나라, FIDIC의 경우를 표로서 정리하여 비교하여 보기로 한다.

시공자인력 및 하수급자 행위 불가항력 인정여부

국가, 협회명	미 국	영 국	일 본	싱가포르	FIDIC	우리나라
근로자의 쟁의, 하수급자 사유 등 인정여부	인정	조건부로 인정	명시규정 없음	불인정	불인정	명시규정 없음. 아래 유권해석 참조

㊟ 우리나라의 경우 계약예규에는 시공자의 인력이나 하수급자의 행위 등에 대한 명시규정이 없으나, 기획재정부의 유권해석에 의하면 시공자의 외부사정으로 인한 노사분규 등은 불가항력의 사유에 해당하나, 다만, 회사 자체 내의 노사간의 의견불일치로 발생된 조업중단 등은 불가항력에서 제외된다. 〈회계125-205(1992.4.7)〉

25·3 불가항력에 대한 후속조치

1. 기본원칙 : 상호무책임원칙

불가항력의 발생으로 인한 인명이나 재산상의 피해에 대하여 계약당사자간에 상호 책임이 없다는 원칙은 불가항력조항이 건설계약에서 요구되는 중요한 근거가 된다. 이와 같은 조항을 'Disclaimer Clause'(비클레임조항)라고도 한다. 이 원칙의 의미는 불가항력으로 인한 피해는 계약당사자가 독자적으로 흡수하여 부담하며 불가항력이 발생하기 이전의 상태에서 계약은 다시 이행된다는 것이다.

2. 추가비용의 부담

a. 영국

영국「공공계약조건」B2조에 의하면 현장반입자재는 시공자에게 소유권이 있으며, 또한 B7조에 의하면 공사현장은 발주처의 자산이기는 하되, 시공자가 점유하여 관리하고 있으므로 계약의 이행 중 불가항력으로 인한 결과에 대하여 시공자가 책임을 져야 한다. 이는 결국 자기재산에 대하여는 자기가 책임을 진다는 논리와 자신의 관리책임 하에 있는 재산에 대한 손해는 관리자가 진다는 논리이다.

이는 종전의 책임원리 이를테면 공사용 현장반입자재는 발주처의 재산이며, 현장 역시 발주처의 재산이므로 불가항력으로 인하여 발생한 손해는 발주처가 진다는 원칙과 상반되고 있다.

b. 일본

일본「공공공사청부계약약관」제29조에는 불가항력으로 인한 손실보전에 관하여 상세한 규정을 두고 있다.

(1) 시공자의 권리

시공자는 손해의 상황이 확인된 때에는 발주처에게 도급대금액(계약금액)의 변경 또는 손해액의 부담을 청구할 수 있다.

(2) 손실보전의 범위

발주처는 시공자의 손해액 중 도급대금액의 1%를 초과하는 금액을 부담하여야 한다.

(3) 손실금액의 산정방법

손실금액은 손실을 입은 기성부분이나 자재부분에 대한 도급대금으로 하되, 잔존가치가 있는 경우에는 그 평가액을 공제한 금액을 손실보전금액으로 한다.

공사가설물 또는 건설기계기구에 대하여는 당해 공사에서 상각하기로 되어 있는 상각비에서 손실을 입은 시점의 기성부분에 상당하는 상각금액을 공제한 금액으로 한다. 다만, 수선으로 그 기능을 회복할 수 있고 수선비가 상기 금액보다 작을 때에는 그 수선비를 손실보전금액으로 한다.

(4) 손실금액의 평가비용

발주처가 부담한다.

c. FIDIC

FIDIC「공사계약조건」제19.4조의 규정에 의하면 불가항력으로 인하여 공정이 지체되고 추가비용이 발생한 경우에는 그 사실을 알았거나 알 수 있었던 날로부터 14일 이내에 감독관에게 그 사실을 통지하여야 하며, 통지를 받은 감독관은 계약당사자 쌍방의 합의를 도출하되, 합의가 성립하지 않는 경우에는 감독관 자신이 이를 결정하여 양 당사자에게 통지한다.

여기서 유의할 사항은 FIDIC에서 발주처가 부담하는 추가비용에는 원칙적으로 앞 제25·2-f 항의 (a)~(e)항으로 인한 모든 비용이 포함되지만, (a)항(전쟁의 발발 등)을 제외한 (b)~(e)항의 경우에는 그 사유가 공사현장의 소재국 내에서 발생한 경우에 한하여 발주처가 부담한다는 점이다. 이 점에서는 우리나라와 같다.

d. 미국

미국의 경우 공식적으로는 불가항력으로 인한 추가비용의 부담과 관련한 내용을 계약조건에서 규정하고 있지 않음은 이미 앞에서 언급하였다. 그 의미는 불가항력으로 인하여 시공자에게 발생한 추가비용은 시공자가 스스로 감수하여야 한다는 뜻이기도 하다.

e. 우리나라

(1) 「민법」의 규정

우리나라 「민법」 제537조(채무자위험부담주의)에 의하면 "쌍무계약의 당사자 일방의 채무가 당사자 쌍방의 책임없는 사유로 이행할 수 없게 된 때에는 채무자는 상대방의 이행을 청구하지 못한다." 즉, 시공자는 어떤 공사의 완성을 도급사항으로 하여 그 완성에 대하여 대가를 받는 것이므로 그 과정에서 발주처의 책임이 아닌 사유로 발생한 손해에 대하여 발주처에게 청구할 수 없다는 뜻이다.

그러나 건설공사의 규모를 감안할 때 「민법」의 채무자위험부담주의는, 특히 총액계약의 경우, 시공자로 하여금 예상되는 위험부담을 입찰금액 또는 계약금액에 산입케 하는 결과가 되어 결국 불가항력이 발생하지 않게 되는 경우 예산의 낭비가 된다. 물론 시공자의 입장에서는 상당한 이익을 남기게 되겠지만 이 경우의 이익은 정상적인 영업활동에서 얻은 것이라기보다 다소 투기적인 성격이 짙다.

일본의 「공공공사청부계약약관」 제29조는 「민법」의 채무자위험부담주의 및 이와 같은 현실적인 문제를 적절하게 혼합하여 ①시공자가 선량한 관리자의 주의의무를 다하였음에도 불구하고, ②손해액이 계약금액의 1%를 초과하는 경우에는 그 초과액을 발주처가 부담토록 규정하고 있다. 즉, 계약당사자간 위험부담을 객관적인 관점에서 배분하려는 의지로 보인다.

(2) 「공사계약일반조건」의 규정

기획재정부 계약예규 「공사계약일반조건」 제32조의 규정에 의하면, 불가항력의 사유로 인하여 발생한 다음의 손해는 발주처가 부담한다.

① 검사를 필한 기성부분
② 검사를 필하지 아니한 부분 중 객관적인 자료(감독일지, 사진 또는 동영상 등)에 의하여 이미 시공되었음이 판명되는 부분
③ 공사목적물, 관급자재, 대여품 및 제3자에 발생한 손해
④ 발주처가 인수한 공사목적물에 발생한 손해

시공자로부터 손해의 발생에 대한 통지를 받은 즉시 발주처는 그 사실을 조사하고 그 손해를 확인한 후 계약금액의 조정 또는 손해액의 부담 등 필요한 조치를 취하여야 한다. 결국 「민법」의 불가항력에 대한 원칙적인 규정에 대하여 「공사계약일반조건」의 규정은 예외적인 규정에 해당한다고 할 수 있다.

3. 계약기간의 연장

불가항력의 사유가 계약기간 내에 발생한 때에는 그로 인한 공사수행의 중지 또는 피해의 복구 등에 소요된 기간은 계약기간의 연장사유에 해당함은 당연하다.

미국의 경우 「연방조달규정(FAR)」 제52.249-10조에서 이를 명시하고 있다.

우리나라 역시 「공사계약일반조건」 제26조에서 시공자는 불가항력의 사유로 인하여 공정이 지체되었을 때에는 발주처에 계약기간의 연장청구를 하며, 발주처는 연장신청서를 접수한 즉시 그 사실을 조사·확인하고 계약기간의 연장 등 필요한 조치를 하도록 규정하고 있다.

이에 대하여는 장을 다시하여 구체적으로 논의하고자 한다.

4. 예외조항

불가항력이 발생한 경우에 시공자는 가능한 모든 조치를 취하여야 한다.

이 의무는 계약의 한 당사자로서 당연한 의무라고 할 수 있으며, 이 의무를 해태(懈怠)하였을 경우에는 무책임원칙의 적용이 배제된다. 이를 명시적으로 규정한 계약조건으로는 일본의 「공공공사청부계약약관」, FIDIC 「공사계약조건」 제19.3조 등이며, 우리나라의 경우에는 비록 명문으로 이를 규정하고 있지 아니하나 제32조제2항의 해석상 이 예외조항을 두고 있는 것과 같다고 하여도 무방하다고 본다.

아래에서 이들 계약조건에서 규정하고 있는 예외조항을 음미하여 보기로 한다.

a. 선량한 관리자의 주의의무

일본에 있어서 불가항력의 발생으로 인한 시공자의 손해액은 첫째 : 시공자가 선량한 관리자의 주의의무를 태만히 하여 발생한 금액과, 둘째 : 화재보험 기타의 보험 등으로 보전되는 금액을 공제한다. 그러므로 전체 손해액에서 이와 같은 금액을 공제한 후 계약금액의 1%를 초과할 경우에 그 초과액을 발주처가 부담한다.

선량한 관리자의 주의의무는 「민법」상의 규정이며, 시공자가 이 주의의무를 태만히 하였는지의 여부는 발주처가 입증하여야 한다. 이로 인하여 본 조항의 적용상에 논란의 여지가 없는 것은 아니나, 불가항력에 있어서 비록 그를 통제할 수는 없다고 하더라도 시공자로 하여금 그 대비책을 점검하고 보완하라는 경각심을 일깨우게 하는 것이 이 조항의 목적이라고 본다면 무리가 없다.

b. 불합격 설비·자재

비록 현장에 반입되었거나 공사에 투입되었다고 하더라도 검사과정에서 계약조건과 일치하지 않은 설비·자재로 판정된 경우에는 손실액에서 제외됨은 당연하다.

c. 하자있는 시공

위의 불합격 설비 또는 자재나 본 항의 하자있는 시공은 결국은 동일한 내용이며 이에 대한 금액은 당연히 손실액에서 공제된다.

㈜ 시공자가 선량한 관리자의 주의의무를 다하지 않았거나 불합격 설비·자재 또는 하자있는 시공으로 인하여 발생한 추가비용은 그러므로 시공자가 부담하여야 함은 말할 필요도 없고, 그로 인하여 계약기간 내에 공사의 완공이 지체된 경우에는 불가항력에 관계없이 지체상금(liquidated damages)을 부담하여야 한다.

d. 연장비용

불가항력으로 계약기간 내에 공사를 완공할 수 없을 경우 계약기간을 연장하는 것은 세계적으로 공통되나, 그로 인한 추가관리비용 즉 연장비용에 대하여는 발주처가 부담하는 경우도 있고, 부담하지 않는 경우도 있다.

이에 대하여는 다음 제28장에서 자세히 살펴보기로 한다.

5. 계약의 해제

불가항력의 사유가 중대하고 장기간 지속되어 계약의 계속적인 이행이 불가능할 경우에는 계약을 해제할 수도 있다.

우리나라 「공사계약일반조건」에는 이와 관련한 규정이 없으나, FIDIC 및 ICE 계약조건에는 명문으로 이를 규정하고 있는 바, 아래에서는 FIDIC 「공사계약조건」의 규정을 소개한다.

㈜ ICE의 경우에는 모든 불가항력의 사유에 계약을 해지할 수 있도록 한 것이 아니라 전쟁의 발발(outbreak of war)시로 제한하고 있음에 유의하여야 한다. 또한 이 전쟁은 선포되었거나 그렇지 않거나를 불문하며, 반드시 공사의 수행지에 발생하지 아니하였더라도 시공자의 공사수행에 실제적으로 영향이 있을 경우에는 이를 불가항력의 사유로 간주한다.

FIDIC「공사계약조건」제19.6조의 규정에 의하면, 불가항력으로 인하여 ①공사의 수행이 연속 84일의 기간 동안 지체되거나, ②지체가 2회 이상 있었을 경우에는 지체기간의 합이 140일 이상이 되는 경우 계약당사자 중 일방은 계약의 해제를 상대방에게 통지할 수 있다. 이 경우 통지일로부터 7일이 경과하는 날부터 계약은 해제되며, 시공자는 즉시 공사수행을 중지하고 시공도서(Contractor's Documents, 제1.1.6.1조 참조)와 이미 대가를 지급받은 설비·자재·기타 시설물을 발주처에 인도하여야 한다.

한편, 감독관은 계약의 해제 즉시 기성부분의 대가를 결정하여, 아래의 금액이 포함된 지급확인서를 발주처에 제출하여야 한다.

(a) 계약문서에 의거 수행된 공사비
(b) 공사용으로 주문되어 시공자가 인수할 의무가 있거나 인수할 설비 또는 자재의 금액
(c) 공사의 완성을 기대하면서 시공자가 부담한 비용 또는 부채
(d) 임시시설물(가설물) 또는 시공자장비의 현장철수비용
(e) 해지일 현재 현장에 투입된 시공자인력의 철수비용

㈜ 계약의 해제는 장을 달리하여 별도로 논의하기로 한다.

25·4 평 가

[대한민국 국내에서 발생한 불가항력]

앞 제25·1항에서 언급한 바와 같이 우리나라에서는 그것이 불가항력으로 인정되기 위하여서는 대한민국 국내에서 발생하여 공사이행에 직접적인 영향을 미쳐야 한다.

그러므로 이를 엄격하게 해석할 경우 ①대한민국 국내에서 발생하지 아니하거나, ②대한민국 국내에서 발생하였으되, 공사수행에 직접적인 영향을 미치지 아니하거나, ③공사수행에 직접적인 영향을 미치더라도 대한민국 국내에서 발생하지 아니한 경우에는 이를 불가항력으로 인정하지 않게 된다.

그러나 대한민국 국내에서 발생하지 않았더라도 현실적으로 공사수행에 영향을 미치는 경우가 많다. 예컨대, 국제입찰에 의한 특정조달계약에 있어서 시공자가 외국업체라면 자국에 발생한 전쟁으로 인하여 인력·장비 등의 투입이 어려울 수 있고, 수입설비 또는 자재를 운송하던 선박이 공해상에서 해일을 만나 해당설비 또는 자재에 피해를 입힐 수도 있을 것인데, 이와 같은 경우를 불가항력의 사유로 인정하지 않는다면 상당한 문제가 있을 수 있다.

「공사계약일반조건」 제32조제1항의 본문에서는 불가항력의 사유를 "계약당사자의 통제범위를 초월하는 사태의 발생 등의 사유"로 정의하고 있으면서 단서에서 대한민국 국내에서 발생하는 경우로 제한함으로 인하여 상기 본문의 취지 또는 개념이 오히려 문제가 있는 것처럼 보이고 있다.

㈜ FIDIC 「공사계약조건」 제5차 개정본에서는 전쟁 또는 그와 유사한 사유에 대하여는 공사이행국 내이든 외이든 구분하지 않고 불가항력의 사유로 인정하나, 여타의 사유로 인한 경우에는 공사이행국 내에서 발생한 경우에 한하여 그 추가비용을 발주처가 부담하도록 규정하고 있기는 하다.

26

공사의 정지

제26장

공사의 정지

26·1 서 론

본 항 공사의 정지는 영문 Suspension 또는 Stop-work를 뜻하며, 발주처의 승인·회신 등의 지체로 인한 공정진척의 단순한 정지 또는 시공자의 인력·장비의 투입상의 문제로 인한 공정진척정지 등은 본 장에서 논의하는 공사의 정지가 아니다. 후자와 같은 경우를 통상 공정진척의 차질이라 하여 Disruption으로 표기한다.

우리나라 계약예규 「공사계약일반조건」에서는 '공사의 일시정지', '계약상대자의 공사정지 등'으로 이를 표기하고 있다. 공사의 정지와 계약의 해제 또는 해지와의 차이는 전자 즉 공사의 정지는 공사수행의 재개(再開)를 전제로 하나, 후자는 그와 같은 전제가 없다. 또한 전자는 공사감독관의 지시에 의하여 이루어질 수도 있으나, 후자의 경우에는 공사감독관은 계약의 해제권이 없고, 따라서 발주처(우리나라의 경우 계약담당공무원, 미국은 CO, 영국 및 싱가포르는 SO)에 의하여 이루어진다는 점 등에서 차이가 있다.

공사의 해제권과 정지권은 발주처 및 시공자 모두 보유하고 있고, 양자 모두 공사의 전부 또는 일부에 대하여도 행하여 질 수 있다는 공통점이 있다.

㈜ 계약조건에서 우리나라의 경우와는 달리 공사감독관의 개념을 분명히 하고 있지 아니하는 영국 「공공계약조건」, 일본 「공공공사청부계약약관」, 싱가포르 「공공공사표준계약조건」 등 대부분의 공공공사계약조건이 공사의 정지지시(suspension order 또는 stop-work order)를 발주처의 소속공무원인 계약관(CO) 또는 감독관(SO)이 하는 것으로 규정하고 있으나, 실제적으로는 그의 위임을 받은 담당자가 위임자의 명의로 실시하고 있다. 이 담당자가 Resident Engineer(RE) 또는 우리나라식 공사감독관이라고 하여도 무방하다. 물론 우리나라에서 건설사업관리 또는 감리를 하여야 하는 경우에는 건설사업관리자 또는 감리자가 공사감독관의 업무를 수행한다.

26·2 공사의 정지사유

1. 외국의 정지사유

a. 미국

미국의 경우 공사의 정지는 특별한 정지사유가 있다기보다 발주처가 필요한 경우 언제든지 정지명령을 내릴 수 있다.

AIA「공사계약조건」제14.3조

"14.3 Suspension by the Owner for Convenience
14.3.1 The Owner may, without cause, order the Contractor in writing to suspend, delay or interrupt the Work in whole or in part for such period of time as the Owner may determine."

(14.3 발주처의 편의에 의한 공사의 정지
발주처는, 사유를 불문하고, 자신이 정하는 기간동안 공사의 전부 또는 일부에 대하여 공사의 정지, 지연 또는 공정변경을 시공자에게 문서로 지시할 수 있다.)

EJCDC도 AIA와 거의 동일한 정지조항을 두고 있다. 다만, AIA는 위에서 보는 바와 같이 정지기간을 특정하지 않고 상황에 따라 발주처가 정하도록 하고 있으나, EJCDC는 90일까지로 특정하고 있는 차이점이 있다(EJCDC「표준계약조건」제15.1조 참조).

위의 이익단체 계약조항에 대하여, 미국「연방조달규정(FAR)」역시 발주처의 필요시 정지시킬 수 있으나, 시공자는 그 정지가 불합리하다고 판단될 경우에는 정지로 인한 추가비용을 청구할 수 있다(다만 이윤은 청구항목에서 제외).

㈜ 당해「연방조달규정(FAR)」제42.13조에서는 두 부류(部類)의 정지조항을 두고 있다. 첫째, 공사계약과 건설기술용역계약에서의 'Suspension of work', 둘째, 납품계약, 연구·개발계약, 기타용역계약 등에서의 'Stop-work order'가 그것이다. 첫째가 본 항에서 논의하는 공사의 정지이며, 둘째는 납품, 연구 등의 수행중지지시라고 할 수 있다. stop-work는 work stoppage라고도 한다.

b. FIDIC

FIDIC「공사계약조건」에서는 감독관(engineer)이 언제든지 공사의 정지를 명할 수 있으나, 그에 타당한 사유가 있어야 한다.

FIDIC「공사계약조건」제8.8조

"8·8 Suspension of Work
The Engineer may at any time instruct the Contractor to suspend progress of part or all of the Works. ·····························
The Engineer may also notify the cause for the suspension. ··················"

(8.8 공사의 정지
감독관은 언제든지 공사의 전부 또는 일부에 대한 수행의 정지를 시공자에게 지시할 수 있다..........감독관은 또한 정지사유를 통보할 수도 있다............)

미국의 경우 발주처가 공사의 정지를 명하나, FIDIC 계약조건에서는 감독관이 이를 명한다. 물론 FIDIC 에 있어서 감독관이 공사의 정지를 명할 때 계약사항을 충실하게 따르겠지만 발주처의 정책적인 면을 고려하지 않을 수 없다.

c. 일 본

일본의「공공공사청부계약약관」제20조에서는 발주처가 필요하다고 인정할 때에는 공사의 전부 또는 일부의 시공을 일시 정지할 수 있다고 규정하고 있다. 정지의 필요성여부는 전적으로 발주처의 결정사항이다. 그러나 '필요하다고 인정될 때에는' 계약기간 또는 계약금액을 변경하거나 필요한 비용 등을 발주처가 부담한다. 다만, 제20조제1항에서 정지의 구체적인 사유를 명시하고 있다.

일본「공공공사청부계약약관」제20조 공사의 중지

"1. 공사용지의 확보가 되지 않는 등으로 인하여 또는 폭풍, 호우, 홍수, 해일, 지진, 산사태, 낙반, 화재, 소란, 폭동 그밖의 자연적 또는 인위적인 사상(이하 '천재 등'이라 한다)으로 수주자의 책임으로 돌릴 수 없는 사유로 공사목적물 등에 손해를 발생시키거나 공사현장의 상태가 변했기 때문에 수주자가

> 공사를 시공할 수 없다고 인정될 때에는 발주자는 공사의 중지내용을 즉시 수주자에게 통지하고 공사의 전부 또는 일부의 시공을 중지시켜야 한다."

이에 따라 일본 공공공사의 정지사유는 다음과 같이 요약된다.

(1) 발주처가 공사용지를 확보하지 못하였을 경우
(2) 천재 등 즉 불가항력으로 인한 경우

그러나 앞 제25장에서 논의한 바와 같이 불가항력으로 인하여 손해가 발생하였거나 공사현장의 상태가 변했기 때문에 시공자가 공사를 계속적으로 수행할 수 없는 경우에는 공사의 일시정지조항보다 불가항력조항을 적용하는 것이 효율적일 것이다. 다시 말하면, 불가항력이 발생하였을 경우에는 당연히 공사의 수행이 정지되는 것이지, 불가항력의 사유가 발생하였음에도 불구하고 발주처에서 공사의 수행을 계속하라고 지시할 수 있는 것이 아니다.

2. 우리나라의 정지사유

상기 외국에 비하여 우리나라 계약예규 「공사계약일반조건」은 공사의 정지사유를 구체화하고 있으며, 이 점에 있어서 외국의 경우보다 오히려 발전적이라고 할 수 있다. 우리나라에서는 발주처(또는 공사감독관)에 의한 공사의 정지뿐만 아니라 시공자에 의한 공사의 정지권(停止權)까지 명문으로 규정하고 있다.

a. 공사감독관에 의한 공사의 정지

「공사계약일반조건」 제47조의 규정을 조문대로 해석하면, 우리나라의 공사정지권은 발주처에 있지 않고 공사감독관에게 있다. 공사감독관은 다음의 경우에는 공사의 전부 또는 일부의 수행을 정지시킬 수 있다.

(1) 공사의 수행이 계약내용과 일치하지 아니하는 경우

(2) 공사의 전부 또는 일부의 안전을 위하여 공사의 정지가 필요한 경우
(3) 응급조치가 필요한 경우
(4) 기타 발주처의 필요에 의하여 계약담당공무원이 공사의 정지를 지시한 경우

b. 시공자에 의한 공사의 정지

상기 일반조건 제47조의2의 규정에 의하면, 시공자는 ①발주처가 국가계약법령 및 계약문서 등에서 정하고 있는 계약상의 의무를 이행하지 아니한 때에는 발주처에게 이 의무이행을 최고(催告)할 수 있으며, ②발주처가 시공자로부터 최고를 받은 날부터 14일 이내에 이행계획을 시공자에게 통지하지 아니하거나, 그 의무이행을 거부하는 때에는 14일이 경과한 날 또는 의무이행을 거부한 날부터 공사의 전부 또는 일부의 수행을 정지할 수 있다.

26·3 공사정지에 대한 후속조치

1. 시공자의 유책사유로 인한 공사정지

시공자의 책임있는 사유로 인한 공사정지의 경우에는 시공자에게 계약기간의 연장 또는 추가비용의 청구권이 없음은 당연하다(우리나라 「공사계약일반조건」 제47조제3항 참조). 이를 역으로 말하면, 시공자의 책임있는 사유로 공사의 정지가 이루어졌고 그로 인하여 공사의 완공이 지체되었다면, 시공자는 그에 상당하는 지체상금을 부담하든지, 그렇지 않으려면 지체된 공정의 만회대책을 수립하여 이행하여야 한다는 결론이 된다.

비록 계약조건에서 이와 관련한 사항을 명시적으로 규정하고 있지 않다고 하더라고, 시공자의 책임있는 사유로 인한 공사의 정지는 곧 시공자의 책임있는 사유로 인한 완공의 지체에 해당하므로 시공자는 그 지체의 책임에서 벗어날 수 없다고 하겠다.

시공자의 책임있는 사유로 인한 공사정지의 예로는 우리나라의 계약예규에서 규정하고 있는 정지사유 중 공사의 수행이 계약내용과 일치하지 아니하는 경우와 시공자의 안전대책 미흡으로 인한 경우 등이 있을 것이다.

2. 발주처의 유책사유로 인한 공사정지

발주처의 책임있는 사유로 인한 공사의 정지는 우리나라 「공사계약일반조건」 제47조 제3항제4호에서 규정하는 '발주처의 필요'에 의한 공사의 정지 및 제47조의2에서 규정한 시공자의 공사정지가 그것이다.

이 공사정지에 따른 후속조치로는 정지기간에 대한 계약기간의 연장문제와 그로 인한 추가비용의 부담문제가 대두된다.

a. 추가비용의 부담

발주처 또는 공사감독관에 의하여 정지된 공사기간 중 시공자의 인력 및 장비의 유휴가 불가피하며 이에 대한 추가비용 즉, 정지비용(suspension cost)은 발주처가 부담함에 이견(異見)이 없다.

(1) 우리나라에서의 추가비용

우리나라 역시 시공자는 공사의 정지로 인하여 발생한 추가비용을 발주처에 청구할 수 있다. 이 비용의 산출방식은 정지기간이 60일을 초과하는 경우를 제외하고는 계약조건에서 명시되고 있지 아니하나, 그 성격상 연장비용(extension cost)의 산출방식에 준한다고 할 것이다.

(2) FIDIC에서의 추가비용

FIDIC의 경우도 우리나라와 유사하다. 그러나 FIDIC은 다음의 경우에는 현장에 반입되지 아니한 설비 및 자재의 비용을 공사정지일을 기준으로 산출하여 이를 시공자에게 지급하도록 규정하고 있다(제8.10조).

(a) 설비작업이나 설비 또는 자재의 현장반입이 28일 이상 지체된 경우
(b) 감독관의 지시에 의거 발주처의 자산으로 표기한 설비 또는 자재의 경우

(3) 일본에서의 추가비용

일본의 경우 불가항력으로 인한 시공자의 추가비용 중 계약금액의 1%를 초과하는 금액만이 청구대상이 되나, 공사의 정지로 인한 추가비용은 전액이 청구대상이라는 점에서 양자간 차이가 있다. 전자에 있어서는 불가항력에 대한 상호무책임원칙과 「민법」상의 채무자위험부담주의가 반영되었기 때문이다.

b. 계약기간의 연장

우리나라 「공사계약일반조건」 제25조제3항 및 제26조의 규정에 의하면, 발주처의 책임으로 공사의 수행이 정지된 경우에는 그에 상당하는 기간에 대하여 계약기간을 연장하도록 되어 있다.

추가비용에 대하여는 국가에 따라 혹은 발주처에 따라 다소의 차이가 있으나, 당해 계약기간의 연장에 있어서는 거의 동일한 규정을 두고 있다.

26·4 장기간인 공사의 정지

공사의 정지권이 발주처 또는 감독관에게 있다고 하더라도 그 권한이 무제한적인 것이라면 이는 계약의 본질에 배치된다. 전항에서 발주처 또는 감독관이 공사의 정지와 정지기간을 결정함에 있어서 재량권을 가지지만, 적정한 사유가 없는 경우에는 추가비용의 보상과 계약기간의 연장 등의 조치가 이루어져야 함을 언급하였다.

그러나 공사의 정지기간이 장기간일 경우에는 당해 현장뿐만 아니라 시공자의 여타의 영업활동에 미치는 영향이 크다. 그러므로 FIDIC, 미국, 일본 및 우리나라의 계약조건에서는 아래와 같이 이에 대한 구체적인 규정을 두고 있다.

1. FIDIC 계약조건

a. 공사의 재개요청

공사의 정지일로부터 84일 이내에 공사의 재개지시가 없을 경우 시공자는 감독관에게 공사의 재개를 요구할 수 있다.

그러나 공사의 정지가 다음의 사유로 인한 경우에는 시공자에게 공사재개요청권이 없다. 물론 이와 같은 경우에는 시공자의 보상청구권도 배제된다.

(1) 계약조건에 별도로 규정되어 있는 경우
(2) 시공자에게 책임이 있는 사유로 인한 경우
(3) 현장의 기후여건에 의한 경우
(4) 안전상 필요한 경우

b. 계약사항의 변경

시공자의 공사재개요청일로부터 28일 이내에 감독관이 공사재개 승인을 하지 않을 경우, 공사의 정지가 공사의 일부에 대하여 이루어졌다면 해당부분을 계약에서 삭제(omission)하고 여타의 부분에 대한 공사를 재개한다.

c. 계약의 해제

시공자의 공사재개요청서를 접수한 날로부터 28일 이내에 감독관이 공사재개 승인을 하지 않을 경우, 공사의 정지가 공사의 전체에 대하여 이루어졌다면 발주처에게 책임이 있는 계약의 해제(termination)사유가 되며, 시공자의 계약해제통보가 있은 즉시 계약이 해제된 것으로 간주한다(여타의 사유로 인한 해제의 경우에는 해제통보 후 14일의 유예기간이 있음). 이 경우 발주처는 불가항력에 의한 계약의 해제규정에 따라 시공자의 모든 손실을 보상하고, 계약이행보증을 시공자에게 반환하여야 한다. 손실보상의 범위는 다음과 같다.

(1) 기성금액 중 미지급금액
(2) 현장에 반입되었거나 시공자가 인도받아야 할 법적 책임이 있는 자재·장비의 대금
(3) 전체공사의 완성을 전제로 시공자에게 발생한 비용 또는 채무
(4) 장비의 철수비용
(5) 인력의 철수비용
(6) 기타 계약의 해제로 인하여 시공자가 입은 손실, 손해 또는 상실이익

2. 일 본

일본 「공공공사청부계약약관」에서 규정하고 있는 시공자의 계약해제권 중에 공사의 정지로 인한 경우를 발췌하면 다음과 같다.

(1) 공사의 정지 후 재개함으로써 중대한 손해를 입을 우려가 있다고 명백히 인정될 때
(2) 공사의 정지기간이 계약공기의 5/10(공기의 1/10이 5개월을 초과하는 경우에는 6개월)를 초과한 때(단, 공사의 정지가 공사의 일부에 대한 경우일 때에는 그 일부를 제외한 다른 부분의 공사를 완료한 후 3개월을 초과하여도 아직 그 정지가 해제되지 아니한 때)

26 공사의 정지

이 경우 공사의 기성부분 등 검사에 합격한 것 및 부분급(기성대가의 지불)의 대상이 된 공사재료는 발주처가 인도를 받아야 하며, 당해 기성부분에 상응하는 대금을 지급해야 한다. 기타의 손해액은 발주처와 시공자가 협의하여 결정한다.

3. 우리나라

a. 정지비용의 지급

「공사계약일반조건」 제47조제4항의 규정에 의하면, 발주처의 책임있는 사유에 의한 공사정지기간이 60일을 초과한 경우 발주처는 초과기간에 대하여 잔여 계약금액(장기계속공사계약의 경우 차수별 계약금액)에 초과일수 매 1일마다 지연발생시점의 금융기관대출평균금리(한국은행통계월보상의 금융기관대출평균금리를 말함)를 곱하여 산출한 금액을 준공대가의 지급시 시공자에게 지급하도록 하고 있다. 이 금액을 정지비용(suspension cost)이라 한다.

정지비용 = 잔여계약금액 × (정지일수 − 60일) × 금유기관대출평균금리

이상에서 우리나라의 정지비용 지급요건 및 금액산출방식을 다시 정리하면 아래와 같다.

첫째, 공사의 정지가 발주처의 책임있는 사유에 의한 것일 것
둘째, 정지기간이 60일을 초과할 것
셋째, 잔여계약금액이라 함은 정지기간이 60일을 초과하는 날 현재의 잔여계약금액
넷째. 장기계속공사계약의 경우 잔여계약금액은 차수별 잔여계약금액
다섯째, 금융기관대출평균금리라 함은 지연발생시점의 한국은행통계월보상의 대출평균금리

b. 계약의 해제

상기 일반조건 제46조의 규정에 의하면, 공사정지기간이 계약기간의 50%를 초과하는 경우 시공자는 해당계약을 해제할 수 있다.

이 경우 발주처는 시공자에게 해제비용(termination cost)을 지급하여야 한다. 이는 장(章)을 달리하여 논의하기로 한다.

26·5 공사중단으로 인한 현장의 장기방치

1. 서(序)

1969년 미국 스탠퍼드대학의 필립 짐바르도(Philip Zimbardo) 교수는 상태가 비슷한 두 대의 자동차를 도구로 삼아 사물을 대하는 사람들의 심리상태에 관한 실험을 하였다. 좀 외진 골목에 두 대 모두 보닛(bonnet)을 열어 둔 채 세워 두고는, 그 중 한 대는 차 유리창 하나를 의도적으로 깨어 두었다. 필립 교수가 1주일 후에 차 상태를 확인한 결과는 너무나 대조적이었다. 유리창을 깨어 둔 자동차에는 지나가던 사람들이 차 안으로 쓰레기도 버리고, 부품도 떼어 가고.......흡사 폐차장의 그것과 다름없었다. 그에 비하여, 보닛만 열어 둔 자동차는 처음처럼 말짱한 상태로 주차되어 있었다고 한다.

그 뒤 1982년 범죄심리학자인 조지 켈링(George L. Kelling)과 제임스 윌슨(James Q. Wilson)은 상당한 실험 끝에, 건물의 유리창 하나를 깬 채로 건물을 방치하면 누군가 나머지 유리창도 깨어서 그 건물은 결국 범죄의 온상이 되고 일대의 지역은 슬럼화한다는 결론을 얻고, 월간지 '어틀랜틱(The Atlantic Monthly)'에 「깨어진 유리창의 보수(Fixing Broken Windows)」라는 논문을 발표하였다. 이것이 바로 유명한 '깨어진 유리창이론(Broken Window Theory)'의 모태(母胎)이며, 미국의 많은 지방자치단체가 거리정화운동을 펼치는 계기가 되었다고 한다.

우리로 하여금 참으로 많은 것을 생각하게 하는 이론이다.

깨어진 유리창이론 이후 30년쯤 지난 2013.5월 우리 정부도 매우 의미있는 법률을 하나 제정하여 2014.5월부터 시행에 들어가서 오늘에 이르고 있는데, 바로 「공사중단장기방치건축물의 정비 등에 관한 특별조치법」(이하 「방치건축물정비법」이라 함)이다.

2. 공사중단의 개념

이 법률의 내용을 이해하기 위하여서는 먼저 공사중단의 개념을 이해하여야 할 것이기에, 이와 같은 점에서 본 장 '공사의 정지'에서 다루고 있는 것이다.

이 법 자체로는 공사중단의 개념에 대한 명시규정을 두고 있지 않으나, 제2조에서 '공사중단건축물'을 정의하고 있으므로 이 규정에서 그 개념을 유추할 수 있을 것으로 보인다.

「방치건축물정비법」 제2조 정의

1. "공사중단건축물"이란 「건축법」 제21조에 따라 착공신고 후 건축 또는 대수선 중인 건축물이나 「주택법」 제16조제2항에 따라 공사착수 후 건축 또는 대수선 중인 건축물로서 제4조에 따른 실태조사를 통하여 공사를 중단한 총기간이 2년 이상으로 확인된 것을 말한다.

즉, 이 법에서 내포하는 공사중단이란 착공신고 또는 공사착수 후 공사의 수행을 중단한 상태라고 할 수 있다. 중단의 사유는 제4조에 따라 실태조사를 해 보아야 알겠지만(이 조 제1항제3호에는 실태조사항목으로 공사중단의 원인을 조사하도록 되어 있음), 일반적인 경우 수행자금의 부족 등 건축주의 사정에 의한 중단이 제일 흔할 것이고, 그 다음으로는 건축주와 시공자간의 분쟁, 시공결함으로 인한 공사중지명령, 인근주민 등 이해관계자들의 민원 등이 있을 것이다.

이것만으로 볼 때에는, 앞의 계약예규 「공사계약일반조건」상의 공사의 정지와 거의 유사한 것 같다. 다만, 이 예규상의 공사의 정지는 아주 특별한 경우를 제외하고는 공사수행의 재개(再開)가 전제되나, 「방치건축물정비법」상의 공사중단은 그와 같은 전제가 명시되고 있지 않다는 점에서 차이가 있다.

3. 장기방치의 요건

위에서 인용한 「방치건축물정비법」 제2조제1호 말미에서는 실태조사를 통하여 공사를 중단한 총기간이 2년 이상으로 확인된 건축물을 공사중단건축물이라 규정하고 있다.

여기에서 공사중단 총기간이 2년 이상이라는 의미는 반드시 중단상태가 2년 이상 계속적으로 유지되어야 하는 것은 아니고, 2회 또는 그 이상의 중단회수 즉 중단회수와 상관없이 총중단기간의 합이 2년 이상이면 이 법에서 지칭하는 공사의 중단 또는 장기방치요건에 해당한다.

이렇게 볼 때 계약예규 「공사계약일반조건」 제47조상의 '60일을 초과'하는 공사의 정지는 이 법상의 공사중단의 대상이 될 수 없다. 공사계약을 논의할 때 60일을 초과하는 경우 우리는 장기간인 공사의 정지라 함은 앞에서 언급한 바와 같다.

4. 장기방치건축물 vs 현장의 장기방치

「방치건축물정비법」상의 장기방치건축물은 이제 공사중단 총기간이 2년 이상인 건축물이라 개념지을 수 있을 것이다.

그런데 이 건축물은 계약예규 「공사계약일반조건」에서는 공사목적물 또는 계약목적물로 표기되며, 여기에서 협의의 건축물은 구조물 또는 공사구조물이라 하여 구분되고 있다. 이렇게 볼 때 장기방치건축물은 협의의 건축물 또는 공사구조물이 된다.

그렇다면, 이 건축물을 제외한 대지, 대지상의 수목·석재 등 조경물, 공사장비 등은 어떻게 조치될 것인가. 현업에서는 이들을 모두 포함하여 현장 또는 공사현장이라 부른다.

마침 「방치건축물정비법」은 공사중단건축물 외에 '공사중단건축물 등'에 대한 정의를 규정하고 있어서 그 의문에 대한 해답을 얻을 수 있을 것이다. 이 법 제2조제1의2호에 의하면, 공사중단건축물 등이란 공사중단건축물 및 이에 관한 소유권 외의 권리, 공사중단건축물의 대지, 대지상의 입목·건물·그 밖의 물건 및 이에 관한 소유권 외의 권리를 총체적으로 말한다. 또한, 제4조제3항에서는 국토교통부장관 등 실태조사자는 '건축물·대지 등 건축공사현장'에 출입하여 필요한 사항을 점검할 수 있는 것으로 규정하여 결국 공사중단건축물 등은 공사현장과 같은 개념임을 알 수 있다.

계약예규「공사계약일반조건」에서는「방치건축물정비법」상의 공사중단건축물 등을 현장 또는 공사현장이라 하고, 특별한 경우에 한하여 건축물 즉 구조물을 구분한다. 계약예규의 개념이 한결 합리적이라 보여 진다.「건축법」상 건축물은 대지 등을 제외하는 개념이므로 정비사업을 할 때 건축물만 따로 놓고 정비한다는 것은 비현실적이다. 따라서「방치건축물정비법」상의 공사중단건축물과 공사중단건축물 등의 개념을 현장개념으로 통합함이 어떨까 싶다.

5. 정비사업

정비사업이란 미관개선·안전관리·범죄예방 등의 목적으로 시·도지사가 공사중단건축물정비계획('정비계획')에 따라 다음에 해당하는 정비방법을 통하여 공사중단건축물을 철거하거나 완공하여 활용하는 일련의 사업을 말한다.

(1) 철거명령 및 대집행
(2) 공사비용의 보조 또는 융자
(3) 분쟁의 조정
(4) 조세 감면
(5) 공사중단건축물의 철거, 신축 또는 공사 재개
(6) 위탁사업에 의한 철거, 신축 또는 공사 재개
(7) 대행사업에 의한 공사 재개

시·도지사는 권한의 일부를 이 법 시행령이 정하는 바에 따라 시장·군수·구청장에게 위임할 수 있다.

이 법의 제정목적은 결국 위의 정비사업을 위함이다. 정비사업은 정비계획에 따라 수행된다. 공사중단건축물정비기본계획('기본계획')은 국토교통부장관이 실태조사를 토대로 매 3년마다 수립하고, 정비계획은 국토교통부의 기본계획을 토대로 시·도지사가 수립한다.

이에 비하여, 계약예규 「공사계약일반조건」상의 공사의 정지목적은 계약이행 중의 하자를 치유(治癒)하여 공사를 적의 완성함에 있다.

또한, 「방치건축물정비법」상 기본계획 또는 정비계획의 수립의무자는 국토교통부장관 또는 시·도지사이나, 계약예규상 공사의 정지로 인한 공정만회계획 또는 하자에 대한 시정계획서는 통상 시공자가 작성하여 발주처에 제출한다는 점에서 양자간 차이가 크다.

26·6 평 가

우리나라 계약예규 「공사계약일반조건」에서 규정하고 있는 발주처의 책임으로 인한 공사정지에 대한 후속조치사항을 다시 정리하면 다음과 같다.

「공사계약일반조건」 제25조제3항

"③계약담당공무원은 다음 각 호의 어느 하나에 해당되어 공사가 지체되었다고 인정할 때에는 그 해당일수를 제1항의 지체일수에 산입하지 아니한다.
1~2. – 생 략 –
3. 발주기관의 책임으로 착공이 지연되거나 시공이 중단되었을 경우
4~7. – 생 략 – "

「공사계약일반조건」 제26조

"① 계약상대자는 제25조제3항 각 호의 어느 하나의 사유가 계약기간 내에 발생한 경우에는 계약기간 종료 전에 지체없이 제17조제1항제2호의 수정공정표를 첨부하여 계약담당공무원과 공사감독관에게 서면으로 계약기간의 연장신청을 하여야 한다. 다만, 연장사유가 계약기간 내에 발생하여 계약기간 경과 후 종료된 경우에는 동 사유가 종료된 후 즉시 계약기간의 연장신청을 하여야 한다.
② 계약담당공무원은 제1항에 의한 계약기간연장신청이 접수된 때에는 즉시 그 사실을 조사·확인하고 공사가 적절히 이행될 수 있도록 계약기간의 연장 등 필요한 조치를 하여야 한다.
③ 계약담당공무원은 제1항에 의한 연장청구를 승인하였을 경우에는 동 연장기간에 대하여는 제25조에 의한 지체상금을 부과하여서는 아니 된다.
④ 제2항에 의하여 계약기간을 연장한 경우에는 제23조에 의하여 그 변경된 내용에 따라 실비를 초과하지 아니하는 범위 안에서 계약금액을 조정한다. 다만, 제25조제3항제1호 및 제5호의 사유에 의한 경우에는 그러하지 아니하다. –이하 생략–"

「공사계약일반조건」 제46조제1항

"① 계약상대자는 다음 각 호의 어느 하나에 해당하는 사유가 발생한 경우에는 해당계약을 해제 또는 해지할 수 있다.
1. – 생 략 –
2. 제47조에 의한 공사정지기간이 공기의 100분의 50을 초과하였을 경우"

「공사계약일반조건」 제47조제4항

"④ 발주기관의 책임있는 사유에 의한 공사정지기간(각각의 사유로 인한 정지기간을 합산하며, 장기계속계약의 경우에는 해당차수 내의 정지기간을 말함)이 60일을 초과한 경우에 발주기관은 그 초과된 기간에 대하여 잔여계약금액(공사중지기간이 60일을 초과하는 날 현재의 잔여계약금액을 말하며, 장기계속공사계약의 경우에는 차수별 계약금액을 기준으로 함)에 초과일수 매 1일마다 지연발생시점의 금융기관대출평균금리(한국은행 통계월보상의 금융기관대출평균금리를 말한다)를 곱하여 산출한 금액을 준공대가지급시 계약상대자에게 지급하여야 한다."

상기에서 인용한 조항 중 공사의 수행정지로 인한 추가비용과 관련한 내용만을 따로 정리하면 아래와 같다.

첫 째 : 제25조 및 제26조의 규정에 의한 연장비용(prolongation cost)(단, 불가항력으로 인하여 계약기간이 연장된 경우는 제외)
둘 째 : 제46조의 규정에 의한 해제비용(termination cost)
셋 째 : 제47조의 규정에 의한 정지비용(suspension cost)

그렇다면, 공사의 수행정지의 경우 연장기간에 대한 연장비용과 공사정지기간이 60일을 초과하는 경우 그 초과일수에 대한 정지비용을 별도로 지급한다는 것인가?

제47조제4항 하나만을 볼 때에는 공사정지기간이 60일을 초과하지 아니하는 경우에는 그 정지기간에 대하여 계약기간의 연장도 하지 아니하고, 어떠한 추가비용도 발주처가 부담하지 않는 것 같은 해석이 가능하다. 그리고 정지기간이 60일을 초과하더라도(아무리 늘어나더라도) 그 정지기간에 대한 정지비용을 지급하면 되므로 계약기간의 50%를 초과하여도 될 성싶다.

이와 같은 혼선을 해소하기 위하여, ①제25조 및 제26조의 계약기간의 연장과 그로 인한 연장비용, ②제46조의 계약의 해제 또는 해지와 그로 인한 해제비용, ③본 장의 정지비용의 상관관계를 분명히 함이 필요하다고 생각된다.

27

계약기간의 연장

제27장

계약기간의 연장

27·1 서 론

계약의 이행 중 계약기간이 변경될 소지는 참으로 많다. 이 변경에는 첫째 : 계약기간의 단축과 둘째 : 계약기간의 연장이 있다. 단축과 연장은 그 어휘가 그러하듯이 계약관리에 있어서 아주 상반되는 특징을 띠고 있다.

계약기간의 단축은 ①당초공종 중 일부를 삭제(omission)하거나 공사규모를 축소하는 경우, ②발주처의 요구에 의하거나, 또는 시공자의 자발적인 공정단축(acceleration : 전자를 ordered acceleration 이라 하고 후자를 voluntary acceleration 이라 함)에 의하는 경우 ③신기술·공법 또는 가치공학(value engineering)을 적용하는 경우 등에 의하여 이루어진다. 이와 같은 단축은 그러므로 특별한 경우를 제외하고는 계약관리상의 책임문제보다 오히려 경비절감 등 긍정적인 면이 많다.

이에 비하여 계약기간의 연장은 계약당사자 모두에게 추가비용 혹은 계획의 차질 문제가 대두되지 아니할 수 없고, 결국 그에 대한 책임소재의 규명 등 복잡한 문제로 이어지는 것이 일반적이다. 일별할 때 계약당사자는 계약기간의 연장에 대하여 지체상금(liquidated damages)을 부담하여야 할 것인지, 연장비용(prolongation cost)을 부담하여야 할 것인지 그야말로 극단적으로 상반되는 위치에 놓이게 된다.

계약기간의 단축은 주로 설계변경의 문제이며 이는 해당 장(章)에서 이미 논의하였으므로, 본 장에서는 계약기간의 연장문제에 한하여 논의하고자 한다.

27·2 계약기간연장의 종류

계약기간의 연장은 공정의 지체 또는 완성의 지체(delay)를 전제로 한다. 이와 같은 연유로 인하여 계약기간의 연장유형을 논의할 때에는 지체의 유형을 연계하여 논의하지 않을 수 없게 된다.

그러므로 본 항에서 비록 연장의 유형이라고 지칭하더라도 그를 지체의 유형과 직접 연계시켜도 무리가 없다고 할 수 있다.

계약기간연장의 가장 일반적인 유형은 그 연장의 원인이 되는 지체에 대한 원인제공자가 누구이냐에 따라, 시공자를 중심으로 볼 때 첫째 : 시공자의 책임있는 사유로 인한 연장과 둘째 : 시공자의 책임 없는 사유로 인한 연장으로 구분된다.

a. 시공자의 책임있는 사유로 인한 연장

이 경우의 연장 즉 시공자의 책임있는 사유 또는 시공자의 유책사유(有責事由)로 인한 시공자의 공정지체, 예컨대 하자있는 시공으로 인한 재시공, 시공자 인력·장비·자재 등의 부적합 또는 부족, 착공의 지체 등으로 인하여 공사의 완성이 지체되는 경우에 이루어지며, 이 경우 시공자는 연장의 대가로 발주처에 대하여 지체상금을 부담한다. 시공자의 측면에서 연장의 대가로 지체상금을 부담한다고 하여 이 경우의 연장을 유상연장(有償延長)이라고 한다.

b. 시공자의 책임없는 사유로 인한 연장

이 경우의 연장, 즉 시공자의 책임없는 사유 또는 시공자의 무귀책사유(無歸責事由)로 인한 연장에는 다시 발주처의 책임있는 사유로 인한 연장과 불가항력의 사유로 인한 연장으로 구분된다. 발주처의 책임있는 사유는 당연히 시공자에게는 책임이 없는 사유이고, 불가항력의 사유는 원래 계약당사자 쌍방 모두에게 책임이 없는 사유이기는 하나, 시공자의 입장에서는 역시 그에게 책임이 없는 사유가 된다. 이 경우 시공자는 연장에 대하여 여하한 대가도 부담하지 아니하며, 오히려 연장비용을 청구하는 경우도 있다. 이처럼 시공자의 입장에서 연장비용을 부담하지 않는다고 하여 이 경우의 연장을 무상연장(無償延長)이라고 한다.

이상의 연장유형을 표로서 나타내면 다음과 같다.

계약기간의 연장유형

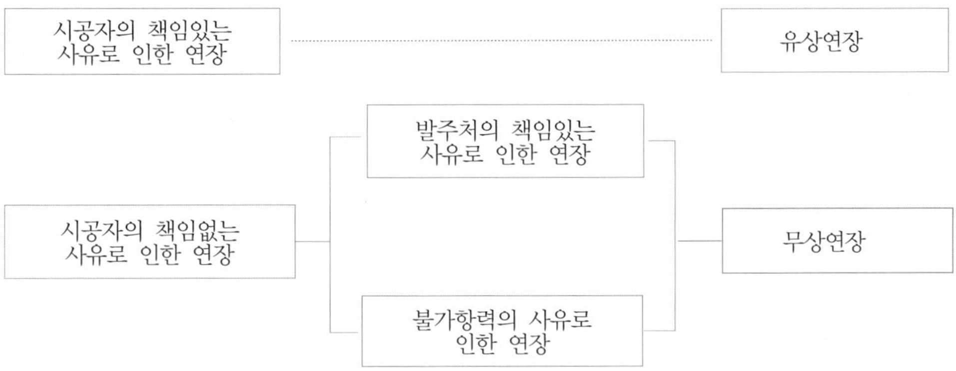

㈜ 상기 연장유형을 지체의 관점에서 보면, (a)시공자의 책임있는 사유로 인항 연장은 보상받을 수 없는 지체(noncompensable delay) 또는 양해할 수 없는 지체(inexcusable delay)가 원인이 되며, (b)시공자의 책임없는 사유로 인한 연장은 양해할 수 있는 지체(excusable delay)가 원인이 된다. 그러나 (c)발주처의 책임있는 사유로 인한 연장은 양해할 수 있는 지체이며, 보상받을 수 있는 지체(compensable delay)이나, (d)불가항력의 사유로 인한 연장은 양해할 수 있는 지체이기는 하지만, 그렇다고 반드시 보상받을 수 있는 지체는 아니다. 다음 장에서 다시 논의한다.

c. 연장의 객체 유무에 따른 연장

이 경우의 연장에 대하여는 다음 장(章)에서 논의하기로 한다.

27·3 계약기간의 연장사유

계약기간의 연장사유는 발주처의 법적 환경이나 공사수행관행에 따라 다소의 차이가 있으며, 구체적으로는 개별계약조건에서 나타난다.

개별계약조건을 음미하기 전에 분명히 해야 할 점은 계약당사자가 합의하여 결정한 계약기간은 시공자가 그 기간 내에 공사를 완성해야 한다는 의무가 전제된다. 언뜻 생각해보면 매우 당연한 이 전제가 발주처의 입장에서는 계약을 체결하는 궁극적인 목적이 된다. 발주처는 그러므로 이 목적을 당성하기 위하여 시공자로부터 계약이행보증을 청구하며, 계약기간 내에 공사를 완성하지 못할 때에는 지체벌과금을 부과하고, 계약이행이 순조로울 때에는 그에 상응하는 대가를 지급한다. 시공자의 입장에서도 최선의 계약관리는 계약기간 내에 공사를 완성하는 것이다. 설령 발주처의 하자로 인하여 계약기간이 연장되어 연장비용(prolongation cost)을 보상받는다고 하더라도 그것은 초기 계약에 임하였을 때의 기본적인 계약정신이 아니다. 이 점에서 계약기간의 연장은 신중하여야 한다. 물론 계약기간의 연장을 신중히 하여야 한다는 본래의 뜻은 그 원인이 되는 지체를 가능한 한 없이하여야 한다는 의미이다.

아래에서 주요국가별 연장사유를 음미하여 보기로 한다.

1. 영국의 연장사유

영국에서의 대표적인 계약기간의 연장사유는 아래와 같다.

a. 변경 또는 추가공사의 수행(execution of any modified or additional work)

이 사유는 비단 영국뿐만 아니라 건설계약에서 가장 대표적인 공기연장사유가 된다. 여기에서 변경 또는 추가공사의 수행이 발주처에 의하여 지시되었다고 하더라도 모든 경우가 계약기간의 연장사유가 되는 것이 아니라 아래와 같은 전제조건이 있음을 유의해야 한다.

첫째 : 계약기간 내에 수행을 완성할 수 없을 정도의 물량일 것

둘째 : 계약기간 내에 수행을 완성할 수 없을 정도로 늦게 지시된 경우일 것

Modified Work(변경공사)란 공사의 품질향상 등과 같은 내용의 변경이며, Additional Work(추가공사)라 함은 공사물량 또는 수량의 증가를 뜻한다. 이에 비하여 Extra Work도 추가공사이기는 하나 계약상의 공종이 아닌 신규공사의 추가라는 점에서 Additional Work와 구별된다.

b. 공사의 계속적인 수행을 어렵게 하는 기후조건(weather conditions which make continuance of work impracticable)

이 사유는 계약기간의 연장사유를 논의할 때 기후조건에 대한 정의가 되기도 한다. 그러므로 FIDIC에서 규정하고 있는 예외적인 악천후(exceptionally adverse climatic conditions) 또는 미국 「연방조달규정(FAR)」의 비정상적인 악천후(unusually severe weather) 라 함은 바로 공사의 계속적인 수행을 어렵게 하는 기후조건과 같은 개념이라고 보아도 될 것이다.

c. 발주처의 작위 또는 부작위(any act or default of the authority)

여기에서 발주처의 작위라 함은 공사의 정지지시와 같은 행위를 말하며, 발주처의 부작위라 함은 기성대금의 지불지체 또는 자재나 도면의 승인지체 등의 경우를 말한다. 이와 같은 작위나 부작위가 직접적인 원인이 되어 계약기간 내에 공사의 완공이 지체되었을 경우에는 발주처의 고의성 유무에 관계없이 계약기간의 연장사유가 된다.

이 조항은 FIDIC 계약조건의 발주처에 의한 방해나 지체(delay, impediment or prevention caused by the Employer)와 같은 개념이다.

Authority는 발주처를 뜻하며, Government Authority, Employer, Client 또는 Owner 등으로 표기되기도 한다.

d. 인력의 파업이나 작업장의 폐쇄(strikes or lock-outs of workpeople)

여기에서의 인력(workpeople)에는 시공자의 인력뿐만 아니라 발주처나 감독관의 인력도 포함되며, 하수급자 및 납품업자의 인력도 포함된다(영국 「공공계약조건」 H7.2조 참조). 이는 미국 「연방조달규정(FAR)」의 개념과 같다. 이 경우 그와 같은 인력에 의한 행위의 범위에 대하여 다소의 논란이 있다. 즉, 이 행위는 통상 노동조합에 의하여 주도될 것인데, 그렇다면 노동조합원의 불법적인 행위까지도 연장사유로 인정할 것인가의 문제이다. 이에 대한 일반적인 견해는 다음과 같다.

(1) 발주처 및 감독관의 인력

이 인력에 의한 행위는 불법적인 노조운동이라고 할지라도 시공자에게 연장청구권이 인정된다.

여기서 감독관이라 함은 건설사업관리자 또는 감리자를 일컫는다. 다만, 그가 발주처 소속 인력일 경우에는 발주처에 해당함은 당연하다.

(2) 시공자, 하수급자 및 납품업자의 인력

이 인력에 의한 행위는 합법적인 노조운동에 한한다. 그러므로 시공자의 인력이나 하수급자 또는 납품업자의 불법적인 노조운동에 의하여 공기가 지체되었을 경우에는 시공자의 책임이다. 물론 여기에서의 책임이란 발주처에 대한 계약상의 책임이며 불법행위자의 법규위반에 대한 사직당국에 의한 행위자의 처벌은 별개의 문제이다.

e. 불가항력(force majeure)

이 불가항력(force majeure)은 accepted risks라고도 하며, 미국의 경우에는 unforeseeable causes(예측할 수 없었던 사유), FIDIC에서는 force majeure(불가항력), ICE에서는 excepted risks(예외적인 위험)와 War Clause(전쟁조항) 등으로 표기된다.

불가항력의 구체적인 논의는 전술한 바 있다.

f. 시공자의 통제범위를 초월한 상황(any other circumstance which is wholly beyond the control of the contractor)

상기 a~e항에 해당되지 아니하는 상황의 발발로 인하여 공사의 수행이 지체된 경우이며 시공자의 노력에 의하여 극복될 수 없는 상황이어야 한다. 일본「공공공사청부계약약관」에서의 천재 등으로 계약당사자 쌍방의 책임으로 돌릴 수 없는 특별한 사태가 발생한 경우 등이 여기에 해당한다고 볼 수 있다.

본 조항에서 주의해야 할 점은 만약 시공자가 그와 같은 상황이 발생할 수 있다는 것을 예측할 수 있었을 경우에는 계약기간의 연장청구권이 없다는 점이다.

2. 미국의 연장사유

미국「연방조달규정(FAR)」제52.249-14조는 양해할 수 있는 지체(excusable delays) 즉 시공자에게 책임이 없는 계약기간의 연장사유를 아래와 같이 규정하고 있다.

(1) 신의 행위 (acts of God)
(2) 공적의 행위 (acts of public enemy)
(3) 발주처의 행위 (acts of the Government)

㊟ 여기서 발주처의 행위는 계약당사자로서의 계약적인 권한뿐만 아니라 통치권의 발동에 의한 경우도 포함한다. 그러므로 계약상의 공사목적물에 대한 품질향상을 위하여 계약사항을 변경하는 경우라든지, 정부의 정책 또는 공익을 위한 발주처의 행위인지의 여부에 관계없이 계약기간의 연장사유가 된다.

(4) 화재, 홍수
(5) 전염병(또는 그로 인한 방역상의 제한)
(6) 파업 (strikes)

㊟ 여기서 파업(strikes)에 대한 구체적 범위를 언급하고 있지 않음으로 인하여, 시공자의 자체인력에 의한 파업인지, 하수급자 또는 납품업자의 파업에 기인하는 지체의 경우도 포함하는지 명확하지 않다. 그런데 미국 엔지니어합동계약문서위원회(EJCDC)의 「표준계약조건」에는 파업(strikes)에 의한 지체를

시공자의 통제범위 내의 지체로 간주한다는 명문규정을 두어 연장사유에서 제외하고 있어서 대조적이다(EJCDC 제12·3조).

(7) 화물의 봉쇄 (freight embargoes)

(8) 비정상적인 악천후 (unusually severe weather)

3. FIDIC의 연장사유

FIDIC「공사계약조건」제8.4조는 계약기간의 연장사유를 아래와 같이 규정하고 있다.

(1) 설계변경 또는 기타 계약공종의 실제적인 수량변경

이 경우의 설계변경이라 함은 설계변경시 계약기간의 조정이 이루어지지 않은 경우로서 연장이 필요한 경우를 말한다.

(2) 당해 계약에서 규정된 여타의 지체사유

이 경우의 대표적인 예는 아래와 같다.

(a) 물리적 장애 또는 악조건

(b) 현장의 인도지체

(c) 불가항력

(d) 공공기관에 의한 공정지체

㈜ '공공기관에 의한 지체'는 다음의 요건을 모두 충족시켰을 경우에 한한다.
① 시공자가 공사발주국의 공공기관에 의하여 수립된 절차를 성실하게 따랐을 것
② 이들 공공기관이 시공자의 공사를 지체시키거나 차질을 초래하게 하였을 것
③ 공정지체 또는 공정차질이 예측할 수 없었을 것

(3) 예외적인 악천후

(4) 발주처 또는 타시공자에 의한 지체 또는 방해

㈜ 여기서 타시공자라 함은 제3의 시공자로서, 당해 시공자와 동일현장에서 공사를 수행하는 발주처의 다른 시공자를 말한다.

(5) 전염병 또는 정부의 조치에 의하여 예측할 수 없었던 인력 또는 물품의 부족

4. 일본의 연장사유

일본「공공공사청부계약약관」에서 규정한 계약기간의 연장사유는 아래와 같다.

(1) 조건변경(설계변경)
(2) 공사의 조정
(3) 기후의 불량
(4) 제3자에 의한 공사목적물에 대한 가해
(5) 불가항력
(6) 공사의 정지

5. 우리나라의 연장사유

계약예규「공사계약일반조건」제25조제3항 및 제26조의 규정을 종합하면, 우리나라의 계약기간연장사유는 아래와 같이 정리된다.

(1) 불가항력의 사유에 의한 경우
(2) 시공자가 대체 사용할 수 없는 중요 관급자재 등의 공급이 지연되어 공사의 진행이 불가능하였을 경우
(3) 발주처의 책임으로 착공이 지연되거나 시공이 중단되었을 경우
(4) 시공자의 부도 등으로 보증기관이 보증이행업체를 지정하여 보증시공할 경우
(5) 설계변경으로 인하여 준공기한 내에 계약이행이 불가능한 경우
(6) 원자재 수급불균형으로 인한 자재조달의 곤란 등 기타 시공자의 책임에 속하지

아니하는 사유로 지체된 경우

㈜ 상기 일반조건 제26조제5항 및 제6항의 규정에 의하면, 시공자의 의무불이행으로 인하여 발생한 지체상금이 계약보증금 상당액에 달한 경우로서 계약목적물이 국가정책사업 대상이거나 계약의 이행이 노사분규 등 불가피한 사유로 인하여 지연될 때에는 계약기간을 연장할 수 있으며, 이 경우 연장된 계약기간에 대하여는 지체상금을 부과하지 않는다.

27·4 계약기간의 연장신청

상기와 같은 연장사유가 발생하였을 때에는 시공자에게 계약기간의 연장신청권이 부여된다. 이 의미는 설령 연장사유가 발생하였다고 하더라고 시공자가 그 권리를 행사하지 않을 수도 있다는 뜻이다. 이를 시공자의 권리포기(disclaimer)라 한다. 다시 말하면, 연장사유가 발생하였을 때 시공자는 계약기간의 연장청구권이 있으나 이를 행사하지 아니할 수도 있다. 발주처의 입장에서는 시공자가 연장신청을 하지 않을 경우에는 연장사유가 발생하였는지 또는 발생하지 않았는지 인지하지 못할 수도 있다. 일반적인 권리행사와 마찬가지로 계약기간의 연장신청에서도 요구되는 조건이 있다.

1. 시공자의 통지의무

a. 영국「공공계약조건」

시공자는 연장사유가 발생한 사실을 인지하였을 때는 즉시(immediately) 발주처에 통지하여야 한다.(H7.3조)

b. 미국「연방조달규정(FAR)」

시공자는 지체의 개시시점으로부터 10일 이내에 지체사유를 발주처에 통지하여야 한다.(52.249-10조)

c. 미국 EJCDC「표준계약조건」

이 계약조건 제12.1조의 규정에 의하면, 계약기간의 조정이 필요로 하는 계약당사자는 계약기간의 조정사유가 발생한 경우에는 당해 사유의 발생일로부터 30일 이내에 상대방과 감독관에게 그 사실을 통지하여야 하며, 조정사유발생일로부터 60일 이내에 연장신청을 하도록 되어 있다.

d. 일본「공공공사청부계약약관」

일본도 영국과 마찬가지로 지체없이 발주처에게 통보토록 규정하고 있다.

e. FIDIC「공사계약조건」

FIDIC「공사계약조건」제8.4조 및 제20.1조에서는 사안별로 시공자의 통지의무를 규정하고 있는 바 아래와 같다.

(1) 연장사유가 발생한 날로부터(시공자가 연장사유의 발생사실을 알았거나 알았어야 했던 날로부터) 28일 이내에 그 사실을 입증자료와 함께 감독관(engineer)에게 통보해야 하며,
(2) 시공자가 연장사유의 발생사실을 알았거나 알았어야 했던 날로부터 42일 이내, 또는 시공자가 제안하여 감독관이 승인한 기한이 있다면 그 기한 이내에 공기연장에 대한 상세입증자료를 감독관에게 제출하여야 한다.
(3) 연장사유가 계속적으로 진행되는 경우에는 상기 제(2)항의 입증자료는 중간보고로 간주하고, 매월 중간보고를 제출하며, 연장사유가 종료된 날로부터 28일 이내에 최종명세서(final particulars)를 제출해야 한다.
(4) 감독관은 제(3)항의 자료를 접수한 날로부터 28일 이내에 계약기간 연장의 승인여부를 회신하여야 한다.

f. 우리나라 「공사계약일반조건」

계약예규 「공사계약일반조건」 제26조에는 연장신청의 상황을 두 개의 카테고리로 구분하고 있다.

첫째, 연장사유가 계약기간 내에 발생한 경우
시공자는 계약기간의 종료 전에 계약담당공무원과 공사감독관에게 계약기간의 연장을 신청하여야 한다. 이 경우 수정공정표를 첨부한다.

둘째, 연장사유가 계약기간 내에 발생하여 계약기간 경과 후에 종료되는 경우
연장사유가 종료된 후 즉시 계약기간의 연장신청을 하여야 한다. 이 경우에도 첫째와 같은 방식으로 신청하여야 할 것임은 말할 필요도 없다.

2. 연장신청의 3대요건

시공자에게 있어서 계약기간의 연장여부는 매우 민감한 사안임은 전술한 바와 같다. 자기책임에 의한 공정지체가 아니라고 하더라도 계약기간의 종료 이전에 공사를 완공하지 못하였을 경우에는 자칫하면 계약위반의 문제가 대두될 수 있다. 이를 미연에 방지하기 위하여 발주처 및 제3의 장애로 인하여 공정의 진척에 조금이라도 영향이 있을 경우에는 즉시 발주처에게 통지하여 두는 것이 상책이다. 이는 비단 시공자의 면책문제만이 아니라 발주처도 이에 대비할 수 있는 상황의 파악이 요구되므로 한편으로는 시공자의 의무이기도 하다.

이와 같은 통지에서 요구되는 계약적인 사고(思考)나 접근방법은 상황에 따라 다를 수도 있겠으나 국제계약에서는 일반적으로 아래와 같은 사항의 고려가 선행되는 것으로 본다.

첫째 : 시공자로 하여금 계약공기 내에 완공을 저해하는 여건의 지속
둘째 : 공기연장에 대한 계약적 또는 법적 권리의 발생
셋째 : 공기연장에 대한 내부적인 정책방향의 정립

이와 같은 요건은 연장신청에서 고려가 강제된다는 것이 아니라 연장청구권을 효율적으로 행사하기 위한 시공자의 접근방안이라고 할 수 있다.

3. 연장사유의 입증

계약기간의 연장사유가 발생하였을 때 시공자는 발생사실을 통지하며 그로 인하여 추가로 소요되는 기간을 청구한다. 여기에서 유의하여야 할 점은 시공자가 제시한 연장사유의 발생과 연장기간에 대하여 누가 연장사유의 발생사실을 입증하여야 하는가하는 문제이다.

시공자가 계약기간에 대한 연장신청서를 작성할 때에는 연장사유를 명시하는 것이 계약상의 의무이기는 하지만 그를 입증하여야 할 책임은 없다는 것이 일반적인 견해이다. 즉, 시공자는 연장사유를 제시해야 할 책임은 있으나 그에 대한 입증책임은 없다. 경우에 따라서는 시공자가 연장사유와 연장에 대한 불가피성을 입증하는 경우도 있으나, 이는 발주처의 결정을 돕기 위한 방편에 지나지 않는다. 그러므로 발주처가 시공자에게 연장을 승인하지 않겠다면 시공자가 제시한 연장사유에 대하여 반증을 제시하여야 한다. 예를 들면, 시공자의 정보제공요청(request for information : RFI)에 대하여 발주처 또는 감독관의 답변이 지체되었다고 할 때 시공자는 지체사실의 통지와 그로 인한 공정지체 또는 추가공기를 청구하기만 하면 되며, 발주처가 이를 승인하지 않고자 하는 경우에는 오히려 발주처가 자신의 답변이 지체된 사실이 없음을 입증하여야 한다.

미국 「연방조달규정(FAR)」도 시공자의 통지에 대한 확인의무를 발주처에 부과하고 있다.

미국 연방조달규정(FAR) 제52.249-10조

(2) The Contractor.......notifies the Contracting Officer in writing of the causes of delay. The Contracting Officer shall ascertain the facts and the extent of delay.

시공자는 지체사유를 계약관에게 문서로 통지해야 하며, 계약관은 지체사실과 정도를 확인하여야 한다. (후략)

우리나라도 「공사계약일반조건」 제26조제2항에서 시공자로부터 계약기간연장신청을 접수하였을 때에는 계약담당공무원으로 하여금 그 사실을 조사·확인하도록 하고 있다.

27·5 장기계속공사의 계약기간연장

장기계속공사라 함은 이행에 수년을 요하며, 설계서 등에 의하여 사업내용이 확정되어 있는 공사로서, 낙찰 등에 의하여 결정된 총공사금액을 부기하고 당해 연도의 예산의 범위 안에서 제1차공사를 이행하도록 계약을 체결하며, 이 경우 제2차공사 이후의 계약을 부기된 총공사금액(설계변경·물가변동·기타 계약내용의 변경으로 계약금액이 조정된 경우에는 조정된 총공사금액)에서 이미 계약된 금액을 공제한 금액의 범위 안에서 계약을 체결할 것을 부관으로 약정하여 수행하는 공사를 말한다. 당해 공사의 계약을 체결하기 위한 예산은 각 연도별 세출예산에 편성하여 국회의 의결을 받아야 하며, 총사업내용은 해당중앙관서의 장이 그 사업규모, 총사업비 및 사업기간을 정하여 기획재정부장관과 협의하여야 한다.

㈜ 이에 비하여 계속비예산으로 집행하는 공사, 즉 계속비공사의 계약은 그 이행기간을 5년 이내로 하되, 필요하다고 인정되는 때에는 국회의 의결을 거쳐 그 기간을 연장할 수 있다. 「국가계약법 시행령」 제69조제5항에서는 계속비공사의 경우 총공사와 연차별공사에 관한 사항을 명백히 하여 계약을 체결하도록 규정하고 있다.

장기계속공사의 계약체계를 그림으로 나타내면 아래와 같이 된다고 할 수 있다.

장기계속공사의 계약체계

1년차 100억원	2년차 100억원	3년차 100억원	4년차 100억원	계 400억원

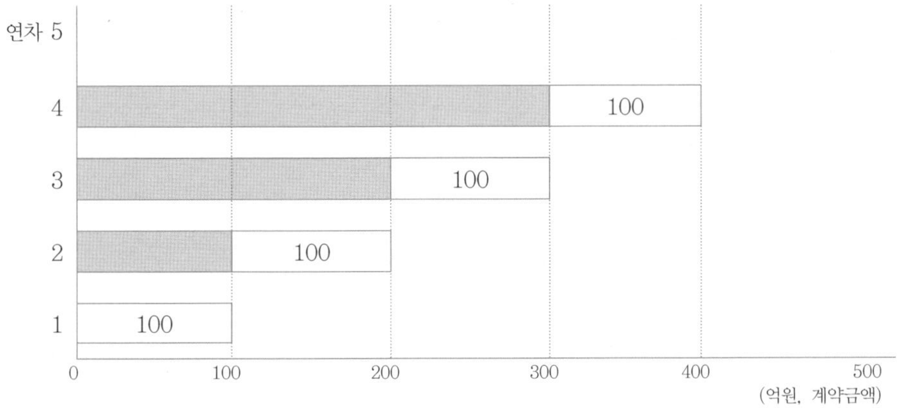

상기 그림은 해당년차의 계약금액은 각기 100억원이며, 총공사부기금액은 400억원, 전체계약기간을 4년으로 하는 계약체계를 나타내고 있다.

이 경우에 있어서 매 연차의 계약, 즉 4개의 계약을 각기 독립된 계약으로 볼 것이냐, 아니면 전체, 즉 총공사부기금액에 해당하는 계약만으로 볼 것이냐가 문제시될 수 있다.

이 문제가 해결되지 않고는 계약기간의 연장 또는 지체상금의 부과에 있어서 또다른 문제가 대두되지 않을 수 없게 된다.

결론부터 말하면, 장기계속공사에 있어서 매 연차별 계약은 각기 독립된 계약으로 간주된다. 그 이유는 첫째 : 매 연차별 계약의 이행을 위한 예산을 매 해당년도의 국회에서 별도의 의결을 받아야 하며, 둘째 : 매 연차별 계약에 대하여 각기 별도의 계약체결행위를 거치고, 셋째 : 매 연차계약별 준공처리절차를 거친다는 점에서이다.

그러므로 어떤 사유로 인하여 당해 연도의 계약 100에 대하여 공정이 80밖에 진척되지 않았다면, 잔여 20에 해당하는 공사는 차기년도로 이월되어야 할 것이며, 이것이 바로 계약기간의 연장에 해당한다. 물론 그 이월 또는 지체의 사유가 시공자에게 있다면 당연히 지체상금을 부담하여야 한다.

구 재정경제부(현 기획재정부) 유권해석 회계 45107-792('95.5.31)

"국가기관이 체결한 공사계약에 있어 계약담당공무원은 계약상대자가 계약상의 의무를 지체한 때에는 예산회계법 시행령 제129조(현행 국가계약법 시행령 제74조)의 규정에 의거 계약금액에 지체일수와 소정의 지체상금률을 곱하여 산출한 지체상금을 현금으로 납부하게 하여야 하는 바, 장기계속공사의 경우에는 각 연차계약별로 지체상금을 산정·부과하는 것임."

상기 기획재정부(구 재정경제부)의 유권해석에서 지체상금을 각 연차별 계약에 대하여 부과한다는 의미는 곧 계약기간의 연장도 각 연차별 계약에 대하여 이루어진다는 것을 뜻한다고 보아 무리가 없다.

㈜ 장기계속공사는 계속비공사와 마찬가지로 이행에 수년을 요하는 공사 전체를 일괄하여 발주하는 것이되, 단지 예산사정상 매 연도의 예산범위 안에서 차수별로 계약을 하는 것에 지나지 아니하며, ①낙찰자의 결정, ②계약보증금, ③물가변동으로 인한 계약금액의 조정, ④실적인정에 있어서 총공사부기금액을 기준으로 하는 점 등으로 보아 실질적인 계약은 총공사부기금액으로 체결한 것과 같다. 그러므로 계약당사자 일방이 제2차공사 이후의 계약을 독립된 별개의 계약이라 하여 이의 체결을 거부하는 경우에는 「공사계약일반조건」 제44조 내지 제46조, 즉 계약의 해제 또는 해지사유에 해당하며, 그에 따른 후속조치가 이루어지게 된다.

28

계약기간의 연장비용

제28장 계약기간의 연장비용

28·1 연장비용의 발생

1. 연장비용의 인식

어느 1건 공사를 10억원의 계약금액과 15개월의 계약기간으로 수행하기로 약정하였다고 가정할 때, 어떤 사유에 의하여 계약금액은 당초의 10억원으로 변함이 없으나 계약기간이 18개월로 변경되었다면 연장된 3개월에 대한 비효율이 문제되지 않을 수 없다. 아주 단순한 예로, 당초공기 15개월에 공사가 완공되었다면, 현장인력과 공사장비 등을 철수하여 타현장으로 배치전환할 수 있을 것이며, 그렇다면 그 타현장에서 새로운 매출을 올릴 수 있을 것이다. 또한, 공사가 완공되었으니 최종대가도 지급받아 그 자금을 활용할 수 있으며, 보증·보험 등도 당초계획대로 해제되어 그 부담에서 벗어날 수 있게 된다.

그러나 계약기간이 연장되면 그에 따라 시공자는 기회이익을 향유할 수 없게 되며, 당초에는 예상할 수 없었던 추가부담을 지게 된다. 이 3개월에 대한 비효율을 금액으로 환산할 경우 이를 계약기간의 연장비용이라 한다. 본서에서는 그냥 '연장비용'으로 표기하고자 한다.

연장비용의 영문표기는 Prolongation Cost 외에 Extension Cost 또는 Delay Cost 등 다양하다.

㈜ 이 연장비용은 다른 한편으로는 생산성저하비용이라고도 한다. 이는 앞에서 이미 언급하였기에 참조하시기 바란다.

한편, 발주처의 입장에서 보면, 시공자의 책임있는 사유로 인하여 계약기간이 연장되어야 한다고 할 때 이는 계약기간이 연장되는 것은 사실이기는 하나, 결국 완공이 지체되는 것에 불과하다. 이 경우 발주처는 제때에 공사목적물을 사용할 수 없고 그로 인하여 추가관리비가 발생하고, 나아가 상당한 사업손실을 입을 수 있다. 발주처의 입장에서 이 3개월의 비효율을 시공자의 편에서 보면 지체상금(遲滯償金)이 된다. 이를 영문으로는 Liquidated Damages로 표기한다.

이렇게 하여 ①시공자의 책임있는 사유로 계약기간이 연장될 경우 시공자는 발주처에게 지체상금을 지불하고, ②발주처의 책임있는 사유로 계약기간이 연장될 경우 발주처는 시공자에게 연장비용을 지불한다. 이를 표로 나타내면 아래와 같다.

지체상금 vs 연장비용

책임소재	연장유형	비용부담
시공자의 책임	유상연장	지체상금(시공자 부담)
발주처의 책임	무상연장	연장비용(발주처 부담)

㈜ 위 표의 연장유형에서 유상연장·무상연장이라 함은 시공자의 입장에서 그러하다는 뜻이다. 무상연장에는 불가항력의 사유로 인한 연장도 있으나, 이 연장은 연장비용을 논의할 때에는 그 비용을 발주처가 부담하지 않는 경우가 많으므로 위 표에서 생략하였다.

위 표는 시공자가 부담하는 지체상금이나 발주처가 부담하는 연장비용이나 넓은 의미로는 모두 '연장비용'에 해당함을 보여주고 있다. 그러나 일반적인 분류에서 전자는 지체상금으로 구분하고, 후자는 연장비용으로 구분하기에 본서도 그에 따르기로 한다. 다시 말하면, 본서에서 연장비용이라 함은 발주처가 부담하는 연장비용, 즉 좁은 의미의 연장비용을 일컫는 것으로 정의해 둔다.

2. 연장비용과 간접비체증원칙

공사비를 직접비와 간접비로 2원화할 때, 공사비는 직접비와 간접비의 합산액이 되며, 비록 이론적이고 상대적이기는 하지만, 이 공사비와 계약기간의 상관관계는 다음과 같은 도표로 나타낼 수 있다.

계약기간과 공사비의 상관관계

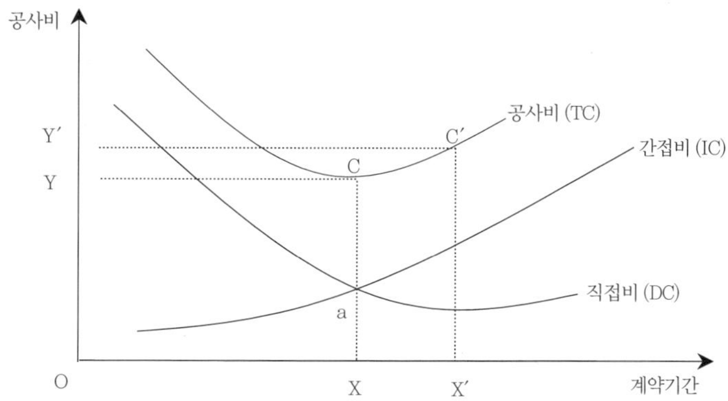

㈜ aX = aC

상기 그림을 분석해 보면 다음과 같은 사실을 발견할 수 있다.

첫째 : 직접비는 계약기간이 늘어날수록 체감하며,
둘째 : 간접비는 계약기간이 늘어날수록 체증하고,
셋째 : 공사비는 단기적으로 체감하나, 장기적으로는 (예컨대 X시점 이후) 체증한다.

첫째의 경우를 직접비체감원칙이라 하고, 둘째의 경우를 간접비체증원칙이라 한다.

그러므로 정책적 또는 기타의 요인을 배제하고, 실무에서 계약기간을 결정할 때에는 공사비에서 차지하는 간접비요율과 직접비요율이 일치하는 시점(aX=aC인 시점), 예컨대 $\overline{ox}$ 를 계약기간으로 한다면 공사비가 가장 적게 들게 될 것이며, 이 $\overline{ox}$ 가 최적의 계약기간이 될 것이다.

cx의 세로축을 기준으로 왼쪽으로 이를 이동한다는 것은 계약기간의 단축이 되며, 오른쪽으로 이동한다는 것은 계약기간의 연장이 된다. cx축의 왼쪽으로 이동하든 오른쪽으로 이동하든 공사비는 체증함을 알 수 있다.

x시점이 비록 이론상의 최적계약기간이 아니라고 하더라도, 이를 당초의 계약완료시점

이라고 가정한다면, 계약금액은 $\overline{oy}$이었을 것이다.

계약기간을 $\overline{xx'}$만큼 연장한다면, 상기 그림에서 보는 바와 같이 이 구간에서 직접비는 감소하나 간접비는 증가함을 알 수 있다. 공사비는 간접비의 증가율에서 직접비의 감소율을 뺀 만큼의 비율로 늘어나게 될 것이다. 이 공사비의 증가액은 그러므로 $\overline{yy'}$, 즉 공사비 $\overline{oy'}$에서 공사비 $\overline{oy}$를 뺀 금액이 된다.

이것이 연장비용에 대한 논리적 근거가 된다.

3. 연장비용과 앤티 라이스 원칙

미국은 1967년까지 설계변경의 경우 설계변경공사 그 자체에 대하여는 계약금액을 조정하는 등 발주처가 추가비용을 부담하였으나, 설계변경으로 인하여 잔여공사에 미치는 영향, 예컨대, 계약기간의 연장으로 인한 간접비의 보상 등은 발주처의 책임사항이 아니었다. 이 원칙이 바로 라이스원칙(Rice Doctrine)이며, 1942년 미국정부와 소규모 건설업체인 라이스간의 송사(United States vs Rice, 317 U.S. 61, 1942)에서 미국정부가 승소하면서부터 확립되었다. 이 송사 이후 발주처의 설계변경으로 인하여 아무리 계약기간이 늘어나도 시공자는 발주처에게 연장비용을 청구할 수 없게 되었다.

현재와 같이 연장비용의 부담을 발주처의 의무사항으로 확립한 것은 1967년말 미국정부가 표준계약조건을 개정(1968.2월부터 적용)하면서 부터였다. 이와 같이 발주처의 책임있는 사유로 인하여 계약기간이 연장되었을 때 발주처가 연장비용을 부담하는 원칙을 앤티 라이스원칙(Anti-Rice Doctrine)이라 하며 오늘의 일반적인 원칙으로 자리잡고 있다(미국의 경우에는 불가항력의 사유로 인한 계약기간의 연장에 있어서는 발주처가 연장비용을 부담하지 않는 경향이 있으므로 "발주처의 책임있는 사유로 인하여"라고 하였다. 이 점에서 우리나라도 동일함).

㊟ 미국의 클레임제기시한은 종전에는 '최종대가의 지급까지'였으나, 「연방합리화법」(Federal Streamlining Act), 「계약분쟁법」(Contract Disputes Act) 및 「연방조달규정」(FAR) 등에 의하여 1995.10.1일 이후에 체결된 계약의 경우에는 '클레임발생 후 6년까지'로 확장 개정되어 오늘에 이르고 있다. 이 6년 시한

은 시공자가 사기·기만 등에 연루된 경우 발주처가 제기하는 시공자에 대한 클레임에는 제외된다 (FAR 33.206조 참조).

우리나라 역시 이 앤티 라이스원칙(Anti-Rice Doctrine)에 입각하여 계약을 이행하고 있다. 즉, 앞에서 인용하고 또 언급한 바와 같이 「공사계약일반조건」 제26조에서 시공자에게 계약기간의 연장청구권뿐만 아니라 계약금액의 조정청구권까지 부여하고 있는 것이 그것이다.

28·2 연장비용의 유형

앞장에서 연장사유를 원인제공자에 따라 분류한 바 있다. 시공자의 책임있는 사유로 인한 연장과 시공자의 책임없는 사유로 인한 연장이 그것이며, 후자의 경우 다시 발주처의 책임있는 사유로 인한 연장과 불가항력으로 인한 연장으로 구분된다.

이 연장유형을 지체의 관점에서 보면, (a)시공자의 책임있는 사유로 인항 연장은 보상받을 수 없는 지체(noncompensable delay) 또는 양해할 수 없는 지체(inexcusable delay)가 원인이 되며, (b)시공자의 책임없는 사유로 인한 연장은 양해할 수 있는 지체(excusable delay)가 원인이 된다. 그러나 (c)발주처의 책임있는 사유로 인한 연장은 양해할 수 있는 지체이며, 보상받을 수 있는 지체(compensable delay)이나, (d)불가항력의 사유로 인한 연장은 양해할 수 있는 지체이기는 하지만, 그렇다고 반드시 보상받을 수 있는 지체는 아니다.

이와 같은 분류에 대한 실익은 시공자의 입장에서 볼 때 연장에 대한 대가를 자신이 부담하느냐 그렇지 않느냐, 즉 유상연장이냐 무상연장이냐의 판별기준이 된다. 이는 일단 계약기간이 합의되면 그 기간 내에 공사를 완성하여야 한다는 시공자의 계약적 의무에 대한 전통적인 개념에서 비롯된다.

위와 같이 원인제공자에 따른 분류와는 달리 연장사유 그 자체를 연장의 객체로 보고, 연장객체의 실체성여부에 따라 연장사유를 분류할 수도 있다.

이 경우 ①추가공사나 공종의 변경 등은 연장의 객체가 존재한다고 하며, 이에 비하여, ②발주처의 정보제공지체, 공사의 정지, 현장인도지체 등에 의한 계약기간연장에서는 객체가 존재하지 않고 단지 공정의 차질이 연장의 직접적인 원인이 된다.

1. 연장의 객체가 있는 경우의 연장비용

추가공사나 공종의 변경 등은 계약기간연장의 객체가 존재한다고 하며, 이는 주로 추가공사나 공종의 변경 등 설계변경의 결과 계약기간이 연장되는 경우이다.

연장의 객체를 추가공사의 수행이라는 설계변경으로 가정할 때, 이 추가공사의 공사비는 우리나라 계약예규에 의할 경우 일반적인 공사비와 마찬가지로 아래와 같이 산출한다.

즉, 설계변경에 따른 추가공사비는 공사원가, 일반관리비 및 이윤의 합산액이 되며, 결국 (a)직접노무비, (b)간접노무비, (c)직접재료비, (d)간접재료비, (e)경비, (f)일반관리비, (g)이윤의 합산액이다.

이를 직접비와 간접비의 2원체계로 재구성한다면, 아래와 같이 된다.

㈜ 상기 비목 중 경비는 기획재정부 계약예규 「예정가격작성기준」에 따라 기타 법정경비를 포함하여 26개 세부비목으로 이루어진다.

이상에서 추가공사비의 간접비만을 발췌하면, (b)간접노무비, (d)간접재료비, (e)경비, (f)일반관리비, (g)이윤으로 구성되어 있음을 알 수 있다.

그런데 연장비용은 계약예규 「공사계약일반조건」 제26조제4항 등의 규정에 의하면, '실비'를 초과하지 않는 범위 내에서 산출하도록 되어 있으므로 계약예규 「정부입찰·계약집행기준」 제15장이 정하는 바에 따를 수밖에 없다.

이 기준 제73조 및 제76조의 규정에 의하면, 이 경우의 실비, 즉 연장비용은 (b)간접노무비, (e)경비, (f)일반관리비, (g)이윤 및 (h)보증수수료의 합산액으로 산출한다.

이제 추가공사비의 간접비와 연장비용을 비교하여 보기로 한다.

추가공사비의 간접비와 연장비용의 비목

구 분	추가공사비의 간접비	연 장 비 용
비 목	(b) 간접노무비 (d) 간접재료비 (e) 경 비 (f) 일반관리비 (g) 이 윤	(b) 간접노무비 (e) 경 비 (f) 일반관리비 (g) 이 윤 (h) 보증수수료

이 표는 추가공사비의 간접비와 연장비용은 동일하지 아니함을 보여주고 있다.

한편, 설계변경으로 인한 추가공사비의 간접비는 「공사계약일반조건」 제20조의 규정에 의하여 소위 '설계변경으로 인한 계약금액의 조정'시에 반영된다.

「공사계약일반조건」 제20조제5항 설계변경으로 인한 계약금액의 조정

"⑤제1항 및 제2항에 의한 계약금액의 증감분에 대한 간접노무비, 산재보험료 및 산업안전보건관리비 등의 승률비용과 일반관리비 및 이윤은 산출내역서상의 간접노무비율, 산재보험요율 및 산업안전보건관리비율 등의 승률비율과 일반관리비율 및 이윤율에 의하되, 설계변경당시의 관계법령 및 기획재정부장관 등이 정한 율을 초과할 수 없다."

그런데, 이 일반조건 제25조제3항제6호 및 제26조제1항의 규정에 의하면, 설계변경은 계약기간의 연장사유에 해당하며, 역시 이 일반조건 제26조제4항에서 이 사유로 계약기간을 연장한 경우에는 제23조 '기타 계약내용의 변경으로 인한 계약금액의 조정' 규정에 의하여 실비를 초과하지 아니하는 범위 안에서 계약금액을 조정하도록 되어 있다.

이상에서 다음과 같은 결론을 도출할 수 있다. 즉, 추가공사라는 설계변경이 있는 경우 즉, 연장의 객체가 있는 경우에는 「공사계약일반조건」 제20조의 규정에 의하여 추가공사비로서의 간접비가 지급되며, 그런데도 제26조의 규정에 의하여 추가공사로 인한 연장기간에 대하여 연장비용이 별도로 지급된다. 비논리적인 규정이다.

2. 연장의 객체가 없는 경우의 연장비용

연장의 객체가 없는 경우, 이를 테면, 위에서 언급한 공사의 정지 또는 기타의 사유에 의한 공정차질만으로 인하여 계약기간이 연장되는 경우에는 위의 제26조의 규정에 의한 연장비용이 지급된다. 이를 순수한 의미의 연장비용이라 하여도 될 것이다.

28·3 연장비용의 산출

1. 영국의 산출방식

영국의 경우 연장비용은 단지 현장실무에서 클레임항목으로 다루어지고 있으며, 그 범위를 확대하여 '연장 및 차질비용'(prolongation and disruption expenses)으로 인식하고 있다.

영국의 연장비용 즉 연장 및 차질비용은 아래와 같은 경우에 성립한다. 그러므로 이 비용은 발주처가 시공자에게 보상한다.

(1) 설계변경 등 발주처의 지시에 따른 경우
(2) 발주처의 과실이나 태만에 의한 경우
(3) 불가항력에 의한 경우
(4) 발주처의 다른 시공자 또는 다른 공사의 간섭으로 인한 경우
(5) 발주처가 도면의 제공 등 필요정보나 자료의 제공을 지체한 경우
(6) 발주처의 직접지시에 의하여 공사가 수행되거나 자재가 납품된 경우
(7) 지명하수급자(nominated subcontractors or suppliers)의 선정과 관련한 발주처의 지시에 의한 경우

㈜ 지명하수급자 또는 지명납품업자는 모두 기본비용항목(prime cost items)을 수행한다. 기본비용(prime cost)이라 함은 지명하수급자에게 지급되는 단가를 말하며, 초과지불이나 초과계상된 부분이 있을 경우에는 이들을 조정하고, 2.5%를 초과하는 현금할인과 기타 거래수수료 등이 있을 경우에는 이들을 감액한 비용을 뜻한다.

28 계약기간의 연장비용

시공자는 기본비용항목의 설치비 및 그에 대한 적정이윤을 지급받는다. 이 설치비에는 하차비, 운반비, 해체비, 사용 후 빈 용기의 철거비 등이 포함된다.

상기 사유로 인하여 계약기간이 연장되고 그로 인하여 시공자에게 추가부담이 발생하였으나 여타의 방법으로 보상받지 못하였을 경우에는 그 추가비용만큼 계약금액이 증액된다. 다만, 증액은 통계국이 공표하는 소비자물가지수(CPI)의 변동률 즉 착공일부터 계약기간 종료 전 6개월 당일까지의 변동률을 초과하지 못한다(「공공계약조건」 C4.4조).

연장비용은 계약당사자간에 30일 이내에 금액에 대한 합의가 이루어져야 하며, 이 기간 내에 당해 합의가 이루어지지 못할 경우에는 해당계약기간의 종료시점에 계약은 해제된다(「공공계약조건」 C4.2조).

2. 미국의 산출방식

미국의 경우 연장비용은 정해진 방식에 의하여 산출하는 것이 아니라, 상황에 따라 ①실제비용방식, ②배심결정방식, ③총비용방식, ④합리적인 비용방식 등을 적용하여 산출한다.

a. 실제비용방식

실제비용방식(actual cost method 또는 detailed damage method)은 시공자의 회계기록·장부 기타 증빙을 근거로 실제로 발생한 비용을 산출하는 방식으로 우리나라의 실비산정방식과 유사하다.

b. 배심결정방식

배심결정방식(jury verdict method)은 추가비용이 시공자의 증빙으로부터 쉽게 확인될 수 없을 때 제3의 기관 이를테면 법원 또는 중재기관이 연장비용을 결정하는 방식이다. 구체적으로는 법원이나 중재기관은 계약기간의 연장으로 인하여 발생한 모든 요소 항목을 심의·참작하여 총액으로 청구할 수 없다고 판단되는 금액을 공제한 잔액을 연장비용, 즉 발주처가 시공자에게 지급하여야 할 금액으로 결정한다.

연장비용	=	총추가비용도출	−	시공자 자책분 및 청구불가능금액

이 방식은 그러나 아래와 같은 요건이 충족될 때에 한하여 사용하는 것이 바람직하다고 한다.

① 시공자의 권리가 명확하게 존재할 것
② 연장비용의 산출에 대한 여타의 방법이 없을 것
③ 회계기록 등에 의하여 추가비용의 공정하고 합리적인 계산이 가능할 것

이 방식은 상기 요건이 충족되기는 하나, 증빙이 상호 배치되는 경우(Delco Elecs. Corp. vs United States, 1989), 유효한 증빙이 부족한 경우(S. W. Elecs. & Mfg. vs United States, 1981), 상호 관계의 입증이 곤란한 경우(미연방조달청 계약항소위원회의 결정 GSBCA No. 6513, 6815, 1986) 등으로 인하여 손해액의 입증이 불가능할 경우에 적당하다고 한다.

c. 총비용방식

총비용방식(total cost method)은 특정비용을 항목별로 산출하는 것이 아니라 전체비용을 총괄적으로 계산하여 실제 수행비용과 당초예상비용의 차액을 연장비용으로 산출하는 방식이다.

연장비용 = 실제 수행비용 − 당초 예상비용

(산출예)	실제비용	2,500,000		
	이 윤	+ 250,000	·········	산출내역서상 10%
	소 계	2,750,000	·········	실제 수행비용
	입찰금액	−1,850,000	·········	당초 예상비용
	연장비용	900,000		

이 방식은 그러나 아래의 요건이 충족될 때에 한하여 적용될 수 있다고 한다.

① 연장비용의 산출에 있어서 여타의 방식을 적용할 수 없을 것
② 당초예상비용, 즉 입찰금액에 저가투찰 또는 잘못이 없을 것
③ 연장비용 또는 비효율성이 타인의 부당한 행위로 인한 지체비용과 구별될 수 있을 것
④ 시공자에게 발생한 실제비용이 합리적일 것
⑤ 이 방식의 사용자가 합리적인 원가관리시스템을 운용하고 있을 것

상기 요건들이 충족되기만 하면 이 방식이 매우 효과적인 것이 사실이나, 시공자가 이 요건들을 면밀하게 체크하는 것이 쉬운 일이 아니다. 예컨대, 당초예상비용, 즉 입찰금액이 합리적이었느냐의 판단은 매우 추상적이며, 여타의 방식을 적용하는 것이 불가능하거나 현실적이지 않다(impossible or impracticable)는 판단 역시 주관적일 수 있다.

이와 같은 총비용방식의 결점을 보완하기 위하여, 제시된 방식이 수정된 총비용방식(modified total cost method)인 바, 이 방식에서는 시공자가 입찰상의 잘못 내지 자신의 책임있는 사유로 인하여 발생한 추가비용을 제외하고, 상대방, 즉 발주처의 유책분만을 연장비용으로 산출한다.

연장비용 = (실제비용 − 부적격시공분) − (입찰금액 − 과다견적분)

(산출예)

실 제 비 용	2,500,000
부적정시공	−100,000
소　　계	2,400,000
이　　윤	240,000
계(A)	2,640,000
입 찰 금 액	1,850,000
과다견적금액	−150,000
계(B)	1,700,000
연 장 비 용 (A − B)	940,000

d. 합리적 비용방식

이 방식(quantum meruit method)은 발주처에 의한 계약의 포기 또는 중대한 계약위반의 경우에 계약조건에서 정한 산출방식이 아닌 방식으로 연장비용을 산출하는 방식이다. 이 경우 연장비용은 통상 시공자에게 발생한 합리적인 비용으로 한다.

이 합리적인 비용방식, 즉 Quantum Meruit Method는 비용의 산출에 대한 사전의 약정이 없었을 경우에 적용하므로 결국 모든 여건 또는 상황을 감안한 합리적 금액(reasonable sum in all circumstances)으로 연장비용을 산출하는 방식이 된다.

발주처가 합리적인 비용의 지급을 거부하고자 하는 경우에는 그 비용이 비합리적이거나 유익하지 아니함을 발주처가 입증하여야 한다.

e. 이자의 지급

미국 「연방조달규정(FAR)」에 의하면, 시공자의 연장비용신청에 대하여 발주처는 신청서를 접수한 날로부터 지급일까지에 대한 이자(재무성이 정한 단리에 의함)를 지급하도록 되어 있다(제33.208조).

그러나 기성대가의 지급지체시에는 이자를 지급하지 않는다. 기성대가는 준공대가에 대한 일종의 파이낸싱(Contract Financing)이기 때문이라고 한다.(제52.232-16조 참조)

㈜ 이 내용은 「연방조달규정(FAR)」 제52.232-16조 'Progress Paymrnts'의 내용이며, 이 조항은 2012.8월에 개정되어 현재에 이르고 있다.
미국에 비하여 우리나라는 법령이나 계약예규상 연장비용에 대한 이자를 지급하도록 한 규정은 없으나, 기성대가의 지급지체시에는 이자를 부담하고 있어서 대조적이다. 우리나라의 경우에는 연장비용을 따로 지급하는 것이 아니라, 그 금액을 계약금액에 증액조정하여 기성대가로 지급하므로 연장비용만에 대한 이자문제가 발생할 수 없는 것이며, 그 금액이 포함된 기성대가의 지급지체시에는 이자를 지급하도록 되어 있어 차이가 나는 것이다.

3. FIDIC의 산출방식

FIDIC의 경우에는 '발주처의 위험(Employer's Risks)'으로 인하여 계약기간이 연장된 경우에는 계약금액을 증액조정하되, 증액항목에서 이윤은 제외된다. 다만, (1)발주처에 의한 공사목적물의 일부 또는 전부의 사용 또는 점유(계약조건에서 사용 또는 점유하도록 규정된 경우는 제외)로 인한 연장과, (2)발주처 또는 발주처의 책임 하에 있는 자에 의한 설계로 인한 연장의 경우는 연장비용에 이윤을 포함한다(「공사계약조건」 17.3조).

불가항력(Force Majeure)으로 인한 연장의 경우에도 원칙적으로 발주처가 연장비용을 지급하나, 자연재해(natural catastrophes) 즉 지진, 허리케인, 타이푼, 화산의 폭발 등으로 인한 경우에는 연장비용을 지불하지 않는다(「공사계약조건」 19.4조).

4. 우리나라의 산출방식

계약예규 「공사계약일반조건」 제23조 또는 제26조제4항의 규정에 의하면, 연장비용은 '실비를 초과하지 아니하는 범위 안에서' 산출하며, 구체적인 산출방식은 계약예규 「정부입찰·계약집행기준」 제15장이 정하는 바에 따른다. 이 기준에 의하면 연장비용의 비목에는 간접노무비, 경비, 보증수수료, 일반관리비 및 이윤이 있으며 아래와 같이 산출한다.

a. 간접노무비

간접노무비는 ①현장소장, ②현장사무원(총무, 경리, 급사 등), ③기획·설계부문종사자, ④노무관리원, ⑤자재·구매관리원, ⑥공구담당원, ⑦시험관리원, ⑧교육·산재담당원, ⑨복지후생부문종사자, ⑩경비원, ⑪청소원 등의 자가 연장기간 중 해당현장에서 수행하여야 할 노무량을 산출하고, 이 노무량에 지급이 확인된 노임단가를 곱하여 산출하되, 정상적인 공사수행 중의 임금수준을 초과할 수 없다.

간접노무비의 연장비용 = 간접요원의 노무량(연장기간 중 노무량) × 노임단가

㈜ 이 간접노무비 산출방식은 직접계상방법이라 하며, 연장비용의 간접노무비 산출방식이다. 공사원가의 계산에 있어서는 이 방법 외에 비율분석방법 및 기타 보완적 계상방법이 있으나 본 항에서 논의를 생략한다.

b. 경 비

연장비용으로서의 경비는 직접계상가능비목과 승률비용비목으로 구분하여 계상한다.

(1) 직접계상가능비목

지급임차료, 보관비, 가설비, 유휴장비비 등 직접계상이 가능한 비목의 실비는 시공자의 경비지출관련 계약서, 요금고지서, 영수증 등 객관적인 자료에 의하여 확인된 금액을 기준으로 변경기간에 상당하는 금액을 산출한다.

직접비목의 경비 = 연장기간 중 증빙에 의한 금액

㈜ 건설장비의 유휴가 발생하게 되는 경우 시공자는 즉시 사실관계를 계약담당공무원과 공사감독관에게 통지하여야 하며, 계약담당공무원은 장비의 유휴가 계약의 이행여건상 타당하다고 인정될 경우에는 유휴비용을 다음 기준에 따라 계산한다.

① 임대장비: 유휴기간 중 실제로 부담한 장비임대료

② 보유장비: (장비가격×시간당 장비손료계수) × (연간표준가동기간÷365일) × (유휴일수) × 1/2

(2) 승률비용비목

수도광열비, 복리후생비, 소모품비, 여비·교통·통신비, 세금과공과, 도서인쇄비, 지급수수료(이들 7개항목을 '기타 경비'라 함)와 산재보험료, 고용보험료 등은 그 기준이 되는 비목의 합계액에 산출내역서상 해당비목의 비율을 곱하여 산출된 금액과 당초산출내역서상의 금액과의 차액으로 한다.

승률비목의 경비 = (승률비목의 합계액 × 산출내역서 승률) − 당초산출내역서 금액

c. 보증수수료

계약보증서 등의 보증기간을 연장함에 따라 소요되는 추가비용은 보증수수료영수증 등 객관적인 자료에 의하여 확인된 금액을 기준으로 산출한다.

보증수수료 : 연장기간 중 추가보증수수료

d. 일반관리비 및 이윤

상기 간접노무비, 경비 및 보증수수료에 대하여 산출내역서상의 일반관리비율 및 이윤율을 곱하여 산출한다.

일반관리비 = 상기 (1)·(2)·(3)항의 합계액 × 산출내역서 일반관리비율

이 윤 = 상기 (1)·(2)·(3)항 및 일반관리비의 합계액 × 산출내역서 이윤율

그러나 산출내역서상의 일반관리비율과 이윤율이 계약예규「예정가격작성기준」제20조에서 규정하는 요율을 초과하는 경우에는 이 예규의 요율로 한다.

e. 예 외 : 연장비용의 비지급

위의 연장비용은 앞에서 언급하였던 바와 같이 발주처의 책임있는 사유로 계약기간이 연장된 경우에 한하여 지급된다. 따라서 비록 시공자 자신의 책임있는 사유로 인한 연장이 아니라고 하더라도 아래의 경우에는 연장비용을 지급하지 않는다(계약예규「공사계약 일반조건」제26조제4항).

(1) 불가항력으로 인한 연장의 경우

(2) 해당시공자의 부도 등으로 보증기관이 보증이행업체를 지정하여 보증시공할 경우

28·4 연장비용의 산출 : 일반관리비

앞에서 본 바와 같이 일반관리비는 연장비용의 한 비목에 지나지 않지만 이를 이렇게 별도로 논의하는 이유는 이의 산출에 있어서 여타의 항목에 비하여 논란이 많고 그만큼 산출방식이 다양하게 제시되고 있기 때문이다.

1. 일반관리비의 개념

우리나라 계약예규「예정가격작성기준」제12조 및 제20조의 규정에 의하면, 일반관리비는 기업의 유지를 위한 관리활동부문에서 발생하는 제비용으로서 공사원가에 속하지 아니하는 모든 영업비용 중 판매비 등을 제외한 다음의 비용, 즉 임원급료, 사무실직원의 급료, 제수당, 퇴직급여충당금, 복리후생비, 여비·교통·통신비, 수도광열비, 세금과 공과, 지급임차료, 감가상각비, 운반비, 차량비, 경상시험연구개발비, 보험료 등을 말하며, 외국의 경우도 대동소이하다.

일반관리비에 대한 영문표기는 General and Administrative Expenses이나, 현업에서는 Home Office Expenses 또는 Home and Branch Office Expenses 등으로도 표기한다.(home 대신 head로 표기하여도 무방함)

2. 우리나라의 일반관리비 산출방식

우리나라의 경우 연장비용으로서 일반관리비는 공사비 또는 계약금액의 산출시(예 : 공사원가 × 일반관리비율)와는 달리 아래와 같이 산출한다.

연장비용으로서의 일반관리비	=	(간접노무비 + 경비 + 보증수수료)	×	산출내역서상의 일반관리비율

이 때 산출내역서상의 일반관리비율이 공사규모별로 아래의 요율을 초과할 경우에는 이 요율로 한다.

일반관리비의 요율

종합공사		전문·전기·정보통신·소방 및 기타공사	
공사원가	일반관리비율(%)	공사원가	일반관리비율(%)
50억원 미만 50억원~300억원 미만 300억원 이상	6.0 5.5 5.0	5억원 미만 5억~30억원 미만 30억원 이상	6.0 5.5 5.0

㈜ 공사원가는 노무비, 재료비 및 경비의 합계액임은 전술한 바와 같다.

이 요율은 그러나 발주처의 예정가격작성시 또는 계약의 이행 중 계약금액의 조정시 적용하는 상한요율일 뿐 입찰금액의 산정 또는 계약금액의 결정에는 영향을 미치지 아니함을 유의하여야 한다. 다시 말하면, 입찰자 또는 시공자가 산출내역서상에 일반관리비를 얼마로 계상할 것인가는 전적으로 입찰자 또는 시공자의 판단에 따른다. 다만, 계약금액의 조정시에는 위 표의 요율을 상한으로 한다.

구 재정경제부(현 기획재정부) 유권해석 회제 45107-1075('93. 9. 27)

"국가기관이 실시하는 총액단가입찰에 있어 입찰자가 제출하는 산출내역서상 명시한 비목의 가격이 계약단가가 되는 것이며, 동 가격은 입찰금액의 범위 내에서 입찰자가 임의로 산정하는 것임."

3. 외국의 일반관리비

a. 허드슨산식(Hudson Formula)

이 산식은 1970년 I. N. Duncan Wallace의 "Hudson's Building and Engineering Contracts" (Sweet & Maxwell Ltd, 1970) 제10판에서 제시되었으며, 현재 캐나다, 호

주, 뉴질랜드 등 영국권 국가에서 가장 일반적으로 적용되고 있는 계산방식으로서 당초의 산출내역서에 기재된 일반관리비와 이윤율을 연장기간에 적용하여 계산한다.

$$\frac{W}{100} \times \frac{CS}{CP} \times PD$$

주 W : 산출내역서상의 일반관리비율 + 이윤율
CS : 계약금액
CP : 계약기간
PD : 연장기간

이 산식의 특징은 일반관리비율과 이윤율을 분리하지 않고 하나의 요율로 계산한다는 가정 하에서 산식이 성립한다는 데에 있다. 또 다른 특징은 1978년 Ellis-Don 대 Parking Authority of Toronto(캐나다) 사건에서 판시된 바와 같이 연장된 공사와 관련되는 본지사의 인력이 발주처의 계약관리상의 하자로 인하여 타 현장에서는 정상적인 이윤을 올릴 수 있음에도 불구하고 당해 현장업무에 전념하고 있어야 한다는 조건이 전제된다.

상기 송사에서 캐나다 대법원은 공사기간이 길수록 간접비의 투입이 더욱 증가한다(the longer the job takes the more overhead that is incurred)는 유명한 판결을 내린 바 있으며, 결국 발주처로 하여금 간접비뿐만 아니라 시공자의 상실이윤(lost profit)까지 보상하도록 판시하였던 바 있다.

b. 엠덴산식(Emden Formula)

이 산식은 S. Bickford-Smith의 "Emden's Building Contracts and Practice" 제8판에서 제시되었으며, 1985년 Whittall Builders Co. Ltd. 대 Chester-le-Street District Council(1985년) 송사에서 이 산식의 유효성을 인정받았다고 한다.

이 산식 역시 영국권 국가에서 광범위하게 적용되고 있으나 기본적으로 허드슨산식과 대동소이하다. 단지 허드슨산식에서는 일반관리비(W)를 산출내역서상의 요율로 적용하나, 엠덴산식에서는 시공자의 실제적인 요율(회계상)을 적용한다는 점에서 차이가 있다.

$$\frac{H}{100} \times \frac{CS}{CP} \times PD$$

㈜ H : (시공자의 전체조직의 일반관리비총액 + 이윤) ÷ 총매출액
CS : 계약금액
CP : 계약기간
PD : 연장기간

이 산식의 특징은 시공자의 특정현장의 일반관리비와 이윤을 시공자의 모든 현장의 일반관리비와 이윤의 평균치로 계산하고 있다는 데에 있다. 이렇게 될 때 개별 현장의 규모와 계약기간에 따라 일반관리비와 이윤이 다를 수 있는 개연성이 배제된다는 문제점이 있다.

공정지체가 추가공사에 의한 경우 소위 연장의 객체가 있는 경우에는 허드슨산식이 적합하고, 계약위반 또는 추가공사에 의한 지체의 문제가 지체기간 내에 해결되지 아니할 경우 소위 연장의 객체가 없는 경우에는 엠덴산식이 적합한 것으로 인식되고 있다.

c. 에이클리산식(Eichleay Formula)

이 산식은 미국에서 가장 광범위하게 적용되고 있으며 1960년 에이클리회사(Eichleay Corp.)에서 창안되었고("The Appeal of Eichleay Corp."에서 이 산식을 제시함), 1966년 미국정부를 상대로 Luria Brothers & Co.가 제기한 소송에서 이 산식에 의한 일반관리비가 인정됨으로써 보편화되었다고 한다.

이 산식의 요체는 먼저 계약기간 중 발생한 일반관리비를 산정하고 다음에 이를 1일 비용으로 분해하여 연장기간에 적용하고 있다.

1) (일반관리비 ÷ 매출액) × 일반관리비 = 당해 공사에 할당된 일반관리비
2) 할당된 일반관리비 ÷ 계약기간 = 1일당 일반관리비
3) 1일당 일반관리비 × 연장기간 = 청구대상 일반관리비

(예) 공사기간　: 1,126일 (1998. 1. 1 ~ 2001. 2. 1)
계약금액　: 104,558,396
일반관리비 : 15,525,693
연장기간　: 245일

1) 15,525,693 ÷ 104,558,396 = 14.85(%)
14.85% × 15,525,693 = 2,305,565.41
2) 2,305,565.41 ÷ 1,126 = 2,047.57
3) 2,047.57 × 245 = 501,654.65

참고로, 이 산식에 의한 추가비용의 청구와 관련하여 1983년 Capital Electric Co.가 미국연방정부를 상대로 계약항소위원회(General Services Board of Contract Appeals : GSBCA)에 제소하였으나 1차 패소하였으며, 다음 해인 1984년 연방배심원에 상소하였다.

이 송사에서 미국연방정부는 정부의 지체로 인하여 신규공사의 수주기회상실 및 그 공사에서 이윤을 남길 수 있다는 주장을 시공자로 하여금 입증토록 요구하였으나, 연방배심원은 지체의 불확실성과 보증한도의 초과 등으로 인하여 지체기간 중 시공자가 다른 공사에 참여할 수 없었다는 사실 그 자체만으로 지체의 원인제공자인 발주처의 책임을 인정하지 아니할 수 없다고 판정하였던 바 있다.

d. 앨러게니산식(Allegheny Formula)

이 산식은 미국에서 1958년 앨러게니 스포츠웨어사에 의하여 제안되어 현재에도 가끔 적용이 시도되고 있는 산식으로서 일정할당률을 곱한 연장기간 또는 실질수행기간에 대한 실질할당률과 예상할당률과의 괴리를 결정하여 산정한다. 이 산식은 현재의 회계기간 내에 연장의 효과를 분산시키고자 기도하지만 비용투입을 유보하는 것은 아니다.

이 산식은 예상할당률(anticipated allocation rate)에 대한 근거가 논란이 되고 있으며, 일반관리비의 실제적인 산정에 있어서 현실적으로 적용하기에는 문제가 있다.

e. 기타의 산출방식

상기 외에 언스트롬산식(Ernstrom Formula, 1981), 맨슐산식(Manshul Formula, 1982), 변형된 에이클리 산식(Modified Eichleay Formula, 1988 및 1989) 등이 있다. 모두 미국에서 개발된 산식이다.

– 원전; 〈CALCULATION AND RECOVERY OF HOME OFFICE OVERHEAD〉 (James G. Jack, Jr. 'CM eJournal', August 2001, 미국) –

㊟ 연장비용의 청구와 관련하여 소요된 비용, 즉 클레임의 준비비용은 일반적인 경우 인정되지 아니하나 다음의 경우에는 보상된 판례가 있다.(1983년 James Longley & Co Ltd. vs South West Regional Health Authority, 영국)

① 클레임이 계약기간 중에 발생되어 시공자 자신의 인력으로 클레임을 준비하였을 경우 관련직원의 인건비는 연장비용에 포함시킬 수 있다.

② 시공자가 발주처에 클레임금액의 계산을 요구하였으나 최종검측기간까지 이를 계산하지 않은 경우 시공자에게 클레임금액의 산정권한이 있으며 준비비용은 보상된다.

③ 어떤 노력이 중재 또는 재판을 위한 준비와 관련하여 수행되었다면 이 비용은 시공자에게 보상된다.

28·5 연장비용의 결정시기

1. 연장비용의 결정시기 구분

일반적으로 연장비용의 산출·청구 및 확정시기는 첫째 : 계약당사자간에 계약기간의 연장을 합의하는 때, 둘째 : 연장기간 중, 셋째 : 연장기간종료 후로 구분될 수 있다.

첫째의 경우는 계약기간의 연장에 합의하기 이전 또는 늦어도 그 합의와 동시에 향후 소요비용을 예상하여 결정하는 방식으로서 이를 추산방식(prospective method)이라고 하며, 셋째의 경우는 연장기간의 종료 후에 실제발생비용을 소급적으로 적용하는 방식으로서 소급방식(retroactive method)이라고 하며, 둘째의 경우는 첫째와 셋째방식의 혼합방식(mixed method)이라고 한다.

2. 미국의 연장비용 결정시기

미국에서는 아래와 같은 사유로 연장합의 이전 또는 연장기간의 개시 이전에 시공자로 하여금 연장비용을 산출하여 제출하도록 하고 있다.(국방성 「공병단 클레임안내서」, 1987)

(1) 연장비용의 결정이 지체될 경우 시공자의 위험부담에 대한 각종 비용이 도리어 발주처에게 전가될 수 있다.

(2) 연장비용의 산출이 자칫하면 원가비례방식(cost plus percentage of cost basis)을 기초로 할 개연성이 있으며, 이 방식은 법령에서 적용이 금지되고 있다.

(3) 계약의 이행에 대한 자금관리가 적정하게 이루어지지 아니할 개연성이 있다.

(4) 발주처가 공사관리에 있어서 자금관리를 소홀히 할 위험이 있다.

그러나 「연방조달규정(FAR)」 제33.206조에 의하면, 시공자는 발주처와 더 짧은 기간으로 합의한 경우를 제외하고는 클레임의 사유발생 후 6년 이내에 클레임을 청구하면 되는 것으로 규정하고 있다. 연장비용을 청구하는 것도 클레임이므로, 시공자는 연장사유발생 후 6년 이내에 연장비용을 청구하면 된다. 다만, 이 6년시한은 1995.10.1일 이후에 체결되는 계약에 한하여 적용되며, 그 이전의 계약에는 적용되지 않는다. 이 경우 위 「공병단(COE)클레임안내서」는 1987년도에 작성되었으므로 6년시한의 적용에 예외일 것이다.

㊟ 연장비용이 100,000달러를 초과할 경우 시공자는 신청서가 성실하고 정확하게 작성되었다는 확인서(Certification)를 신청서에 첨부하여야 한다(「연방조달규정(FAR)」 제33.207조).

3. 영국의 연장비용 결정시기

영국의 경우 계약당사자간에 계약기간의 연장이 합의되면, 발주처는 당초계약기간의 종료 6개월 이전에 시공자와 협의에 임해야 하며, 협의개시 후 30일 이내에 연장비용에 대한 합의를 도출하지 못할 경우에는 당해 계약을 해제하여야 한다.

연장비용으로 인한 계약금액조정이 이루어질 경우에는 새로운 계약금액은 연장기간의 초일(初日)부터 효력을 갖는다.

4. 우리나라의 연장비용 결정시기

우리나라의 경우 종전에는 관련 법령이나 예규 등에서 이를 분명히 하고 있지 않았으나, 1999년도에 국가계약법령이 개정되고, 뒤이어 1999.9.9일 계약예규 「공사계약일반조건」의 개정시 계약기간의 연장 등 소위 기타계약내용의 변경으로 인한 계약금액의 조정은 변경되는 부분의 이행을 착수하기 전에 완료하도록 하였으며(제23조제2항), 발주처는 시공자로부터 연장비용에 대한 계약금액조정청구를 받았을 때에는 그로부터 30일 이내에 이를 조정하도록 개정하여 오늘에 이르고 있다(같은 조 제5항).

(1) 연장사유가 당초 계약기간 내에 발생한 경우에는 계약기간 종료 전에 발주처 및 공사감독관에게 연장신청서를 제출하고

(2) 연장사유가 계약기간 내에 발생하여 계약기간 경과 후에 종료된 경우에는 연장사유의 종료 후 즉시 연장신청을 해야 한다.

(3) 시공자는 준공대가의 수령 전까지 연장비용을 발주처에 신청(계약금액의 조정신청)하여야 한다.

(4) 발주처는 시공자로부터 연장비용신청을 받은 경우에는 신청접수일로부터 30일 이내에 계약금액을 조정하여야 한다.

㈜ 발주처의 연장비용 결정에 대하여 시공자가 동의할 수 없는 경우에는 발주처에 이의제기를 할 수 있을 것이며, 이 이의에 쌍방간 합의하지 못하는 경우 계약예규에서 규정하는 분쟁절차를 따라야 할 것이다.

28·6 No Damage for Delay 조항과 연장비용

a. No Damage for Delay 조항의 개념

계약기간이 시공자의 책임없는 사유로 인하여 연장(무상연장)될 때 연장비용은 특별한 경우를 제외하고는 발주처가 부담함은 앞에서 언급한 바와 같다.

그러나 발주처의 경우, 특히 연장의 객체가 있는 경우 그에 대한 추가공사비(직접비+간접비)를 지급하는 데도 불구하고 또다시 연장비용까지 부담해야 하는 것은 심리적으로나 여건상으로나 결코 쉬운 선택이 아니다. 이로 인하여 시공자의 입장에서의 무상연장, 소위 양해할 수 있는 지체(excusable delay)의 경우에 있어서 시공자의 추가비용을 발주처가 부담하지 않는 조항을 계약조건에서 규정하는 경우가 있는 바, 이와 같은 조항을 'No Damage for Delay Clause' 또는 'Exculpatory Clause'라 한다. 우리말로 번역한다면 '연장비용면책조항', '지체손해면책조항' 또는 '무책임조항'이 될 것이라 본다.

이에 대하여 연장비용을 발주처가 부담하는 내용의 조항을 'Damage for Delay Clause'(연장비용조항·지체손해조항)라고 하며, 이를 달리 표현하면, 'Prolongation and Disruption Costs'(연장 및 공정차질비용)라고 할 수도 있을 것이다.

b. No Damage for Delay 조항의 성립요건

이 조항은, 예컨대 "여하한 경우의 지체에 있어서도 시공자는 계약기간의 연장청구 이외의 추가비용은 발주처에 청구할 수 없다"는 식으로 규정된다. 영·미권의 경우에는 이 조항에 대한 효력을 인정한다. 다만, 계약당시에 계약당사자가 그와 같은 지체나 장애를 예측할 수 있었을 경우에 한한다(if the delay or obstruction was within the contemplation of the parties at time the contract was entered). 좀 더 구체적으로 표현한다면 상기와 같은 계약조건에서 시공자가 설계상의 결함을 인지하고 추후에 설계변경이 필연적이라는 것을 안 상태에서 계약을 체결하였다면, 설계변경에 대한 추가비용을 발주처에 청구할 수 없다는 뜻이다. 또한 발주처와 주민이 합의되지 않은 상태에서 주민의 반대를 예측하면서도 예컨대 혐오시설 또는 기피시설 건설공사계약을 체결하여 이를 수행하는 중 주민들의 반대시위로 인하여 공정이 지체되었다면, 시공자는 상기와 같은 계약조건이 있을 경우 추가비용을 청구할 수 없고 도리어 지체상금을 부담하여야 할 것이다.

c. No Damage for Delay 조항의 적용제외

다음의 경우에는 발주처의 연장비용 면책조항의 효력이 인정되지 아니한다. 다시 말하면, 다음의 경우에는 그와 같은 면책조항에도 불구하고 발주처가 연장비용을 시공자에게 보상하여야 한다.

첫째 : 지체를 예상하지 못한 경우

상기 혐오 또는 기피시설 건설공사의 계약체결당시 발주처와 주민들이 합의하였기에 주민들의 반대시위가 없을 것이라고 예상하였으나, 해당시설의 시스템에 대하여 주민들이 품질의 격상을 요구하며 공사정지를 시켰다면 이는 시공자의 권한 밖의 사항이므로 상기와 같은 계약조건에 관계없이 발주처가 추가비용을 보상하여야 한다.

둘째 : 적극적인 방해의 경우

발주처의 작위 또는 부작위로 인하여 공정이 지체되었을 경우에는 시공자의 추가비용을 보상하여야 한다. 예를 들면, 발주처가 제공하기로 한 도면이 지체되어 공정이 지체되었다면 상기 계약조건은 적용되지 못한다. 여기에서의 지체는 완성까지의 총체적인 지체뿐만 아니라 일부 공정의 지체도 포함된다고 본다.(물론 이 경우는 연장비용이라기보다 공정차질비용에 가깝다)

셋째 : 비합리적인 지체기간의 경우

지체기간이 합리적인 수준을 초과하는 경우 시공자에게는 계약의 해지권이 있으나, 시공자는 해지권을 행사하지 않고 공사의 수행을 계속하고 추가비용을 청구할 수도 있다.

넷째 : 사기 또는 기만에 의한 경우

이는 No Damage for Delay 조항에서만 적용되는 것이 아니라 여타의 경우에서도 당연히 적용된다.

다섯째 : 계약문서에 예외규정이 있는 경우

여기서 미국건축사협회(AIA)의 「공사계약조건 A201」을 보면, 계약기간의 연장이 이루어진다고 하더라도 계약문서의 다른 규정에서 부여하고 있는 계약당사자 일방에 의한 지연손해에 대한 보상(recovery of damages for delay)을 배제하는 것이 아니라는 명시조항을 두고 있다(제8.3.3조). 즉 계약기간의 연장과 지체상금의 부과는 별개로 이루어진다는 뜻이다.

28·7 불가항력과 연장비용

일반적으로 시공자의 책임없는 사유로 인하여 계약기간이 연장되는 경우에는 그 연장으로 인한 추가비용을 발주처가 부담한다.

그런데 불가항력으로 인한 계약기간의 연장은 시공자의 책임없는 사유에 의한 연장에 해당하지만, 그렇다고 발주처에게 책임이 있는 것도 아니다. 시공자에게도 책임이 없고, 발주처에게도 책임이 없는 불가항력. 그로 인한 손해는 시공자에게도 발생하겠지만, 발주처에게도 발생한다. 이 점에서 시공자에게 계약기간을 연장해주고 연장비용도 발주처가 지급한다면, 쌍방(雙方)의 책임없는 사유로 인한 연장에 대하여 발주처 일방(一方)만이 모든 부담을 진다는 것은 형평성에 맞지 않다.

a. 발주처가 연장비용을 부담하지 않는 경우

미국 엔지니어합동계약문서위원회(EJCDC)의 「표준계약조건」은 발주처와 시공자 양자 모두의 통제범위를 초월하는 사유에 의한 지체의 경우, 계약기간의 연장만이 공정지체에 대한 시공자의 유일하고 배타적인 치유책(治癒策)이며, 발주처는 여하한 경우에 있어서도 ①시공자에 기인하거나 그의 통제범위 내에 있는 사유에 의한 손해에 대하여, 또는 ②계약당사자 쌍방의 통제범위를 초월한 사유(화재, 홍수, 전염병, 비정상적 기후여건, 신의 행위, 시설물소유자 또는 여타공사시공자에 의한 과실 등 포함)에 의한 지체로 인한 손해에 대하여, 시공자, 하수급자, 납품업자 또는 보증인 등 누구에게도 책임이 없는 것으로 규정하고 있다(제12.4조).

다시 말하면, 불가항력의 사유로 인한 지체에 대하여, 시공자는 계약기간의 연장만 허여(許與)받고, 연장비용은 따로 보상받을 수 없다는 내용이다.

「연방조달규정(FAR)」에서는 불가항력으로 인한 완공지체의 경우 계약기간을 연장하는 규정을 두고 있으나, 연장비용의 지급과 관련한 규정은 두고 있지 않다(52.249-10조 참조).

우리나라의 경우에도 계약예규 「공사계약일반조건」 제26조제4항 단서에 의하면 불가항력의 사유에 의한 계약기간의 연장에 있어서는 연장비용을 지급하지 않는다.

b. 발주처가 연장비용을 부담하는 경우

FIDIC의 경우에는 일반적인 불가항력의 사유로 인한 연장에 있어서는 계약기간간의 연장과 함께 연장비용도 발주처가 부담하지만, 자연재해(natural catastrophes), 즉 지진, 허리케인, 타이푼, 화산의 폭발 등으로 인한 경우에는 연장비용을 지불하지 않는다(「공사계약조건」 19.4조).

영국의 경우에는 사유를 불문하고 계약기간이 연장되는 경우 발주처가 연장비용을 부담한다(「공공계약조건」 C4조).

28·8 평 가 : 연장비용산출의 문제점

앞에서 논의한 바와 같이 계약기간의 연장에는, 시공자의 입장에서 유상연장(inexcusable extension)과 무상연장(excusable extension 또는 compensable extension)이 있다.

우리나라의 경우 이와 같은 연장사유는 「공사계약일반조건」 제25조에서 규정하고 있으며, 무상연장, 즉 발주처가 연장비용을 지급하는 연장에 있어서 그 연장비용의 산출은 계약예규 「정부입찰·계약집행기준」이 정하는 바에 따르도록 하고 있다.

이 연장비용의 산출 및 인식에 있어서 문제점이 있기에, 아래에서 이를 살펴보고자 한다.

a. 가정의 설정

상기 제28·1항의 내용을 다시 음미하여 볼 필요가 있다.

이 항의 그림을 자세히 보면, 그 전제는 설계변경과 같은 연장의 대상 또는 객체가 없이 단순히 계약기간만 XX'만큼 연장된 것으로 하였음을 알 수 있다.

그렇다면, 추가공사와 같은 설계변경이 지시되고, 그로 인하여 계약기간도 늘어났다면 어떻게 될까. 상기 제28·1항의 그림에서 아래의 가정을 더하여 보자.

[가 정] ① 발주처의 추가공사의 지시(연장의 객체)
② 이 추가공사로 인하여 공사비가 증가됨.
③ 이 추가공사로 인하여 계약기간이 연장됨.
④ 그 연장기간을 xx'라 함(비교의 효과를 위하여 이 경우의 연장기간도 상기 제27·2항의 연장기간, 즉 연장의 객체가 없는 단순한 계약기간의 연장과 같이함).

b. 추가비용의 비교

당초의 그림, 즉 상기 제28·1항의 그림을 〔그림 A〕라 하고 추가공사가 지시된 경우, 즉 위의 가정에 따른 그림을 〔그림 B〕라 하여 이 양자를 함께 나타내어 비교하면 다음과 같다.

추가공사와 계약기간 및 공사비의 상관관계

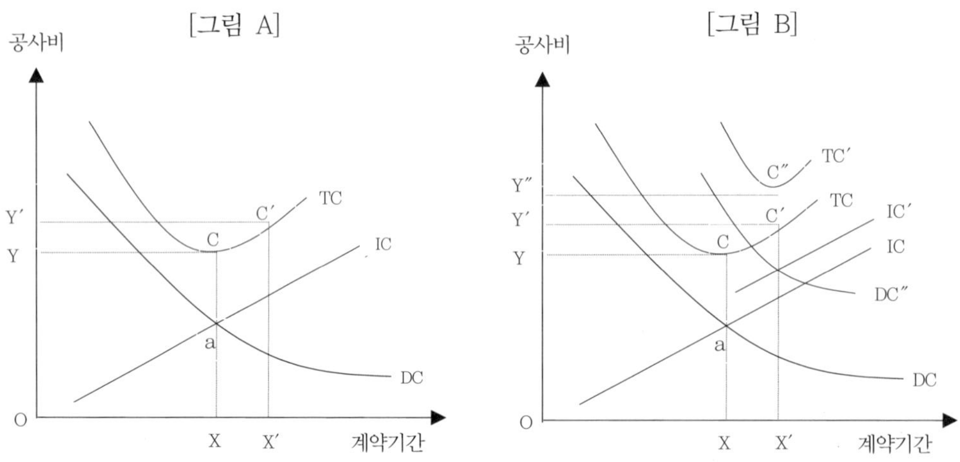

㈜ DC : 직접비(Direct Cost)
IC : 간접비(Indirect Cost)
TC : 공사비(Total Cost) = DC + IC
OX : 당초계약기간
OY : 당초공사비
aX = aC

가정 ②에 따라 DC는 DC'로, IC는 IC'로 상향이동하여 결국 TC를 TC'로 끌어올리게 된다. 이 추가공사의 수행에 소요되는 기간은 $DC'=IC'$인 X', 즉 $\overline{XX'}$가 될 것이며, 이 기간이 적정공기가 된다. 이를 종합적으로 나타낸 것이 [그림 B]이다.

추가공사비는 전체공사비 $\overline{OY''}$에서 당초공사비 $\overline{OY}$를 뺀 금액, 즉 $\overline{YY''}(=\overline{OY''}-\overline{OY})$가 됨을 알 수 있다.

이제 [그림 A]와 [그림 B] 및 이상에서 언급한 내용을 정리하여 보기로 한다.

(1) 추가공사의 수행없이 단순히 계약기간만을 연장($\overline{XX'}$)하였을 경우에도 공사비는 $\overline{OY}$에서 $\overline{OY'}$로, 즉 $\overline{YY'}$ 만큼 증가하였고,

(2) 추가공사를 수행한 경우에는 계약기간이 상기 (1)항에서와 마찬가지로 $\overline{XX'}$만큼 연장되었으나(상기 가정 ④), 공사비는 $\overline{OY}$에서 $\overline{OY''}$로, 즉 $\overline{YY''}$만큼 증가하였다.

c. 논란의 대두

그렇다면, 상기 [그림 A] 및 [그림 B]에서 추가공사비 $\overline{YY'}$, 즉 추가공사의 수행없이 계약기간만 연장되었을 경우의 추가비용과 추가공사비 $\overline{YY''}$, 즉 추가공사의 수행 및 계약기간의 연장 모두가 있었을 경우의 추가비용과의 괴리를 어떻게 받아들여야 할지에 대한 논란이 있다.

논 란 ⓐ	추가공사의 수행으로 계약기간이 $\overline{XX'}$로 늘어날 때 전체 추가비용은 [그림 B]의 $\overline{YY''}$가 된다.
논 란 ⓑ	추가공사의 수행없이 계약기간만 $\overline{XX'}$로 늘어났을 때 [그림 A]에서 추가비용은 이미 $\overline{YY'}$만큼 증가되었으므로, [그림 B]에서 이를 공제한 추가공사비는 $\overline{Y'Y''}$이다.
논 란 ⓒ	추가공사의 수행없이 계약기간만 $\overline{XX'}$로 늘어났을 때 [그림 A]에서 이미 추가비용은 $\overline{YY'}$만큼 늘어났고, [그림 B]에서 추가공사의 수행으로 인하

28 계약기간의 연장비용

여 추가공사비가 $\overline{Y'Y''}$만큼 증가되었으므로 전체추가비용은 [그림 A]의 추가비용과 [그림 B]의 추가공사비를 합산한 금액($\overline{YY'}+\overline{Y'Y''}$)으로 하여야 한다.

d. 논란의 분석

생각건대, 논란 ⓐ는 「공사계약일반조건」 제26조에서 규정하고 있는 '제25조제3항 각 호의 어느 하나의 사유'가 발생한 경우 발주처는 계약기간을 연장하며, 이 경우 실비를 초과하지 아니하는 범위 안에서 계약금액을 조정하는 내용과 배치되고 만다.

다시 말하면, 설계변경의 경우에는 상기 일반조건 제20조의 규정에 따라 추가공사비에 대하여 계약금액을 1차로 조정하도록 되어 있음에도 불구하고, 논란 ⓐ에 의하면 그 설계변경으로 인한 추가공기에 대하여 다시 연장비용을 지급하는 결과가 된다.

> 주 「공사계약일반조건」 제25조제3항제6호의 규정은 "설계변경으로 인하여 준공기한 내에 계약을 이행할 수 없는 경우"이므로 이 경우에도 연장비용을 지급하도록 되고 있다.

논란 ⓑ는 추가공사의 수행으로 추가공기가 $\overline{XX'}$만큼 필요로 할 때 [그림 B]에서 전체 추가비용은 $\overline{YY''}$임이 명백한데 여기에서 $\overline{XX'}$만큼의 연장기간에 대한 추가비용 $\overline{YY'}$를 떼어내어 추가공사비를 $\overline{Y'Y''}$로 한다는 것은 결론적으로는 문제가 없을지 모르나 논리적으로 모순이 있다.

논란 ⓒ는 [그림 A]가 비록 [그림 B]에 흡수되었다고 하더라도 [그림 A]에서 추가공사의 수행이 없는 계약기간의 연장시 발생하는 추가비용 $\overline{YY'}$와 [그림 B]에서 추가공사를 수행하는 경우에 발생하는 추가공사비 $\overline{Y'Y''}$와는 전혀 별개의 것이라는 데에 근거를 둔다. 이 견해에서는 [그림 A] 의 추가비용 $\overline{YY'}$를 소위 연장비용이라 하며, [그림 B]의 $\overline{Y'Y''}$를 공사비라 한다는 것이다.

e. 소 결

상기 논란에 대하여 필자는 논란 ⓒ의 편에 있음을 밝힌다. 그 이유는 논란 ⓒ가 아니고서는 「공사계약일반조건」 제20조의 설계변경으로 인한 계약금액조정과 제26조제4항의 설계변경으로 인한 계약기간의 연장시 계약금액의 실비조정을 설명할 수 없기 때문이다.

그러나 현업에서 이 논란의 골이 생각보다 깊으므로 인하여 그에 대한 합일점을 찾기가 쉽지 않을 것임을 알고 있다.

그렇다면, 왜 이와 같은 논란이 계속되고 있는가. 상기 논란의 원인은 한마디로 계약예규 「정부입찰·계약집행기준」 제15장 '실비의 산정'에 있다. 이를 치유할 방안을 아래의 (1)과 (2)로 나누어서 제시하고자 한다.

(1) 정률에 의한 연장비용의 산출

앞 제27장에서 계약기간의 연장유형을 유상연장과 무상연장으로 구분한 바 있다. 전자 즉 유상연장은 시공자의 책임있는 사유로 인한 연장이며, 후자 즉 무상연장은 시공자의 책임없는 사유로 인한 연장을 뜻한다. 계약기간의 연장에 있어서, 그 비용측면을 고려할 때 전자의 경우에는 시공자가 지체상금을 발주처에 지급하며, 후자의 경우에는 발주처가 연장비용을 시공자에게 지급함으로써 형평을 유지한다.

그런데 지체상금의 경우에는 지체상금률(遲滯償金率)이라는 정률방식을 적용하여 그 계산이 신속하게 이루어져 발주처가 시공자로부터 '쉽게' 납부받을 수 있으며, 금액의 산출에 있어서 하등의 논란이 없다.

이에 비하여 연장비용의 경우에는 소위 실비로 산정함을 원칙으로 하고 그 산정에 상당한 노력과 시간이 소요될 뿐만 아니라 그에 대한 산정방식이나 증빙에 있어서 계약당사자간 또다른 논란이 항상 대두되고 있다. 결국 시공자는 연장비용을 '어렵게' 지급받을 수밖에 없다.

계약당사자간의 진정한 형평성을 생각한다면, 지체상금의 부과에서 지체상금률을 적용하듯이 연장비용의 산출에 있어서도 가칭 연장비용률(延長費用率)과 같은 정률을 적용하여야 한다.

㈜ 지체상금률은 「국가계약법 시행규칙」 제75조에 규정하고 있는데, 종전에는 공사의 경우 0.1%, 용역의 경우 0.25%이었으나, 이 시행규칙은 2017.12.28일부로 개정되어 현재에는 공사의 경우 0.05%이며, 용역의 경우에는 0.125%이다.

지체상금률의 변천

변천시기		종전(2017.12.28 이전)	현재(2017.12.28 이후)
지체상금률 (%)	공사	0.1%	0.05%
	용역	0.25%	0.125%

(2) 실비의 비목 확대

상기 [그림 A]에서와 같이 설령 추가공사의 수행없이 계약기간만 연장된다고 하더라도 시공자에게는 연장기간 중 간접비만 추가로 발생하는 것이 아니라 직접비도 추가로 발생한다. 예컨대, 연장기간 중 직접노무비에 해당하는 요원에 대한 비용은 연장기간이 아닌 당초의 계약기간과 차이가 없이 발생하게 되는 것이 현실이다. 외국의 경우에는 이 직접요원의 노무비에 생산성저하비용까지 청구하고 실제로 그를 지급하고 있는 것은 좋은 비교가 되리라 생각한다. 다시 말하면, 연장비용의 비목에서 제외되고 있는 직접요원의 경우 연장기간 중의 생산성은 당초의 계획생산성에 대하여 제로(0)에 가깝다고 하여도 무리가 아니다.

그러므로 상기 (1)이 가장 합리적일 것이나, 그 적용에 어려움이 있다면, 계약예규「정부입찰·계약집행기준」제15장에서 규정하고 있는 연장비용의 비목을 직접비까지 확대하여야 할 것이다.

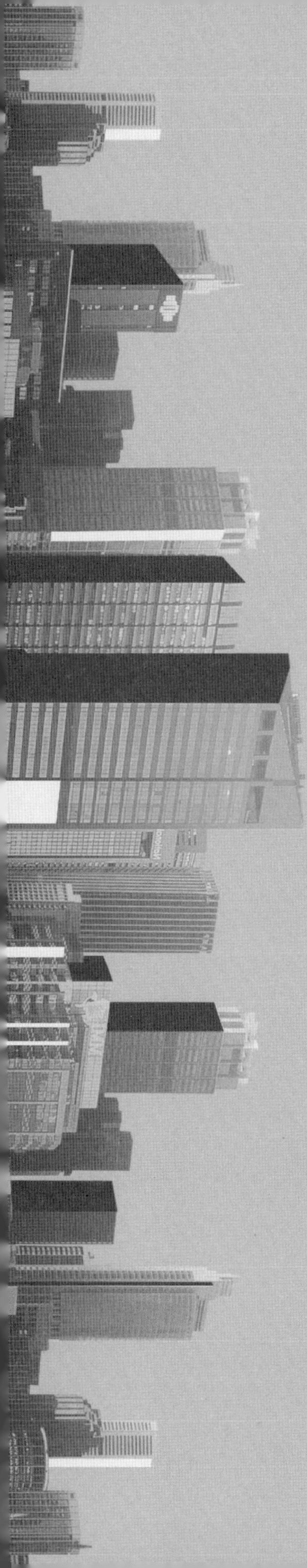

29

계약의 해제

제29장

계약의 해제

29·1 계약해제의 개념

계약의 해제란 계약의 체결 후 계약당사자 일방의 의사표시에 의하여 계약의 효력을 계약체결시점에서부터 소급적으로 없게 하는 것을 말한다.

계약의 해제와 유사한 개념으로 해지, 취소, 소멸, 철회 등이 있는 바, 이들 간의 차이점을 아래에 간략하게 음미코자 한다.

1. 계약의 해제와 해지

계약의 해제(解除)는 소급효(遡及效)가 있다. 그러므로 계약이 해제되면 미이행 채무에 대하여서는 변제의무가 소멸하고, 이미 이행한 채무에 대하여서는 원상회복의 의무가 있다.(「민법」 제548조)

그러나 건설계약에 있어서 시공자(채무자)가 수행한 공사부분을 계약이 해제되었다고 하여 원상을 회복한다는 것은 현실적으로 불가능할 뿐만 아니라 경제적으로도 원상회복에 대한 실익(實益)이 없는 것이 사실이다.

그러므로 임대차, 고용, 위임 또는 조합과 마찬가지로 건설계약에 있어서는 소급효를 인정한다는 것은 의미가 없다. 이와 같이 소급효를 인정하지 않고 장래에 대하여만 계약상의 의무와 권리가 소멸하는 것을 계약의 해지(解止)라고 한다.(「민법」 제550조)

대법원의 판례도 이미 시공한 부분에 대하여 계약의 해제는 실익이 없음을 천명하고 있다. 관련 판례는 다음과 같다.

대법원 판례 88다카 32470·32487 (1989.12.26)

"건축공사도급계약에 있어서 수급인이 공사를 완성하지 못한 상태에서 도급인의 채무불이행을 이유로 계약을 해제한 경우에 공사가 상당한 정도로 진척되어 그 원상회복이 중대한 사회적, 경제적 손실을 초래하게 되고 완성된 부분이 도급인에게 이익이 되는 때에는 도급계약은 미완성부분에 대하여서만 실효된다고 보아야 할 것이고, 따라서 이 경우 수급인은 해제한 상태 그대로 그 건물을 도급인에게 인도하고 도급인은 인도받은 건물에 대한 대가를 지급하여야 할 의무가 있으며..."

상기 판례 외에 1992.12.22일자의 92다30160호 및 1993.11.23일자의 93다25080호도 같은 취지의 판례이다.

2. 계약의 취소와 해제

취소권자 또는 해제권자의 일방적 의사표시에 의하여 법률행위의 효력을 없게 한다는 점에서 양자간 차이점이 없다.

그러나 해제는 계약에만 고유하게 존재함에 비하여 취소는 계약뿐만 아니라 모든 법률행위에서 존재한다. 또한 해제는 계약당사자 일방의 채무불이행을 원인으로 하는 법정해제권 외에 계약당사자 쌍방의 약정에 의하여 발생하는 약정해제권도 있으나, 취소는 무능력·의사표시의 하자 또는 착오 등이 있는 때에 법률의 규정에 의하여 발생한다.

해제의 경우에는 원상회복의무가 있으나, 취소의 경우에는 부당이득에 의한 반환의무가 있다.

㈜ 「민법」 제741조는 법률상 그 원인이 없이 타인의 재산 또는 노무로 인하여 이익을 얻고 이로 인하여 타인에게 손해를 가한 자는 그 이익(부당이득)을 반환하도록 규정하고 있다.

3. 계약의 소멸과 해제

계약의 소멸도 계약당사자 사이의 약정에 의하여 생긴다는 점에서 약정해제와 유사하다. 그러나 해제조건에 의한 계약의 소멸은 조건의 성취에 의하여 법률행위와 효력이 당연히 없어지는데 비하여, 약정해제는 비록 해제사유가 발생하더라도 해제권자의 의사표시가 없을 경우에는 해제의 효과가 발생하지 아니한다. 또한 계약의 소멸은 특별한 경우가 아닌 한 소급효가 없으나, 계약의 해제는 소급효가 있다.

4. 계약의 철회와 해제

계약의 해제는 계약체결 후 이미 효력이 있는 계약을 소급적으로 효력을 인정하지 않는 것이나, 계약의 철회는 아직 종국적이 아닌 법률행위의 효력을 장래에 대하여 발생하지 않도록 차단하는 행위이다.

5. 해제계약과 계약의 해제

해제계약은 계약당사자가 기존의 계약을 해제하기 위한 별도의 계약을 말하며, 반대계약 또는 합의해제라고 불리운다. 그러므로 해제계약에서는 청약과 승낙이 성립의 요건이 된다. 그러나 계약의 해제는 해제권자의 일방적 의사표시에 의하여 성립하며, 단독행위이다. 즉, 해제의 의사표시에 대한 타방의 승낙은 필요하지 않는다.

참고로 우리나라 「공사계약일반조건」에서는 해제계약을 인정하지 않으나, 일본 「공공공사청부계약약관」에서는 이를 인정하고 있다.(제47조)

6. 영문표기

계약의 해제에 대한 가장 일반적인 영문표기는 Termination (미국 AIA 및 EJCDC 계약조건, FAR, FIDIC 계약조건)이나, 영국에서는 Determination으로 표기하는 경우도 있다. 양자간에 표현상의 차이는 없다고 생각되나, 후자가 전자에 비하여 법적인 개념이 강하며(물론 법률용어로서 계약의 해제는 Rescission 이라고도 함), 영국 토목엔지니어협회(ICE) 계약조건에서 사용하고 있는 바와 같이 후자(determination)는 해지에 가깝고, 전자(termination)는 해제에 가깝다고도 할 수 있다.

ICE 계약조건에서는 ①전쟁의 발발 후 28일 이내에 공사를 완성하지 못할 정도의 상황일 경우에는 Determination, ②시공자가 지명하수급자(nominated subcontractor)를 부적격자로 판정하고 그와의 하도급계약을 거부할 경우 시공자의 하도급계약해제를 Termination, ③시공자가 파산이나 중대한 계약위반의 경우 발주처의 계약의 몰수는 Forfeiture 등으로 구분하여 표기하고 있다.

영국 컨설팅엔지니어협회(ACE)의 경우에는 계약의 해제를 ICE처럼 구분하지 않고 Determination으로 단일표기하고 있다.

상기 표기 외에 Withdrawal(철회), Cancellation(취소), Abandonment(포기), Invalidation(무효), Vitiation(무효), Rejection(거부) 등도 이해하여 두는 것이 좋을 것이다.

참고로, Novation은 계약의 해제가 아니라 일종의 시공자 회사의 양도 즉 영업양도를 말하며, 당사자간의 양도계약(Novation Agreement)을 발주처가 승인할 때에 한하여 유효하다. 미국의 경우 원칙상 정부계약을 제3의 시공자에게 양도할 수 없으나, 그 양도가 정부에 유익하다고 판단되는 경우에는 이를 허락하고 있다{「연방조달규정(FAR)」 42.1204조 참조}

㈜ 앞 제1항에서 인용한 우리나라 대법원판례에서 보는 바와 같이 건설계약에서는 매우 제한적인 경우(예 : 계약체결 후 공사의 착수 전 계약의 해제)를 제외하고는 비록 해제라는 표현을 쓴다고 하더라도 엄밀한 의미에서는 계약의 해지에 해당한다. 그러함에도 불구하고 본서에서는 계약의 해제 또는 해지를 '계약의 해제'로 통일하여 표기하고자 하는 바, 우리의 언어상의 관행이 그러하기 때문이다. 일본의 경우 우리나라와 아주 유사한 해제 및 해지에 대한 개념구분을 하고 있으나, 「공공공사청부계약약관」에서 '해제'라는 표기만을 사용하고 있다.

29 · 2 계약의 해제요건

계약의 해제는 해제에 대한 법률행위 또는 의사표시의 강제여부에 따라 법정해제와 약정해제로 구분된다.

1. 법정해제의 요건

계약의 일반적인 법정해제의 원인은 채무불이행이며, 이에는 이행지체, 이행불능, 불완전이행 및 수령지체가 있다. 아래에서는 이행지체로 인한 법정해제의 요건을 개략적으로 정리하기로 한다.

a. 시공자에게 책임있는 사유로 인한 이행지체

채무자 즉 시공자에게 책임있는 사유로 인한 이행지체가 성립하기 위하여서는 아래의 요건이 있어야 한다.

(1) 이행기가 도래하였을 것
(2) 이행이 불가능할 것
(3) 시공자의 유책사유에 의한 지체일 것
(4) 불이행이 위법일 것

b. 최 고

채권자 즉 발주처가 상당한 기간을 정하여 이행을 최고한 후에 시공자가 그 기간 내에 의무사항을 이행하지 않을 경우에는 계약을 해제할 수 있다. 이와 같은 최고를 의사의 통지라고 하며, 이행청구와 본질적으로 같은 의미이다.

그러나 「민법」 제545조에 의한 정기행위의 이행지체인 경우에는 반드시 최고가 해제의 요건인 것은 아니다. 즉, 정기행위에 있어서 이행지체가 있는 경우에는 최고를 하지 않더라도 계약을 해제할 수 있다.

참고로, 판례(1990.3.27 대법원)에 의하면 채권자가 이행을 위한 기간을 정하지 않고 최고를 하였다고 하더라도 최고의 효력은 인정된다.

c. 불이행

채권자가 제시한 상기 b항의 최고기간 내에 채무자가 이행하지 않아야 하는 요건이 있다.

2. 약정해제의 요건

우리나라 「민법」 제543조제1항에서 계약당사자는 계약 또는 법률의 규정에 의하여 계약을 해제 또는 해지할 수 있는 것으로 규정하고 있는 바, 계약에 의하여 해제권이 발생하는 경우를 약정해제라 하며 이와 같은 계약조항을 해제약관이라 한다. 공사계약에서 약정해제는 해제권의 발생원인에서 차이가 있을 뿐 그 외의 점에서는 법정해제와 대동소이하다.

약정해제의 요건은 해제약관에 따른다.

29·3 계약해제의 종류

1. 법정해제

a. 이행지체

우리나라 「민법」에서는 일반적인 이행지체(제544조)와 정기행위의 이행지체(제545조)로 구분하고 있으며, 계약의 해제시 전자의 경우에는 최고가 필요요건이나, 후자의 경우에서는 최고가 필요하지 않다는 차이점이 있다.

공사계약에서 이행지체는 시공자의 경우 공정지체, 발주처의 경우 기성대가의 지급지체, 또는 자신에게 의무가 있는 통지 등의 지체가 대표적인 경우이다. 전자의 경우 계약예규 「공사계약일반조건」 제44조제1항에서 시공자가 준공기한까지 공사를 완성하지 못하거나 완성할 가능성이 없다고 인정될 경우 발주처는 당해 계약을 해제할 수 있으나, 이 경우 최고에 대한 명시적인 규정을 두고 있지 않다. 그러나 후자의 경우 발주처가 기성대가의 지급 등 이행지체에 있어서 앞에서 언급한 바와 같이 시공자에게 계약을 해제할 수 있는 권한을 부여하는 것이 아니라, 지연이자의 지급(제41조) 또는 공사의 정지(제47조의2) 등만 허용하고 있어서 대조적이다.

여기서 주의할 점은 최고의 내용이 실제보다 과다(과대최고)할 때에는 해제의 요건으로서의 최고의 효력이 없다. 1990년 6월 26일자의 대법원판례는 과대최고의 효력에 대하여 아래와 같이 판시하고 있다.

> "채권자의 이행최고가 본래 이행하여야 할 채무액을 초과하는 과다한 금액의 이행을 요구하는 내용일 때에는 부적법한 최고라고 볼 수밖에 없는 바…………이러한 최고에 기인한 계약해제는 효력이 없다고 보아야 할 것이다."

그러므로 발주처가 시공자의 공정지체를 이유로 지체상금을 계산할 때에는 법정 또는 계약상 요율을 적용하여야 하며 과다한 요율을 적용하였을 때에는 비록 시공자가 그 금액에 대한 변제를 하지 않았다고 하더라도 계약을 해제할 수 없다.

b. 이행불능

「민법」 제546조에서 규정하고 있는 바와 같이 채무자의 책임있는 사유로 이행이 불능하게 된 때에는 채권자는 계약을 해제할 수 있다. 앞 「공사계약일반조건」 제44조제1항제2호 '준공기한까지 공사를 완공하지 못하거나 완성할 가능성이 없다고 인정될 경우' 및 제8호 '계약조건을 위반하고 그 위반으로 인하여 계약의 목적을 달성할 수 없다고 인정될 경우' 발주처에 의한 계약의 해제가 이 경우에 해당한다.

채무자의 이행불능인 경우에는 일반적인 이행지체의 경우와는 달리 최고를 필요로 하지 않는다. 그러나 현업에서는 관행적으로 시공자에게 최고를 하고 있다.

c. 불완전이행

우리나라 「민법」상의 명시규정은 아니나, 불완전이행의 경우에 해제권을 인정하는 데에는 반대의견이 없다는 것이 법률학자들의 공통된 견해이다. 그러나 건설공사계약에서는 하자있는 시공이 불완전이행에 해당할 것인데, 이 경우라고 하더라도 특별한 경우를 제외하고는 계약을 해제하는 것이 아니라 먼저 그 하자를 치유(보수)하게 하는 중간절차를 두는 것이 일반적이다(「공사계약일반조건」 제27조제3항 및 제33조). 이 경우 치유를 하지 못할 경우에는 당연히 계약의 해제사유가 된다.

최고의 필요여부에 관하여서는 설령 최고를 한다고 하더라도 완전이행이 불가능한 경우에는 최고가 필요하지 않다.

d. 도급자의 임의해제

「민법」 제673조의 규정에 의하면 수급인이 일을 완성하기 전에는 도급인은 손해를 배상하고 계약을 해제할 수 있다고 규정하고 있다. 이 경우 수급인의 손해에는 소극적 손해와 적극적 손해를 모두 포함하는 개념이다.

이와 같은 해제를 도급인(발주처)의 사정변경 또는 편의에 의한 해제라고도 한다.

계약예규 「공사계약일반조건」에서도 이 해제를 인정하고 있다(제45조).

e. 도급인의 파산에 의한 수급자의 해제

「민법」 제674조의 규정이며, 이 경우 수급인은 적극적 손해에 대하여서는 파산재단 등에게 청구할 수 없다.

f. 수급인의 건설업등록말소

「건설산업기본법」 제9조의 규정에 의하면, 건설업을 영위하고자 하는 자는 종합공사업은 대한건설협회에 신청하며, 당해 협회의 심사 후 신청인의 주된 영업소 소재지를 관할하는 시·도지사가 처리한다. 전문공사업은 신청인의 관할 시·도지사 또는 시·군·구청장이 처리한다. 이 경우 이 법 제83조의 규정에 의하여 등록이 말소된 경우 도급인에게 해당도급계약의 해제권이 있는가하는 의문이 있다.

이 법 제14조의 규정에 의하면, 등록말소처분을 받기 전에 도급계약을 체결한 건설공사에 대하여는 이를 계속하여 시공할 수 있도록 하고 있으나, 한편 도급인은 수급인으로부터 등록말소의 사실을 통보받거나 그 사실을 안 날부터 30일 이내에는 해당도급계약을 해제할 수도 있다.

수급인이 영업정지처분을 받은 때도 또한 같다.

그러므로 등록말소처분 또는 영업정치처분을 받은 경우 도급인이 하는 해제는 엄격한 의미에서 법정해제라고 보기 어렵다고 할 수 있다.

㈜ 「건설산업기본법」 제9조 단서에 의하면, 대통령령이 정하는 다음의 경미한 건설공사를 업으로 하고자 하는 경우에는 건설업의 등록이 필요하지 않다.

① 1건공사의 공사예정금액이 5천만원 미만인 건설공사(종합공사업종에 속하는 건설공사)
② 전문공사업자가 시공할 수 있는 건설공사로서 공사예정금액이 1천5백만원 미만인 건설공사(단, 가스시설공사, 철강재설치공사 및 강구조물공사, 삭도설치공사, 승강기설치공사, 철도·궤도공사, 난방공사 등은 제외)
③ 조립·해체하여 이동이 용이한 기계설비 등의 설치공사(단, 당해 기계설비 등을 제작하거나 공급하는 자가 직접 설치하는 경우에 한함)

㈜ 위에서 공사예정금액은 동일한 공사를 2건 이상의 계약으로 분할하여 발주하는 경우에는 각각의 공사예정금액을 합산한 금액으로 하고, 발주처(하도급의 경우에는 수급인을 포함함)가 재료를 제공하는 경우에는 그 재료의 시장가격 및 운임을 포함한 금액으로 한다. 따라서 공사예정금액은 예정가격에 발주처제공자재비 즉 관급자재비를 합한 금액이다.

공사예정금액 = 예정가격 + 발주처제공자재비(관급자재비)

g. 채권자의 수령지체

반대의견이 있는 것은 사실이나, 채권자의 수령지체도 채무불이행으로 간주하고 채무자는 상당한 기간을 정하여 수령을 최고한 후 계약을 해제할 수 있다는 것이 일반적인 견해이다.

그러나 건설계약에서 발주처의 인도지체를 계약의 해제요건으로 인정하는 예는 찾아보기 어렵다. 반대로, 시공자가 준공검사완료통지를 받은 날부터 7일 이내에 발주처에게 인수요청을 하지 않을 경우 발주처는 시공자에게 현장인수증명서를 발급하고 해당공사목적물을 인수할 수 있도록 하고 있다.

2. 약정해제

약정해제는 법정해제를 주의적으로 규정한 것 또는 법정해제조항을 부분적으로 수정한 것이 일반적이다. 공사계약조건에서 규정하고 있는 해제조항은 그 속성상 대부분 약정해제에 해당한다.

29·4 계약의 해제사유

계약의 해제는 법정해제와 약정해제가 있으나, 해제권자를 기준으로 하여 ①시공자에 의한 해제 및 ②발주처에 의한 해제와 ③양 당사자간의 합의해제로 구분할 수도 있으며, 그에 따라 해제사유에 차이가 있다.

1. 시공자에 의한 계약의 해제사유

a. 우리나라의 계약해제사유

우리나라의 계약예규「공사계약일반조건」제46조의 규정에 의하면, 시공자는 다음의 경우에는 계약을 해제할 수 있다.

(1) 발주처가 공사내용을 변경함으로써 계약금액이 당초에 비하여 40% 이상 감소되었을 경우
(2) 공사정지기간이 계약공기의 50%를 초과하는 경우

b. 일본의 계약해제사유

일본의 「공공공사청부계약약관」 제49조의 규정에 의하면, 시공자에 의한 계약해제사유는 우리나라의 해제사유에 발주처의 계약위반이 추가되어 있다.

(1) 설계변경으로 인하여 청부대금액이 당초보다 3분의 2 이상 감소되었을 경우
(2) 공사정지기간이 공기의 10분의 χ를 초과하는 경우(χ는 계약체결시 당초합의에 의하여 약정함)
(3) 발주처가 계약을 위반하고, 그 위반으로 인하여 계약의 이행이 불가능하여졌을 경우

c. FIDIC 의 해제사유

FIDIC에서는 다음의 경우 시공자에게 해제권이 있다(「공사계약조건」 제16.2조).

(1) 발주처가 약정한 자금주선을 하지 못하였을 때, 시공자의 공사정지통보 후 42일 이내에 발주처로부터 합당한 조치사실을 회신받지 못한 경우
(2) 감독관(Engineer)이 기성신청서를 접수한 날로부터 56일 이내에 지급확인서를 발급하지 못한 경우
(3) 기성대가지급시한의 만료일 후 42일 이내에 기성대가를 수령하지 못한 경우
(4) 발주처가 계약상의 의무를 이행하지 아니한 경우
(5) 발주처가 시공자에게 낙찰통지서를 발급한 후 28일 이내에 계약을 체결하지 않거나, 계약의 전부 또는 일부 또는 계약상의 이익을 시공자의 동의없이 타인에게 양도한 경우
(6) 전체공사에 대한 공사정지기간이 84일 이상 지속되는 경우 시공자의 공사재개요청일 후 28일 이내에 관련조치를 취하지 않는 경우
(7) 발주처의 부도, 지불불능, 파산 등의 경우

d. 미국의 해제사유

미국의 경우 시공자의 계약해제권을 매우 제한적으로 인정한다. 예를 들면, EJCDC「표준계약조건」 제15조에서는 아래의 경우에 한하여 시공자의 해제권을 인정하고 있다.

(1) 발주처, 법원, 기타 공공기관에 의한 공사정지가 90일 이상 지속되는 경우
(2) 감독관이 기성신청서의 접수일로부터 30일 이내에 관련조치를 취하지 않은 경우
(3) 시공자에 대한 대가지급기한의 경과일로부터 30일 이내에 이를 지급하지 않을 경우

e. 기 타

사우디아라비아의 경우에는 시공자로부터 기인하는 발주처의 지불지체를 이유로 공사를 중지할 수 없는 것으로 규정하고 있다. 이를 역으로 해석할 때 발주처의 귀책사유로 인한 지불지체의 경우에는 공사를 중지할 수 있으며 그로 인한 추가비용을 청구할 수 있다고 할 수 있다.

f. 참고사항

시공자에게 위와 같은 해제사유가 발생하였다고 하더라도 시공자가 반드시 계약을 해제하여야 한다는 뜻은 아니다. 시공자는 계약을 해제하지 아니하고서도 상당한 보상을 확신할 수 있다면 공사의 수행을 계속할 수 있다. 미국의 엔지니어합동계약문서위원회(EJCDC)는 이와 같은 선택조항을 명시적으로 규정하고 있다. 즉「표준계약조건」 제15.5조의 후반부에서는 계약해제사유가 발생하였더라도 시공자는 해제권을 행사하는 대신 관련사항의 청구일로부터 7일이 경과하는 경우 기성대가 등이 지급될 때까지 공사의 수행을 정지할 수 있는 것으로 규정하고 있다.

이와 같은 관점에서 시공자에 의한 계약의 해제는 임의해제에 속한다.

2. 발주처에 의한 계약의 해제사유

발주처가 계약을 해제할 수 있는 사유는 다시 시공자의 책임있는 사유로 인한 계약의 해제, 발주처가 자신의 판단으로 계약을 해제하는 소위 임의해제 및 불가항력의 사유로 인한 계약의 해제로 나누어서 생각할 수 있다.

a. 시공자의 책임있는 사유로 인한 계약의 해제사유

우리나라 「공사계약일반조건」 제44조제1항에서 시공자의 책임있는 사유로 인한 계약의 해제사유를 아래와 같이 규정하고 있다.

(1) 정당한 이유없이 약정한 착공시일을 경과하고도 공사에 착수하지 아니할 경우
(2) 시공자의 책임있는 사유로 인하여 준공기한까지 공사를 완성하지 못하거나 완성할 가능성이 없다고 인정될 경우
(3) 지체상금이 해당계약(장기계속공사계약의 경우에는 차수별 계약)의 계약보증금 상당액에 달한 경우. 그러나 이 경우라고 하더라도, 시공자의 계약이행가능성이 있고 계약을 유지할 필요가 있다고 인정되는 경우로서, 시공자가 계약이행이 완료되지 않은 부분에 상당하는 계약보증금을 추가납부하는 경우에는 계약을 해제하지 않는다.
(4) 장기계속공사계약에 있어서 제2차 이후의 계약을 체결하지 아니하는 경우
(5) 계약의 수행 중 뇌물수수 또는 정상적인 계약관리를 방해하는 불법·부정행위가 있는 경우
(6) 공정지연에 대한 만회대책에 따른 시공계획서를 제출 또는 보완하지 않거나, 정당한 이유없이 계획서대로 이행하지 않을 경우
(7) 입찰관련서류 등을 허위 또는 부정한 방법으로 제출하여 계약이 체결된 경우
(8) 기타 계약조건을 위반하고 그 위반으로 인하여 계약의 목적을 달성할 수 없다고 인정될 경우

일본의 경우는 「공공공사청부계약약관」 제47조제1항에서 발주처는 시공자가 다음의 사유에 해당될 경우 계약을 해제할 수 있도록 규정하고 있다.

(a) 정당한 이유없이 공사에 착수해야 할 기일을 경과하고도 공사에 착수하지 아니할 경우
(b) 시공자의 책임으로 계약기간 내에 공사를 완성하지 못하거나, 계약기간 경과 후 상당기간 내에 공사를 완성할 가능성이 명백하게 없다고 인정될 경우
(c) 시공자가 주임기술자 또는 감리기술자를 현장에 배치하지 않았을 경우
(d) 상기 (a) 내지 (c)항 이외의 경우로서 시공자가 계약을 위반하고 그 위반으로 인하여 계약목적을 달성할 수 없다고 인정될 때
(e) 시공자가 시공자에 의한 계약의 해제사유(상기 제1-b항 참조)가 아닌 사유로 계약의 해제를 요청하였을 경우
(f) 시공자(시공자가 공동기업체인 경우 그 구성원 포함) 또는 소속 직원이 불법·부정행위를 자행한 경우

㈜ 상기 (e)항은 엄밀한 의미에서 후술하는 합의해제의 사유에 해당한다.

b. 발주처의 임의해제사유

임의해제는 발주처의 사정변경에 의한 해제(termination by frustration of contract) 또는 발주처의 편의에 의한 해제(termination by the owner for convenience) 등으로 불리우기도 한다. 이를 우리나라 「공사계약일반조건」 제45조에서는 '객관적으로 명백한 발주기관의 불가피한 사정이 발생한 때'에 계약을 해제할 수 있는 것으로 규정하고 있으나, FIDIC의 「공사계약조건」, 미국 CMAA의 「CM계약조건」, 일본의 「공공공사청부계약약관」, 영국의 「공공계약조건」 및 싱가포르의 「공공공사계약조건」에서는 '필요한 때' 또는 '언제든지' 계약을 해제할 수 있는 것으로 하여 발주처에 의한 임의해제권이 매우 포괄적이라고 할 수 있다.

싱가포르 「공공공사계약조건」 제31.4조

"The Employer may, at any time, give the Contractor a written notice of termination. This shall have the effect of immediately terminating the employment of the Contractor under the Contract ...."

(발주처는 언제든지 시공자에게 해제통지서를 발급할 수 있다. 이로써 계약은 즉시 해제된다)

발주처의 임의해제의 경우에는 대 시공자 손해배상의 문제가 남는다.

위의 예에 대하여, ICE, AIA, EJCDC 등의 계약조건에서는 발주처의 임의해제권을 인정하지 않고 있다.

c. 불가항력

불가항력이 장기간 지속되거나, 그로 인한 피해 등을 감안할 때 공사를 재개할 수 없거나 재개할 필요성이 없어진 때에는 계약을 해제할 수 있다.

공사의 재개여부는 발주처가 판단하므로 불가항력에 의한 계약의 해제는 일종의 임의해제에 속한다. 이에 따라 발주처의 임의해제조항을 규정하고 있는 일본, 영국 및 미국의 경우에는 불가항력에 의한 해제조항을 별도로 두고 있지 않다.

㈜ 이와 관련한 내용은 앞 제25장에서 이미 살펴본 바 있다.

3. 합의해제

공공공사의 계약조건에서 합의해제조항을 규정하고 있는 유일한 예는 일본 「공공공사 청부계약약관」 제47조이다. 즉, 동조 제1항제5호에서는 발주처의 책임있는 사유가 아니라고 하더라도 시공자가 자기판단에 의하여 계약의 해제를 신청할 수 있으며, 발주처가 그 신청을 승낙한다면 계약은 해제된다.

29 · 5 계약해제의 효과

전항에서 계약의 해제유형과 사유를 살펴보았다. 물론 계약의 해제는 처음부터 계약을 체결하지 않았던 것과 같은 효과가 있으며, 장래에 한하여 계약상의 권리와 의무가 소멸하는 경우에는 계약의 해지라고 한다. 공사계약의 경우는 해지가 일반적이나 본서에서는 이를 해제로 표기할 것임을 앞에서 언급하였던 바 있다.

본 장에서 논의코자 하는 바는 그와 같은 원칙적인 효과가 아니라, 계약이 해제됨으로써 계약당사자에게 구체적으로 어떤 권리와 의무가 발생하는가 하는 점이다. 이를 효율적으로 분석하기 위하여서는 계약해제의 사유별로 분류하는 작업이 선행되어야 한다. 즉 첫째 : 시공자의 책임있는 사유에 의한 해제시의 효과, 둘째 : 임의해제시의 효과, 셋째 : 합의해제시의 효과 등이 그것이다.

1. 시공자의 책임있는 사유에 의한 계약의 해제

이 경우 시공자는 발주처에게 계약의 해제로 인한 모든 손해를 배상하여야 한다. 다시 말하면, 시공자는 발주처의 소극적 손해뿐만 아니라 적극적 손해에 대하여서도 책임이 있다.

a. 소극적 책임

시공자의 책임있는 사유로 인한 계약의 해제시 시공자의 소극적 책임은 우리나라 「공사계약일반조건」 제44조제3항에서 아래와 같이 규정하고 있다.

(1) 공사의 중지

시공자는 해당공사를 즉시 중지하고 모든 공사자재 및 기구 등을 공사장으로부터 철거하여야 한다.

(2) 대여품의 반환

발주처의 대여품이 있을 때에는 지체없이 발주처에 반환하되, 당해 대여품이 시공자의 고의 또는 과실로 인하여 멸실 또는 파손되었을 때에는 이에 대한 원상회복 또는 손해배상을 하여야 한다.

(3) 잔여관급재료의 반환

관급재료 중 공사의 기성부분으로 인수된 부분에 사용한 것을 제외한 잔여재료는 발주처에 반환하되, 당해 재료가 시공자의 고의 또는 과실로 인하여 멸실 또는 파손되었을 때 또는 공사의 기성부분으로 인수되지 아니한 부분에 사용된 때에는 이에 대한 원상회복 또는 손해배상을 하여야 한다.

(4) 정보 등의 제공

발주처가 요구하는 공사장의 모든 재료, 정보 및 편의를 제공하여야 한다.

㊟ 상기 (2) 및 (3)항에 있어서 대여품 또는 관급재료의 멸실 또는 파손이 시공자의 고의 또는 과실이 있는 경우에 한하여 그에 대한 원상회복 또는 손해배상의 책임이 있는 것으로 하고 있으나, 계약의 해제가 시공자의 책임있는 사유로 인한 것인 경우에는 그와 같은 요건이 필요하지 않다는 것이 일반적인 견해이다.

㊟ 일본 「공공공사청부계약약관」 제50조에서도 우리나라와 대동소이한 규정을 두고 있다.

b. 적극적 책임

(1) 선금잔액에 대한 이자의 부담

이는 우리나라 「공사계약일반조건」 제44조제5항에서 규정하고 있는 시공자의 책임사항으로, 계약이 시공자의 책임있는 사유로 인하여 해제된 경우 시공자는 선금에 대한 미정산잔액이 있을 때에는 그 잔액은 물론 그 잔액에 대한 약정이자 상당액을 가산하여 발주처에 상환하여야 한다. 여기에서의 약정이자라 함은 사유발생시점의 금융기관대출평균금리로서, 한편으로는 한국은행 「통계월보」상의 대출평균금리를 말한다.

(2) 잔여공사의 수행비용의 부담

계약이 해제됨으로써 발주처가 잔여부분의 수행을 위하여 새로운 입찰 또는 계약 등에 필요로 하는 비용을 변상하여야 한다.

경우에 따라서는 새로운 계약금액과 해제되기 이전의 계약금액간에 차이가 있을 때에는 그 차액을 변상하도록 하는 경우도 있다(다음 항 미국의 적극적 책임 참조).

(3) 발주처의 재산상의 손실 부담

계약의 해제로 인하여 발주처에게 재산상의 손실이 발생하였다면 이도 변상하여야 한다.

여기에서 재산상의 손실이라 함은 재산의 직접적인 손실뿐만 아니라 간접적인 손실까지도 포함하는 개념으로 해석하기도 한다(예; 영국).

구 영국 「관급공사계약조건」 제47조

"(6) In this Condition –

(a) the expression 'loss of property' includes damage to property, loss of profits and loss of use."

(본조에서 재산상의 손실이라 함은 재산상의 손상, 이익의 상실 및 사용의 상실을 포함한다)

(4) 시공자의 공사용장비 등에 대한 처분

발주처는 시공자의 책임있는 사유로 인한 계약의 해제시 시공자의 공사용장비·임시시설·미설치자재 등에 대한 사용 또는 처분권을 갖는 경우도 있다.(싱가포르 「공공공사계약조건」 제31.2조 참조)

㈜ 우리나라 「공사계약일반조건」에서는 발주처에게 이와 같은 권리가 없고, 오히려 시공자로 하여금 이들 장비·시설·자재 등을 현장으로부터 철거하도록 하고 있다.

(5) 기성대가의 지급유보

해제시점에서 발생되어 있던 기성대가는 하자보수기간이 종료되어 발주처가 당해 공사의 완성 및 하자보수·지체상금을 정산할 때까지 지급을 유보한다(싱가포르 「공공공사계약조건」 제31.2조 참조).

㈜ 우리나라 「공사계약일반조건」 제44조제4항의 규정에 의하면, 계약을 해제한 경우 기성부분을 검사하여 인수한 때에는 당해 부분에 상당하는 대가를 시공자에게 지급하도록 하고 있어 대조적이다.

(6) 지체상금의 부담

싱가포르 「공공공사계약조건」 제31.2조의 규정에 의하면, 시공자의 책임있는 사유로 계약이 해제됨으로 인하여 공사의 완성이 지체된 때에는 지체기간에 상당하는 지체상금(liquidated damages)을 시공자에게 부담하도록 하고 있다.

우리나라의 경우에는 이에 대한 분명한 규정을 두고 있지 아니하나, 상기 일반조건 제44조의 해석상 또는 아래의 기획재정부의 유권해석상 계약의 해제로 인하여 공사의 완공이 지체되었을 경우에는 시공자에게 지체상금을 부과하지 않는다고 보아야 할 것이다.

기획재정부(구 재정경제부) 유권해석 회계 45101-922('95.6.22)

"국가기관이 체결한 계약에 있어 계약상대자가 계약기간 내에 계약이행을 완료하지 못하여 지체되는 도중에 계약담당공무원이 동 계약을 해제 또는 해지하였다면, 예산회계법 시행령 제122조(현행 국가계약법 시행령 제50조)의 규정에 의거 계약보증금을 국고에 귀속시켜야 할 것임. 다만, 이 경우 동시행령 제129조(현행 국가계약법 시행령 제74조)의 규정에 의한 지체상금은 부과할 수 없는 것임."

(7) 계약보증금의 몰수

우리나라 「공사계약일반조건」 제8조의 규정에 의하면, 시공자가 정당한 이유없이 계약상의 의무를 이행하지 않거나 장기계속공사에 있어서 제2차 이후의 공사계약을 체결하지 않는 경우에는 계약보증금을 국고에 귀속시키도록 하고 있으므로, 시공자의 책임있는 사유로 인한 계약의 해제시에는 당연히 계약보증금은 발주처가 몰수하게 된다.

이는 외국의 경우에도 예외없이 적용하는 시공자의 부담사항이다.

c. 미국의 적극적 책임

미국의 경우 시공자의 채무불이행 즉 계약의무의 불이행 소위 'default'로 인하여 계약이 해제되는 경우 시공자는 아래와 같은 책임을 부담한다{「연방조달규정(FAR)」 제52.249-10조}.

(1) 발주처는 현장을 접수하여 타시공자와 계약하거나, 또는 자신이 직접 공사를 완성할 수도 있고,
(2) 발주처는 공사의 완공에 필요한 시공자의 현장자재·장비·설비 등을 소유할 수 있으며,
(3) 시공자와 그의 보증인은 완공지체로 인한 발주처의 모든 손해에 대하여 책임을 져야 한다.
(4) 시공자와 그의 보증인은 공사의 완공을 위하여 발생한 발주처의 추가비용도 부담하여야 한다.
(5) 이와 같은 발주처의 권리는 법령 및 해당계약상에 부여된 여타의 권리에 추가하여 존재한다.

㊟ 위 제(4)항 '완공을 위하여 발생한 발주처의 추가비용'을 Excess Reprocurement Cost 또는 Excess Repurchase Cost 즉 재조달초과비용이라 한다.

재조달초과비용 = 새로운 계약에 의한 완공비용 − 당초계약금액

*재조달초과비용에 대한 더 상세한 내용은 졸저 「건설클레임분쟁론」(건설경제, 2015) 제33장 참조

d. 일본의 적극적 책임

일본의 경우에는 시공자의 책임있는 사유로 계약을 해제한 때에는 상기 b항의 경우와는 달리 계약의 해제에 대한 위약금으로 시공자에게 정액 또는 정률로 그 책임을 묻고 있어서 특이하다.

일본「공공공사청부계약약관」제47조의2

"②전항의 규정에 의하여 계약이 해제된 경우 수주자는 청부대금액의 10분의 x에 상당하는 액수를 위약금으로서 발주자가 정하는 기간 내에 발주자에게 지불하여야 한다.

(주) x부분에는 예를 들면 1이라 기입한다."

2. 발주처의 임의해제

이 경우에는 시공자의 책임있는 사유에 의한 계약의 해제가 아니라 발주처의 사정변경 또는 편의에 의한 해제, 즉 발주처에게 책임있는 사유에 의하여 계약이 해제되므로 발주처가 시공자에게 계약의 해제로 인한 모든 손해를 배상하여야 할 것이지만, 시공자에게도 사후조치에 대한 의무가 있다.

a. 발주처의 의무

우리나라「공사계약일반조건」제45조제3항의 규정에 의하면 발주처가 사정변경에 의하여 계약을 해제한 경우에는 시공자가 후술(後述) 제b항에서 언급하는 의무를 완료한 날부터 14일 이내에 아래의 금액을 시공자에게 지급하여야 한다. 이 경우 발주처는 계약보증금을 시공자에게 동시에 반환하여야 한다.

(1) 검사를 필한 기성부분의 대가
(2) 검사를 필하지 아니한 부분 중 객관적인 자료(감독일지, 사진 또는 동영상)에 의하여 이미 시공되었음이 판명된 부분의 대가
(3) 전체공사의 완공을 위하여 계약의 해제일 이전에 투입된 시공자의 인력·자재 및 장비의 철수비용

이를 우리나라 발주처의 해제비용(Termination Costs)이라 하며, 법조인들은 청산금(淸算金)이라 부르기도 한다.

미국의 경우는 다음 제29·6항에서 따로 살펴보기로 한다.

b. 시공자의 의무

발주처의 임의해제의 경우에 있어서도 시공자는 앞에서 언급한 자신의 소극적 책임에 대한 이행의무가 있다.

(1) 공사의 수행중지
(2) 대여품의 반환
(3) 관급재료의 반환
(4) 정보 등의 제공

다만, 이 경우의 해제에 있어서는 선금에 대한 미정산잔액이 있는 경우 시공자가 그 잔액을 상환하기는 하되 미정산잔액에 대한 이자는 가산하지 않는다.

3. 계약당사자의 합의해제

이 경우 계약의 해제에 따른 계약당사자 쌍방간의 책임사항은 해제계약 또는 반대계약의 약관에서 정해지므로 본 항에서 구체적인 사항을 언급한다는 것은 의미가 없다.

29·6 평 가 : 해제비용의 정률화

해제비용(termination costs)이라 함은 계약당사자가 어떤 공사의 완성을 목표로 계약을 체결하였으나, 계약당사자 일방의 책임 또는 사정변경으로 인하여 공사의 완성 전에 계약을 해제함으로써 그 상대방에게 끼친 손해라고 개념지을 수 있을 것이다.

그렇다면, 이 해제비용은 계약의 해제에 따른 손해의 배상 또는 보전금액이라고 할 수 있을 것이며, 일반적으로 이 손해액의 결정기준은 아래와 같다.

첫째 : 합리적으로 예측가능한 손해

FIDIC 「기술용역계약조건」(conditions of consultancy agreement)에서는 이를 아래와 같이 규정하고 있다.

FIDIC 「기술용역계약조건」 제16.3조

"(i) Such compensation shall be limited to amount of reasonably foreseeable loss and damage suffered as a result of such breach, but not otherwise."

(그와 같은 보상은 그 계약위반의 결과 입은 합리적으로 예측할 수 있었던 손해액에 한한다)

우리나라 「민법」도 이와 유사한 규정을 두고 있다.

「민법」 제393조 손해배상의 범위

"① 채무불이행으로 인한 손해배상은 통상의 손해를 그 한도로 한다.
② 특별한 사정으로 인한 손해는 채무자가 그 사정을 알았거나 알 수 있었을 때에 한하여 배상의 책임이 있다."

손해액을 합리적으로 예측가능한 손해(reasonably foreseeable loss and damage)로 제한하는 이유는 계약당사자 일방의 우월적인 지위에 의한 권한의 오·남용을 방지하자는 데에 있다.

둘째 : 배상범위의 약정

배상범위를 약정한다는 것은 상기 추상적인 '합리적으로 예측가능한 손해'를 구체화하는 것이 된다고 할 수 있다.

「민법」 제398조 배상액의 약정

"① 당사자는 채무불이행에 관한 손해배상액을 예정할 수 있다.
② 손해배상의 예정액이 부당히 과다한 경우에는 법원은 적당히 감액할 수 있다.
③ 손해배상액의 예정은 이행의 청구나 계약의 해제에 영향을 미치지 아니한다.
④ 위약금의 예정은 손해배상액의 예정으로 추정한다.
⑤ - 생 략 - "

이와 관련하여 우리나라의 대법원은 그 판례 65다737('95.6.22)에서, 위약금의 약정은 손해배상액의 예정으로 추정되는 것이고, 당사자 사이에 손해배상액을 예정하는 약정이 있었을 때에는 실제 발생된 손해액이 예정액을 초과한다고 하더라도, 그 초과액을 청구할 수 없고 예정액만을 청구할 수 있다고 판시하고 있다.

상기 제29·5항에서 논의한 바와 같이 우리나라 「공사계약일반조건」에서는 계약의 해제로 인한 손해 또는 위약금, 즉 해제비용(termination cost)의 부담을 그 책임소재에 따라 아래와 같이 정하고 있다.

해제비용의 부담

구 분	시공자의 부담	발주처의 부담
부담내용	(1) 선금잔액 및 그 이자의 지불 (2) 계약보증금의 몰수 (3) 관급재료 및 대여품이 시공자의 고의 또는 과실로 멸실 또는 파손되었을 때 원상회복 또는 손해배상 (4) 공사자재·기구 등의 철거 (5) 관련정보 등의 제공	(1) 기성부분으로 확인된 부분의 대가 지급 (2) 시공자 인력·자재·장비 등의 철수비용 지급

㈜ 상기 표기에서 시공자의 부담이라 함은 시공자의 책임있는 사유로 계약이 해제된 경우의 부담을 뜻하며, 발주처의 부담이라 함은 시공자의 책임없는 사유 예컨대 발주처의 필요 또는 사정변경에 의한 해제 및 불가항력의 사유로 인한 해제 등의 경우에서의 부담을 뜻한다.

상기 표의 해제비용은 앞에서 논의한 예측가능한 손해이며, 그 배상범위를 약정한 것이라는 데에 이견이 있을 수 없다.

그러나 상기 대법원판례 65다737(1995.6.23)대로 손해배상액을 예정하는 약정이 있었을 때에는 실제 발생한 손해액이 예정액을 초과한다고 하더라도 실제손해액이 아닌 예정액만을 청구할 수 있다고 한다면, 이 손해배상액의 약정에는 합리성(reasonableness)이 있어야 한다. 만약 손해배상액의 예정에 있어서 불공정한 예정기준이 적용되었다면, 이는 합리적인 금액으로 조정되어야 할 것이다.

상기 「민법」 제398조제2항에서 손해배상의 예정액이 부당히 '과다'한 경우에 감액할 수 있도록 규정하고 있는데, 이를 역으로 해석할 때 손해배상의 예정액이 부당히 '과소'한 경우에는 증액할 수 있다고 할 수 있을 것이다.

다시 상기 표 해제비용의 부담으로 돌아와서, 시공자는 자신의 책임으로 계약이 해제된 경우에는 선금잔액에 대한 이자도 부담하고, 계약보증금(국가계약법령상 계약금액의 15% 이상에 상당하는 계약보증금, 또는 계약금액의 40% 또는 50% 이상에 상당하는 공사이행보증금)을 전액 발주처에 몰수당하나, 반대로 발주처는 발주처의 책임으로 계약이 해제된 경우라고 하더라도 시공자에 대한 손해배상의 예정액이 '과소'하게 약정되어 있을 뿐만 아니라 그 금액의 산출에 있어서도 논란의 소지가 있다.

발주처의 부담부분 중 제(1)항 기성부분의 대가는 상기 제29·1-1항에서 인용한 대법원판례 88다카32470(1989.12.26) 등에서 발주처가 그 대가를 지급하도록 판시한 바 있으므로 이 금액을 구태여 손해액이라고 할 필요가 없을 것이다. 왜냐하면, 기성부분은 엄연한 발주처의 재산인 것이며, 재산의 획득에 있어서 이를 무상으로 함은 자칫 부당이득이 될 수도 있다. 제(2)항 인력·자재·장비 등의 철수비용은 현실적으로 그 금액이 미미하여 계약의 해제로 인한 시공자의 손해를 감안할 때 이 부분은 지극히 형식상의 부담에 지나지 않는다고 하겠다.

무릇 시공자는 도급계약을 체결할 때 계약의 중도해제를 가상하고 체결하는 것이 아니라 공사의 완성을 전제로 체결한다. 극단적으로 말하면, 계약의 해제시 투입인력·자재·장비 등의 철수비용을 받자고 계약을 체결하는 것이 아니다.

시공자에게는 공사를 완성함으로써 얻는 이익이 있다. 그 이익은 금전상의 이익일 수도 있고, 회사의 경력상의 이익 또는 명예에 따르는 이익일 수도 있다. 이와 같은 이익을 도급계약에 대한 기대이익(expected profit)이라 한다.

우리나라「공사계약일반조건」에서는 시공자의 이 기대이익을 무시하고 있다. 다시 말하면, 계약의 해제로 인한 손해배상의 예정액이 너무 과소하게 약정되어 있다.

이와 관련하여, 영국의 컨설팅엔지니어협회(ACE), 미국의 건축사협회(AIA) 및 CM협회(CMAA)의 예정액은 우리에게 시사하는 바가 크리라 생각되어 아래에 인용한다.

CMAA 계약조건 A-1 제10.1.3조

"In the event of termination under Paragraph 10.1.1, the CM shall be paid its compensation for services performed to the date of termination, …and all termination expenses. Termination expenses are defined as those expenses arising prior, during and subsequent to termination that are directly attributable to the termination, plus an amount computed as a percentage of the total compensation earned at the time of termination computed as follows :

a. Twenty(20) percent if the termination occurs during the predesign phase, design phase or bidding phase ; or
b. Ten(10) percent if the termination occurs during the construction phase or post construction phase."

제 10.1.1조에 의하여 계약이 해제된 경우 CM은 해제일 현재 수행한 용역의 대가와 모든 해제비용을 지급받는다. 해제비용이라 함은 해제전, 해제중 또는 해제후 발생하는 모든 비용으로서 해제에 직접적으로 영향이 있는 비용 및 아래와 같이 산출한 해제시까지 수행한 총대가의 일정요율로 산출한 금액을 합산한 금액을 말한다.

a. 예비설계단계, 설계단계 또는 입찰단계에 해제된 경우 20%
b. 시공단계 또는 시공사후단계에 해제된 경우 10%

㈜ ① CM : Construction Manager
② 상기 중 제10.1.1조는 발주처의 편의에 의한 해제(termination by the owner for convenience) 조항이다.

이상 미국CM협회(CMAA)의 해제비용을 표로서 정리하면 아래와 같다.

CMAA 발주처의 해제비용 = ① + ② + ③
① 해제일 현재 미지급 대가 ② 해제와 직접적으로 관련이 있는 비용 ③ 해제시까지 수행한 총대가에 다음의 요율을 곱하여 산출한 금액 ⓐ 예비설계단계, 설계단계 또는 입찰단계에 해제된 경우 20% ⓑ 시공단계 또는 시공사후단계에 해제된 경우 10%

지체상금률이 그러하듯이 차재에 우리나라도 정률방식에 의한 해제비용제도를 도입하면 어떨까 생각된다. 이는 앞 제28장 연장비용에서도 그러했었다.

30

현장의 인도

제30장

현장의 인도

30·1 서 론

현장의 인도(hand-over)는 크게 두 가지로 나누어 생각할 수 있다. 첫째의 경우는 계약의 체결시 발주처가 시공자에게 공사용지(site 또는 job site)를 확보하여 주는 것이며, 공사용지의 확보시점과 계약체결시점을 기준으로 하여 계약기간의 기산점(起算點)에 차이가 난다.

(1) 공사용지의 확보시점이 계약체결일 이전이라면 계약기간의 기산점은 계약체결일이 된다.

(2) 공사용지의 확보시점이 계약체결일 이후일 경우에는 계약기간의 기산점은 공사용지의 확보시점이 된다.

㈜ 일본의 「공공공사청부계약약관」 제16조 및 우리나라의 「공사계약일반조건」 제11조의 규정에 의하면, 발주처는 시공자가 공사의 수행에 필요로 하는 날까지 공사용지를 확보하여 시공자에게 인도하도록 하고 있다.

둘째의 경우는 시공자가 공사를 완성하고 난 뒤 공사의 목적물을 발주처에게 인도하는 것을 말하며, 본 장에서 논의코자 하는 인도의 개념과 같다. 이 경우의 인도에는 다시 임시 또는 예비인도와 최종인도로 나누어진다. 전자 즉 임시, 예비 또는 잠정인도는 영문으로 Initial Hand-over (IHO), Provisional Hand-over (PHO), Preliminary Hand-over (PHO), Temporary Hand-over (THO) 등 다양하게 표현되고 있으며, 본 서에서는 이들에 대한 차이를 두지 않고 혼용하여 표기하기로 한다. 후자, 즉 최종인도는 영문으로 Final Hand-over (FHO)라고 하며 종종 하자보수의 완료의 개념과 혼용되기도 한다.

공사의 완성은 인도의 전제가 되며, 우리나라에서는 분명하게 구분하고 있지 않으나 영문으로는 인도의 경우와 마찬가지로 임시인도의 전제가 되는 실제적인 완공(substantial completion 또는 practical completion)과 최종인도의 전제가 되는 최종완공(final completion)으로 구분되고 있다. 실제적인 완공을 우리나라에서는 단순히 준공이라고 한다.

인도를 중심으로 한 일련의 과정을 흐름도로 나타내면 아래와 같다.

현장의 인도 절차

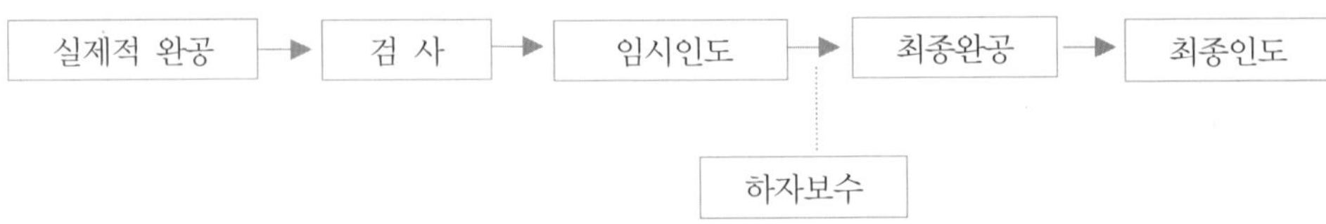

참고로 공사의 완공 후 인도(hand-over)는 시공자의 편에서 보는 표기이고, 이에 대하여 발주처의 편에서는 인수(taking-over)가 된다. 그러므로 본 장에서 인도라고 표기하고 있더라도 이를 인수라고 표기하여도 결론은 같게 된다.

30·2 실제적 완공

1. 실제적 완공의 일반적 개념

우리나라 계약예규「공사계약일반조건」제27조제1항을 보면, 시공자는 공사를 완성하였을 경우 그 사실을 준공신고서 등 서면으로 발주처에게 통지하고 검사를 받도록 규정하고 있다. 본 항의 실제적 완공이라 함은 우리나라의 위 계약예규상의 공사의 완성 즉 완공 또는 준공을 지칭한다.

㊟ 위 본문 중 '발주처'는 이 경우 건설사업관리 또는 감리를 하는 공사에 있어서는 관련 건설기술용역업자를 말하며, 계약예규「공사계약일반조건」제16조의 공사감독관과 같다.

완공통보를 접수한 발주처는 준공검사를 실시한다. 검사결과 특별한 하자사항이 없으면 완공증명서(certificate of completion)를 발급하며, 하자사항이 있을 경우에는 보수가 완료될 때까지 완공증명서의 발급을 유보한다. 이 경우 하자사항이라 함은 발주처가 목적물을 사용하는데 지장이 있을 정도의 중대한 하자사항을 말하며, 이에 대하여 경미한 하자사항에 대하여는 설령 그 보수를 지시하였다고 하더라도 완공의 효력에는 지장이 없다는 것이 일반적인 견해이다.

후자와 같은 경미한 하자사항을 영문으로는 Snagging Items 또는 Punch List 항목이라고 한다.

㊟ 완공에 대한 확인은 통상 완공증명서(certificate of completion : COC)를 발급함으로써 이루어지나, FIDIC 계약조건에서는 인수증명서(taking-over certificate: TOC)를 발급함으로써 완공확인서의 발급에 갈음한다.
엄밀한 의미에서, 실제적 완공증명서는 COC라기보다 COSC 즉, Certificate of Substantial Completion 이다. 이에 대하여 최종완공증명서는 COFC 즉 Certificate of Final Completion이다.

2. EJCDC 의 실제적 완공

위의 일반적인 실제적 완공개념에 대하여 미국의 엔지니어합동계약문서위원회(EJCDC)의 「표준계약조건」은 좀 이색적인 실제적 완공개념을 두고 있기에 소개하고자 한다.

첫째, 시공자는 전체공사가 완공되었다고 판단되면 발주처(Owner)와 감독관(Engineer)에게 완공사실을 통지하고, 감독관에게는 완공증명서(Certificate of Substantial Completion : COSC)의 발급을 요청한다.

둘째, 발주처·감독관 및 시공자가 합동으로 준공검사를 실시한다.

셋째, 감독관은 자신의 판단으로 불합격이면 그 사실을 시공자에게 통지하고, 합격이면 COSC 초안(Tentative COSC)를 작성하여 발주처에 제출한다. 이 초안에 실제적 완공일을 기재하며, 최종지불일 이전까지 보수하여야 할 항목의 목록(이를 소위 Punch List라 함)을 첨부한다.

넷째, 발주처는 COSC 초안을 접수한 날로부터 7일 이내에 당해 초안 및 보수항목에 대하여 이의를 제기할 수 있다.

다섯째, 발주처의 이의를 접수한 날로부터 14일 이내에 감독관은 그 이의가 합당하다고 판단되면 그 사실을 발주처와 시공자에게 통지하고, 그 이의가 실제적 완공에 영향을 미치지 않을 정도라고 판단되면 COSC 초안을 수정하여 발주처와 시공자에게 각기 송부한다. 당해 초안은 COSC 최종안(Definite COSC)이 된다.

이상의 내용을 정리하면, 미국 EJCDC는 완공개념을 실제적 완공과 최종완공으로 구분하고, 실제적 완공은 감독관의 실제적 완공증명서초안 및 실제적 완공증명서최종안으로 확인된다.

미국 EJCDC의 완공

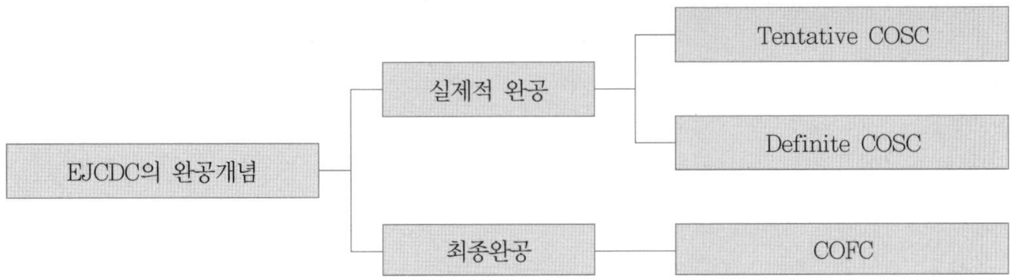

㈜ COFC : Certificate of Final Completion(최종완공증명서)

30·3 임시인도

1. 임시인도의 요건

임시인도의 요건은 당연히 공사의 완성 후 발주처 또는 감독관의 검사에 통과하여야 하는 것이다. 이를 좀 더 구체적으로 정리하면 아래와 같다.

(1) 임시인도에 대한 시공자의 요구 및 발주처의 사용의향이 있을 것
(2) 발주처가 사용할 수 있는 완전한 상태일 것
(3) 발주처에 의한 검사에 합격할 것

a. 발주처의 사용의향

상기 요건 중 제(1)항 발주처의 사용의향이 있어야 된다는 뜻은 발주처의 주관적인 재량이 아니라 전체의 공사목적물이 완성되었을 경우에는 발주처의 의향은 계약조건에 따라야 할 것이며, 단지 부분인도(partial hand-over)에서는 발주처의 사용의향이 중요한 전제요건이 될 수 있을 것이다. 그러므로 분할할 수 있는 공사목적물에 대한 인도, 즉 부분인도가 가능한 경우라고 하더라고 발주처의 사용의향이 없을 경우에는 인도할 수 없게

된다. FIDIC「공사계약조건」 제10.2조에서는 이 경우를 "········· at the sole discretion of the Employer·········"(발주처만의 자유재량으로)라고 표기하고 있다.

우리나라「공사계약일반조건」에서도 전체 공사목적물이 아닌 기성부분(성질상 분할할 수 있는 공사에 대한 완성부분에 한함)에 대한 인수에 있어서는 발주처의 인수의향을 전제로 하나, 전체 공사목적물에 대한 인수에 있어서는 시공자로부터 준공신고서를 접수받은 때에는 그 날로부터 14일 이내에 검사를 하여야 하며, 검사완료 후 시공자로부터 인수요청을 받은 때에는 즉시 현장인수증명서를 발급하고 당해 공사목적물을 인수하도록 하고 있어 소위 인수강제주의가 지배하고 있음을 유의하여야 한다.

b. 완전한 상태

발주처가 사용할 수 있는 완전한 상태(perfect condition)란 어느 정도의 상태를 뜻하는가. 이 기준에 대한 논란은 발주처와 시공자 사이에서 심심찮게 대두되어 왔다. 엄밀하게 말한다면 완전한 상태라 함은 계약문서에 일치하여 완공한 상태를 뜻하지만 현실적으로 그와 같은 완공이 가능하지 않다. 그러므로 이에 대한 판정은 왕왕 발주처의 사용의향에 크게 좌우되어 왔었다. 그렇다면 각국 계약조건에서 완공의 기준을 어떻게 규정하고 있는지 살펴 볼 가치가 있다고 생각된다.

미국건축사협회(AIA)의「공사계약조건(A201/CMa)」 제9.8조에는 공사목적물이 계약문서에 일치하여 완성되고, 따라서 발주처가 의도한 바대로 인수 및 사용할 수 있는 상태라 하여 다소 추상적으로 규정하고 있다.

이에 비하여 사우디아라비아의「공공공사표준계약조건」 제51조에서는 매우 현실적으로 규정하고 있다. 즉, 공사목적물의 이용에 지장이 없고 의도된 목적을 위하여 공사목적물의 이용에 지장이 없을 때(does not hinder utilization of the work and using it for the intended purpose)에는 비록 완전한 상태가 아니라고 하더라도, 즉 다소의 미결사항(outstanding items)이 있다고 하더라도 현장은 인도된다고 규정하고 있다.

FIDIC「공사계약조건」 제10.1조도 사우디아라비아의 위의 규정과 거의 동일한 내용을 규정하고 있다. 즉, 시공자는 완공 전 14일 이전에 인수확인서 (taking-over certificate : TOC) 의 발급을 신청할 수 있으며, 신청서를 접수한 감독관은 접수일로부터 28일 이내에 TOC를 발급한다. 이 경우 공사목적물의 사용에 실제적으로 영향이 없는 경미한 미이행사항이나 하자사항은 TOC의 발급에 방해받지 않음을 명시하고 있다.

이에 비하여, AIA의 상기 계약조건에 의하면, 시공자는 감독관(Architect)에게 실제적 완공증명서(COSC)의 발급을 요청할 때 Punch List도 제출할 필요가 있다고 판단될 경우에는 이를 함께 제출해야 하며, 제출 후 조속히 그 리스트상의 항목을 마무리(완공 또는 보수)해야 한다. 한편 리스트를 제출받은 감독관은 건설사업관리자(CM)의 지원을 받아 즉시 실제적 완공여부를 검사한다. 검사결과 불합격항목이 있을 경우 시공자는 COSC의 발급 전까지 이를 보완하여야 하며, 보완 후 감독관에게 재검사를 신청한다.

c. 검사에의 합격

여기에서의 검사는 우리나라식 표기로는 준공검사에 해당하며 FIDIC 계약조건에서는 Tests on Completion으로 표기하고 있다.

이 검사에 합격할 경우에는 현장이 인도된다는 것은 당연한 일이겠으나, 검사에 통과하여 공사목적물이 인도되었다고 하더라도, 공사를 계약사항에 일치하여 시공하여야 하는 시공자의 책임을 면제하는 것이 아니라는 사실에 유의하여야 한다. 그러므로 검사 후의 인도는 비록 종국적인 효력이 있기는 하나, 잠재적 하자(latent defects)나 기만(fraud)에 의한 경우에는 인도의 효력이 없다고 할 수 있다. 우리나라 계약예규「공사계약일반조건」 제36조의 특별책임은 이 논리에 입각하여 마련된 규정이다.

2. 임시인도의 절차

우리나라「공사계약일반조건」 제27조 및 제28조 등의 규정을 중심으로 하여 임시인도의 절차를 그 차례에 따라 정리하면 아래와 같다.

a. 준공신고서의 제출

시공자는 공사를 완성하였을 때에는 그 사실을 준공신고서로 발주처(건설사업관리 또는 감리를 하는 공사에 있어서는 건설기술용역업자를 말함)에게 통지하여야 한다.

b. 준공검사의 실시

발주처는 준공신고서를 접수한 날로부터 14일 이내에 시공자의 입회 하에 검사를 하되, 다만 불가항력의 사유로 인하여 14일 이내에 검사를 완료하지 못한 경우에는 해당사유가 존속되는 기간과 그 사유가 소멸된 날로부터 3일까지는 이를 연장할 수 있으며, 계약금액(관급자재가 있는 경우에는 관급자재대가를 포함한 금액)이 100억원 이상이거나 기술적 특수성 등으로 인하여 14일 이내에 검사를 완료할 수 없는 특별한 사유가 있는 경우에는 7일의 범위 내에서 검사기간을 연장할 수 있다.

검사원은 검사조서(檢査調書)를 작성하여야 하나(「국가계약법」 제14조), 계약금액이 3천만원 이하인 경우에는 이의 작성을 생략할 수 있다(「국가계약법 시행령」 제56조).

c. 시정조치

발주처는 시공자의 계약이행 내용의 전부 또는 일부가 계약에 위반되거나 부당함을 발견한 때에는 시공자로 하여금 이를 시정하도록 하여야 하며, 시공자는 필요한 시정조치를 하여야 한다. 이 경우 시정에 소요되는 기간은 상기 검사기간에서 제외된다. 즉, 검사기간은 시공자로부터 시정을 완료한 사실을 통지받은 날부터 14일간이다.

d. 검사결과의 통지

발주처는 검사의 완료 후 지체없이 그 결과를 시공자에게 통지하여야 한다.

㊟ 위 b항의 준공검사와 c항의 시정조치로 인하여 계약기간이 연장될 경우 시공자는 그 기간에 대하여 지체상금을 부담하여야 한다.

e. 재검사

시공자는 발주처로부터 검사결과를 통지받고 그 결과에 대하여 이의가 있을 때에는 재검사를 요청할 수 있으며, 발주처는 그에 따른 필요한 조치를 하여야 한다.

재검사결과 당초의 검사결과에 이상이 있을 때에는 그를 수정하여야 할 것이나, 만약 당초의 검사결과에 이상이 없을 때에는 재검사에 소요된 비용 등을 시공자가 부담하여야 할 것이다.

> 注 상기에서 "재검사에 소요되는 비용 등"이라고 표현한 이유는, 상기 c항에서 언급한 바와 같이 시공자의 계약이행 내용이 계약에 위반되거나 부당한 경우 그 시정에 소요되는 기간은 검사기간에서 제외되는데, 이 제외되는 기간에 대하여는 계약기간이 연장되며 그 기간에 대하여 시공자는 지체상금을 부담하여야 한다. 검사결과 이상이 있을 경우 그를 시정하는 것도 상기 c항의 시점에 해당하므로 이 시정기간에 대하여도 지체상금을 부담하여야 하기 때문에 '비용 등'이라고 표현하였다.

f. 현장의 정돈

시공자는 검사완료통지를 받은 때에는 당연히 모든 공사시설, 잉여자재, 폐기물, 가시설 등을 현장으로부터 즉시 철거·반출하여야 하며, 현장을 정돈하여야 한다.

g. 인수요청 및 준공명세서의 제출

현장을 정돈한 시공자는 발주처에게 현장을 인수하도록 요청하여야 한다.
이 경우 시공자는 다음 내용이 첨부된 준공명세서를 발주처에 제출한다.

(1) 완성된 공사목적물의 전면·후면·측면사진(10 " ×15 ") 각 5매 및 사진원본파일
(2) 주요검사과정을 촬영한 동영상물(CD 등) 5본
(3) 착공에서 준공까지의 행정처리과정, 참여기술자, 관련참여업체 등의 내용을 포함하는 준공보고서

㊟ 「건설기술진흥법 시행령」 제78조에 의하면 준공보고서에는 다음 사항이 포함되어야 한다.

① 준공도서
② 품질기록(품질시험 또는 검사성과총괄표 포함)
③ 구조계산서(당초설계시의 구조계산서와 다르게 시공된 경우에 한함)
④ 시설물의 유지·관리에 필요한 서류
⑤ 신공법 또는 특수공법평가보고서
⑥ 시운전평가결과서

㊟ 우리나라의 준공명세서에 대하여, FIDIC 「공사계약조건」 제14.10조에서는 준공명세서를 Statement at Completion이라 표기하고 있으며, 이 준공명세서는 다음 사항을 포함하도록 하고 있다. 우리에게 시사하는 바가 있다.

(a) 현장인수증명서(taking-over certificate : TOC)의 발급일 현재까지 시공자가 수행한 모든 공사의 가액
(b) 시공자가 추가로 받아야 한다고 생각되는 금액
(c) 시공자가 향후 받아야 한다고 생각되는 예상금액

h. 현장인수증명서의 발급 및 인수

발주처는 시공자가 상기 g항과 같이 인수요청을 한 때에는 즉시 현장인수증명서를 발급하고 해당공사목적물을 인수하여야 한다.

발주처는 시공자가 검사완료통지를 받은 날부터 7일 이내에 발주처에게 인수요청을 하지 않을 때에는 시공자에게 현장인수증명서를 발급하고 해당공사목적물을 일방적으로 인수할 수 있다.

현장인수증명서는 FIDIC의 Taking-over Certificate(TOC)를 뜻한다. 이에 대하여 영국 토목엔지니어협회(ICE)에서는 준공확인서(certificate of completion)로 표기하고 있으나 양자간 차이점은 없다. 물론 Taking-over Certificate는 발주처의 측면에서 본 개념임은 앞에서 언급한 바와 같다.

FIDIC의 경우 감독관은 시공자로부터 현장인수증명서의 발급을 요청받은 경우 요청받은 날부터 28일 이내에 이를 발급하든가, 아니면 발급을 거부하는 회신을 하여야 하는데, 이 양자 어느 쪽도 행하지 않고, 공사도 계약문서에 일치하여 실제적으로 이루어 졌을 경

우에는 그 28일의 말일에 현장인수증명서가 발급된 것으로 간주한다(FIDIC「공사계약조건」 제10.1조).

㈜ 현장의 인수를 Taking-over라고 표현하는 외에 AIA 및 EJCDC는 Acceptance라고도 표현한다. 이 경우 실제적인 준공 후의 현장인수증명서는 Temporary [Initial, Provisional] Acceptance Certificate가 되며 하자보수완료 후의 현장인수증명서는 Final Acceptance Certificate가 된다.

i. 준공표지의 설치

발주처는 공사목적물을 인수한 때에는 다음 사항을 기재한 준공표지를 설치하여야 한다.

(1) 공사명 및 발주처(관리청)
(2) 착공 및 준공년월일
(3) 공사금액
(4) 시공자
(5) 공사감독관 및 검사관
(6) 하자발생시 신고처
(7) 기타 필요한 사항

j. 인도절차의 요약

상기 a항 내지 i항을 흐름도로 나타내면 다음과 같다.

임시인도의 절차

3. 임시인도의 효과

비록 임시 또는 잠정적인 개념이기는 하지만 현장이 인도된다는 것은 공사의 실제적인 완성, 즉 준공을 전제로 하므로 계약당사자 사이에는 여러 가지의 권리와 의무가 새로이 발생하거나 면제된다.

a. 지체상금의 부담에서 해제

시공자는 일단 지체상금의 부담에서 벗어나게 된다. 그러므로 공사의 완성 후의 미결사항이나 하자사항은 하자보수기간 중에 수행하면 되는 것이므로 지체상금의 대상이 아니다.

㈜ 본 장에서 논의되고 있는 공사의 완성은 계약조건상의 완성을 의미하고 있으나, 실제적으로 이와 같은 완성의 개념이 아니라고 하더라고, 즉 검사를 완료하지 않았다고 하더라도 발주처가 사용할 수 있는 상태에까지 왔다고 인정될 경우에는 지체상금을 부과할 수 없다는 것이 일반적인 견해이다.

b. 유보금의 해제

유보금이 있을 경우에는 통상 임시인도 후에 유보금의 50%가 시공자에게 반환된다. 나머지 50%는 하자보수의 완료 또는 최종인도 후에 반환된다.

c. 인력 및 자재·장비의 철수

시공자는 현장의 인력이나 투입된 자재·장비를 철수하여 타현장으로 전용할 수 있다. 다만 하자보수요원은 현장에 상주시켜야 하는 것이 일반적이기는 하나, 우리나라의 국가계약법령이나 계약예규에는 그와 같은 규정을 두고 있지 않다.

d. 계약보증의 반환

우리나라 「국가계약법 시행규칙」 제55조의 규정에 의하면 계약보증의 보증기간은 계약기간 개시일부터 계약기간 종료일 이후까지로 되어 있기는 하나, 「공사계약일반조건」 제8조제5항에서는 계약보증금은 계약이 이행된 후 시공자에게 지체없이 반환하도록 하고 있다. 이 경우 시공자는 계약보증금의 반환 이전에 하자보수보증을 발주처에 제출하여야 할 것으로 본다.

㈜ FIDIC 「공사계약조건」에서는 계약보증은 감독관이 발급한 이행확인서의 사본을 발주처가 접수한 날로부터 21일 이내에 시공자에게 반환하는 것으로 규정하고 있다(제4·2조).

e. 하자보수보증금의 납부

우리나라 계약예규 「공사계약일반조건」 제33조에 의하면, 발주처가 전체목적물을 인수한 날과 준공검사를 완료한 날 중에서 먼저 도래한 날부터 계약서에 정한 기간까지 시공자는 하자에 대한 보수책임이 있으며, 이 책임기간을 하자담보책임기간이라 한다.

시공자는 하자보수를 보증하기 위하여 계약금액에 하자보수보증금률을 곱하여 산출한 금액을 최종대가의 지급시까지 발주처에 납부하여야 한다(「국가계약법 시행규칙」 제52조).

f. 공사보험의 만료

위 계약예규「공사계약일반조건」제10조제4항의 규정에 의하면, 공사보험의 보험기간은 공사착공일 이전부터 발주처의 인수시(시운전이 필요한 공사의 경우에는 시운전시기까지 포함)까지로 되어 있으므로 발주처가 공사목적물을 인수할 때에는 공사보험의 보험기간이 만료된다고 할 수 있다.

g. 준공대가의 지급

시공자는 공사를 완성한 후 검사에 합격한 때에는 소정절차에 따라 준공대가의 지급을 청구할 수 있고, 발주처는 청구를 받은 날로부터 5일 이내에 대가를 지급하되, 시공자와 합의하는 경우 5일을 초과하지 않는 범위 내에서 지급기한을 연장할 수 있는 특약을 정할 수 있다. 또한 불가항력의 사유로 대가를 지급할 수 없을 경우에는 해당사유가 소멸된 날로부터 3일까지 지급을 연장할 수 있다(계약예규「공사계약일반조건」제40조).

이 경우 발주처는 시공자로부터 앞 e항의 하자보수보증(금)을 징구하고 나서 이를 지급하게 될 것이다.

h. 하자보수기간의 개시

하자보수기간은 발주처가 전체목적물을 인수한 날과 준공검사를 완료한 날 중에서 먼저 도래한 날로부터 계약서에서 정한 하자담보책임기간 동안으로 되어 있음은 위에서 언급한 바와 같다.

30·4 최종인도

1. 최종인도의 개념

최종인도(final hand-over : FHO)란 하자보수기간이 완료된 후, 즉 최종검사에 합격된 후 발주처에게 현장이 최종적으로 인도되는 것을 말한다. 여기에서 최종검사에서 합격되었다는 것은 AIA 및 싱가포르 계약조건상의 최종완공(final completion)과 같은 의미이다.

FIDIC 계약조건에서는 최종인도라는 직접적인 표현을 쓰지 않고 제11조에서 하자보수완료확인서에 갈음할 수 있는 이행확인서(performance certificate)의 발급조항을 두고 있다. 최종인도란 그러므로 FIDIC 계약조건에서는 이행확인서의 발급과 동일한 개념이라고 볼 수 있다(FIDIC 「공사계약조건」 제11.9조 참조). 이는 ICE 계약조건 및 우리나라 「공사계약일반조건」과 기본적으로 같은 골격이다.

사우디아라비아 「공공공사계약조건」은 그러나 제52조에서 최종인도 즉, Final Hand-over를 명시적으로 규정하고 있다.

2. 최종인도의 절차

우리나라 「공사계약일반조건」 제33조, 제34조, 제40조 등의 규정을 기초로 하여 전항 제30·3-2항 임시인도 이후 최종인도에 이르기까지의 절차를 살펴보면 아래와 같다.

a. 하자보수보증금의 납부

위에서 언급하였던 바와 같이, 시공자는 발주처가 공사목적물을 인수한 날과 준공검사를 완료한 날 중 먼저 도래하는 날부터 계약서상의 기간까지를 보증기간으로 하는 하자보수보증(금)을 발주처에 납부하여야 하므로, 일반적인 경우 '검사 후 인수'를 원칙으로 한다는 점에서 이 보증의 개시일은 준공검사완료일이 될 것이며, 준공대가의 지급시까지 발주처에 납부하여야 한다.

하자보수보증금액은 계약금액(당초계약금액이 조정된 경우에는 조정된 계약금액)에 계약서에서 정한 하자보수보증금률을 곱하여 산출한 금액으로 한다.

공종별 하자보수보증금률은 아래와 같다.

(1) 철도, 댐, 터널, 철강교설치, 발전설비, 교량, 상하수도구조물 등 중요구조물공사 및 조경공사 : 5%

(2) 공항, 항만, 삭도설치, 방파제, 사방, 간척 등 공사 : 4%

(3) 관개수로, 도로(포장공사 포함), 매립, 상하수도관로, 하천, 일반건축 등 공사 : 3%

(4) 상기 (1)~(3)항 이외의 공사 : 2%

각 공종간 하자책임을 구분할 수 없는 복합공사인 경우에는 주된 공종의 하자보수보증금률로 한다.

b. 하자보수

시공자는 발주처가 전체목적물을 인수한 날과 준공검사를 완료한 날 중에서 먼저 도래한 날부터 계약서에서 정한 하자담보책임기간 동안 공사목적물에 대한 하자보수를 하여야 한다.

c. 준공대가의 지급

①시공자는 준공검사에 합격한 때에는 소정절차에 따라 준공대가의 지급을 청구할 수 있고, ②발주처는 이 청구를 받은 날부터 5일 이내에 이를 지급하되, ③시공자와의 합의에 의하여 5일을 초과하지 아니하는 범위 안에서 준공대가의 지급기간을 연장할 수 있는 특약을 정할 수 있으며, ④불가항력의 사유로 이를 지급할 수 없게 된 경우에는 당해 사유가 존속되는 기간과 당해 사유가 소멸된 날부터 3일까지 지급기간을 다시 연장할 수 있다.

㊟ 상기에서 소정절차에 따라 청구한다함은 소정의 준공대가지급청구서를 공사감독관이 검토·확인한 후에 청구함을 뜻한다고 해석하여도 좋을 것이다.

d. 하자검사

발주처는 하자담보책임기간 중 연2회 이상 시공자의 입회하에 정기적으로 하자를 검사하여야 한다. 이 경우 검사자는 하자검사조서를 작성하여야 하나, 계약금액이 3천만원 미만인 공사의 경우에는 이 조서작성을 생략할 수 있다.

하자검사가 특히 전문적인 지식 또는 기술을 필요로 하거나 낙찰률이 86% 미만인 경우로서, 「시설물안전관리특별법」상 제1종, 제2종 및 제3종시설물 예컨대, 교량·터널·항만·댐·건축물 등 공중(公衆)의 이용편의와 안전을 도모하기 위하여 특별히 관리할 필요가 있거나 구조상 안전 및 유지관리에 고도의 기술이 필요하다고 인정하는 공사의 경우에는 전문기관에 의뢰하여 검사를 하여야 한다(「국가계약법 시행령」 제61조).

㈜ 「국가계약법 시행령」은 2018.3.6일부로 개정되어 2018.6.7일부로 시행에 들어갔으며, 이 당시 위 본문의 제61조도 개정되었다.

e. 최종검사

발주처는 하자담보책임기간의 만료일부터 14일 이내에 별도의 최종검사를 실시하며, 이 검사에서 발견되는 하자사항은 후술 하자보수완료확인서의 발급 이전까지 시공자가 자신의 부담으로 보수하여야 한다.

f. 하자보수완료확인서의 발급

발주처는 최종검사를 완료하였을 때에는 즉시 하자보수완료확인서를 시공자에게 발급하여야 한다.

하자보수완료확인서는 FIDIC 「공사계약조건」의 경우에는 Performance Certificate, ICE의 경우에는 Maintenance Certificate로 표기하고 있다.

우리나라에서는 하자보수완료 후 최종인도절차를 규정하고 있지 아니하나, 이 절차를 상정할 경우, 즉 하자보수완료확인서를 발급함으로써 여타의 최종인도증명서(final hand-over certificate), 최종인수증명서(final taking-over certificate 또는 final acceptance certificate), 또는 최종완공확인서(final completion certificate : AIA 및 싱가포르 계약조건) 등을 발급하는 것과 같다.

우리나라의 경우에는 준공 후 인도에 의하여 이미 발주처가 공사목적물을 점유·사용하고 있기 때문에 하자검사 및 최종검사에 합격되었다면 하자보수가 완료되었음이 확인되므로 최종인도와 같은 또다른 인도가 필요하지 않다고 보는 듯하다.

㈜ 우리나라 「공사계약일반조건」 제35조제4항의 규정에 의하면, 시공자의 책임과 의무는 하자보수완료확인서의 발급일부터 소멸한다. 매우 중요한 규정이므로 기억하여 두어야 한다.

g. 최종인도절차의 요약

상기 제a항 내지 제f항을 흐름도로 나타내면 아래와 같다.

최종인도의 절차

3. 최종인도의 효과

최종인도가 이루어진 경우에도 임시인도의 경우와 마찬가지로 계약당사자에게 여러 가지 책임과 의무가 발생하거나 소멸할 것이다.

아래에서는 FIDIC 「공사계약조건」의 내용을 중심으로 살펴보기로 한다.

a. 최종명세서의 제출

최종인도 또는 하자보수완료확인서의 발급 후 56일 이내에 시공자는 그가 수행한 공사금액과 추가청구예상금액을 명시하여 최종명세서초안(draft final statement)을 감독관에게 제출한다. 이 초안에 감독관이 시정을 요구하는 사항이 있으면 이를 반영하여 다시 감독관에게 제출하여야 하는데 이를 최종명세서(final statement)라 한다.

b. 채무변제확인서의 제출

시공자는 최종명세서를 제출할 때에는 계약과 관련하여 발생한 발주처의 모든 채무액이 최종명세서에 명시된 금액에 포함되었음을 확인하는 내용의 확인문서(discharge)를 첨부하여야 한다.

c. 최종지불확인서

최종명세서와 채무변제확인서를 접수한 감독관은 그로부터 28일 이내에 발주처의 최종지불액을 명시한 최종지불확인서(final payment certificate)를 발급하며(14.13조), 발주처는 이 확인서의 발급일로부터 56일 이내에 최종기성을 지불하여야 한다(14.7조). 이와 같은 일련의 과정을 최종정산(final account)이라고 한다.

㈜ 우리나라의 경우에는 준공검사를 완료한 후에, 또는 표현을 달리하여 실제적 완공(즉, 준공) 후에 준공대가를 지급하며, FIDIC 등의 최종지불개념은 존재하지 않는다.

d. 계약의 종료

일반적으로 최종인도 또는 하자보수완료확인서가 발급됨으로써 계약당사자의 권리와 의무는 소멸한다. 이는 다음 항에서 다시 논의한다.

4. 최종인도의 지체

최종인도가 지체되거나 하자담보책임기간이 연장될 경우도 있을 것인 바, 그 사유는 다음과 같다.

a. 시공자의 하자보수의 지체

이 경우에는 당연히 최종인도는 시공자가 당해 하자사항에 대한 하자보수를 완료할 때까지 연기되며, 연기된 기간 중 하자보수의 비용은 시공자가 부담해야 한다.

b. 발주처의 설계변경

하자보수기간 중의 설계변경에 대하여는 첫째 : 새로운 계약이라고 보는 견해와 둘째 : 발주처의 계약사항변경권한 내에 포함되는 일반적인 설계변경이라고 보는 견해로 대립된다.

계약과 하자보수의 기본적인 개념으로 볼 때 하자보수기간 중 시공자의 책임은 임시인도 이전에 있었던 미결작업과 임시인도 이전에 존재하였던 사유로 인하여 임시인도 후에 발생하는 하자사항을 치유하는 데에 있다. 그러므로 시공상 시공자의 유책사항이 아닌 발주처의 새로운 설계변경은 하자보수작업이라고 할 수 없다. 이렇게 볼 때 하자보수기간 중의 설계변경은 엄밀한 의미에서는 새로운 계약이라고 하여야 할 것이지만 편의상 설계변경의 범주에 포함시키고 있다. 이 경우에 있어서는 설계변경으로 인한 시공자의 추가비용은 비록 그 공사항목이 산출내역서에 기재되어 있는 소위 계약항목이라고 하더라도 이는 신규비목으로 간주되며 당연히 발주처가 부담하여야 한다. 추가비용에는 설계변경의 수행비용과 최종인도의 지체비용 모두가 포함된다.

30·5 부분인도

부분인도는 일반적으로 다음의 경우에 가능하다.

첫째 : 완성된 부분을 발주처가 사용하고 있을 때

둘째 : 계약조건에서 부분인도를 규정하고 있을 때

우리나라「공사계약일반조건」제29조

"① 계약담당공무원은 전체 공사목적물이 아닌 기성부분(성질상 분할할 수 있는 공사에 대한 완성부분에 한한다)에 대하여 이를 인수할 수 있다.
② 제1항의 경우에는 제28조를 준용한다."

상기 첫째의 경우에는 완성된 부분에 대한 발주처의 사용의향이 있을 때도 해당된다. 부분인도가 이루어진 경우에는 다음과 같은 효과가 있다.

(1) 인도된 부분에 대하여서는 지체상금을 부과할 수 없다.
(2) 인도된 부분은 독자적으로 하자보수의 개념이 적용된다. 그러므로 이 부분에 대하여 독자적인 임시인도, 최종인도, 유보금해제조항이 적용된다.

30·6 계약적 책임의 소멸

앞에서 임시인도 및 최종인도의 효과를 살펴보았다. 그 효과는 결국 계약당사자의 권리와 의무가 어떻게 소멸하는가에 모아지고 있다.

그런데 이와 같은 권리와 의무의 소멸시점은 동일하지 않고 국가와 계약에 따라 다소간의 차이를 보이고 있다.

a. 우리나라

우리나라 「공사계약일반조건」에서는 하자보수완료확인서의 발급일부터 소멸하는 것으로 규정하고 있다(제35조제4항).

b. FIDIC

국제컨설팅엔지니어협회(FIDIC)에서 시공자의 계약적 책임은 이행확인서의 발급일부터 소멸한다.

FIDIC 「공사계약조건」 제11.9조

"11.9 Performance Certificate
Performance of the Contractor's obligations shall not be considered to have been completed until the Engineer has issued the Performance Certificate to the Contractor …………"

(11.9 이행확인서
시공자의 의무이행은 감독관이 이행확인서를 발급할 때까지는 완수되었다고 간주되지 않는다.)

한편, 발주처의 계약적 책임은 시공자의 채무변제확인서(discharge)의 제출에 따른 최종대가(final payment)의 지불시점에서 소멸한다(제14.12조 등 참조).

c. 미 국

미국의 경우 공공공사의 경우에는 「연방조달합리화법」 또는 「연방조달규정(FAR)」 등에서 클레임사유발생 후 6년까지로 규정하고 있다(FAR 33.206조 참조).

30·7 잠재적 책임

1. 잠재적 책임의 개념

잠재적 책임이라 함은 우리나라 「공사계약일반조건」 제36조의 특별책임을 말하며, 최종인도일 또는 하자보수완료확인서의 발급일 이전에 존재하였다고 판명되는 계약당사자의 미수행의무, 또는 공사의 수행 및 검사의 과정에서 발견되지 아니한 하자사항은 최종인도일 또는 하자보수완료확인서의 발급일 이전에 수행하여야 할 책임이 있는 자가 수행하도록 한다는 논리에서 정립되었다.

2. 「민법」상의 잠재적 책임

우리나라 「민법」에서도 이와 유사한 조항을 규정하고 있다. 즉, 제669조에서 수급인이 그 재료 또는 지시의 부적당함을 알고 도급인에게 고지하지 아니하였을 때에는 담보책임에서 면책되지 아니하며, 제672조에서는 수급인이 담보책임이 없음을 약정한 경우에도 알고 고지하지 아니한 사실에 대하여는 그 책임을 면하지 못한다고 규정하고 있다.

3. 외국계약조건상의 잠재적 책임

FIDIC 「공사계약조건」에서는 공사가 준공되고 하자보수기간이 종료되어 이행확인서가 발급되었다고 하더라도, 발주처 또는 시공자의 미수행의무(unfulfilled obligations 또는 unperformed obligations)가 있을 때에는 계약은 쌍방간 유효한 채로 남는다고 규정하고 있다(제11.10조).

이 미수행의무는 반드시 수행되지 않은 의무만을 뜻하는 것이 아니라, 예컨대, 검사과정에서 발견되지 아니한 공사목적물의 잠재적 하자(latent defects)도 포함함에 유의하여야 한다.

31

하자담보책임

제31장

하자담보책임

31·1 하자담보책임의 개념

건설계약에서의 하자담보책임은 「민법」상 매도인의 담보책임 중의 하나라고 할 수 있으며, 매도인의 담보책임은 아래와 같이 분류된다.

첫째 : 권리의 하자에 대한 담보책임
둘째 : 물건의 하자에 대한 담보책임
셋째 : 경매의 담보책임

하자담보책임이란 이 중 둘째의 경우로서 공사의 목적물에 하자가 있어서 그 교환가치 또는 사용가치가 충분하지 못한 것에 대한 시공자의 책임을 말한다. 이 책임의 근거는 건설계약의 유상성에 입각하여 발주처(매수인)를 보호하고 건설행위의 신뢰 및 안정을 보장하려는 취지에서 시공자(매도인)에게 부과되는 법적 또는 계약적 책임이라는 데에 있다.

31·2 하자담보책임의 성질

1. 공사목적물의 하자

하자담보책임은 당연히 공사목적물의 하자를 그 책임의 전제로 한다.

이 경우 하자의 개념과 범위는 우리나라 「민법」 제667조(수급인의 담보책임)의 규정과 같이 "완성된 목적물 또는 완성 전의 성취된 부분에 하자가 있는 때"를 말하며, 이때에 시공자는 발주처에 대하여 책임이 있다. 그러므로 시공자는 완성된 목적물(특정물)에 대하여만 책임이 있는 것이 아니라 완성 전의 성취된 부분(불특정물)에 대하여도 책임이 있다. 이는 후항에서 재론키로 한다.

2. 시공자의 무과실책임원칙

일반적인 경우 매도인에게 하자담보책임을 물을 때에는 매수인이 선의이고 그 선의에 대한 과실이 없어야 한다. 다시 말하면, 일반보통인(一般普通人)의 주의를 기울였다면 인지할 수 있었던 하자사항을 부주의로 인하여 인지하지 못한 매수인은 매도인에게 그 책임을 물을 수 없다.

그러나 건설공사의 경우에는 그 성질상 발주처(매수인)의 선악과 과실유무가 반드시 공사목적물에 영향을 미치는 것이 아니고, 또한 담보책임의 대상이 되는 하자가 시공자의 책임있는 사유(유책사유)로 인한 것이어야 하는 것은 아니다. 즉, 시공자의 하자담보책임은 무과실책임원칙이 지배되며(1980.11.11 대법원 판례 참조), 발주처에 의한 공사목적물에 대한 검사가 있었다고 하더라도, 시공자의 품질보증의무까지 면제시키는 것은 아니다.

이 사고(思考)는 당연히 우리나라 계약조건에도 계승되어, 이를테면 시공자의 하자담보책임에 시공자의 고의나 과실은 면책사유가 되지 않는다. 다시 말하면, 시공자는 자신의 고의나 과실과 관계없이 하자사항에 대하여 책임이 있다.

3. 실제적 부합원칙의 적용 여부

위 1항 및 2항의 내용은 공사의 완성개념으로 볼 때에는, 앞에서 누차 언급한 적이 있는 실제적 완공(Substantial Completion) 개념이며, 이를 실제적 완공원칙(Substantial Completion Doctrine)이라고도 한다.

이에 대하여 실제적 부합원칙(Substantial Compliance Doctrine, 實際的 符合原則)이라는 것이 있는데, 이 원칙에서는 수급인(시공자)의 고의나 과실 등을 실제적 부합의 판단기준으로 삼기도 한다는 점에서 실제적 완공원칙과 차이가 있다. 그러나 실제적 부합원칙은 무과실책임원칙과 상반되며, 건설계약에서는 후자 즉 무과실책임원칙 또는 실제적 완공원칙이 지배한다.

㈜ 이에 대한 더 상세한 내용은 졸저 「건설클레임분쟁론」(건설경제, 2015) 제22장 참조

31·3 하자담보책임의 추정 : Implied Warranty

완성된 공사목적물을 인수하였다고 하더라도 시공자는 상당한 기간 그 목적물에 대한 품질보증 또는 하자에 대한 보수책임이 있다. 이는 일반적으로 계약조건으로 명문화되는데, 명문화되지 않은 보증 또는 품질에 있어서 책임문제가 논란이 된다. 우리가 일반적으로 하자담보책임이라고 할 때에는 전자의 책임, 즉 계약조건에서 명문화된 책임 또는 보증을 말하며 이를 명시적 보증 또는 명시적 책임(express warranty)이라고 한다. 본 장의 초점도 여기에 모아진다.

여기서 유의할 점은, 계약조건에서 가령 공사목적물이 도면과 시방서에 부합하여야 한다는 명시적 책임조항이 없을 때에도 그와 같은 책임이 있는 것으로 추정된다는 것이다. 다시 말하면, 매도인은 특정제품이 특정용도에 적합하다는 것을 묵시적으로 보증하는 것이다.

그런데 건설공사의 도급계약에서 시공자의 묵시적 책임은 완성된 공사목적물이 발주처가 의도한 목적에 적합할 것이라는 것을 보증하는 것이 아니라는 점이다. 그에 대한 책임은 발주처에 있다. 다시 말하면, 시공자는 도면과 설계에 일치하는 시공에 대한 책임이 있는 것이지 그 목적물의 적합성에까지 책임이 있는 것은 아니라는 뜻이다.

㈜ 이를 스피어린원칙(Spearin Doctrine)이라 하며, 1918년 미국의 건설업체인 스피어린사(Spearin Construction Co.)와 미국정부와의 소송에서 미국최고법원(United States Supreme Court)이 내린 판례에서 정립되었다.
'스피어린원칙'에 관한 구체적인 내용은 졸저 「건설클레임분쟁론」(건설경제, 2015) 제32장을 참조하시기 바란다.

공공공사에서 하자담보책임은 명시적 책임(express warranty)으로 나타난다. 그렇다면 왜 본서에서 묵시적 책임(implied warranty 또는 inferred warranty)을 논의하는가. 이와 같은 답변은 발주처 또는 사업시행자가 시공과 분양을 겸하는 경우 소위 Builder-Vendor 또는 Constructor-Vendor의 경우에서 찾을 수 있다. 예를 들면, 한국LH공사가 부지정지 및 구획정리사업을 완료하고, 시공업체를 통하여 아파트를 건설하여 시민(피분양자)에게 분양한 경우 등에서 피분양자에 대한 한국LH공사의 하자담보책임에 있어서 묵시적 책임이 적용된다.

명시적 책임과 묵시적 책임

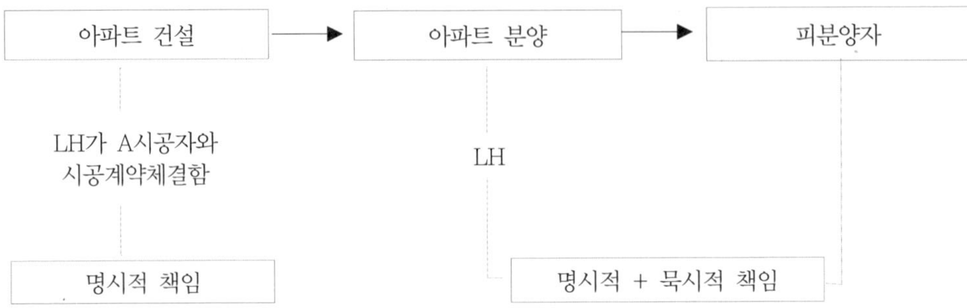

㈜ 이와 관련하여, 2001.2.12일 서울지법(민사합의 24부)은 서울 방화2단지아파트주민 760여세대가 구조적 설계결함으로 인한 아파트 내 소음피해에 대하여 분양자인 서울시도시개발공사와 시공자인 I사를 상대로 한 손해배상청구소송(1998년 제기)에서 분양자는 설계결함에 대한 책임이 있으나, 시공자는 주민들과 아무런 계약관계도 없는 만큼 하자담보책임이 없다는 판결을 내렸던 바 있다.

상기 그림에서 나타나는 바와 같이 건설계약, 즉 LH공사와 시공자간에는 명시적 책임관계에 있으며, 분양계약, 즉 LH공사와 피분양자간에는 묵시적 책임이 존재한다. 물론 분양계약에 있어서도 원칙적으로는 명시적 책임이 지배하는 것이지만 묵시적 책임은 분양자의 근원적 책임이라는 뜻이다.

이 경우 묵시적 책임의 적용기준은 주거적합성(habitability)에 둔다. 이 주거적합성이 결여될 때에는 피분양자(매수인)에게 지배되는 매수인의 위험부담주의(caveat emptor doctrine)가 배제됨을 유의하여야 한다.

㈜ **Capra 대 Smith 송사(Alabama, 미국)**
부동산중개업자인 Ruth Capra가 처음으로 주택을 직접 건설하여 이를 Smith가(家)에 매각하였으나 2년 뒤 지하옹벽이 붕괴되었던 사건으로 Smith가는 Capra의 시공능력과 주거적합성에 대한 묵시적 책임의 위배를 근거로 Alabama지방법원에 제소하였다. 이에 대하여 Capra는 자신이 시공·분양자(builder-vendor)이고, 그 주택은 자신의 첫 건설공사였으므로 묵시적 책임은 적용되지 않는다고 반박

하였다.
이에 대하여 Alabama법원은 원고인 Smith가의 승소로 판결하였으며 아래와 같은 유명한 승소이유를 남겼다.

"A builder-vendor is just as liable for his first house as his one hundreth. The number of houses built by a firm is immaterial."
(시공·분양자는 그의 1백번째 집과 같이 첫번째 집에도 똑같이 책임이 있다. 회사가 건설한 주택의 수는 중요한 것이 아니다)

심지어 FIDIC「공사계약조건」에서는, 시공자는 계약에서 요구하는 기준에 부합함을 증명하는 품질보증시스템(Quality Assurance System)을 구축하고 관련 자료를 해당공종의 착공 이전에 감독관에게 제출하도록 하고 있음에도 불구하고, 당해 품질보증시스템이 시공자의 계약상 의무나 책임으로부터 면제하여 주는 것은 아니라고 규정하고 있다(제4.9조).

FIDIC「공사계약조건」제4.9조

(전략)
Compliance with the quality assurance system shall not relieve the Contractor of any of his duties, obligations or responsibilities under the Contract.

(품질보증시스템에 부합함이 시공자를 계약상 의무나 책임으로부터 벗어나게 하는 것은 아니다.)

이 묵시적 책임은 우리나라「공사계약일반조건」제36조(특별책임)의 배경이 된다. 이 책임은 그러므로 발주처와 시공자의 문제만이 아니라 공공공사에서 최종수요자인 시민에 대한 '발주처+시공자'의 도의적 책임이라고 볼 수도 있다. 이를 프로정신에 입각한 책임(responsibility by professionalism)이라고도 하며, 영문으로는 그 자체를 professionalism이라 한다.

31·4 하자담보책임의 범위

건설계약의 이행과 관련하여 시공자의 담보책임은 크게 세 가지로 분류된다. 첫째 : 공사완성 그 자체에 대한 담보책임, 둘째 : 공사의 수행 중 하자사항에 대한 담보책임, 셋째 : 공사의 완성 후의 하자사항에 대한 담보책임 등이 그것이다.

이 중 첫째의 담보수단은 계약이행보증이며, 둘째의 경우는 전술한 「민법」 제667조 중 '완성 전의 성취된 부분에 대한 하자'에 대한 책임이며 일반적으로 유보금(retention money)을 담보의 수단으로 한다. 셋째의 경우는 「민법」 상동조의 '완성된 목적물'의 하자에 대한 책임이며 우리나라에서는 하자보수보증(maintenance guarantee)을 담보의 수단으로 하고 있으나, 국제적인 관례는 계약이행보증의 연장선상에 둔다.

본 항에서는 위 첫째의 담보책임을 제외한 하자담보책임의 일반적인 범위를 개략적으로 논의하고자 한다.

1. 공사의 수행 중 하자담보책임

이는 우리나라 「민법」상 완성 전의 성취된 부분에 대한 하자담보책임이며, 모든 계약조건에서 이에 관한 규정을 두고 있다. 이 책임을 사유별로 분류하면 다음과 같다.

a. 시공인력의 부적격

시공자에게 하자담보책임이 있음으로 인하여, 발주처는 시공자의 인력이 부적격하다고 판단될 경우에는 그의 교체를 명할 수 있고, 그로 인한 공사의 하자에 대한 치유비용은 시공자가 부담하여야 한다.

아래에 FIDIC 「공사계약조건」의 관련조항을 인용한다.

FIDIC 「공사계약조건」 제11.2조 Cost of Remedying Defects

"All work.......shall be executed at the risk and cost of the Contractor, if and to the extent that the work is attributable to;

(a) any design for which the Contractor is responsible,
(b) plant, materials or workmanship not being in accordance with the Contract, or
(c) failure by the Contractor to comply with any other obligation."

하자보수비용
공사가 아래의 사항으로 인한 경우에는 모든 공사는 시공자의 위험과 비용으로 수행되어야 한다.
(a) 시공자에게 책임이 있는 모든 설계
(a) 계약과 부합되지 않는 설비, 자재 또는 시공기술
(c) 기타 의무를 준수하지 못한 경우

b. 시공부분에 대한 하자

이는 시공자의 너무도 당연한 책임이므로 더 이상 논의가 필요하지 않다.

c. 사용자재의 결함

사용자재도 물론 계약상의 기준과 일치하여야 하며, 그렇지 못한 자재를 사용하였을 때에는 대체하여야 하며, 그로 인한 공사의 하자에 대한 치유비용은 역시 시공자가 부담하여야 한다. 위 FIDIC 「공사계약조건」 제11.2조(c)항에 언급되어 있다.

2. 공사의 완성 후 하자담보책임

이 경우의 담보책임이 「민법」상 완성된 목적물에 대한 하자담보책임이며, 일반적으로 하자보수라고 할 때에는 이 경우의 하자담보책임을 이행하는 것을 뜻한다. 영문으로는 Defects Liability 라고 표기한다.

공사의 완성 후 하자담보책임의 대상은 현장의 인도를 기준으로 하여 다음과 같이 분류된다.

a. 인도당시의 하자사항 : Snagging Items

인도당시의 하자사항이라 함은 공사의 목적물을 발주처에게 인도할 당시에 발견되었으나 목적물의 사용에는 지장이 없는 경미한 하자사항으로서 영문으로 Snagging Items

또는 Punch List라고 표기한다. FIDIC「공사계약조건」제10.1조에서 말하는 "공사목적물의 사용에 실제적으로 영향을 미치지 않는 경미한 미수행공사 및 하자사항"(minor outstanding work and defects which will not substantially affect the use of the Works)이란 바로 이 Snagging Items를 뜻한다.

이와 같은 하자사항은 ①시공자가 준공검사신청서에 첨부하여 준공검사가 끝나기 전에 보완하거나, ②검사원이 준공검사보고서에 기록하여 현장인수증명서를 발급하기 전에 시공자로 하여금 보완하도록 한다. ③또한, 특별한 경우에는 현장인수증명서를 발급할 때 하자보수기간의 개시일로부터 특정기간 내에 치유를 완료하겠다는 시공자의 확인서를 접수한 후에 현장을 인수하기도 한다. 이에 대한 모든 결정은 발주처의 재량사항이다. 우리나라의 경우 계약예규「공사계약일반조건」제27조제2항 및 제3항에서 제②항의 유형을 채용하고 있고, FIDIC의 경우에는 위「공사계약조건」제10.1조(B)항의 해석상 제③항의 방식을 채용하고 있다.

b. 인도 후의 하자사항

현장을 인도하고 난 후의 하자사항, 즉 하자보수기간 중에 발생하는 하자인 경우에는 시공당시의 하자로서 검사과정에서 노출되지 않았으나 공사목적물의 사용 중에 나타난 것이냐, 또는 정상적인 시공이었으나 사용 중에 나타난 것이냐를 불문한다. 다만, 후자에 있어서 발주처의 사용으로 인한 정상적인 마모 또는 소진(FIDIC「공사계약조건」제11.1조상의 'fair wear and tear')일 경우에는 시공자의 책임사항이 아니다.

우리나라도 기획재정부 유권해석에서 이를 분명히 밝히고 있다. 즉, 기계의 부품이 품질보증유효기간을 경과한 후 정상적인 마모에 의하여 운영상 문제가 발생한 경우 이는 시설운영의 유지보수사항이며, 하자보수책임의 범위에 해당하지 않는다는 것이 그것이다.

기획재정부(구재정경제부) 유권해석 회계 45101-1323('96.6.17)

"국가기관이 체결한 공사계약에 있어 국가계약법 시행규칙 제71조 및 공사계약일반조건 제22조(현행 제34조)의 규정에 의거 계약상대자는 하자담보책임기간 중 당해 공사의 하자보수를 보증하여야 하는 바, 이 경우 하자보수란 시공상의 잘못으로 인하여 발생한 하자에 대한 보수를 의미하는 것임.

귀 질의의 경우와 같이 기기부품이 동 부품의 품질보증유효기간을 경과한 후 정상적 마모에 의하여 운영상 문제가 발생하였다면 이는 시설운영에 관한 유지보수사항으로서 계약상대자의 하자보수책임 범위에 해당되지 않는 것임."

정상적인 마모 또는 소진의 판정기준은 설계서 기타의 계약문서에서 정하는 바에 따른다. 이 경우라고 하더라도 보편적인 품질기준을 존중하여야 한다. 예를 들면, 계약상 하자보수책임기간이 1년이라고 하더라도 현재의 과학기술수준으로는 내구성이 1년에 미치지 못하는 소모성 자재에 대한 시공자의 하자보수책임기간은 보편적인 품질기준에 따라야 한다.

이 논리에 의할 경우 만약 현재의 과학기술수준으로는 현관문 자물쇠의 건전지 내구성이 6개월 밖에 되지 않는다면, 하자보수책임기간이 1년이라고 하더라도 현장을 인도한 후 6개월 이후에는 시공자에게 건전지를 교체하여야 할 책임이 없다. 이와 같은 발주처의 사용으로 인한 성능의 소진이 바로 FIDIC 「공사계약조건」에서 말하는 'fair wear and tear'이며, 상기 기획재정부 유권해석에서 말하는 '정상적 마모'이다. 이는 엄밀한 의미에서는 하자보수의 개념이 아니라 유지관리에 속한다. 우리나라 「공사계약일반조건」에서는 발주처가 시공자에게 유지관리를 의뢰할 경우에는 관련비용을 별도로 지급하도록 규정하고 있다(제28조제5항).

31·5 하자담보책임의 내용

하자담보책임에는 첫째, 하자보수, 둘째, 손해배상, 셋째, 계약의 해제 등이 있다.

1. 하자보수

우리나라 「민법」 제667조에 의하면 완성된 목적물 또는 완성 전의 성취된 부분에 하자가 있을 때 발주처는 시공자에 대하여 하자의 보수를 요구할 수 있으나, 그 하자가 중요하지 않고 보수에 과다한 비용이 필요로 하는 때에는 보수를 청구하지 못하며, 이 때에는 보수에 갈음하여 손해배상을 청구할 수 있다.

이 하자담보책임은 첫째, 그 하자가 하자담보책임기간 내에 발생하여야 하고, 둘째, 그 하자는 시공자의 유책사유에 의한 것이어야 한다. 물론 그에 대한 입증책임은 발주처에 있다.

쌍무계약의 원칙상 동시이행의 항변권이 있으므로 만약 시공자가 보수 또는 손해배상을 거절할 경우 발주처는 대가의 지급을 거절(실제로는 하자보수보증의 지급거절)할 수 있다는 것은 당연한 귀결이며, 1965년 11월 16일자의 대법원판례에서도 이같은 내용을 판시하고 있다.

FIDIC 「공사계약조건」에서는 시공자가 하자에 대한 보수 또는 손해배상을 거절할 경우 매우 강력한 규정을 두고 있다. 즉, 발주처는 ①시공자의 비용부담으로 자신이 직접 또는 제3자를 통하여 공사를 수행하거나, ②그에 대한 비용을 계약금액에서 감액하거나, ③또한 하자로 인하여 공사목적물 또는 주요구조부가 실제적인 기능을 하지 못할 경우에는 계약을 해제하고 시공자에게 지급한 공사대가에 금융비용, 철거비용, 현장정리비용 및 공사장비비용 등을 추가한 금액을 보전(補塡)받을 수 있다(제11.4조).

2. 손해배상

a. 관련규정의 음미

(1) 우리나라 「민법」

우리나라 「민법」 제667조제2항에 의하면 발주처는 하자의 보수에 갈음하여 또는 보수와 함께 손해배상을 청구할 수 있다.

이 조항 전반부의 의미는 발주처의 하자보수청구권과 손해배상청구권을 선택적으로 행사할 수 있다는 규정이며, 후반부의 의미는 보수를 하더라도 발주처의 손해를 보전하지 못할 경우에는 그 손해의 배상도 아울러 청구할 수 있다는 규정이다.

상기 「민법」의 규정에도 불구하고 계약예규 「공사계약일반조건」에서는 발주처의 사용기회의 상실로 인한 손해배상청구권을 채택하고 있지 않고, 다만 발주처의 하자보수요구에 불응할 경우 하자보수보증금을 압류할 수 있는 규정을 두고 있을 뿐이다(제34조). 하자보수를 하는 것과 그 하자로 인한 손해는 별개라는 점에서 다소 미진한 점이 없잖아 있다.

㊟ 「건설산업기본법」 제44조의 규정에 의하면, 시공자가 고의 또는 과실로 공사시공을 조잡하게 하여 타인하게 손해를 가한 때에 한하여 손해배상책임이 있으되, 그 손해가 발주처의 중대한 과실에 의하여 발생한 경우에는 발주처에 대하여 구상권(求償權)을 행사할 수 있는 것으로 되어 있다. 그러나 발주처에게 발생한 손해에 대하여는 규정함이 없다.

(2) FIDIC 「공사계약조건」

FIDIC 「공사계약조건」 제11.4조는 우리나라 「민법」과 아주 유사하기에 따로 언급하지 않는 것으로 한다.

(3) 일본의 「공공공사청부계약약관」

우리나라에 비하여, 일본의 「공공공사청부계약약관」에서는 상기 우리나라 「민법」의 법리를 잘 반영하고 있기에 관련조항을 아래에 인용한다.

일본의 「공공공사청부계약약관」 제44조 하자담보

"①발주자는 공사목적물에 하자가 있을 때에는 수주자에 대하여 상당기간을 정하여 그 하자의 보수를 청구하거나 또는 보수를 대신하거나 혹은 보수와 함께 손해배상을 청구할 수 있다. 다만 하자가 중요하지 않고 또 그 보수에 과다한 비용을 요할 때에는 발주자는 보수를 청구할 수 없다……"

㈜ 일본의 「공공공사청부계약약관」 제44조는 2001년 제44조(A)를 추가하여 제44조(B)와 함께 선택적으로 사용하도록 되어 있다. 제44조(A)는 「주택품질확보촉진법」(2000년) 에 의거 주택신축청부계약의 경우에 적용하고, 제44조(B)는 종전처럼 일반청부계약에 적용한다.

b. 중요하지 않은 하자사항

앞에서 본 바와 같이 우리나라 「민법」과 일본의 상기 청부계약약관은 하자가 중요하지 않고 또 그 보수(補修)에 과다한 비용을 요할 때에는 발주처의 하자보수청구권을 배제하고 있다. 이는 일별할 때 합리적인 것같이 보이지만, 사실은 건설공사의 특성상 하자가 중요한지 중요하지 않은지에 대한 판단이 쉽지 않다는 데에 문제가 있다. 일반적으로 보수비용이 과다한 경우의 하자는 구조상 주요부위와 연관이 되어 있다고 보아야 하며, 이 경우 아무리 하찮은 하자라고 하더라고 향후 더 큰 문제나 사용상의 지장을 초래할 수도 있다. 또한 하자보수청구권이 없다는 것을 역으로 표현할 때 시공자에게 하자보수책임이 없다는 뜻이 된다.

만약 그와 같이 하자가 중요하지 않고 보수에 과다한 비용이 드는 하자가 원인이 되어 하자담보책임기간의 종료 후에 더 큰 하자로 발전한다면 그 하자에 대한 책임은 누구에게 있는가. 「민법」과 일본 「공공공사청부계약약관」의 상기 조항은 이에 대한 의문을 풀어주지 못하고 있다. 일반적으로 잠재적 하자(potential defect, latent defect)에 대한 책임은 하자담보책임기간이 종료하였다고 하더라도 시공자에게 있다. 그러함에도 하자가 중요하지 않고 보수비용이 과다하게 요구된다고 하여 보수책임을 면제한다는 것은 잠재적 책임이론과 상당한 모순점이 있다. 물론 이 경우 손해배상은 청구할 수 있을 것이다. 그러나 건설공사에서 하자는 여하한 경우에 있어서도 보수가 이루어져야 하며 손해배상은 그 뒤의 문제에 지나지 않는다.

그러므로 「민법」이나 일본의 청부계약약관에서 채택하고 있는 책임면제조항은 정서적으로는 타당하다고 생각되지만 건설계약에서 이를 받아들이는 데에는 문제가 있다. 건설계약은 정서적인 법리도 중요하지만 건설공사의 특수성이 감안되지 않을 때 논리적 딜레마에 빠지게 될 수도 있다.

c. 손해배상의 범위

손해배상의 범위와 관련하여 다소의 논란이 있다. 즉 신뢰이익으로 할 것이냐 이행이익으로 할 것이냐가 그것이다.

(1) 신뢰이익(信賴利益)이라는 견해

하자로 인한 손해배상은 신뢰이익으로 한다는 견해이다.

신뢰이익(reliance profit)이라 함은 공사목적물에 하자가 없음을 신뢰한 데에서 오는 이익으로서 시공자의 담보책임이 무과실책임이라는 데에 근거하며, 이를 소극적 계약이익이라고 한다.

(2) 이행이익(履行利益)이라는 견해

이는 하자로 인한 손해배상은 이행이익으로 한다는 견해이다.

이행이익(performance profit)이라 함은 시공자가 하자없이 공사목적물을 완성하여 발주처에 인도하였을 때 그로부터 발주처가 향유할 수 있는 이익으로서, 이를 적극적 계약이익이라고 한다.

(3) 소 결

손해배상청구의 범위로서는 공사목적물에 하자가 있음으로서 발주처가 받는 모든 손해, 즉 이행이익의 상실분을 청구할 수 있는 것이며, 단순히 하자가 없다고 신뢰함으로써 발주처가 받는 손해, 즉 신뢰이익의 상실분에 국한되지 않는다는 것이 일반적인 견해이다. 그러나 법계에서는 이에 대한 견해가 일치하고 있지 않는 것같다. 건설계약에 있어서 반드시 법적인 논리가 지배하여야 하는 것은 아니다.

FIDIC의 경우에는「공사계약조건」제11.4조 등의 해석상 이행이익의 배상을 원칙으로 한다고 볼 수 있다.

d. 손해액의 산출시기

손해액의 산정시기에 관하여, 우리나라의 경우 법령이나 계약예규 등에서 이와 관련한 규정을 찾아볼 수 없으나, 일본의 경우에는 법원의 판례로 정해져 있다. 즉, 최판(1979.2.2일자) 등에 의하면, ①보수를 대신한 손해배상에 있어서는 그 배상의 이행을 청구할 때이며, 따라서 청구 후 보수시까지의 상승분은 청구할 수 없고, ②보수를 할 수 없을 경우에 대한 손해배상에 있어서는 공사목적물의 인도일로 한다.

3. 계약의 해제

일반적인 경우 완성된 목적물의 하자로 인하여 계약의 목적을 달성할 수 없을 경우에는 계약을 해제할 수 있다. 이것이 우리나라「민법」제668조의 규정이며, 세계의 거의 모든 국가에서 채택하고 있는 계약해제사유에 해당한다. 그러나 건물 기타 토지의 공작물(工作物)에 대하여는 계약을 해제할 수 없다는 것이「민법」제668조 단서의 내용이므로 유의하여야 한다.

목적물의 하자로 인하여 계약을 해제하느냐의 여부는 발주처의 중요한 권한 중의 하나이며, 이 결정에 대하여 시공자는 이의를 제기할 수 없음이 일반적이다.

31·6 하자담보책임의 면제

하자담보책임의 면제사유는 국가계약법령, 건설산업기본법령 및 「민법」에서 각기 규정하고 있기에 아래에 그 내용을 소개한다.

a. 국가계약법령상의 면제사유

「국가계약법 시행규칙」 제72조에 의하면 다음의 경우 시공자의 하자담보책임이 면제된다.

(1) 구조물 등을 해체하는 공사
(2) 단순암반절취공사, 모래 · 자갈채취공사 등 그 공사의 성질상 객관적으로 하자보수가 필요하지 아니한 공사
(3) 계약금액이 3천만원을 초과하지 아니하는 공사(조경공사 제외)

b. 건설산업기본법령상의 면제사유

「건설산업기본법」 제28조에서는 시공자의 하자담보책임의 면제사유로서 아래와 같이 규정하고 있다.

(1) 발주처가 제공한 재료의 품질이나 규격 등의 기준미달로 인한 경우
(2) 발주처의 지시에 따라 시공한 경우
(3) 발주처가 건설공사의 목적물을 관계법령에 의한 내구년한 또는 설계상의 구조내력을 초과하여 사용한 경우

c. 민법상의 면제사유

(1) 발주처가 제공한 재료의 성질에 기인한 경우
(2) 발주처의 지시에 기인한 경우
(3) 담보책임을 면제하는 특약(特約)을 한 경우

㈜ 하자담보책임의 면제특약을 한 경우라고 하더라도 시공자가 알고 발주처에 고지(告知)하지 않은 사실에 대하여는 그 책임이 면제되지 않는다(「민법」 제672조 참조).

31 · 7 하자담보책임기간

하자담보책임기간 또는 하자보수기간(defects liability period 또는 defects correction period, maintenance period)은 구체적으로 어디에서 어디까지의 기간인가. 이에 대하여는 종래 표현 및 개념상에 혼선이 있었다. 첫째 : 현장의 임시인도일부터 최종인도일까지의 기간, 즉 PHO에서 FHO까지의 기간, 둘째 : 공사의 실제적인 완성일(준공일)부터 계약서(agreement)에서 정한 기간의 종료일까지, 셋째 : 시공자의 완공통보일로부터 FHO까지, 넷째 : 발주처(또는 감독관)의 검사종료일로부터 FHO까지, 다섯째 : 계약기간의 종료일부터 FHO까지, 여섯째 : 공사의 완공일과 목적물의 관리·사용을 개시한 날 중에서 먼저 도래한 날부터 법령에서 정하는 기간 등이 그것이다.

㈜ FIDIC은 「공사계약조건」의 제5차 개정본(1999)에서 하자담보책임기간을 종전의 Defects Liability Period 대신 Defects Notification Period(하자통지기간)으로 표기를 달리하고 있다.

이들 기간개념의 공통점은 그 표현의 상이에도 불구하고 결국 '준공일부터 최종인도일까지'로 귀착되지만, 준공 또는 완공시기의 개념에 있어서는 여전히 견해가 분분하다. 아래에서는 먼저 완공시기의 개념을 살펴보고 난 뒤에 하자담보책임기간을 사안별로 논의코자 한다.

1. 공사의 완성시기의 정의

앞에서 언급한 바와 같이 공사의 완성시기에 대한 개념을 정립하는 것이 바로 하자담보책임기간의 개시일을 개념짓는 것이며, 그에 대한 견해가 다양하다.

a. 현장의 임시인도일이라는 견해

이 견해는 공사의 완성시기에 현장이 임시인도(PHO)된다는 점에서는 이의가 없으나, 임시인도일이 구체적으로 어떤 시점인지에 대한 개념이 분명하지 못하다. 우리나라 「민법」 제671조의 규정에 의하면, 하자담보책임기간을 인도일로부터 1년에서 10년 사이로 규정하고 있는데 이 견해에 따르고 있는 듯하다.

b. 공사의 실제적인 완성일이라는 견해

이 견해는 시공자가 공사를 완성하고 발주처에게 검사를 요청하며, 발주처의 검사결과 합격으로 판명될 때 공사가 완성되었다고 본다. 이 경우 완성시점은 발주처(또는 감독관)가 결정하되, 검사착수일 이전일 수도 있고, 검사기간 도중일 수도 있고, 검사종료일 이후일 수도 있다. 영국의 ICE 및 미국의 EJCDC·AIA 계약조건에서 취하고 있는 견해이다.

c. 시공자의 완공통보일이라는 견해

이 견해는 시공자가 공사를 완성하고 현장의 인도준비가 완료되었음을 발주처에게 통보한 날이 완공일이라는 것이다. 이 경우 물론 발주처로부터 검사에 합격해야 한다는 전제가 있다. 이 견해는 사우디아라비아의 개념이다.

사우디아라비아 「공공공사표준계약조건」 제51조

"... If inspection shows that the works have been executed properly, the date of notification by the Contractor regarding his readiness to hand over shall be considered as the date of completion of Works and the commencement of maintenance period ..."

(검사결과 공사가 적절하게 수행되었을 때에는 인도준비가 완료되었다는 시공자의 통보일이 공사의 완성일이며 하자보수의 개시일로 간주된다)

d. 발주처의 검사종료일이라는 견해

이 견해는 발주처의 이익을 대변하는 견해로서 1988 「공공공사표준계약조건」이 제정되기 이전 사우디아라비아의 일부 발주처에서 주장되었던 바 있다. 우리나라도 1997.1.1일 이전의 「공사계약일반조건」에서 이 견해를 따랐다(당시의 일반조건 제22조 참조).

e. 계약기간의 종료일이라는 견해

계약기간은 계약서에 기재된 기간으로서, 이 기간이 종료되는 시점에 공사가 완공된다는 견해이다. 이 견해는 공사의 수행에서 설계변경이나 불가항력과 같은 돌발적인 요인이 없이 당초의 적정공정률을 유지할 경우에는 합당하다고 할 수 있으나, 현실적으로 그와 같은 경우는 거의 가능하지 않다고 할 수 있다.

f. 우리나라의 완성시기

우리나라의 하자담보책임기간의 개시일은 ①「민법」 제671조에서 인도일로 하고 있으며, ②「공사계약일반조건」 제33조 및「국가계약법 시행령」 제60조에서는 발주처가 전체 목적물을 인수한 날과 준공검사를 완료한 날 중에서 먼저 도래하는 날로 하고 있으며, ③ 또한,「건설산업기본법」 제28에서는 공사의 완공일과 공사목적물의 관리·사용을 개시한 날 중에서 먼저 도래한 날로 하고 있다.

국가계약법령의 규정은, 준공검사를 요하지 아니하는 공사나, 그렇지 않으면 선인수 후검사의 절차를 취하는 특이한 경우를 제외하고는 결국 준공검사를 완료한 날이 완성시기가 된다고 할 것이다.

이 경우「민법」의 인도일기준과 국가계약법령의 검사종료일기준간에 괴리가 발생하게 된다. 「건설산업기본법」 제28조는 하자담보책임기간은 몰라도, 완공일의 정의를 논의함에 있어서는 적절한 대상이 아니라고 보여 진다.

g. 소 결

공사의 완성시기에 대한 견해 중 e항은 사뭇 고전적인 성향이라고 할 수 있다. 전통적으로 시공자는 계약기간 내에 공사를 완성하여야 할 책임이 있으며, 그럴 경우 계약기간의 종료일이 준공일이라는 것은 논리적으로 모순이 없는 듯 하다. 그러나 현실적이지 못하다는 것은 앞에서 언급하였다. 다시 말하면, 시공자는 계약기간 이전에 공사를 완성할 수도 있다는 사실을 간과하고 있다. 이 경우 준공일을 계약기간의 종료일로 한다는 것은 공사의 실제적인 완성시기와 준공일까지의 기간에 대한 처리문제가 쉽지 않다.

일반적인 견해가 공사의 실제적인 완성일이기는 하지만 이 견해에 있어서도 완성일에 대한 결정권에 문제가 있다. 발주처(또는 감독관)의 자의적인 결정을 차단할 수 있는 장치가 필요하다.

그러므로 사우디아라비아의 경우에서와 같이 발주처의 검사결과 사용에 지장이 없을 때에는 시공자의 완공통보일을 공사의 완성시점으로 인정하여 주어야 할 것이다. 이 견해가 가장 합리적이라고 결론짓는다.

그러나 우리나라는 발주처가 전체목적물을 인수한 날과 준공검사를 완료한 날 중에서 먼저 도래하는 날을 하자담보책임기간의 개시일로 하므로 이 개시일을 완공일로 보는 것이 옳을 것이다.

2. 하자담보책임기간의 정의

앞에서 살펴본 바와 같이 완성시기에 대한 개념상의 대립으로 인하여 하자담보책임기간에 대한 개념 역시 다양하게 제기되고 있다.

실정계약에서 규정하고 있는 하자담보책임기간을 정리하면 아래와 같다.

a. 공사의 실제적인 완성일로부터 계약서에서 정하는 시간

FIDIC, EJCDC, AIA, ICE 등의 계약조건에서 채택하고 있는 개념이다.

(1) AIA의 하자담보책임기간

미국건축사협회(AIA) 계약조건에서의 하자담보책임기간은 정확하게 말하면 실제적인 완공(substantial completion)에서 최종완공(final completion)까지이다. 그러나 계약서에서 정하는 기간의 종료시점에서 특별한 하자가 없는 경우에는 현장은 최종인도되며, 그것이 최종완공이라는 점에서 기본적으로는 차이가 없으며, 이는 표현상의 차이에 불과하다.

(2) FIDIC의 하자담보책임기간

국제컨설팅엔지니어협회(FIDIC)의 경우에는 감독관 즉 Engineer가 발급하는 인수증명서(TOC)에 기재되는 실제적 완공일로부터 입찰서부록(Appendix to Tender)에 명시된 하자담보책임기간까지이다. 입찰서부록은 입찰서의 일부이며 계약문서에 해당한다.

b. 임시인도일로부터 계약서상의 기간

일본「공공공사표준청부계약약관」 및 우리나라「민법」에서 채택하고 있는 개념이다.

c. 임시인도일로부터 최종일도일까지의 기간

이는 사우디아라비아「공공공사계약조건」의 규정이며, 관련조항은 아래와 같다.

사우디아라비아「공공공사계약조건」 제41조

"the term 'maintenance period'... shall mean the period ... from the date of preliminary hand-over till the date of final hand-over ..."

(하자보수기간이라 함은 임시인도일부터 최종인도일까지의 기간을 말한다)

d. 검사종료일로부터 계약서상의 기간

앞에서 1차 논의하였던 바와 같이 정상적인 현장의 인수절차에 따를 경우 소위 '선검사(先檢査) 후인수(後引受)'가 원칙이다. 이 경우 우리나라「국가계약법 시행령」 제60조 또는「공사계약일반조건」 제33조에서, 전체공사목적물을 인수한 날과 준공검사를 완료한 날 중에서 먼저 도래한 날을 하자담보책임기간으로 규정하고 있는 것은 결국 검사종료일부터 이 기간이 개시되는 것이고, 그리고 예컨대 계약서에서 정하는 기간까지 지속된다.

e. 소 결

하자담보책임기간이라 함은 공사의 완성일로부터 시작하여 계약서에서 정하는 기간을 뜻한다는 데에는 이론이 없다. 단지, 완성시기에 대한 논란으로 인하여 하자담보책임기간의 개념이 다를 뿐이다. 여기에서 주의할 점은 공사의 완성이나 임시인도 또는 임시인수 등은 발주처를 중심으로 하느냐 시공자를 중심으로 하느냐의 차이일 뿐 실제적으로는 차이가 없다. 최종인도, 최종인수 또는 최종완성의 경우도 같다.

우리나라의 하자담보책임기간은 「국가계약법 시행령」과 「공사계약일반조건」에 따를 경우 다음과 같이 정리된다.

(1) 전체목적물의 인수일 또는 준공검사완료일 중에서 먼저 도래한 날부터 계약서에서 정하는 기간
(2) 공사계약의 부분완료로 관리·사용이 이루어지고 있는 경우에는 부분목적물을 인수한 날과 공고에 따라 관리·사용을 개시한 날 중에서 먼저 도래한 날부터 계약서에서 정하는 기간
(3) 부분인수의 경우는 당해 기성부분에 대한 검사완료일부터 계약서에서 정하는 기간
(4) 장기계속공사에 있어서는 연차계약별로 하자담보책임기간을 정하되, 연차계약별로 하자담보책임을 구분할 수 없을 때에는 총공사에 대하여 정하는 기간

3. 「민법」상의 하자담보책임기간

a. 담보책임기간의 기산점

「민법」 제670조 및 제671조의 규정에 의하면 하자담보책임기간의 기산점은 목적물의 인도일이다.

b. 일반적인 목적물

목적물의 인도일로부터 1년이며, 인도를 요하지 아니하는 경우에는 작업을 종료한 날로부터 1년이다.(제670조)

c. 토지, 건물 기타의 공작물 및 지반공사

목적물의 인도일로부터 5년이다.(제671조제1항)

d. 석조, 석회조, 연화조, 금속의 목적물

목적물의 인도일로부터 10년이다.(제671조제2항)

e. 적용의 제외

「민법」의 위 담보책임기간은 「건설산업기본법」 제28조제3항에 의거 건설공사의 하자담보책임기간을 논의할 때는 제외된다.

4. 국가계약법령상의 하자담보책임기간

「국가계약법 시행령」 제60조의 규정에 의하면, 발주처가 전체목적물을 인수한 날과 준공검사를 완료한 날 중에서 먼저 도래한 날로부터 1년 이상 10년 이하의 범위 내에서 기획재정부령이 공종별로 정하도록 하고 있으며, 이 공종별 하자담보책임기간은 본 항에서 생략하고 이를 본 장(本章) 말미에 첨부코자 한다.

계약예규 「공사계약일반조건」 제33조의 규정에 의하면, 위 기획재정부령이 정하는 공종별 하자담보책임기간을 공종별 구분없이 일률적으로 정하였거나, 기획재정부령이 정하는 기간과 다르게 정하여 계약이행 중인 경우에는 계약서상 기간을 기획재정부령에 일치하여 조정하도록 하고 있다.

5. 장기계속공사의 하자담보책임기간

장기계속공사의 경우에는 매 연차계약별로 하자담보책임기간을 정하되, 연차계약별로 하자담보책임을 구분할 수 없는 공사의 경우에는 제1차계약을 체결할 때에 총공사에 대하여 하자담보책임기간을 정한다.

동일구조물공사를 장기계속계약으로 체결한 경우 해당공사목적물의 하자담보책임기간 및 하자비율 등의 적용은 아래와 같이 한다.

(1) 매년도 계약체결된 공사목적물간에 하자책임한계가 분명하게 구분될 수 있는 경우 : 매년도 공사목적물에 대하여 하자담보책임기간을 적용하고, 전체공사의 완공 후에는 하자보수의무가 별도로 발생하지 않음
(2) 매년도 계약체결된 공사목적물간에 하자책임한계가 불분명한 경우 : 계약상 별도로 약정한 경우 외에는 전체계약이 완료된 후에 공사목적물에 대하여 하자보수의무가 발생함

6. 하자담보책임의 이행청구기한

공사목적물의 하자에 대한 시공자의 보수책임은 일종의 강행규정이며, 보수(補修)를 청구하는 것은 발주처의 권리이다. 이에 따라, 발주처는 하자의 정도 및 발주처의 사정을 감안하여 하자보수를 청구하든지, 손해배상을 청구하든지, 또는 계약을 해제하든지를 선택하여 결정할 수 있다. 이 결정은 시공자에게 큰 영향을 미치므로 그 결정·청구시기를 무한정 지체하여서는 안 될 것이다.

a. 민법상의 청구기한

발주처가 '목적물의 인도를 받은 날로부터 1년 내'에 결정·청구하여야 하며, 하자로 인하여 목적물이 멸실(滅失) 또는 훼손(毁損)된 때에는 그 때로부터 1년 내에 해당권리를 행사하여야 한다(「민법」 제670조).

「민법」은 그러나 그 인도가 임시인도를 가리키는지 최종인도를 가리키는지 분명히 하고 있지 않아 논란의 소지가 있다. 만약, 임시인도를 가리킨다면, 하자담보책임기간이 1년을 초과하는 공사나 공종에 있어서는 임시인도일로부터 1년 내에 하자보수청구권을 행사하여야 한다는 것은 논리상 모순점이 있게 된다. 또한, 최종인도라고 한다면, 최종인도는 하자담보책임기간이 만료된 후의 인도를 말하므로, 최종인도 후 1년이라 함은 하자담

보책임기간을 또다시 1년을 추가하여 설정하는 격이 되어 현실적으로 맞지 않게 된다.

b. 계약예규상의 청구기한

「민법」에 비하여, 계약예규 「공사계약일반조건」에서는 발주처가 어느 시점까지 이 권리를 행사하여야 하는지에 대한 별도의 규정을 두지 않고, 시공자의 경우에만 발주처로부터 하자보수통지를 받은 때에는 '즉시' 보수작업을 하도록 규정하고 있다(제33조제4항). 발주처는 하자담보책임기간의 만료일부터 14일 이내에 최종검사를 하여야 하며, 이 검사를 완료하였을 때에는 즉시 하자보수완료확인서를 시공자에게 발급하고, 이 확인서의 발급으로 시공자의 계약적 책임과 의무는 소멸하므로, 해석상 이 확인서의 발급 이전까지 발주처는 위의 권리를 행사하여야 한다고 할 것이다.

c. 특약(特約)에 의한 청구기한

계약예규 「공사계약일반조건」에는 하자보수완료확인서의 발급에도 불구하고 해당공사의 특성 및 관련법령에서 정한 바에 따라 필요하다고 인정하는 경우 검사과정에서 발견되지 않은 시공상의 하자에 대하여는 시공자의 책임으로 하는 특약을 정할 수 있는 규정을 두고 있다.

이를 계약예규에서는 '특별책임'이라 규정하고 있으며, 국제컨설팅엔지니어협회(FIDIC)의 경우에는 '미이행의무(unfulfilled obligations)'라고 규정하고 있다. 그러나 FIDIC의 경우에는 따로 특약을 두지 않더라도 당연히 시공자의 계약적 의무로 작용한다는 점에서 특약을 두어야 하는 우리나라와 차이가 있다.

앞장(章)에서는 이 특별책임을 잠재적 책임이라 하여 살펴본 적이 있다.

31·8 평 가

우리나라 국가계약법령 및 계약예규「공사계약일반조건」에서 규정하고 있는 하자담보책임은 아래와 같은 문제점이 있다.

첫째 : 계약예규와「건설산업기본법」의 하자담보책임기간

「국가계약법 시행규칙」(기획재정부령)에는 건설공사를 포함하여 모든 공사의 하자담보책임기간을 정해 놓고 있으며,「건설산업기본법 시행령」에는 건설공사의 하자담보책임만을 정해 놓고 있다.

계약예규「공사계약일반조건」제33조의 규정에 의하면, 위 기획재정부령이 정하는 공종별 하자담보책임기간을 공종별 구분없이 일률적으로 정하거나, 기획재정부령이 정하는 기간과 다르게 정하여 계약이행 중인 경우에는 계약서상 기간을 기획재정부령에 일치하여 조정하도록 하고 있다.

㈜ 이와 관련한 대표적인 분쟁은 2006년 7월 중앙건설분쟁조정위원회에 제기된 '서울 금천구청 vs 우다종합건설(주)'의 사건을 들 수 있다.
금천구청이 발주한 가산동복합청사신축공사의 계약시(1999년) 건축공종에 대한 하자담보책임기간을 일률하여 5년으로 체결하였으나, 위 조정위원회는 건축대공종을 세부공종별로 조정하도록 하는 조치 즉 계약서상의 하자담보책임기간을 기획재정부령(「국가계약법 시행규칙」)에서 정한 기간에 일치시키도록 조정하였던 바 있다.

즉, 계약예규에서는「국가계약법 시행규칙」이 정한 하자담보책임기간을 계약서에서 다르게 정하지 못하도록 하고 있다.

이에 대하여,「건설산업기본법」에서는 공사목적물의 성능, 특성 등을 고려하여 계약서에서 따로 정할 경우에는 그에 따르도록 규정하고 있어서 위 계약예규와 정반대로 규정하고 있다(제28조).

법령별 하자담보책임기간의 변경적용 가능여부

법령, 예규	「공사계약일반조건」(계약예규)	「건설산업기본법」
내 용	「국가계약법 시행규칙」상의 기간을 계약에서 변경적용 불가	「건설산업기본법 시행령」상의 기간을 계약에서 변경적용 가능
해당조항	제33조	제28조

둘째 : 완성시기

우리나라식 준공 또는 완공은 영문으로 Substantial Completion 또는 Practical Completion 이라 하여 실제적 완성이라 한다.

하자담보책임기간은 이 실제적 완성일로부터 계약당사자간에 약정된 기간 동안이라는 것이 통설적인 견해이다. 그러나 실제적 완성일을 구체적으로 어느 날로 할 것인지에 대하여는 견해가 분분함은 앞에서 논의한 바와 같다. 우리나라에서 실제적 완성일은 전술 제30장에서 언급한 바와 같이 ①「공사계약일반조건」 제27조에서 시공자는 공사를 완성하였을 때에는 그 사실을 준공신고서로 발주처(또는 감독관)에게 통지하고 준공검사를 요청한다는 점, ②제28조에서 검사완료 후 시공자가 인수요청을 한 때에는 즉시 현장인수증명서를 발급하고 당해 공사목적물을 인수한다는 점, ③제40조에서 시공자는 공사를 완성한 후 검사에 합격한 때에는 준공대가를 청구하고, 발주처는 그 청구를 받은 날로부터 5일 이내에 이 대가를 지급한다는 점 등으로 보아 준공검사를 완료한 날이 된다. 그렇다면, 상기 첫째항에서 논의한 바와 같이 부분인수에 있어서 기성부분에 대한 완성시기도 준공검사를 완료한 날이고, 전체목적물에 대한 인수에 있어서도 완성시기가 준공검사를 완료한 날이 된다고 할 수 있을 것인데, 상기 시행령 제60조 및 일반조건 제33조에서 '전체목적물을 인수한 날과 준공검사를 완료한 날'은 결국 '준공검사를 완료한 날'(전체 또는 부분)이 되며, 공연한 혼란만 불러일으키는 결과가 되고 만다.

이 경우 준공검사완료일기준은 「민법」 제671조의 인도일기준과 여전히 상치점이 있다. 차재에 준공 또는 완공에 대한 정의를 명확히 할 필요가 있다고 본다.

㈜ 현행 「공사계약일반조건」 제33조제1항의 규정 '전체목적물을 인수한 날 또는 준공검사를 완료한 날 중에서 먼저 도래한 날'은 1999년 9월 9일자의 개정시 도입된 것이며, 그 이전에는 '검사를 완료한 날'로 되어 있었다.

여기에서 우리나라 법령상의 하자담보책임기간을 비교해보면 그에 대한 개념정립이 더욱 절실함을 알 수 있다.

① 「국가계약법 시행령」 및 계약예규 「공사계약일반조건」의 하자담보책임기간 : 전체목적물을 인수한 날 또는 준공검사를 완료한 날 중에서 먼저 도래한 날로부터 계약서에서 정한 기간
② 「민법」 : 목적물의 인도일로부터 1년, 5년, 10년
③ 「건설산업기본법」 : 완공일과 목적물의 관리·사용을 개시한 날 중에서 먼저 도래한 날로부터 1년 ~ 10년

이렇게 보면, 우리나라는 준공과 하자담보책임기간에 대하여 아직도 미완(未完)에 있는 것처럼 보인다.

공사의 공종별 하자담보책임기간

공 종	하자담보 책임기간
1. 「건설산업기본법」에 의한 건설공사	
가. 교 량	
(1) 교각과 교각사이의 간격이 50m 이상이거나 길이 500m 이상인 교량의 철근콘크리트 또는 철골구조부	10년
(2) 길이 500m 미만의 교량의 철근콘크리트 또는 철골구조부	7년
(3) 교량 중 (1) 및 (2) 외의 공종(교면포장·이음부·난간시설 등)	2년
나. 터 널	
(1) 터널(지하철을 포함한다)의 철근콘크리트 또는 철근구조부	10년
(2) 터널 중 (1) 외의 공종	5년
다. 철 도	
(1) 교량 및 터널을 제외한 철도시설 중 철근콘크리트 또는 철골구조부	7년
(2) "(1)"외의 시설	5년
(3) 자갈도상철도공사(궤도공사부분으로 한정한다)	1년
라. 공항 및 삭도	
(1) 철근콘크리트 또는 철골구조부	7년
(2) "(1)"외의 시설	5년
마. 항만·사방 또는 간척	
(1) 철근콘크리트 또는 철골구조부	7년
(2) "(1)"외의 시설	5년
바. 도로	
(1) 콘크리트 포장도로(암거 · 측구를 포함한다)	3년
(2) 아스팔트 포장도로(암거 · 측구를 포함한다)	2년

공 종	하자담보 책임기간
사. 댐	
(1) 본체 및 여수로부분	10년
(2) "(1)"외의 시설	5년
아. 상 · 하수도	
(1) 철근콘크리트 · 철골구조부	7년
(2) 관로매설 · 기기설치	3년
자. 하천시설물 – (삭제)	
차. 관개수로 · 매립	3년
카. 부지정지	2년
타. 조 경	
조경시설물 및 조경식재	2년
파. 발전 · 가스 또는 산업설비	
(1) 철근콘크리트 · 철골구조부	7년
(2) 압력이 1제곱센티미터 당 10킬로그램 이상인 고압가스의 관로(부대기기를 포함한다) 설치공사	5년
(3) "(1)" 및 "(2)"외의 시설	3년
하. 기타 토목공사	1년
거. 건 축	
(1) 대형공공성건축물(공동주택 · 종합병원 · 관광숙박시설 · 관람집회시설 또는 대규모소매점과 16층 이상 기타 용도의 건축물)의 기둥 또는 내벽력	10년
(2) 대형 공공성건축물 중 기둥 및 내력벽 외의 주요구조부 또는 "(1)"외의 건축물 중 주요구조부	5년
(3) 건축물 중 "(1)" 및 "(2)"와 너목의 전문공사를 제외한 기타부분	1년

공 종	하자담보 책임기간
너. 전문공사	
(1) 실내의장	1년
(2) 토공	2년
(3) 미장 · 타일	1년
(4) 방수	3년
(5) 도장	1년
(6) 석공사 · 조적	2년
(7) 창호설치	1년
(8) 지붕	3년
(9) 철물(가목 내지 거목에 해당하는 철골을 제외한다)	2년
(10) 철근콘크리트(가목 내지 거목에 해당하는 철근콘크리트를 제외한다) 및 콘크리트 포장	3년
(11) 급배수 · 공동구 · 지하저수조 · 냉난방 · 환기 · 공기조화 · 자동제어 · 가스 또는 배연설비	2년
(12) 승강기 또는 인양기기설비	3년
(13) 온실설치	2년
(14) 보링	1년
(15) 건축물조립공사(건축물의 기둥 및 내력벽의 조립은 "거"목에 따름)	1년
(16) 판금	1년
(17) 보일러설치	1년
(18) 아스팔트 포장	2년
(19) "(11)" · "(17)"외의 건물 내 설비	2년

공 종	하자담보 책임기간
2. 「전기공사업법」에 의한 전기공사	
가. 발전설비공사	
(1) 철근콘크리트 또는 철골구조부	7년
(2) "(1)" 외의 시설공사	3년
나. 터널식 및 개착식전력구 송전 · 배전설비공사	
(1) 철근콘크리트 또는 철골구조부	10년
(2) "(1)" 외의 송전설비공사	5년
(3) "(1)" 외의 배전설비공사	2년
다. 지중 송전 · 배전설비공사	
(1) 송전설비공사(케이블공사 및 물밑송전설비공사를 포함한다)	5년
(2) 배전설비공사	3년
라. 송전설비공사(제2호 및 제3호 외의 송전설비공사를 말한다)	3년
마. 변전설비공사(전기설비 및 기기설치공사를 포함한다)	3년
바. 배전설비공사(제2호 및 제3호 외의 배전설비공사를 말한다)	
(1) 배전설비 철탑공사	3년
(2) "(1)" 외의 배전설비공사	2년
사. 산업시설물, 건축물 및 구조물의 전기설비공사	1년
아. 그 밖의 전기설비공사	1년
3. 「정보통신공사업법」에 의한 정보통신공사	
가. 터널식 또는 개착식 등의 통신구공사	5년
나. 「전기통신기본법」 제2조제4호에 따른 사업용전기통신설비 중 케이블설치공사(구내에서 시공되는 공사를 제외한다), 관로공사, 철탑공사, 교환기설치공사, 전송설비공사, 위성통신설비공사	3년
다. 가목 및 나목의 공사 외의 공사	1년

공 종	하자담보 책임기간
4. 「소방시설공사업법」에 의한 소방시설공사	
가. 피난기구·유도등·유도표시·비상경보설비·비상조명등·비상방송설비 및 무선통신보조설비	2년
나. 자동식소화기·옥내소화전설비·스프링쿨러설비·간이스프링쿨러설비·물분무등소화설비·옥외소화전설비·자동화재탐지설비·상수도소화용수설비 및 소화활동설비(무선통신보조설비를 제외한다)	3년
5. 「문화재수리법」에 의한 문화재수리공사	
가. 성 곽	
(1) 석성(石城)	
(가) 화강석 등을 방형 형태로 다듬어 쌓은 구조	5년
(나) 자연상태의 돌을 사용하여 쌓은 구조	3년
(2) 토성(土城), 혼축성(混築城)	2년
(3) 전축성(塼築城)	3년
(4) 목책성(木柵城)	1년
나. 탑·석조물	
(1) 석불(石佛), 부도(浮屠), 비석(碑石), 석등(石燈), 당간지주(幢竿支柱), 지석묘(支石墓), 석빙고(石氷庫), 석탑(石塔), 석교(石橋) 등	5년
(2) 전탑(塼塔)	3년
(3) 새로운 재료로 교체한 석재부(石材部)	5년
다. 목조건축물	
(1) 지 붕	
(가) 산자(橵子) 또는 개판(蓋板) 이상의 기와지붕	3년
(나) 산자 또는 개판 이상의 너와지붕	2년
(다) 억새 등을 이용한 선사시대 움집	1년
(라) 산자 또는 개판 이상의 초가지붕	1년

공 종	하자담보 책임기간
(2) 목부재(木部材)	
(가) 기둥, 창방(昌枋), 대들보, 도리 등 주요 구조재	3년
(나) 그 밖의 구조재	2년
(3) 목조건축물의 수장재(修粧材)	1년
(4) 기초 및 기단	
(가) 정(井)자형 장대석 기초	10년
(나) 강회잡석 적심기초, 화강석 가공주초	7년
(다) 도드락다듬 이상의 석조(石造) 기단·월대(月臺)	5년
(라) 그 밖의 기초 및 기단	3년
(5) 미장 및 아궁이, 굴뚝, 방고래 등 구들과 관련되는 시설의 수리	1년
(6) 건축물의 단청(벽화 및 불화를 포함한다)	2년
라. 담	
(1) 사괴석(四塊石) 담장	3년
(2) 돌담, 자연석담, 판축(版築)담, 토(土)담, 전축(塼築)담, 와편(瓦片)담	2년
마. 분 묘	
(1) 봉분시설(잔디심기를 제외한다)	2년
(2) 구조부	
(가) 적석총(積石塚), 석곽묘(石槨墓)	5년
(나) 전축분(塼築墳)	3년
(다) 목곽묘(木槨墓)	1년
(3) 병풍석(屛風石)	3년

공 종	하자담보 책임기간
바. 도 로	
(1) 암거(暗渠), 배수로, 측구(側溝), 맨홀	2년
(2) 포장	
(가) 박석(薄石), 포방전(鋪方塼)	2년
(나) 마사토(磨砂土), 강회다짐, 기타 혼합토 등	1년
사. 철 물	
(1) 장식철물, 보호철물, 관리철물	2년
(2) 구조철물, 보강철물	3년
아. 조경·식물보호·발굴지 정비·벽화 등	
(1) 조경시설물 및 조경식재	2년
(2) 식물보호	3년
(3) 발굴지 정비	2년
(4) 불상개금(佛像改金), 도금(鍍金), 탱화, 옻칠 등	5년
자. 문화재보호·보강시설	
전통한옥양식건축물 또는 보호각, 보호시설의 철골 또는 철근콘크리트구조로 된 내력벽, 기둥이나 주요구조부	5년
6. 「지하수법」에 의한 지하수개발·이용시설공사 그 밖의 공사관련 법령에 따른 공사	1년

32

하도급관리

제32장

하도급관리

㈜ 본 장의 내용은 졸저 「건설클레임분쟁론」(건설경제, 2015) 제29장 및 제30장의 내용과 다소 중복되는 점이 있음을 양해하시기 바란다.

32·1 하도급의 개념

우리나라의 「민법」에서 도급이라 함은 당사자 일방이 어느 일을 완성할 것을 약정하고 상대방이 그 일의 결과에 대하여 보수를 지급할 것을 약정하는 계약의 유형을 말한다.

「민법」의 위와 같은 정의에 대하여, 「건설산업기본법」에서는 도급을 원도급·하도급·위탁 등 명칭에 관계없이 건설공사를 완성할 것을 약정하고, 상대방이 그 공사의 결과에 대하여 대가를 지급할 것을 약정하는 계약으로 정의하고 있다. 이 정의에 따르면, 물론 그 명칭의 여하에 불구하고 건설공사의 완성을 전제로 하고 있다는 점에서는 「민법」의 규정과 유사하지만, 위탁을 도급에 포함시키고 있음이 이채롭다.

하도급에 대한 정의는 「건설산업기본법」과 「하도급거래공정화에관한법률」(이하 "하도급법"이라 약칭하기로 함)에서 결국 같은 내용이지만 문언상 차이를 보이고 있기에 아래에 관련조항을 비교하여 보기로 한다.

「건설산업기본법」 제2조제12호

"하도급이란 도급받은 건설공사의 전부 또는 일부를 다시 도급하기 위하여 수급인이 제3자와 체결하는 계약을 말한다."

「하도급법」 제2조제1항

"이 법에서 '하도급거래'란 원사업자가 수급사업자에게 ……건설위탁 또는 용역위탁을 하거나 원사업자가 다른 사업자로부터 ……건설위탁 또는 용역위탁을 받은 것을 수급사업자에게 다시 위탁한 경우, 그 위탁(이하 '제조 등의 위탁'이라 한다)을 받은 수급사업자가 위탁받은 것(이하 '목적물 등'이라 한다)을 …

> …시공하여 원사업자에게 납품 · 인도 또는 제공(이하 '납품 등'이라 한다)하고 그 대가(이하 '하도급대금'이라 한다)를 받는 행위를 말한다."

공사계약의 속성상 본서에서는 「건설산업기본법」에서 규정하는 내용을 하도급의 개념으로 취하고자 한다. 이 경우 도급과 하도급은 그 당사자만 다를 뿐 내용은 같다.

이에 따라 도급인은 앞에서 호칭하여 왔던 바대로 발주처(發注處)로 하고, 시공자는 본장(本章)에서 수급인(受給人) 또는 원수급인, 그리고 하도급계약의 당사자로서 수급인의 상대방은 하수급인(下受給人)으로 표기하고자 한다.

32 · 2 공사의 직접시공원칙

1. 서(序)

전통적인 도급에 있어서는 수급인이 직접 시공하여 도급인에게 목적물을 인도함이 원칙이었다. 앞에서 본 도급의 개념도 수급인이 일을 완성하는 것이지, 수급인이 하도급하여 일을 완성하는 것이 아니다. 이를 수급인에 의한 공사의 직접시공원칙이라 한다.

그러나 공사의 규모가 커지고 복잡해짐으로써 수급인이 혼자 일을 해나가는 것이 가능하지 않게 되어, 현재에는 거의 대부분의 공사가 하도급에 의해 수행되고 있는 실정이다. 이 점에 있어서는 「건설산업기본법」상의 도급에 대한 정의가 「민법」상의 정의보다 더 현실에 가깝다고 할 수 있을 것이다. 「건설산업기본법」이라고 하더라도 하도급계약을 통하여 원도급계약을 수행하라는 명시적인 표현은 없지만, 그러나 적어도 하도급을 인정하고 그를 전제로 도급에 대한 정의를 규정하였지 않았나 싶다.

어쨌건 수급인에 의한 공사의 직접시공원칙과 하도급은 상반되는 공사의 수행방식이다. 「건설산업기본법」은 이 직접시공원칙과 하도급의 현실성에 대한 타협책을 제시하고 있는데, 제28조의2 '건설공사의 직접시공'이 대표적이다.

2. 직접시공의 대상

1건공사의 금액이 100억원 이하로서 도급금액이 50억원 미만인 건설공사를 도급받은 경우에는 그 공사금액 중 아래의 비율에 따른 금액 이상에 해당하는 공사를 직접시공하여야 한다.

(1) 도급금액이 3억원 미만인 경우 : 50%
(2) 도급금액이 3억원 이상 10억원 미만인 경우 : 30%
(3) 도급금액이 10억원 이상 30억원 미만인 경우: 20%
(4) 도급금액이 30억원 이상 50억원 미만인 경우: 10%

㈜ 미국의 경우 총액계약으로서 계약금액이 1,500,000달러를 초과할 것으로 예상될 때에는 시공자의 직접시공비율을 계약조건으로 명시하도록 되어 있다(FAR 36.501조).

3. 직접시공의 예외

수급인은 해당공사를 직접시공하기 곤란한 경우로서 다음에 해당하는 경우에는 직접시공하지 않을 수 있다.

(1) 발주처가 공사의 품질이나 시공상 능률을 높이기 위하여 필요하다고 인정하여 서면으로 승낙한 경우
(2) 수급인이 도급받은 건설공사 중 특허 또는 신기술이 사용되는 부분을 그 특허 또는 신기술을 사용할 수 있는 다른 건설업자에게 하도급하는 경우

4. 직접시공계획의 통보

a. 직접시공계획의 통보의무

공사를 직접시공하는 수급인은 도급계약의 체결일로부터 30일 이내에 직접시공계획을 발주처에 통보하여야 한다.

b. 통보의무의 예외

직접시공하는 건설공사가 다음의 요건을 모두 갖춘 경우에는 해당공사의 직접시공계획을 통보하지 않을 수 있다.

(1) 1건공사의 도급금액이 4천만원 미만인 경우
(2) 공사기간이 30일 이내인 경우
(3) 전문공사를 시공하는 업종을 등록한 건설업자가 전문공사를 도급받은 경우

감리자가 있는 건설공사로서 도급계약을 체결한 자가 위의 기한 즉 도급계약의 체결일로부터 30일 이내에 감리자에게 직접시공계획을 통보한 경우에는 이를 발주처에게 따로 통보하지 않아도 된다.

c. 불이행시 계약의 해제

발주처는 수급인이 직접시공계획을 통보하지 않은 경우나 그 계획에 따라 공사를 시공하지 않는 경우에는 해당계약을 해제할 수 있다.

d. 준수여부의 확인

국가, 지방자치단체, 공기업 및 준정부기관, 지방공사 및 지방공단인 발주처는 수급인으로부터 직접시공계획을 통보받은 경우 시공계획의 준수여부를 확인하고 이를 국토교통부장관에게 통보하여야 하며, 위반사실이 적발된 경우에는 그 사실을 수급인의 건설업등록관청에도 통보하여야 한다.

확인의 방법은 직접시공계획을 토대로 노무비지급, 자재납품, 장비사용내역, 사회보험 및 소득세납부내역 등 직접시공을 증빙할 수 있는 서류를 통하여 하되, 해당공사의 준공일까지 확인하여야 한다. 이 확인은 관계법령에 따른 감리가 있는 건설공사의 경우에는 감리자로 하여금 그 준수여부를 확인하게 할 수도 있다.

32·3 하도급의 유형

1. 의무하도급과 임의하도급

a. 의무하도급

의무하도급은 법령 등에 의하여 하도급이 의무지워진 하도급으로서, 예를 들면 종전의 「건설산업기본법」 제30조에서 규정한 하도급이 대표적인 경우이다.

이 의무하도급제도는 2004.12.31일 「건설산업기본법」의 개정시 근거조항인 제30조를 삭제함으로써 폐지되고, 그 대안으로 위에서 언급한 수급자의 직접시공의무제로 대체되었다.

㈜ 종전의 의무하도급비율
의무하도급의 비율은 종전의 「건설산업기본법 시행령」에서 아래와 같이 규정하고 있었다.
① 도급금액이 20억원 이상 30억원 미만인 경우 20%
② 도급금액이 30억원 이상인 경우 30%

b. 임의하도급

위 의무하도급에 대하여 수급인이 자신의 판단으로 하도급하는 경우로서 하도급은 원래 임의하도급이 원칙인 것이며, 현행 우리나라 건설산업기본법령의 자세이기도 하다. 이와 같은 임의하도급의 특성으로 인하여 그 기준이나 대상을 법령으로 정하지 않고 하도급계약당사자의 자율적인 판단에 위임하고 있는 것이다. 다만, 원도급계약목적물에 대한 품질의 확보 및 하도급거래의 공정성을 유지하기 위하여 기본적인 제한규정을 두고 있다. 이는 다음 항에서 논의하기로 한다.

2. 발주처지정하도급과 수급인지정하도급

a. 발주처지정하도급

특정공종에 대하여 그를 수행할 하수급인을 발주처가 지명하는 경우 이를 발주처지명하수급인이라 하며, 그 하수급인이 수행하는 공종에 대한 하도급을 발주처지정하도급이라 한다. 일반적으로 지정하도급이라 할 때에는 발주처에 의한 지정하도급을 뜻한다.

발주처가 정부 또는 지방자치단체일 경우 지명하수급인은 영문으로 Government-Nominated Subcontractor로 나타냄이 일반적이지만, 지명하수급인이라고 할 때에는 통상 이 하수급인을 지칭하므로 단순히 Nominated Subcontractor로 나타내어도 무방하다. 여기에서 Government 대신 Employer, Owner, Client, Authority 등으로 표기하기도 하고, Nominated 대신 Selected라는 용어를 쓰기도 한다.

FIDIC「공사계약조건」에서도 'Nominated Subcontractor'로 표기하고 있다(제5조). 다만, 이 하수급인을 지명하는 방식은 첫째, 계약문서에서 아예 Nominated Subcontractor로 규정되기도 하고, 둘째, 감독관이 지명하여 하수급인으로 고용하도록 수급인에게 통보하는 방식을 취하기도 한다.

우리나라의 경우「건설산업기본법」이나「하도급법」 또는「국가계약법」 등에서 발주처지정하도급과 관련한 규정을 두고 있지 않다. 그러나 현업에서는 특별한 경우이기는 하지만 이 제도를 활용하고 있기도 하다.

b. 수급인지정하도급

일반적인 경우 하도급이라 할 때에는 이와 같은 방식의 하도급, 즉 수급인지정하도급을 뜻한다. 이와 같은 연유로 수급인지정하수급인은 사실상 특별한 경우를 제외하고는 그냥 하수급인이라고 하는 것이다.

이에 대한 영문표기는 위의 Government-Nominated 또는 Employer- Selected Subcontractor에 대칭하기 위하여, Contractor-Nominated 또는 Contractor-Selected Subcontractor 즉 수급인지명하수급인이라 하여야 할 것이기는 하나, 통상적인 경우 단순히 Subcontractor 즉 하수급인으로 표기한다.

3. 일괄하도급과 부분하도급

도급의 특성상 일괄하도급, 즉 공사의 전부를 일괄하여 하도급하는 것은 원칙적으로 금지되며, 일반적인 경우 하도급이라고 할 때에는 부분하도급을 일컫는다.
이 내용은 다음 항에서 다시 논의하기로 한다.

4. 노무하도급 · 자재하도급 · 복합하도급

하도급의 내용을 중심으로 노무제공을 주로 할 때 노무하도급이라 하며, 자재·장비 등의 제공을 주로 할 때 자재하도급, 이들 양자를 병합하여, 즉 노무제공과 자재·장비의 제공이 병합적으로 이루어질 때 복합하도급이라 한다. 일반적인 경우 하도급이라 할 때에는 복합하도급을 일컫는다.

우리나라에 있어서 복합하도급이 아닌 노무하도급 또는 자재하도급의 허용여부에 대한 분명한 규정을 두고 있지 아니할 뿐만 아니라 국토교통부의 유권해석 또한 다분히 유동적인 입장을 취하고 있다.

국토교통부(구 건설교통부) 유권해석 건경 58070-1414 (1998.6.20)

"건설공사는 공종의 복합성, 대규모성 등의 특성으로 공사의 효율적인 수행을 위해서는 하도급에의 의존이 불가피함으로 분업과 협업의 원리에 따른 원가절감과 생산성제고를 위해서는 일반건설업자는 전체공사를 계획·관리·조정하고 전문건설업자는 전문분야별 직접 시공활동을 수행하는 하도급제도는 필요하며, 이 경우 건설공사를 도급받은 일반건설업자가 전문건설업자에게 하도급하는 경우 하도급공사에 소요되는 자재를 전부 지급하는 등 자재비를 책임지게 할 경우 불공정거래, 공사의 효율성 저하 등의 문제가 발생될 소지가 있으므로 자재지급에 대하여는 계약당사자간에 협의하여 정하도록 하는 것이 타당할 것으로 봄.
아울러 수급인은 건설산업기본법 제38조의 규정에 의하여 하수급인에게 하도급공사의 시공과 관련하여 자재구입처 지정 등으로 하수급인에게 불리하다고 인정되는 행위를 강요해서는 아니되도록 규정하고 있음을 알려드림."

5. 단독하도급과 공동하도급

어떤 하도급계약에 있어서 하수급인이 단독으로 참여하느냐 2인 이상으로 구성된 공동하수급체의 형식으로 참여하느냐에 따라 전자를 단독하도급, 후자를 공동하도급이라 한다.

6. 1차 하도급과 2차 하도급

1차 하도급은 앞에서 언급한 하도급, 즉 수급인과 그의 하수급인간의 하도급을 뜻하며, 2차 하도급은 하수급인이 자신이 하도급받은 공사의 일부를 다시 하도급하는 경우를 뜻한다.

1차 하도급을 단순히 하도급이라 하고, 2차 하도급을 재하도급이라고도 한다. 영문으로 전자를 First Tier Subcontract 또는 단순히 Subcontract라 하고, 후자를 Second Tier Subcontract 또는 Sub-Subcontract라 한다.

32·4 하도급의 제한

1. 일괄하도급의 금지

a. 기본원칙

수급인은 원칙적으로 도급받은 건설공사의 전부 또는 주요부분의 대부분을 제3자에게 하도급할 수 없다. ①건설공사의 전부를 하도급하는 경우 및 ②주요부분의 대부분을 하도급하는 경우를 합하여 일괄하도급(一括下都給)이라 한다.

여기에서 주요부분의 대부분이라 함은 도급받은 공사(도급받은 공사가 여러 동의 건축공사인 경우에는 각 동의 건축공사를 말함) 중 부대공사에 해당하는 부분을 제외한 주된 공사의 전부를 말한다.

㈜ 부대공사

위 본문에서 언급한 부대공사는 다음의 공사를 말한다(「건설산업기본법 시행령」 제21조).

① 주된 공사를 시공하기 위하여 또는 시공함으로 인하여 필요하게 되는 종된 공사
② 2종 이상의 전문공사가 복합된 공사로서 공사예정금액이 3억원 미만이고, 주된 전문공사의 공사예정금액이 전체공사예정금액의 50% 이상인 경우 그 나머지 부분의 공사
③ 기계설비공사업 및 가스시설시공업에 속한 공사간의 복합된 공사를 그 중 주된 공사에 관한 업종의 건설업자가 도급받는 경우 나머지 업종에 속한 공사

여기서 공사예정금액이라 함은 공사예정가격에 발주처제공자재대금을 합한 금액을 말한다.

b. 예 외 : 일괄하도급의 허용

수급인이 도급받은 건설공사를 계획·관리 및 조정하는 경우로서 다음에 해당하는 경우에는 일괄하도급이 가능하다.

(1) 건설업자가 공사현장에서 인력·자재·장비·자금 등의 관리, 시공관리·품질관리·안전관리 등을 수행하고 이를 위한 조직체계 등을 갖추고 있는 경우

(2) 다음의 경우에 해당하여 2인 이상에게 분할하여 하도급하는 경우

(가) 도급받은 공사를 전문공사를 시공하는 종류별로 분할하여 각각 해당전문공사를 시공하는 업종을 등록한 건설업자(본서에서 이를 "전문공사업등록자"라 함)에게 하도급하는 경우

㊟ 「건설산업기본법」은 2007.5.15일의 개정시 종전의 일반공사와 전문공사를 종합공사와 전문공사로 변경하여 현재에 이르고 있다.

(나) 도서지역 또는 산간벽지에서 행하여지는 공사를 당해 도서지역 또는 산간벽지가 속하는 특별시·광역시 또는 도에 있는 중소건설업자 또는 자신의 협력업자에게 하도급하는 경우

㊟ 도서지역

위 도서지역에서의 일괄하도급의 허용규정과 관련하여, 이 규정은 도서지역 등의 건설공사를 도급받은 시공자가 자신이 보유한 인력·자재·장비 등을 당해 지역으로 운반하여 시공하는 것보다는 현지의 중소건설업자들에게 하도급하여 시공하는 것이 보다 합리적인 경우에 있어서의 예외적인 일괄하도급 허용규정인 것이므로 「도서개발촉진법」상의 도서의 범위와는 반드시 일치하는 것이라고는 할 수 없다.

이와 같은 취지에서 제주도지역이 위 허용규정에 의한 도서지역에 포함되는지의 여부는 당해 공사의 설계내용, 시공기술상의 특성, 현지여건 등을 감안하여 판단할 사항이라는 것이 국토교통부의 유권해석(건경 58070-795, 1994.7.14)이다.

참고로, 「도서개발촉진법」 제2조에 의하면, 제주특별자치도의 본도(本島)는 이 법에서 지칭하는 도서(島嶼)에 해당하지 않는다.

2. 동일업종건설업자에 대한 하도급의 금지

a. 기본원칙

수급인은 원칙적으로 그가 도급받은 건설공사의 일부를 동일업종건설업자에게 하도급할 수 없다.

b. 예 외

수급인은 그러나 발주처가 공사의 품질이나 시공상 능률의 제고를 위하여 필요하다고 인정하여 서면으로 승인한 경우에는 위 동일업종건설업자에게 공사의 일부를 하도급할 수 있다.

3. 재하도급의 금지

a. 기본원칙

하수급인은 그가 하도급받은 건설공사를 제3자에게 다시 하도급(재하도급)할 수 없다.

b. 예 외

재하도급의 금지원칙에 대하여 다음의 경우에는 재하도급이 예외적으로 허용된다.

(1) 다음에 해당하는 경우로서, 종합공사등록업자가 하도급받은 건설공사 중 전문공사에 해당하는 공사를 전문공사등록업자에게 다시 하도급하는 경우
  (a) 발주처가 공사의 품질이나 시공상의 능률제고를 위하여 필요하다고 승인한 경우로서 설계 및 시공을 함께 도급받은 공사를 다시 하도급하는 경우
  (b) 발주처가 공사의 품질이나 시공능률제고를 위하여 필요하다고 승인한 경우

(2) 전문공사등록업자가 하도급받은 경우로서 다음 요건을 모두 충족하여, 하도급받은 전문공사의 일부를 당해 전문공사등록업자에게 다시 하도급하는 경우
  (a) 공사의 품질이나 시공능률의 제고를 위하여 필요한 경우로서 하도급받은 전체 공사금액 중 20% 이내에 해당하는 금액의 공사를 다시 하도급하는 경우
  (b) 수급인의 서면승낙을 받을 것

32·5 하도급과 관련한 수급인의 의무

1. 하도급사실의 통보의무

a. 통보시한

수급인은 도급받은 공사를 제3자에게 하도급하는 경우에는 하도급계약을 체결하거나 재하도급을 승낙한 날로부터 30일 이내에 해당공사의 발주처에게 그 사실을 통보하여야 한다.

b. 통보의무의 예외

①발주처가 공사품질의 향상 또는 시공상의 능률을 높이기 위하여 필요하다고 인정하여 하도급을 서면으로 승낙한 경우와 ②하도급하고자 하는 부분이 당해 공사의 주요부분에 해당하는 경우로서 ③발주처가 품질관리상 필요하여 도급계약조건으로 사전승인을 받도록 요구한 경우에는 수급인의 통보의무는 면제된다.

c. 감리자에 대한 통보

감리자가 있는 공사로서 수급인이 위 통보내용을 a항의 기한 내에 감리자에게 한 경우에는 이를 발주처에게 통보한 것으로 간주한다(「건설산업기본법 시행령」 제32조).

2. 하수급인의 의견청취

수급인은 당해 공사의 시공에 관한 공법 및 공정 기타 필요하다고 인정되는 사항에 관하여 미리 하수급인의 의견을 들어야 한다.

3. 하도급대가의 적기지급

a. 하도급대가의 지급시한

수급인이 하수급인에게 하도급을 한 경우, 아래의 경우를 제외하고는 공사목적물의 인수일부터 60일 이내의 가능한 짧은 기한으로 정한 지급기일까지 하도급대금을 지급하여야 한다.

(1) 수급인과 하수급인이 상호 대등한 지위에서 지급기일을 정한 것으로 인정되는 경우
(2) 해당업종의 특수성과 경제여건에 비추어 그 지급기일이 정당한 것으로 인정되는 경우

이에 따라 수급인이 발주처로부터 대가를 지급받지 않았다고 하더라도 하수급인으로부터 공사목적물을 인수한 때에는 그 인수일로부터 60일 이내에 하도급대가를 지급하여야 한다.

그러나 수급인이 발주처로부터 준공대가를 받은 때에는 하도급대가를, 기성대가를 받은 때에는 하도급기성대가를 각각 지급받은 날로부터 15일 이내에 하수급인에게 현금으로 지급하여야 한다.

수급인의 하도급대가지급원칙을 Pay-When-Paid Rule, 또는 수령후지급원칙, 즉 원도급대가의 수령 후 하도급대가의 지급원칙에 두고 있으나, 원도급대가를 수령하지 않았다고 하더라도 하수급인으로부터 공사목적물을 인수한 경우에는 이 원칙에 대한 예외로서 인수후지급원칙을 따른다.

b. 지급지체에 대한 이자

수급인이 하도급대금을 공사목적물의 인수일로부터 60일(발주처로부터 대가를 지급받은 경우에는 지급받은 날로부터 15일)이 지난 후에 지급하는 경우에는 그 초과기간에 대하여 연 40% 이내에서 「은행법」에 따른 은행이 적용하는 연체금리 등 경제사정을 고려하

여 공정거래위원회가 정하여 고시하는 이율에 따른 이자를 지급하여야 한다.

㊟ 공정거래위원회고시 「선급금 등 지연지급시의 지연이자율」에 따르면 수급인이 하도급대가를 지연지급하는 경우 적용되는 지연이율은 연리 15.5%이다(2018.7.1일 재검토하는 것으로 예고되어 있음).

이에 비하여, 또다른 공정거래위원회고시 「어음에 의한 하도급대금지급시의 할인율」에 따르면, 수급인이 하도급대금을 어음으로 교부하는 경우 수급인이 부담하여야 할 할인율은 연 7.5%이다(2019.1.1일 재검토 예고).

c. 현물지급의 금지

수급인은 하수급인의 의사에 반하여 하도급대금을 물품으로 지급(payment in kind)하여서는 아니 된다. 그러므로 하수급인이 공사의 시공에 필요한 자재라고 하더라도 하수급인의 의사에 반하여 자재구입처를 지정하거나, 현금 또는 수표에 갈음하여 물품으로 하도급대가 또는 하도급기성대가를 지급할 수 없다.

소위 수급인의 지급자재라고 하여 하도급계약조건에서 수급인에 의한 자재(장비도 동일함)의 공급이 규정되어 있는 경우에는 본 항의 현물지급 또는 대물변제의 개념과 구분된다.

수급인의 지급자재(Contractor-Furnished Materials)는 그 대가가 하도급대가에서 제외되나, 본 항의 현물에 대한 대가는 하도급대가에 포함되어, 만약 수급인이 자재를 제공하지 않는다면 그에 상당하는 금액을 하수급인에게 기성대가로 지급하여야 한다는 점에서 차이가 있다.

4. 하도급대금지급보증서의 교부

수급인은 하도급계약을 체결할 때 다음의 구분에 의한 하도급대금지급보증서를 하수급인에게 교부하여야 한다.

a. 보증금액

하도급대금지급보증서의 보증금액은 다음의 기준에 따라 산출한 금액으로 한다.

(1) 공사기간이 4개월 이하인 경우

보증금액 : 하도급금액에서 선급금을 공제한 금액

(2) 공사기간이 4개월을 초과하는 경우로서 하도급기성대가의 지급주기가 2개월 이내인 경우

$$\text{보증금액} = \frac{\text{하도급금액} - \text{계약상선급금}}{\text{공사기간 (월)}} \times 4$$

(3) 공사기간이 4개월을 초과하는 경우로서 하도급기성대가의 지급주기가 2개월을 초과하는 경우

$$\text{보증금액} = \frac{\text{하도급금액}-\text{계약상선급금}}{\text{공사기간(월)}} \times \frac{\text{기성대가의}}{\text{지급주기(월수)}} \times 2$$

b. 보증서의 발급수수료

하도급계약의 당사자는 하도급대금지급보증서의 발급에 소요되는 금액을 아래의 기준에 따라 산출하여 도급대금산출내역서에 명시하여야 한다.

(1) 발급수수료 : (재료비+직접노무비+산출경비) × 요율
(2) 적용요율 : 국토교통부고시「하도급대금지급보증서발급금액적용기준」에 제시된 공사규모별 요율

c. 하도급계약이행보증의 요구

수급인이 하수급인에게 하도급대금지급보증서를 교부하는 경우 하수급인에게는 하도급금액의 10%에 해당하는 금액의 하도급계약이행보증서를 징구(徵求)할 수 있다.

d. 하도급대금지급보증서 교부의무의 면제

다음의 경우로서 수급자와 하수급자가 서로 보증을 하지 않기로 합의한 경우에는 하도급대금지급보증서의 교부의무가 면제된다.

(1) 1건의 하도급공사금액이 1천만원 이하인 경우
(2) 발주처가 하도급대금을 하수급인에게 직접지급한다는 뜻과 그 지급의 방법·절차에 관하여 발주처·수급인 및 하수급인이 합의한 경우

5. 하도급대금의 조정

수급인은 발주처로부터 설계변경·물가변동 등에 따라 공사금액을 증액 또는 감액하여 지급받은 경우 동일한 사유로 목적물의 준공에 비용이 추가 또는 감소되는 때에는 그가 증액 또는 감액받은 공사금액의 내용과 비율에 따라 하수급인에게 비용을 증액 또는 감액하여 지급하여 지급한다(하도급계약금액을 증액 또는 감액한다).(「건설산업기본법」 제36조)

6. 수급인의 손해배상의무

수급인은 하수급인이 고의 또는 과실로 하도급공사를 부실하게 시공하여 타인에게 손해를 입힌 경우에는 하수급인과 연대하여 그 손해를 배상하여야 한다. 이 경우 수급인이 그 손해를 배상하면, 배상책임이 있는 하수급인에게 구상권(求償權)을 행사할 수 있다(「건설산업기본법」 제44조).

㈜ 수급인의 이 손해배상의무는 특히 하수급인과의 연대책임에 있어서 매우 중요한 사항이므로 계약예규 「공사계약일반조건」에 그 내용을 규정함이 좋을 듯하나, 이 일반조건에는 규정되지 않아 아쉬움이 있다.

7. 하도급관리시스템의 이용

조달청의 「일괄계약특수조건」(2018.5.31 개정본)에 의하면, 수급인이 입찰참가시 하도급계약을 나라장터하도급관리시스템(이하 '하도급지킴이'이라 함)을 이용하기로 확약한 경우 수급인은 하도급지킴이를 통하여 하도급계약을 체결하여야 하고, 하도급대금, 노무비, 장비·자재대금의 지급 등을 하도급지킴이를 통하여 전자적으로 처리하여야 한다.

이 경우 하도급대금 등의 지급방법(인출제한, 지급확인)에 대해서는 발주처와 협의한 방법에 따르되, 노무비의 지급방법은 반드시 인출제한으로 한다.

32·6 하도급계약의 적정성심사

a. 적정성심사의 대상

(1) 임의적 심사대상

발주처는 하수급인이 공사를 시공하기에 현저히 부적당하다고 인정되거나, 하도급계약금액이 다음 기준에 미달하는 경우에는 하수급인의 시공능력, 하도급계약내용의 적정성 등을 심사할 수 있다.

(a) 하도급계약금액이 도급금액 중 하도급부분에 상당하는 금액의 82%에 미달하는 경우

㈜ **하도급부분에 상당하는 금액**
위 (a)항에서 '하도급부분에 상당하는 금액'이라 함은 하도급하려는 공사부분에 대하여 수급인의 도급금액산출내역서의 계약단가(직접·간접노무비, 재료비 및 경비 포함)를 기준으로 산출한 금액에 일반관리비, 이윤 및 부가가치세를 포함한 금액을 말하되, 수급인이 하수급인에게 직접지급하는 자재의 비용과 하도급대금지급보증서 발급에 드는 금액 등 관계 법령에 따라 수급인이 부담하는 금액은 제외한다.

(b) 하도급계약금액이 하도급부분에 대한 발주처가 작성한 예정가격의 60%에 미달하는 경우

(2) 의무적 심사대상

위 임의적 심사대상에서 발주처가 국가, 지방자치단체, 또는 국가 또는 지방자치단체가 출자 또는 출연한 법인인 경우에는 반드시 적정성심사를 하여야 한다.

b. 하도급계약내용의 변경

발주처는 적정성심사 결과 하수급인의 시공능력 또는 하도급계약내용이 적정하지 아니한 경우에는 그 사유를 명시하여 수급인으로 하여금 하도급계약내용뿐만 아니라 하수급

인의 변경을 요구할 수 있다.

발주처의 이 요구는 수급인으로부터 하도급의 통보를 받은 날 또는 그 사유가 있음을 안 날로부터 30일 이내에 하여야 한다.

c. 원도급계약의 해제

발주처는 수급인이 위에서 언급한 발주처의 요구에 응하지 아니하여 공사결과에 중대한 영향을 초래할 우려가 있는 경우에는 당해 건설공사의 도급계약을 해제할 수 있다.

32 · 7 하도급대금의 직접지급

하도급대금을 발주처가 하수급인에게 직접지급하는 유형에는 첫째, 건설산업기본법령의 유형으로서, 직접지급할 수 있는 경우와 직접지급하여야 하는 경우로 구분되며, 전자를 임의적 직접지급, 후자를 의무적 직접지급이라 한다. 둘째, 하도급법령 및 계약예규 「공사계약일반조건」의 유형으로서, 이 법령과 예규에는 의무적 직접지급유형만을 채택하고 있다.

1. 임의적 직접지급

임의적 직접지급은 위에서 언급한대로 건설산업기본법령상의 유형으로서, 발주처는 다음의 경우 자신의 판단으로 하도급대금을 수급인에게 지급할 수도 있고, 하수급인에게 직접지급할 수도 있다(「건설산업기본법」 제35조제1항).

(1) 수급인의 파산 등 수급인이 하도급대금을 지급할 수 없는 명백한 사유가 있다고 발주처가 인정하는 경우

(2) 국가, 지방자치단체, 공기업, 준정부기관, 지방공사 및 지방공단이 발주한 공사가 다음에 해당하는 경우로서 발주처가 하수급인의 보호를 위하여 필요하다고 인정하는 경우

㈎ 수급인이 하도급대금의 지급을 1회 이상 지체한 경우

㈏ 공사예정가격에 대비하여 82% 미만으로 도급계약을 체결하는 경우

2. 의무적 직접지급

의무적 직접지급은 건설산업기본법령, 하도급법령 및 계약예규 「공사계약일반조건」에서 각각 취하고 있는 유형이기는 하나 그 사유는 3자간 다소의 차이를 보이고 있으므로 유의를 요한다.

a. 건설산업기본법령의 직접지급사유

「건설산업기본법」에 의하면, 발주처는 다음의 경우에는 하수급인이 시공한 부분에 해당하는 하도급대금을 하수급인에게 직접지급하여야 한다(제35조제2항).

(1) 발주처가 하도급대금을 직접지급하기로 발주처 및 수급인간 또는 발주처·수급인 및 하수급인이 그 뜻과 지급의 방법·절차를 명백히 하여 합의한 경우
(2) 하수급인이 시공한 부분에 대한 하도급대금지급을 명하는 확정판결을 받은 경우
(3) 수급인이 하도급대금의 지급을 2회 이상 지체한 경우로서 하수급인이 발주처에게 하도급대금의 직접지급을 요청한 경우
(4) 수급인의 지급정지·파산 기타 유사한 사유가 있거나, 건설업등록이 취소되어 수급인이 하도급대금을 지급할 수 없게 된 경우로서 하수급인이 발주처에게 직접지급을 요청할 경우
(5) 수급인이 하수급인에게 정당한 사유없이 하도급대금지급보증서를 교부하지 않은 경우로서 발주처가 그 사실을 확인하거나 하수급자가 발주처에게 직접지급을 요청한 경우
(6) 국가, 지방자치단체, 공기업, 준정부기관, 지방공사 및 지방공단이 발주한 공사에 대하여 공사예정가격에 대비하여 82%에 미달하는 금액으로 도급계약을 체결한 경우로서 하수급인이 발주처에게 하도급대금의 직접지급을 요청한 경우

b. 하도급법령의 직접지급사유

위 「건설산업기본법」의 규정에 비하여, 「하도급법」은 다음의 경우에는 발주처로 하여금 하수급인이 시공한 부분에 상당하는 하도급대금을 당해 하수급인에게 직접지급하도록 규정하고 있다.

(1) 수급인의 지급정지·파산, 그 밖에 이와 유사한 사유가 있거나 사업에 관한 등록 등이 취소되어 수급인이 하도급대금을 지급할 수 없게 된 경우로서 하수급인이 하도급대금의 직접지급을 요청한 때

(2) 발주처가 하도급대금을 직접 하수급인에게 지급하기로 발주처·수급인 및 하수급인 간에 합의한 때
(3) 수급인이 하도급대금의 2회분 이상을 해당하수급인에게 지급하지 아니한 경우로서 하수급인이 하도급대금의 직접지급을 요청한 때
(4) 수급인이 하도급대금지급보증의무를 이행하지 아니한 경우로서 하수급인이 하도급대금의 직접지급을 요청한 때

c. 계약예규의 직접지급사유

위 하도급법령처럼 계약예규 「공사계약일반조건」도 당해 의무적 직접지급유형만을 채택하고 있으나, 그 사유는 차이가 있다. 즉, 발주처는 다음의 경우 하수급인이 시공한 부분에 상당하는 금액에 대하여는 수급인이 하수급인에게 대가지급을 의뢰한 것으로 보아 해당하수급인에게 의무적으로 직접지급하도록 규정하고 있다(제43조).

(1) 하수급인이 수급인을 상대로 하여 받은 판결로서, 그가 시공한 분에 대한 하도급대금지급을 명하는 확정판결이 있는 경우
(2) 수급인이 파산, 부도, 영업정지 및 면허취소 등으로 하도급대금을 하수급인에게 지급할 수 없게 된 경우
(3) 수급인이 하수급인에 대한 하도급대금지급보증서를 교부하여야 할 대상 중 그 지급보증서를 교부하지 아니한 경우

이 예규상의 직접지급절차에는 어떤 사유가 발생하였을 때 하수급인의 직접지급요청이 필요하지 않는 큰 특징이 있다. 본 내용은 다음 항 '평가'에서 다시 논의하고자 한다.

3. 수급인의 이의제기

발주처의 직접지급조치에 대하여, 하수급인이 해당하도급계약과 관련하여 노임, 중기사용료, 자재비 등을 체불한 사실을 수급인이 객관적으로 입증할 수 있는 증빙을 첨부하

여 해당하도급대가의 직접지급중지를 요청한 때에는 직접지급하지 않을 수 있다.

4. 직접지급의 효과

하도급대금을 발주처가 하수급인에게 직접지급하는 경우 발주처의 수급인에 대한 대금지급채무와 수급인의 하수급인에 대한 하도급대금지급채무는 하수급인에게 지급한 한도에서 소멸한다.

32·8 평 가

1. 하도급대가의 직접지급 사유

앞의 제32·7항에서 발주처에 의한 하도급대가의 직접지급의 유형과 사유를 살펴본 바와 같이 법령마다 차이를 보이고 있다.

첫째, 「건설산업기본법」에서 규정하고 있는 임의적 직접지급유형은 「하도급법」과 계약예규 「공사계약일반조건」에서는 규정하고 있지 않은 유형이며,

둘째, 「건설산업기본법」에서는 '수급인의 파산 등 수급인이 하도급대금을 지급할 수 없는 명백한 사유'가 있다고 발주처가 인정하는 경우에도 이를 임의적 직접지급사유로 하고 있다. 생각건대, 이와 같은 명백한 사유가 있다고 발주처가 인정할 때에는 직접지급하여야 하는 것이며, 그와 같은 사유가 있음에도 불구하고 다시 발주처가 직접지급여부를 결정해야 할 일이 아니라고 본다.
이 경우 「하도급법」과 계약예규 「공사계약일반조건」은 의무적 직접지급대상으로 하고 있다.

셋째, 같은 상황에서 절차를 달리하고 있어서 어느 규정을 따라야 할지 논란의 소지가 있다. 예를 들면, 수급인이 하도급대금지급보증서를 하수급인에게 교부하지 않을 경우 「하도급법」에서는 하수급인의 직접지급요청을 전제로 하고 있으나, 계약예규 「공사계약일반조건」에서는 그 요청에 관계없이 발주처는 직접지급하여야 한다.

넷째, 기타사항은 생략한다.

하도급대가의 직접지급규정은 발주처, 수급인 및 하수급인 모두에게 매우 민감하고도 중요한 사항이므로, 유형과 그 대상 또는 사유를 일목요연하게 재조정할 필요가 있다. 법령과 계약조건에서 상치하는 점이 있을 경우 시행에 착오가 있을 것임은 명약관화(明若觀火)하다.

2. 하도급계약당사자의 표기

「건설산업기본법」에서 수급인은 「하도급법」의 원사업자에 해당하고, 전자에서 하수급인은 후자의 수급사업자에 해당하여 수급인, 원사업자, 수급사업자 및 하수급인간에 혼동을 일으킬 소지가 있다.

한편, 「공사계약일반조건」에서는 이들을 각기 계약상대자 및 하수급인으로 표기하고 있다.

하도급계약의 당사자표기

건설산업기본법	하도급법	공사계약일반조건
수급인	원사업자	계약상대자
하수급인	수급사업자	하수급인

3. 도급과 위탁의 개념 혼선

「하도급법」에서는 위탁을 하도급 또는 하도급거래의 개념에 포함시키고 있으므로 인하여 「민법」의 개념, 즉 「민법」 제664조 '도급의 의의'와 제680조 '위임의 의의'에서 이들을 구분하고 있는 것과 개념적인 충돌이 있다.

일본의 경우에는 설계업무 등에 대한 계약을 위탁계약이라 함에 비하여, 건설공사계약을 '청부계약'이라 하여 위탁과 청부, 즉 위탁과 도급을 구분하고 있음을 본다. 우리나라의 「공사계약일반조건」을 일본에서는 「공공공사표준청부계약약관」이라 한다.

도급 대 위탁 : 표기의 비교

구 분	공사계약	설계 등 용역계약
우리나라	공사계약일반조건	용역계약일반조건
일 본	공공공사표준청부 계약약관	공공토목설계업무 등 표준위탁계약약관

그나마도 「건설산업기본법」에서는 "원도급·하도급·위탁"으로 도급과 위탁에 대한 표기라도 달리하고 있으나, 「하도급법」에서는 "건설위탁"이라 하여 아예 도급을 위탁에 포함시키고 있는 인상마저 주고 있다.

4. 대가지급의 전제

「건설산업기본법」에서는 「민법」의 법리를 좇아 '공사의 완성'을 도급인의 대가지급의 전제로 하고 있으나(제2조제11호), 「하도급법」에서는 '공사목적물의 인도'를 그 기본적인 전제로 하고 있다(제2조제1항).

대가지급의 전제

건설산업기본법	민 법	하도급법	국가계약법
공사의 완성	일의 완성	공사목적물의 인도	일의 완성·검사에 합격

일의 완성과 공사목적물의 인도 사이에는 개념상으로도 차이가 있고 절차상으로도 차이가 있다.

[건산법 시행규칙 별지23호 서식]

건설공사의 하도급계약통보서

<table>
<tr><td colspan="2">①공 사 명</td><td colspan="3"></td></tr>
<tr><td rowspan="3">수급인</td><td>②상호 및 대표자</td><td colspan="3"></td></tr>
<tr><td>③영업소소재지</td><td colspan="3"></td></tr>
<tr><td>④하 도 급 사 유</td><td colspan="3"></td></tr>
<tr><td rowspan="4">하수급인</td><td>⑤상호 및 대표자</td><td colspan="3"></td></tr>
<tr><td>⑥업종및등록번호</td><td colspan="3"></td></tr>
<tr><td>⑦영업소소재지</td><td colspan="3"></td></tr>
<tr><td>⑧수급인에게 협력업자로 등록된 연월일</td><td colspan="3"></td></tr>
<tr><td rowspan="3">하도급내용</td><td>⑨공사의 종류</td><td colspan="3"></td></tr>
<tr><td>⑩하도급내용(율)</td><td colspan="3">도급액(하도급 부분) :
하도급(예정)금액 :
하도급률 :</td></tr>
<tr><td>⑪하도급내용 (예정·변경)일</td><td></td><td>⑫하도급공사 기 간</td><td>착공(예정) :
준공(예정) :</td></tr>
<tr><td colspan="5">건설산업기본법 제29조제4항 및 같은법 시행령 제32조제1항에 따라 위와 같이 건설공사의 하도급계약내용을 통보합니다.

년 월 일
수급인 (서명 또는 인)
귀 하</td></tr>
<tr><td colspan="5">첨부서류 : 1. 하도급계약서(변경계약서를 포함합니다) 사본
2. 공사량(규모)·공사단가 및 공사금액 등이 명시된 공사내역서
3. 예정공정표
4. 하도급대금지급보증서 교부의무가 면제되는 경우에는 그 증빙서류</td></tr>
</table>

210㎜×297㎜
(신문용지 54g/㎡)

약어일람

약 어 일 람

- 「국가계약법」 : 국가를당사자로하는계약에관한법률
- 「지방계약법」 : 지방자치단체를당사자로하는계약에관한법률
- 「조달사업법」 : 조달사업에관한법률
- ACE : Association of Consulting Engineers, 컨설팅엔지니어협회, 영국
- ACE 계약조건 : Conditions of Engagement, The Association of Consulting Engineers, 1995
- AIA : American Institute of Architects, 미국건축사협회
- AIA A시리즈 계약조건 : 공사계약조건
  (예) AIA A201 : 공사계약일반조건(General Conditions of the Contract of Construction)
- AIA B시리즈 계약조건 : 설계·감리계약조건
  (예) AIA B141 : 발주처-건축사표준계약조건
  (Standard Form of Agreement Between Owner and Architect)
- AIA의 C, D, E, F 및 G 시리즈는 본서에서 참고로 하였으나 직접 그 내용을 인용하지 아니하였음.
- 영국「공공계약조건」 : Model Terms and Conditions of Contracts for Services, 2007
- FAR : Federal Acquisition Regulations, 연방조달규정, 미국 (2017.1.17일 개정본)
- CM : – Construction Management, 건설사업관리
  – Construction Manager, 건설사업관리자 (혹은 CMr)
- ICE : Institution of Civil Engineers, 토목엔지니어협회, 영국
- ICE 계약조건 : Conditions of Contract for Works of Civil Engineering Construction
- EJCDC : Engineers Joint Contract Documents Committee, 엔지니어합동계약문서위원회, 미국
- CMAA : Construction Management Association of America, 미국건설사업관리협회
- CMA : Construction Manager as Advisor, 조언자로서의 건설관리자
- CMC : Construction Manager as Constructor, 시공자로서의 건설관리자

- AGCA : Associated General Contractors of America, 미국건설협회
- FIDIC : Federation Internationale des Ingenieurs Conseils : ternational Federation of Consulting Engineers, 국제컨설팅엔지니어협회, 스위스
- FIDIC 「공사계약조건」 : Conditions of Contract for Works of Civil Engineering Construction, 1999
- FIDIC 「기술용역계약조건」: Standard Conditions of Client/Consultant Model Services Agreement : Conditions of Consultancy Aggrement, 1995
- 싱가포르 「공공공사계약조건」: Standard Conditions of Contract for Public Sector Construction Works, 1995
- 사우디 「공공공사계약조건」: Standard Public Works Contract
- WTO : World Trade Organization, 세계무역기구
- WTO 정부조달협정문 : Agreement on Government Procurement, 1994
- PHO : Provisional Handover, 임시인도, 예비인도
- THO : Temporary Handover, 임시인도, 예비인도
- IHO : Initial Handover, 임시인도, 예비인도
- PHO : Preliminary Handover, 임시인도, 예비인도
- FHO : Final Handover, 최종인도
- BOQ : Bill of Quantities, 산출내역서
- RFI : Request for Information, 자료·정보요청서
- SDR : Sepecial Drawing Rights, 특별인출권, IMF
- IMF : International Monetary Fund, 국제통화기금
- PQ : Prequalification, 사전자격심사
- ICC : International Chamber of Commerce, 국제상업회의소
- UNCITRAL : United Nations Commission on International Trade Law, UN국제거래위원회법
- QS : Quantity Survey or Quantity Surveyor, 적산 또는 적산사
- JV : Joint Venture, 공동수급체
- PM : Project Management, 사업관리

- Fed. Cir. : United States Court of Appeals for the Federal Circuit, 미연방순회클레임재판소
- Fed. Cl. : Court of Federal Claims, 미연방클레임재판소
- AE : Architect·Engineer, 설계·감리자
- GC : – General Contractor, 시공자(원청자)
  – General Conditions, 일반조건
- DB : Design–Build, 설계·시공(또는 턴키)
- CPFF : Cost Plus Fixed Fee Contract, 원가가산정액보수계약
- SOR : Schedule of Rates, 금액명세서
- NTP : Notice to Proceed, 착공지시서
- ASTM : American Society for Testing Materials, 미국자재시험협회
- BS : British Standards, 영국표준규격
- JIS : Japanese Industry Standards, 일본산업표준
- CO : Contracting Officer, 계약관, 미국
- SO : Superintending Officer, 감독관, 영국·싱가포르
- O & P : Overheads and Profit : 일반관리비와 이윤
- BCA : Board of Contract Appeals, 계약항소위원회
- ENGBCA : Engineering Board of Contract Appeals, 엔지니어링계약항소위원회
- ASBCA : Armed Services Board of Contract Appeals, 육군계약 항소위원회
- GSBCA : General Services Board of Contract Appeals, 조달청계약항소위원회
- COE : Corps of Engineers, 공병대
- AFARS : Army FAR Supplement, 미육군FAR시행령
- DFARS : Department of Defense FAR Supplement, 국방성FAR시행령
- VE : Value Engineering, 가치공학
- VECP : Value Engineering Change Proposal, VE설계변경제안
- TOC : Takingover Certificate, 현장인수확인서
- COC : Certificate of Completion, 준공확인서

건설계약 관리론

건설계약관리의 상세이론과 실무

인쇄일 2018.7.9 **발행일** 2018.7.13
발행인 최삼규
발행처 **건설경제** **소재지** 서울시 강남구 언주로 711(건설회관)
전　화 02)515-7320~2 **홈페이지** www.cnews.co.kr **정　가** 30,000원

등록/제2-2호(62.11.21)